U0362763

Intelligent Technology and Equipment
for Livestock and Poultry Breeding

国家出版基金资助项目

湖北省公益学术著作出版专项资金资助项目

智能化农业装备技术研究丛书

组编单位 中国农业机械学会

丛书主编 赵春江

畜禽智慧养殖技术与装备

熊本海 陆明洲 肖德琴 等◎著

华中科技大学出版社

http://press.hust.edu.cn

中国·武汉

内 容 简 介

本书围绕畜禽养殖数据感知、养殖数据分析与建模、养殖作业智能装备以及养殖管控大数据平台等方面系统介绍畜禽智慧养殖技术与装备的研究现状。在概述畜禽养殖业面临的挑战及畜禽智慧养殖系统整体架构的基础上,详细论述了传感器、声学处理、计算机视觉、机器学习、机器人、大数据等技术与畜禽养殖交叉融合产生的畜禽个体标识、畜禽生理生长指标感知、畜禽行为智能识别、养殖作业智能装备等技术原理、应用场景以及未来发展趋势。

本书聚焦国家现代畜牧业发展战略需求,体现了我国智慧农业装备领域智慧养殖技术与装备的先进性、创新性、前沿性及实用性。本书可供从事智慧畜牧业技术、智能化养殖装备等领域研究和开发工作的研究生、科研人员及从业者参考使用。

图书在版编目(CIP)数据

畜禽智慧养殖技术与装备 / 熊本海等著. -- 武汉 : 华中科技大学出版社,2024. 11.
(智能化农业装备技术研究丛书 / 赵春江主编). -- ISBN 978-7-5772-0981-4

Ⅰ. S815-39

中国国家版本馆 CIP 数据核字第 2024JZ9911 号

畜禽智慧养殖技术与装备
Chuqin Zhihui Yangzhi Jishu yu Zhuangbei

熊本海　陆明洲　肖德琴　等著

策划编辑:俞道凯　王　勇
责任编辑:吴　晗
封面设计:廖亚萍
责任监印:朱　玢
出版发行:华中科技大学出版社(中国·武汉)　　电话:(027)81321913
　　　　　武汉市东湖新技术开发区华工科技园　　邮编:430223
录　　排:武汉市洪山区佳年华文印部
印　　刷:武汉市洪林印务有限公司
开　　本:710mm×1000mm　1/16
印　　张:27
字　　数:470千字
版　　次:2024 年 11 月第 1 版第 1 次印刷
定　　价:218.00 元

智能化农业装备技术研究丛书
编审委员会

《畜禽智慧养殖技术与装备》
编写委员会

主　任 ◎ **熊本海**（中国农业科学院北京畜牧兽医研究所）

　　　　陆明洲（南京农业大学）

　　　　肖德琴（华南农业大学）

副主任 ◎ **胡肄农**（江苏省农业科学院）

　　　　高华杰（北京大北农科技集团股份有限公司）

　　　　宋怀波（西北农林科技大学）

委　员 （按姓氏笔画排序）

　　　　冯泽猛（中国科学院亚热带农业生态研究所）

　　　　刘龙申（南京农业大学）

　　　　杨秋妹（华南农业大学）

　　　　赵凯旋（河南科技大学）

　　　　徐顺来（重庆市畜牧科学院）

　　　　戴百生（东北农业大学）

作者简介

▶ **熊本海** 农学博士，博士生导师，二级研究员，农业农村部有突出贡献的中青年专家及国务院政府特殊津贴专家，山东泰山产业领军人才（2023），中国农业科学院智慧畜牧业创新团队资深首席专家，中国饲料数据库情报网中心主任，中国畜牧兽医学会信息技术分会荣誉理事长，中国农业工程学会畜牧工程分会副理事长，中国畜牧兽医学会动物营养学分会常务理事。

先后主持国家和省部级项目、课题及任务70余项，获国家科学技术进步奖二等奖2项（主持1项），省部级科学技术进步奖11项（主持4项）；发表论文300余篇（其中SCI及EI收录70余篇），出版著作40余部，其中获国家出版基金资助6部；取得计算机软件著作权登记150多项，获得发明专利授权50余项。主要从事畜禽智能装备、畜牧业物联网技术、反刍动物营养、大数据平台构建的研究工作，是国家从"十五"至"十四五"重大专项项目首席科学家或课题负责人。

▶ **陆明洲** 工学博士，博士生导师，教授，南京农业大学人工智能学院副院长，江苏省第六期"333高层次人才培养工程"第三层次培养对象，新疆"天池英才"引进计划特聘专家，比利时荷语鲁汶大学访问学者，中国畜牧兽医学会信息技术分会副理事长，中国农业工程学会畜牧工程分会常务理事。

主要从事畜牧大数据智能计算与建模、养殖智能化技术与装备领域的研发工作。先后主持国家和省部级项目、子课题10余项，科研成果获江苏省科学技术奖二等奖1项、青海省科学技术成果登记1项。发表学术论文40余篇，获得发明专利授权10余项。

▶ **肖德琴** 工学博士，博士生导师，二级教授，农业农村部华南热带智慧农业技术重点实验室主任，国家水禽产业技术体系智能化养殖岗位科学家，广东省农业大数据工程技术研究中心主任，中国计算机学会（CCF）数字农业分会常务执行委员，中国畜牧兽医学会信息技术分会常务理事，广东省图象图形学会农业机器视觉专委会主任。

主持国家和省部级项目20余项；发表学术论文100余篇，获中国发明专利授权30余项、美国专利授权3项，取得计算机软件著作权登记30余项；主持制定广东省地方标准1项，出版专著5部；主持项目获得广东省农业技术推广奖一等奖、全国农牧渔业丰收奖等5项奖励。

总序一

　　智能化农业装备是转变农业发展方式、提高农业综合生产能力的重要基础,是加快建设农业强国的重要支撑。它以数据、知识和装备为核心要素,将先进设计、智能制造、新材料、物联网、大数据、云计算和人工智能与农业装备深度融合,实现农业生产全过程所需的信息感知、定量决策、智能控制、精准投入及个性化服务的一体化。智能化农业装备是农业产业技术进步和农业生产方式转变的核心内容,已成为现代农业创新增长的驱动力之一。

　　"智能化农业装备技术研究丛书",是由中国农业机械学会与华中科技大学出版社共同发起,为服务"乡村振兴"和"创新驱动发展"国家重大战略,贯彻落实"十四五"规划和2035年远景目标纲要,面向世界农业科技前沿、国家经济主战场和农业现代化建设重大需求,精准策划的一套汇集我国智能化农业装备先进技术的科技著作。

　　丛书结合国际农业发展新趋势与我国农业产业发展形势,聚焦智能化农业装备领域前沿技术和产业现状,展示我国智能化农业装备领域取得的自主创新研究成果,助力我国智能化农业装备领域高端、专精科研人才培养。为此,向为丛书出版付出辛勤劳动的专家、学者表示崇高的敬意和衷心的感谢。

　　党中央把加快建设农业强国摆上建设社会主义现代化强国的重要位置。我国正处在全面推进乡村振兴、实现农业现代化的关键时期,智能化农业装备领域前沿技术发展大有可为！丛书汇集了高校、科研院所以及企业的理论科研成果与产业应用成果。期望丛书深厚的技术理论和扎实的产业应用切实推进我国智能化农业装备领域的发展，为我国建设农业强国和实现农业现代化做出新的、更大的贡献。

中国工程院院士

国家农业信息化工程技术研究中心主任

北京市农林科学院信息技术研究中心研究员

2024 年 1 月

总序二

　　智能化农业装备是提升农业生产效率、促进农业可持续发展以及推动农业现代化建设的重要支撑。"智能化农业装备技术研究丛书"的编写立足于贯彻落实制造强国战略部署,锚定农业强国建设目标,全方位夯实粮食安全根基,积极落实"藏粮于技",加强农业科技和装备支撑,聚焦智能化农业装备领域前沿技术、基础共性技术及关键核心技术,突出自主创新,为农业强国建设提供理论与技术支持。

　　党的二十大报告明确提出"加快建设农业强国",这是党中央着眼全面建成社会主义现代化强国做出的战略部署。"强国必先强农,农强方能国强",中国农业机械学会始终不忘"农业的根本出路在于机械化"之初心,牢记推进中国农业机械化发展之使命,全面贯彻习近平总书记提出的"大力推进农业机械化、智能化,给农业现代化插上科技的翅膀"的重要指示,团结凝聚广大的科技工作者,聚焦大食物观、粮食安全和食品科技自立自强,围绕农业装备补短板、强弱项、促智能,不断促进科技创新、服务国家重大战略需求、助力科技经济融合发展,为促进农业装备转型升级、农业强国建设和乡村振兴积极贡献智慧与力量。

　　中国农业机械学会作为专业性的学术组织,本着"合作、开放、共享"理念,充分发挥桥梁和纽带作用,组织行业专家、学者群策群力,撰写丛书,并与华中科技大学出版社通力合作共同推动丛书的出版。丛书可作为广大农业科技工作者、农业装备研发人员、农业院校师生的宝贵参考书,也将成为推动我国农业现代化进程的重要力量。

最后,衷心感谢为丛书做出贡献的专家、学者,他们具有深厚的专业知识、严谨的学术态度、卓越的成就和独到的见解。感谢华中科技大学出版社相关人员在组织、策划过程中付出的辛勤劳动。

罗锡文

中国工程院院士

中国农业机械学会名誉理事长

2024 年 1 月

前　言
PREFACE

　　日益增长的肉蛋奶等畜禽类产品的需求促使我国畜禽养殖业向规模化和集约化的方向发展，但日益紧缺的畜禽业劳动力资源却难以支撑不断扩大的养殖规模。随着信息化、自动化、智能化技术的不断发展以及新技术与养殖业的不断深度融合，智慧养殖已成为畜禽养殖业的最新发展趋势。本书围绕畜禽养殖数据感知、养殖数据分析与建模、养殖作业智能装备以及养殖管控大数据平台等方面系统介绍畜禽智慧养殖技术与装备的最新研究现状。在概述畜禽养殖业面临的挑战及畜禽智慧养殖技术体系整体架构的基础上，详细论述了传感器、声学处理、计算机视觉、机器学习、机器人、大数据等技术与畜禽养殖交叉融合产生的畜禽个体标识、畜禽生理生长指标感知、畜禽行为智能识别、养殖作业智能装备等技术原理、应用场景以及未来发展趋势。

　　本书第 1 章概述了畜禽智慧养殖技术。在分析现代畜牧业面临的挑战的基础上，梳理了智慧养殖技术与装备的发展趋势以及畜禽智慧养殖系统的整体架构，并从畜禽养殖数据感知技术、畜禽养殖数据分析与建模、畜禽养殖作业智能装备及畜禽智慧养殖管控大数据平台等四个方面介绍了畜禽智慧养殖技术和装备的研发与应用现状。

　　第 2 章重点针对射频识别以及生物特征识别阐述了畜禽个体标识技术。概述了射频识别技术的发展现状，并从技术原理与系统组成、标准体系、在畜牧业中的应用现状等方面分析了基于射频识别的畜禽个体标识技术，简要介绍了基于畜禽面部、鼻纹、虹膜、视网膜等生物特征的畜禽个体标识技术的最新研究进展，并对畜禽个体标识技术的发展趋势进行了展望。

第3章围绕畜禽生理生长指标感知技术展开论述。从健康福利和生产性能两个角度介绍了畜禽生理生长指标体系，分别针对体温、心率、呼吸频率、营养状况等生理指标介绍了现有智能检测技术，并阐述了畜禽体尺自动测量、体重自动测量等智能化技术，展望了畜禽生理生长指标感知技术的未来发展趋势。

第4章阐述畜禽行为智能识别技术。分别阐述了基于标量数据传感器、声信号、计算机视觉技术的畜禽行为智能识别技术，围绕畜禽健康异常自动评判以及畜禽关键生理阶段自动评估等方面介绍了畜禽行为智能识别技术在现代畜牧业中的应用案例。

第5章介绍畜禽养殖环境智能管控技术与装备。梳理了畜禽养殖环境指标体系、智能感知与数据网络传输、智能调控技术与装备，以及信息智能管控典型案例，分析当前畜禽养殖环境智能管控技术与装备存在的不足，并分析未来我国畜禽养殖环境智能管控的发展趋势。

第6章阐述畜禽智慧养殖领域的精准饲喂技术与装备。介绍了畜禽日粮营养配方优化技术，从畜禽饲喂方式以及精准下料装置和控制器结构角度分析了现有精准饲喂技术的最新进展，并分别针对生猪、蛋鸡、奶牛等6类畜禽品种介绍了精准饲喂装备案例。

第7章围绕畜禽养殖作业智能装备展开介绍，阐述当前畜禽养殖作业智能装备分类依据与共性基础技术，介绍了当前智慧牧场中所使用的固定式养殖作业智能装备与畜禽养殖作业机器人，并总结了畜禽养殖作业智能装备的未来发展方向。

第8章围绕体系结构和支撑技术介绍了智慧养殖管控大数据平台。从养殖业务管控、智能数据报告、成本管理、溯源管理等角度阐述了智慧养殖全程管控实现技术，分析了猪、家禽以及牛养殖管控大数据平台案例。

本书既阐述、总结了智慧养殖关键技术与装备在欧美发达国家的最新研究进展，也凝练了我国科研技术人员依托国家重点研发计划（2021YFD2000800、2019YFE0125600、2017YFD0701600）、国家自然科学基金（31972615、31802106、32002227）及北京市数字农业创新团队数字畜牧场应用场景建设岗位专家等项目所取得的研究成果。本书聚焦国家现代畜牧业发展战略需求，体现了我国智慧农业装备领域智慧养殖技术与装备的先进性、创新性、前沿性及实用性。本书可供在智慧畜牧业技术、智能化养殖装备等领域从事研究和开发工作的研究生、科研人员及从业者参考使用。

本书汇集了多位专家、学者的智慧,第1章由南京农业大学陆明洲教授组织撰写,第2章由江苏省农业科学院胡肆农研究员组织撰写,第3章由西北农林科技大学宋怀波教授和中国科学院亚热带农业生态研究所冯泽猛副研究员组织撰写,第4章由河南科技大学赵凯旋副教授组织撰写,第5章由东北农业大学戴百生副教授和重庆市畜牧科学院徐顺来研究员组织撰写,第6章由中国农业科学院北京畜牧兽医研究所熊本海研究员组织撰写,第7章由南京农业大学刘龙申副教授组织撰写,第8章由华南农业大学杨秋妹副教授组织撰写。全书由熊本海研究员、陆明洲和肖德琴教授等统稿。

由于作者的能力和水平有限,书中难免存在不足之处,恳请各位读者批评指正。

著者

2023 年 8 月

目　录

CONTENTS

第1章
畜禽智慧养殖概论

　　我国是畜牧业大国,畜禽生产总量常年位居世界前列,畜禽养殖业的健康发展已在国民经济中占据着极为重要的地位。日益增长的养殖规模带来了不断攀升的养殖环境压力、投入品和人力成本,使得智慧养殖成为畜禽养殖业未来发展的必然方向。利用以物联网、大数据及人工智能为代表的新一代信息技术构建智慧养殖解决方案,突破以畜禽养殖信息智能感知、智能分析、智能管控等为核心的智能化养殖新装备与新技术难点,是提升畜禽养殖产出效率、推动畜禽养殖业向绿色、健康、高质量方向转型发展的关键。近年来,随着国家政策的大力支持以及科研院所、高新技术企业的技术攻关,我国在智慧养殖技术与装备研发领域取得了一定的进展与成果。为了更好地总结我国畜禽智慧养殖的发展与变革,本章首先就畜牧业的现状与智慧养殖发展趋势、畜禽智慧养殖系统的整体架构作概要性介绍,并从畜禽养殖数据感知技术、畜禽养殖数据分析与建模、畜禽养殖作业智能装备以及畜禽智慧养殖管控大数据平台等方面概述当前畜禽智慧养殖技术与装备的研发和应用现状。

1.1　畜牧业的现状与智慧养殖发展趋势

　　畜牧业是我国农业的重要组成部分,对国计民生和食物安全起着至关重要的作用[1]。国务院办公厅于 2020 年印发了《国务院办公厅关于促进畜牧业高质量发展的意见》(国办发〔2020〕31 号)(以下简称《意见》),《意见》将"十四五"末我国现代畜牧业发展目标定为猪肉自给率保持在 95% 左右,牛羊肉自给率保持在 85% 左右,奶源自给率保持在 70% 以上,禽肉和禽蛋实现基本自给。《意见》要求到 2025 年,我国畜禽养殖规模化率和畜禽粪污综合利用率分别达到70% 以上和 80% 以上,到 2030 年分别达到 75% 以上和 85% 以上。为了实现上述目标,农业农村部制定印发了《"十四五"全国畜牧兽医行业发展规划》(农牧发〔2021〕37 号)(以下简称《规划》),以加快构建畜牧业高质量发展新格局,推进畜牧业在农业中率先实现现代化。《规划》指出：到 2025 年末,我国现代养殖体系基本建立,畜禽养殖规模化率达到 78% 以上[2]。

规模化养殖在国家政策引导和肉蛋奶消费需求驱动下,成为畜牧业发展的必然趋势,也是畜牧业现代化的主要标志。但是规模化养殖也带来诸多问题,如养殖密度的增加会加大畜禽疫病出现、快速传播的可能性,如果缺乏疫病快速诊断及有效、及时的控制手段,会出现畜禽大面积死亡的情况,使养殖户遭受巨大的经济损失。此外,养殖从业人口的老龄化也带来了日益严重的养殖用工短缺的问题。因此引入畜禽健康养殖管控信息化技术、装备与平台势在必行。随着现代信息技术的不断发展,以物联网、云计算、大数据及人工智能技术为支撑的智慧养殖为我国畜牧业转型升级提供了新的解决方案,不仅可以减少劳动力投入,还可以有效提高生产效率,降低养殖经济损失,实现高效率、高收益的养殖管理,同时满足环保、畜禽健康养殖和产业可持续发展的要求,最终实现我国畜禽制品自给率目标[3]。

1.1.1 智慧养殖的核心支撑技术

以物联网、云计算、大数据及人工智能为代表的新一轮信息技术革命推动畜禽养殖从粗放式传统养殖向知识型、技术型、现代化的智慧养殖转变,信息技术优势已成为驱动畜牧业快速发展的重要因素。

1. 物联网技术为智慧畜牧业提供了数据基础

畜牧业物联网是由大量传感器节点构成的监控网络,其实时采集畜禽个体身份标识、生长状况、养殖环境等信息,利用无线传感网络/局域网和广域网实现数据异构、实时在线传送,为智慧养殖提供了丰富的数据,为开展智能化分析与建模奠定了基础[4]。

2. 云计算与大数据技术是畜牧数据智能化分析的重要手段

畜牧数据具有多源、异构、跨平台、跨系统的特征,传统技术手段处理起来非常困难。云计算与大数据技术包括多模态特征的知识表示和建模、深度知识发现和预测、特定领域特征普适机理凝练的知识融合等,为畜牧大数据处理提供支撑,在养殖环境调控、畜禽健康异常预警、动物营养需求与饲喂管理等方面发挥重要作用[5]。

3. 养殖作业智能装备及养殖管控平台是智慧养殖实现的关键

开发养殖环境管控系统、畜禽健康巡检机器人、投入品精准管控设备、畜禽舍清洗消毒设备等养殖作业智能装备,是实现智慧养殖、提高生产管理效率、降低人力成本的关键[6]。目前,畜禽养殖作业智能装备分为固定式与移动式。固定式智能装备主要应用于自动饲喂、体重称量等特定场景。而移动式智能装备则可以完成多位置、多畜禽个体的自主作业任务,如巡检、消毒、清理等。

1.1.2 智慧养殖技术发展趋势

1. 养殖环境监测技术进展迅速

合理利用科技对畜禽养殖环境进行有效监控是智慧养殖的首要要求。以生猪养殖为例,环境因素对生猪生产的影响占比达到了 20%～30%。养殖环境监测涉及对温度、湿度、光照强度,以及氨气、硫化氢浓度等参数的监测。传感器、物联网技术的发展使得环境参数可以通过云端传输到手机、PAD 等终端设备,这已成为规模化养殖场普遍采用的信息化管理手段。对获取的大量监测数据如何科学有效地加以利用,进一步指导畜牧生产,是当前亟待解决的问题。圈舍类养殖环境的复杂性使得建立精确的调控分析模型具有挑战性,国内已有相关研究取得了一定进展,但如何提高模型的泛化性和鲁棒性是在实际应用中面临的关键挑战[7]。

2. 个体身份标识技术助力全生命周期管理

个体身份标识是现代畜牧业发展的共性问题,是实现行为监测、精准饲喂及疫病防控、食品溯源的前提,是实现畜禽智能化生产的必然要求。传统标识包括喷号、剪耳、耳标和项圈等[8]。随着人工智能技术的发展,面部识别、虹膜识别、姿态识别等生物识别技术[9]已经开始向畜牧业延伸,使得生物个体健康档案的建立和生命状态的跟踪预警变得更加智能。值得一提的是,射频识别(radio frequency identification,RFID)技术已在我国畜禽个体身份标识中取得了长足发展,个体身份信息不仅可以集成在耳标、项圈中,更有研究者探索研究微型的植入式 RFID 芯片,以期通过更加快捷的手段实时获取畜禽的身份信息。虽然以上技术取得了较大的进展,但在畜牧养殖业中仍然存在维护成本高、操作复杂等现实推广问题,导致目前并未得到大规模应用。因此,研发更为廉价、操作更方便的新一代智能化个体身份标识技术将是未来的发展趋势。

3. 面向个体的精准饲喂技术前景广阔

精准饲喂是面向猪、牛、羊等中大型牲畜的精准化养殖技术,包括饲喂站饲喂、自动称重、自动分群和饲料余量监测等功能[10]。该技术将营养知识与养殖技术相结合,根据牲畜个体生理信息准确计算饲料需求量,通过指令调动饲喂器进行饲料的投喂,实现个性化定时定量精准饲喂,满足牲畜不同阶段营养需求[11]。虽然饲喂设备建设成本较高,但经济效益显著,具有广阔的应用前景。

4. 动物行为自动监测技术已成为研究热点

畜禽行为反映了畜禽的福利、健康水平,准确高效地监测畜禽行为,有利于分析其生理、健康和福利状况,是实现自动化健康养殖和肉品溯源的基础,对科学管理和改善动物福利状况尤为重要。当前,畜禽行为自动监测技术不断发展,传感器技术[12]、声学信号分析技术[13]和计算机视觉技术[14]被广泛应用于动物行为的自动监测与智能分析中。当畜禽行为表现异常时采取预警措施,为畜禽创造适宜的生长条件,从而提高畜禽的养殖效率和发挥畜禽的最大繁殖潜能,获取最大的经济效益,实现畜禽的健康和高效养殖。

5. 畜禽智慧养殖装备是实现畜禽养殖业"机器换人"的关键

畜禽智慧养殖装备是可以替代畜禽养殖工人并具备一定独立决策能力的智能设备,是畜禽养殖自动化、集约化发展的关键。提高智能化养殖装备在规模化养殖场的各类装备中的占比,降低人工成本比重,可以降低总的养殖成本,提高整体收益,有助于畜禽养殖关键环节中实现"机器换人",减小人为接触带来的人畜、人禽共患病传播的可能性。现阶段,畜禽智慧养殖装备主要包括环境测控与清洁机器人、生产与饲喂环节智能装备、动物表型采集与疾病诊断机器人、动物驱赶与管理机器人等[15]。人机共融是畜禽智慧养殖业未来发展的重要技术,机器人预测养殖人员的意图或需求并配合其完成工作,可提高养殖和生产效率,是实现无人化、少人化养殖的关键。

1.2 畜禽智慧养殖系统的整体架构

现有的各种智慧养殖系统在管控的畜禽品种、养殖阶段、养殖规模以及管控目标等方面不尽相同,因而系统的功能模块和技术构成也相应存在差异。归纳分析已有智慧养殖系统的共性特征,可以得到图 1-2-1 所示的智慧养殖系统整体架构。

如图 1-2-1 所示,智慧养殖系统整体架构可分为三个主要组成层次:一是数据传感层,该层次自动采集养殖设施、畜禽本体多模态数据,利用现代通信技术将数据高效传输到数据中心并建立养殖多模态数据中心;二是多模态数据分析与决策层,该层次完成养殖多模态大数据的有效整合,智能分析数据并完成数据建模与管理决策的生成;三是执行层,养殖技术员及养殖作业智能装备在数据分析与管理决策的支持下完成养殖各关键环节执行任务,实现养殖作业的智能化管控。

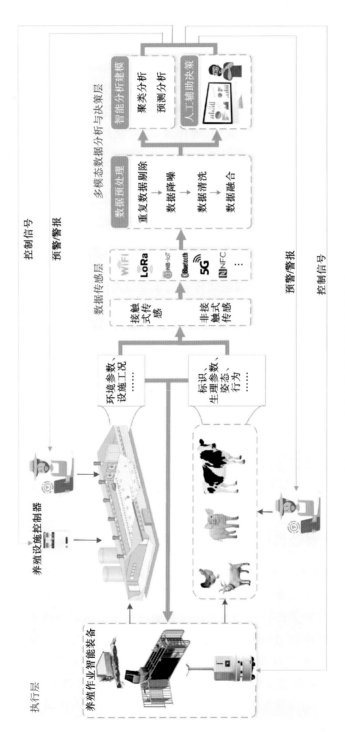

图 1-2-1 畜禽智慧养殖系统整体架构

1.2.1　数据传感层

数据传感层是智慧养殖系统整体架构的基础层,该层次实现的主要功能是利用各类传感器节点、巡检装置对畜禽舍环境、养殖设施工况以及畜禽本体数据进行采集与传输。畜禽舍环境参数监测对象主要包括温热环境(温度、湿度、风速、太阳辐射等)、有害气体(氨气、硫化氢、二氧化碳、甲烷等)浓度及颗粒物(PM2.5、PM10)浓度[16]。针对畜禽舍内环境存在不均匀性的问题,一般采用传感器节点冗余部署同时采集舍内多点环境参数的方案来解决。另外,畜禽舍外环境参数的实时采集,常用小型气象站来实现。数据感知层需要采集的畜禽本体数据多样,主要包括畜禽个体身份标识,畜禽生理、生长、体况指标以及畜禽姿态、行为数据等。为了高效采集这些畜禽本体数据,需根据不同的应用场景选择不同类型的传感器并确定其安装位置与方式。按照传感装置与畜禽本体是否接触,传感方式可分为接触式传感和非接触式传感[17]。以奶牛姿态数据为例,其既可以采用配有三轴加速度传感器的脚环或项圈(接触式传感)采集,也可以通过视频数据辅以计算机视觉技术来获取,后者属于非接触式传感范畴。

本层所采集数据的传输协议的选择依据主要有数据类型、数据传输距离等。常用的短距离通信协议包括近场通信(near field communication,NFC)、蓝牙(bluetooth)等,其中 NFC 在用于获取畜禽电子标识信息以控制出入口门开关的智能装备中较为常见。在远距离数据通信场景中,较为常用的是 NB-IoT、5G 等远距离蜂窝通信技术以及以 WiFi、LoRa 为代表的远距离非蜂窝通信技术[18]。对于动物行为等视频类数据而言,由于数据量大,采用以太网有线通信方式传输这类多媒体数据的应用场景较为多见。

1.2.2　多模态数据分析与决策层

畜禽舍内养殖数据及畜禽本体数据主要有两种流向:一是养殖作业智能装备,二是畜禽智慧养殖系统数据中心。养殖作业智能装备可以实时处理、分析获取的数据,并对所需的执行动作作自主智能决策。汇聚到数据中心的数据种类、形式多样且规模巨大,具有大数据特征,数据中心一般会针对这些多模态数据先做预处理,主要完成重复数据剔除、数据降噪、数据清洗、数据融合等操作[19]。经过预处理后的多模态数据可以利用经验模型、机器学习、计算机视觉等技术、方法自动完成数据分析与智能决策,也可以在技术人员的辅助下完成半自动的数据分析与决策。

1.2.3 执行层

现阶段的智慧养殖应用还难以做到真正的无人化,因此,执行层包含的角色有养殖作业智能装备、环境控制器以及配有移动智能终端的养殖技术员。养殖作业智能装备可以根据自身采集的实时数据自主决策所需的执行动作,比如病死家禽捡拾机器人可以利用其配装的摄像头采集场景图像并自动识别病死家禽位置,然后自动规划机械手捡拾路径并完成病死家禽捡拾。也有一些养殖作业智能装备会跟智慧养殖系统数据中心实时互联,在数据中心的决策指令驱动下完成相应工作。执行层还包括诸如养殖舍内养殖设备控制器,这些控制器接收数据分析与决策层发来的指令并完成相应养殖设备的启停,自动完成相应的养殖作业管控措施。

1.3 畜禽养殖数据感知技术

感知技术与系统是畜牧数据的来源,通过各种传感器所获取的动物个体信息、运动状况(如健康状况、发情情况等)、环境监测(如有害气体浓度、光照强度及温湿度监测等)等数据,是构建各类养殖环境调控、动物健康识别、动物营养需求等模型的基础。本节对畜禽个体身份标识,养殖环境,畜禽体温、步态等本体生理、行为数据,畜禽养殖投入品等相关的数据感知技术及数据网络通信技术做简要概述。

1.3.1 畜禽个体身份标识技术

畜禽个体身份标识是实现畜禽智能化养殖的重要基础,现有的畜禽个体身份标识方法主要可分人工标识方法、电子标识方法以及基于生物特征的标识方法。

1. 人工标识方法

人工标识方法包括对畜禽个体进行耳缺、刺青和普通耳标等标识。耳缺特征清晰,但数字位数有限且规定不统一。刺青错误率低但操作复杂,对养护人员的技术和油墨质量要求高。普通耳标成本低廉但易受环境影响,可能脱落或模糊。随着规模化和智能化水平提高,智能视频监控技术被广泛研究和应用,但在标记清晰度、光照条件和动物遮挡方面仍面临挑战,推广应用仍需时间[20]。

2. 电子标识方法

RFID 是目前规模化牧场中比较常见的一种动物个体身份标识方法。RFID 技术是一种非接触式的自动标识技术,其设备包括读卡器和电子标签,读卡器使用射频(RF)信号对标签进行读写,并对其识别码进行识别[21]。常用的畜禽个体 RFID 标签主要有动物耳标、项圈(脚环、翅标)式标签、可注射玻璃标签和瘤胃(网胃)电子胶囊等。用于动物识别的 RFID 标签,一般使用低频(典型工作频率有 125 kHz 和 133 kHz)和超高频(欧洲和亚洲部分地区定义的频率为 868 MHz,北美洲定义的频段为 902～905 MHz)两种工作频率[22]。目前国际上主要使用低频 RFID 标签,国内从养殖场需求出发,也在发展超高频的电子标识,但尚未形成成熟的技术标准。

3. 基于生物特征的标识方法

基于生物特征的非接触式畜禽个体身份标识方法利用图像采集设备采集个体特有的生物特征图像,然后利用图像标识技术和计算机视觉算法来对这些生物特征图像进行分析,进而实现个体身份标识,例如,通过采集家畜个体的视网膜[23]、虹膜[24]、鼻纹[25]以及脸部图像来完成动物个体身份标识[26]。生物特征具有不易被复制和篡改、不易丢失的特点,且采集图像相较物理标记更节约成本。因此,这种基于特有的生物特征实现畜禽个体身份标识的方法在提高动物福利的同时,还比传统标识方法更可靠、更精确、更实用,有助于智能化畜禽养殖产业的发展。

基于生物特征的标识技术也存在一些技术壁垒和实现难点,特别是在生物特征图像采集方面。其中:视网膜和虹膜图像的采集对操作要求较高;牛羊鼻纹容易被脏物遮挡,且对采集图像的质量要求较高,导致实现难度较高。因此从应用角度出发,与视网膜、虹膜、鼻纹等生物特征图像的采集相比,动物脸部图像采集难度相对较小,且抗干扰性较强,这些因素使得基于动物脸部特征的动物个体身份标识更易被应用于实际牧场养殖,具有较好的应用前景和潜在的实用价值。

1.3.2 养殖环境感知技术

养殖环境是影响畜禽健康和生产力的重要因素之一,不同国家畜禽设施的性能存在较大差异,主要原因是设施和养殖环境不同。为畜禽营造舒适的生长、生产环境,不仅关系到畜禽本身的福利健康,更与畜禽产品质量、食品安全和养殖场经济效益息息相关。生物安全问题、畜牧环保问题和畜禽产品质量安全问题都与温热环境、气体环境以及光照环境等养殖环境控制密切相关。实时监测畜禽舍内环境参数的动态变化,是实现养殖环境动态精细控制的基础。监测指标包括:温度,湿度,气流速度,氨气、硫化氢、二氧化碳、甲烷浓度和粉尘颗粒物浓度等。常见的监测方法包括使用电化学传感器、光学传感器、电学传感器、催化燃烧式传感器、激光式传感器、红外气体传感器等[27]。

多环境参数耦合、环境分布不均匀等问题使得各类环境传感器数据难以准确反映畜禽体感环境舒适度。因此,除了利用标量传感器对畜禽舍环境指标进行直接监测外,通过分析畜禽在舍内不同环境下的姿态、行为来间接评估养殖环境舒适度也成为一个研究热点[28]。例如,在不同环境温度下,生猪、家禽会出现不同程度的扎堆现象,奶牛和家禽的叫声也会随环境指标的不同而产生差异[29]。畜禽的这些活动规律、行为模式以及声音状态的变化等,可以借助音视频传感器进行非接触式监测,并通过音视频智能解析技术对畜禽视听场景进行分析,即可间接感知和评估当前环境的质量状态。

1.3.3 畜禽本体数据传感技术

随着规模化、集约化养殖业的发展和人力资源的短缺,自动化养殖将成为畜禽养殖业的发展趋势,准确高效地监测动物个体信息有利于分析其生理、健康和福利状况,是实现福利养殖和提升畜牧产品安全性的基础。信息技术的发展推动了国内外学者对畜禽养殖动物个体信息监测方法和技术的研究,为优化畜禽养殖生产提供了指导[30]。

1. 基于穿戴式传感技术的畜禽本体数据采集

可利用穿戴式传感技术监测的动物个体信息主要包括动物生理指标(如体温、心率等)信息[31]、姿态(如站、卧等)及行为(如休息、散步、快走等)信息[32]。相应的,常见的传感器主要有热敏传感器、光电式传感器、三轴加速度传感器、陀螺仪等。这些传感器一般与电池、微处理器、通信芯片等一起组成传感器节点,研究人员将这些节点固定于畜禽体表某个部位以实现目标数据的采集与传输。

为了防止动物运动对传感器节点带来的破坏,需根据监测目标数据以及畜禽体型特点合理选择节点固定方式和固定位置。对于牛、猪等较为大型的家畜而言,利用项圈将节点固定于动物脖颈部是目前较为常用的方法[33],而禽类则常用脚环方式固定节点[34]。但对于有特殊监测目标的穿戴式传感装置而言,应灵活调整节点固定位置。如许宏为等[18]针对猪耳道温度自动监测需求,将温度传感器节点封装在猪耳标上,将感温探头深入耳道内,完成实时监测生猪体表温度的目标。李丽华等[35]将感温元件用医用胶带固定在鸡翼下贴近鸡胸的无毛区,实现鸡翼下体表温度的连续测量。此外,近年来还出现了将节点整体或敏感元件植入动物体内的尝试。如 Gumus 等[36]以尿酸氧化酶作为标识元件建立了电流型传感器,实现了在鸡的肌肉层实时在线监测尿酸的目标。Sato 等[37]设计了一种 pH 值监测传感器节点并将其置入奶牛瘤胃以自动监测瘤胃 pH 值。

在畜牧业中,传感器节点的应用面临复杂环境和动物个体监测的挑战。传感器节点需要在高温高湿等恶劣条件下工作,同时在动物躯体上固定时要具备抗损坏性能。然而,畜牧业的特点决定了传感器节点的成本不能过高。因此,无线传感器网络在畜牧业应用中需要解决高性能、高稳定性和低成本之间的矛盾。

2. 基于无接触传感技术的畜禽本体数据采集

穿戴式传感技术需要将各类传感器固定在畜禽体表甚至植入其体内,可能给畜禽带来应激和装置损坏的问题。近年来,拾音器、摄像机等无接触数据采集设备被越来越多地应用于采集畜禽在不同养殖环境、生理阶段和健康水平下的音/视频数据。利用声学信号处理技术、计算机视觉技术,可以从这些音/视频数据中自动提取畜禽体表温度、姿态、行为等本体数据。

畜禽发声信息作为动物福利评价指标有一定应用,且畜禽发声监测方法与传统生理、生化参数指标检测方法相比,具有无接触、非侵入的优点[38]。在不断深入了解畜禽发声特点的基础上,许多研究人员探索利用声学信号处理技术提取畜禽声信号特征参数,建立基于畜禽声信号特征参数的动物行为分类、健康识别、环境适应度判别等模型。这些模型广泛应用于畜禽个体采食量自动估算、呼吸道疾病自动识别、反刍行为自动监测、养殖环境舒适度评判等[39]。随着图像、视频采集设备成本的日益降低,计算机视觉技术被越来越多地应用到智慧养殖领域,以无接触方式自动获取畜禽体表温度、姿态、行为等本体数据。现阶段,智慧养殖领域常用的图像、视频数据获取设备主要有彩色(RGB)图像摄像机、红外(IR)图像摄像机、深度相机和热成像设备(IRT)。其中,彩色图像一般用于畜禽体尺[40]、行为[41]的自动分析;红外图像摄像机一般用于在光照不足的环境下采集畜禽本体数据[42];深度相机可以记录距离信息,常被用于畜禽躯体的三维重建[43],而畜禽体尺、三维重建等信息也常被用于体重自动估测[44]。此外,也有研究人员利用深度相机图像来自动评判畜禽在不同养殖环境下的舒适程度[45]。热成像设备被大量地用于采集畜禽体表热辐射图像,结合图像分析技术来自动监测畜禽体表热窗位置温度[46],基于体表热窗位置温度的畜禽体核温度(如直肠温度)的反演模型也是近年来的研究热点之一[47]。随着人工智能技术的不断发展,蕴含丰富信息的畜禽图像、视频还被用于估测母猪背膘厚度[48]、动物心率[49]、呼吸频率[50]等以往需用专用仪器测定的指标,大大加快了智能化技术推动智慧畜牧业发展的进程。

1.3.4 畜禽养殖数据传感网络通信技术

养殖环境参数传感器和畜禽本体数据采集传感器将环境参数和畜禽生理、姿态、行为等参数转化为模拟或数字信号,并通过网络层传送到远程服务器。如图 1-3-1 所示,传输层是养殖数据物联网的第二层,通过各种网络将感知层采集的数据高效、安全地传送到远程服务器,实现信息的交互共享和有效处理,形成协同感知的网络。

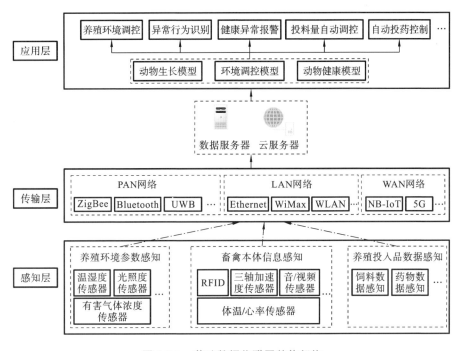

图 1-3-1　养殖数据物联网整体架构

穿戴式传感器通过 LoRa、NB-IoT、5G 等远距离无线通信协议将采集的数据汇聚到数据服务器或云服务器。由于视频传感器采集的是畜禽行为视频,数据量较大,一般直接通过以太网保存到服务器。畜禽养殖数据物联网感知层的传感器种类众多,需要根据不同的数据采集需求,在传感器节点上装配相应的无线或有线通信模块,并配置相应的网关节点或基站,实现数据的快速、实时传输。

随着通信技术的不断发展,也出现了一些利用边缘计算[51]、数据融合[52]、传输速率自适应通信[53]等技术的畜禽养殖数据传输优化方案。边缘计算技术可以将图像、声音等多媒体数据的预处理、特征提取等工作前置,解决大数据量通信的拥塞问题。数据融合技术能有效增强网络传输的可靠性,有效降低传感器测量误差,从而提高数据利用率。而传输速率自适应通信技术则可提高异常数据上传的实时性和终端节点的平均网络寿命,在满足终端节点低功耗通信要求的同时,兼顾紧急数据实时上传的需求。

1.4 畜禽养殖数据分析与建模

如图 1-3-1 所示的养殖数据物联网的感知层、传输层将养殖环境参数、畜禽本体信息、养殖投入品等数据汇聚到数据服务器或云服务器后,需在应用层实施养殖环境调控、动物健康预/报警、饲喂量调控等操作,养殖环境调控模型、动物健康模型、动物生长模型等各类模型是实施以上操作的基础。本节简要概述智慧养殖研究领域所采用的主要建模技术。

1.4.1 基于计算流体力学的养殖环境仿真建模分析

畜禽舍内气流速度、温度、相对湿度、有害气体等环境因素,对畜禽的生理健康状况和生长繁殖能力有着非常大的影响[54]。然而,这些环境因素的变化非常复杂,涉及多个因素的耦合和滞后效应,导致传统控制算法难以保证控制精度。这给畜禽舍环境均匀控制带来一定的挑战。计算流体力学(computational fluid dynamics,CFD)技术是建立在经典流体动力学基础上的数值计算技术[55],近年来,利用 CFD 技术研究畜禽舍内部的温度场、湿度场、气体浓度分布等,构建畜禽舍三维数值模型,突破传感器监测节点数量和位置的限制,为畜禽舍微环境均匀控制提供数据和模型支持成为研究热点[56]。畜禽舍养殖环境控制模型的 CFD 模拟流程主要包括建立畜禽舍三维几何模型、建立数学模型、确定初始和边界条件、网格划分、建立离散方程并求解等步骤。

1. 建立畜禽舍三维几何模型

畜禽舍内部结构复杂,因此在实际建模过程中一般会进行一定程度的简化。通常假定畜禽舍内空气是连续、不可压缩的理想流体,墙壁是绝热的,不考虑外界传热影响。有些研究还忽略了畜禽舍内对气流流动影响较小的送料管道、供水管道、加热灯等设备。建立合理的畜禽个体模型对畜禽舍模型的计算求解结果至关重要,但是猪只、鸡只等动物体实际形状较为复杂,一般会做相应的几何模型简化。在鸡只方面,有鸡只躯体简化模型[57]、方块鸡模型[58]等,如图 1-4-1 所示。

（a）鸡只躯体简化模型　　　　　　　　（b）方块鸡模型

图 1-4-1　鸡只几何模型简化

相较于鸡只,生猪体型较大,为了减小网格划分难度和缩短模拟计算时间,一般将猪只耳朵、尾巴、腿等影响精度较小的细小结构忽略,简化为与实际猪只外形相似,有效散热面积大致相当的热源体。如 Li 等[59]首先利用软件 Rhino 将猪体建模为图 1-4-2(a)所示的立体模型,然后去除猪耳并执行平滑操作后得到图 1-4-2(b)所示的平滑猪体模型,为了进一步缩短模拟计算时间,Li 等[60]进一步忽略猪腿部位,利用图 1-4-2(c)所示的猪体简化模型进行猪舍环境的 CFD 模拟仿真。

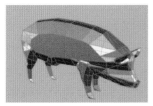

（a）猪体立体模型　　　　（b）去除猪耳的平滑猪体模型　　　（c）去除猪耳、四肢的平滑
　　　　　　　　　　　　　　　　　　　　　　　　　　　　　猪体模型

图 1-4-2　猪体几何模型的简化

2. 建立数学模型

数学模型是 CFD 模拟计算的核心,用于抽象描述问题调研中的物理现象,包括各种控制方程和物理模型的建立。在有限计算域内,通过将计算域划分为有限体积来构建偏微分方程。重要环节是确定所研究物理现象的物性参数,如密度、相对分子质量、黏度、比热、热传导系数、质量扩散系数等,并根据物理现象选择适当的物理模型,如湍流模型、辐射模型、组分输运和反应模型、噪声模型等。

3. 确定初始和边界条件

初始和边界条件是确定数学模型唯一解的前提条件,是对物理问题的完整数学描述。初始条件指在过程开始时,求解变量的空间分布情况及其对时间的各阶偏导数在初始时刻 $t=0$ 时的值,通常靠经验或实际测量获得。瞬态问题必须给定初始条件,而稳态问题则不需要。边界条件是在流体运动边界上控制方程应满足的条件,在不同情况下处理边界条件和初始条件的方式也不同。

1)湍流模型的选择

在湍流模拟方法方面,CFD 中常用的湍流模拟方法有多种,如 Spalart Allmaras 模型、标准 K-Epsilon 模型、RNG K-Epsilon 模型、Realizable K-Epsilon 模型、v2-f 模型、RSM 模型和 LES 方法。其中,标准 K-Epsilon 模型是运用最广泛的湍流模拟方法之一,计算速度快,对硬件要求低,适用于畜禽舍的数值模拟研究。

2)出入口边界条件

入口边界条件在流体力学仿真中十分重要,主要包括速度、压力和质量流量三种类型。速度入口边界条件用于描述流体速度和入口流动属性,适用于可压缩和不可压缩流体。压力入口边界条件用于定义流体入口的压力和其他属性,适用于可压缩和不可压缩流体,适用于压力已知但速度和/或速率未知的情况。质量流量入口边界条件适用于已知入口质量流量的可压缩流体。在不可压缩流体中,不需要指定入口质量流量,因为速度入口边界条件已经包含了质量流量信息。在畜禽舍内环境 CFD 仿真中,通常将舍内流体设定为空气,并将其属性设置为不可压缩的理想气体。出口边界条件包括压力出口和质量流量出口两种。压力出口用于亚声速流动,需指定表压;超声速流动则从内部求解压力和其他属性。回流问题需要指定回流条件以提高收敛性。质量流量出口适用于未知速度和压力的流动问题,但不能用于可压缩流体或包含压力出口的情况。外部排气扇边界条件用于模拟具有指定压力阶跃和环境(排放)静压的外部排气风机。罗松[54]在模拟垂直通风猪舍气流场与温度场时采用压力入口和外部排气扇出口的边界条件进行设置。地下通风道作为猪舍进气口,其入口的边界条件选择压力选项,其相对压力设置为 0 Pa,入口气流温度设置为 16℃。猪舍内的风机作为垂直通风系统的出风口,速度设置为 12.5 m/s。

3)固体壁面边界条件

对于黏性流动问题,可设置壁面为无滑移边界条件或指定壁面切向速度分量(壁面平移或旋转运动时)以模拟壁面滑移。壁面热边界条件包括固定热通量、固定温度、对流热传导、外部辐射等。在猪只表面边界条件设置中,考虑到猪只表面的散热和猪只对气流流动无摩擦作用,一般将猪只表面设置为传热表面,同时设为无滑移的壁面。

4. 网格划分

CFD 模型的质量取决于所使用的网格质量。优质的网格有助于模型收敛和减少内存需求,从而得到精确的解。在 CFD 模型中,网格划分需要满足两条基本原则:没有空区域,也没有重叠的网格单元。为了避免违反这两条原则,大多数网格划分工具都包含自动检查功能,或者提供易于检测和纠正错误的工具。同时,良好的 CFD 网格还应该追求高质量、足够的分辨率和较低的计算成本。然而,这些要素通常相互冲突,需要根据建模目标做出相应的选择。在畜禽舍仿真应用中,常用的网格类型包括六面体网格、四面体网格和混合网格。六面体网格最早用于 CFD 研究,适用于相对简单的几何形状,能提供较精确的计算结果[61]。但对于复杂的畜禽个体形状,使用六面体网格划分较为困难。相比之下,四面体网格适用于划分复杂曲面边界,适合用来划分畜禽个体形状网格。但需要注意的是,具有相同网格数的四面体网格预测精度低于六面体网格预测精度,为了保持同样的精度,四面体网格的网格单元数要比同样大小的六面体网格多,从而增加了计算开销。因此,混合网格成为一种结合了六面体网格和四面体网格优点的选择。Seo 等[62]应用该混合网格分析研究了畜禽舍内的气流组织。然而,混合网格生成难度比六面体、四面体网格生成难度都大,特别是对宽高比较大的网格来说更是如此。

5. 建立离散方程并求解

为了提高计算精度和控制计算结果,我们将求解域内的偏微分方程简化为代数方程组进行求解。这样做的原理是将计算域内的变量视为未知数,建立代数方程组,通过求解得到这些位置上的数值,并进一步计算其他位置的数值。离散化方法主要有有限差分法、有限元法和有限元体积法。确定离散化方法后,CFD软件会自动将初始条件和边界条件离散化,将连续型条件转化为特定位置上的值。然后,我们提供流体的物化参数和湍流模型的经验系数,软件进行自动求解,并判断解的收敛性。对于收敛解,输出结果;对于非收敛解,重新建立离散方程并进行计算。计算完成后,对结果进行后处理,以图形和表格展示,包括物理量的云图、曲线图、动态变化图和计算结果等。图 1-4-3(a)(b)所示的是向上入风口和向下入风口环控措施下猪舍内温度分布情况,图 1-4-3(c)(d)所示的是两种入风口环控措施下猪舍内风速分布的对比。

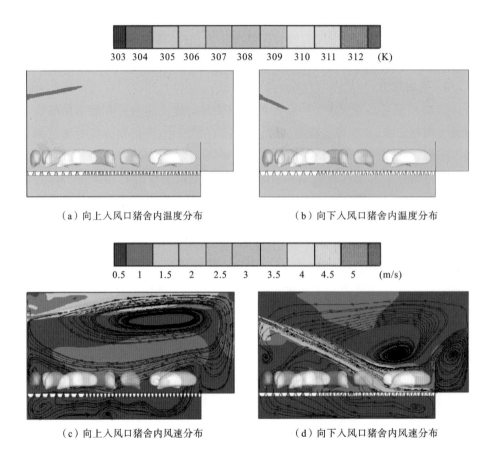

（a）向上入风口猪舍内温度分布　　　　　　（b）向下入风口猪舍内温度分布

（c）向上入风口猪舍内风速分布　　　　　　（d）向下入风口猪舍内风速分布

图 1-4-3　CFD模型计算结果图形化展示

1.4.2　基于机器学习的智慧养殖模型

在畜禽养殖中,数据采集对于构建智慧养殖模型至关重要。养殖环境参数、投入品数据和动物行为音/视频数据等信息都是智慧养殖模型的基础。智慧养殖模型的构建是推进养殖作业智能化的关键。随着人工智能技术的发展，尤其是包含深度学习在内的机器学习技术在智慧养殖模型的构建中得到广泛应用。机器学习在智慧养殖中应主要关注如何从畜禽养殖数据中运用算法生成各种智慧养殖模型。

1. 机器学习基础

机器学习的基础是数据，学习或训练是从数据中学得模型的过程[63]。训练模型使用训练数据，其中每个样本称为训练样本，组成训练集。学得模型代表了数据的潜在规律，学习的目的是找出或逼近真实值。学得模型可用于测试，其中被预测的样本称为测试样本。根据训练数据是否拥有标记信息，学习任务可分为监督学习（如分类和回归）和无监督学习（如聚类）。在畜禽养殖模型构建中，监督学习广泛应用于分类任务，用于预测对象所属类别，结果为离散值，算法称为分类器。分类任务可以是二分类（如奶牛是否发情、生猪是否健康）或多分类（如根据奶牛食草音频特征识别咬断牧草、咀嚼牧草、反刍食团等行为）。回归模型输出连续实数值，如基于畜禽采食音频特征的采食量估算和基于畜禽体尺参数的体重估测模型。传统机器学习（浅层学习）和深度学习是根据是否涉及特征学习来分类的[64]。传统机器学习侧重于学习预测模型，需要将数据表示为一组特征，这些特征可以是连续数值、离散符号或其他形式，特征提取可以通过人工经验实现；而深度学习则通过深层神经网络自动学习数据特征。传统机器学习的数据处理流程如图 1-4-4 所示。

图 1-4-4　传统机器学习的数据处理流程

数据预处理是对原始数据进行清理和加工，以构建适用于机器学习模型训练的数据集。特征提取是从原始特征中提取对机器学习任务有用的高质量特征，例如图像分类中的边缘和尺度不变特征。特征转换则是对提取得到的特征进一步加工，如主成分分析（PCA）和线性判别分析（LDA）。预测是机器学习的核心，涉及学习预测函数并进行预测。机器学习系统中的特征也称为表示（representation）。为了学习一种好的表示，需要构建具有一定深度的模型，并通过学习算法使模型自动学习出优质的特征，从底层特征到中层特征，再到高层特征，最终提升预测模型的准确率。从数据中学习一个深度模型的方法称为深度学习(deep learning, DL)。深度学习是机器学习的一个子领域,通过多层的特征转换,将原始数据变换成更高层次、更抽象的表示,这些学习到的表示可以替代人工设计的特征,从而避免了烦琐的"特征工程"。深度学习的数据处理流程如图 1-4-5 所示。

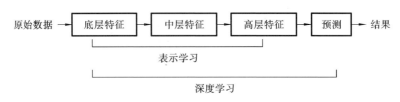

图 1-4-5　深度学习的数据处理流程

深度学习能够将原始数据通过多步的特征转换进而得到最终结果的预测函数。其中,关键问题是贡献度分配,即不同组件或参数对最终结果的贡献。神经网络是目前深度学习主要采用的模型,因为它可以使用误差反向传播算法较好地解决贡献度分配问题。凡是超过一层的神经网络都可视为深度学习模型。随着深度学习的发展,模型深度不断增加,从早期的 5～10 层增加到目前的数百层,提升了特征表示能力,使得后续的预测更加容易。

2. 基于传统机器学习的智慧养殖模型

畜禽行为数据类型多样,可以是穿戴式加速度传感器、陀螺仪等采集的标量数据,也可以是图像、视频、音频等多媒体数据。标量数据主要用于识别畜禽的姿态、运动、采食和反刍等行为,方法是使用传感器数据计算方法计算姿态角,并利用姿态角的时频域特征,采用支持向量机(support vector machine, SVM)、决策树、逻辑回归、K 均值等构建分类器实现动物姿态、运动行为的识别[65]。采食与反刍行为识别也用类似的传感器数据,提取特征后通过支持向量机、决策树等传统机器学习方法进行分类器训练[66]。畜禽不同行为或呼吸道疾病发生期间,发出的声音信号数据具有一定的特征,可用于训练行为与呼吸道疾病识别模型。早在 2006 年,以色列研究人员就开始利用麦克风检测奶牛的咀嚼声音并区分奶牛采食行为和反刍行为[67]。比利时学者 Ferrari 在 2008 年开发了基于声学信号分析的猪只呼吸道疾病检测模型[68]。构建畜禽行为和健康识别模型需进行特征提取,包括降噪、端点检测和提取梅尔频率倒谱系数(Mel frequency cepstrum coefficient, MFCC)等参数。最后利用支持向量机、隐马尔科夫模型[69]、C 均值聚类[70]等传统机器学习方法处理这些声学信号特征参数,构建分类器自动识别畜禽的采食和反刍行为,以及是否存在呼吸道疾病。

摄像机、热成像仪等图像视频采集装置能以无接触方式采集畜禽图像、视频等视觉数据,这些视觉数据中蕴含了畜禽体重、姿态行为、生理状态等丰富的信息。利用传统机器学习技术构建模型需要两个步骤:首先提取静态图像或连续视频帧特征;然后利用训练模型实现畜禽个体体重、姿态、健康等自动识别。在视觉特征提取阶段,图像数据的预处理及目标分割必不可少,其中,预处理操作主要包括灰度化、图像增强和滤波去噪等步骤。目标分割常用的方法有背景减除法、混合高斯模型法及基于非背景建模的方法,非背景建模方法包括基于边缘的目标分割方法、基于神经网络的目标分割方法、基于阈值的目标分割方法和基于区域的目标分割方法,其中以 Mask R-CNN[71]为代表的深度学习实例分割模型被越来越多地应用于分割畜禽个体前景图像。前景目标分割后,后续畜禽体重估测、姿态行为、健康异常、生理状态识别等模型构建需要提取视觉特征。畜禽体重估测模型通常使用畜禽前景图像的关键体尺参数[72],传统机器学习的回归方法常用于训练基于体尺参数的体重估测模型。近年来,利用深度相机、双目相机数据重建畜禽体并提取三维特征用于体重估测也备受关注[73]。畜禽姿态可视为静态行为,如猪只的站立、坐立、侧卧、趴卧等。姿态识别模型常用的视觉特征包括畜禽前景轮廓、外接矩形几何特征(如长宽比)[74],以及从深度相机图像中提取的畜禽不同部位高度特征[75]等。姿态识别是典型的分类问题,传统机器学习方法如支持向量机、随机森林、决策树等在畜禽姿态识别模型训练中得到广泛应用。

视频采集系统因其低成本、方便安装、非接触性和连续记录数据的优点,在记录动物行为方面得到广泛应用。计算机视觉技术成为畜禽行为自动识别和分析的主要手段。传统机器学习方法构建的分类器需要静态特征(如纹理、形状、颜色)和动态特征(如前景区域移动速度、位置变化)。在畜禽行为自动识别模型中,研究人员关注畜禽前景区域与养殖设施区域的时空融合特征。如在畜禽饮水、采食、排泄等基础行为自动识别模型研究中,猪嘴区域与饮水器之间的距离和持续时间被用于自动识别猪只的饮水行为[76];李振晔通过实时跟踪运动目标生猪,识别其是否在排泄区并根据滞留时间识别排泄行为[77]。此外,在多畜禽个体间的交互行为识别研究中,广泛使用特征工程和传统机器学习分类器。例如,Heo 等人[78]构建支持向量机分类器处理奶牛的行为历史图特征,自动识别奶牛的爬跨、行走、摇尾和踩踏等行为。Viazzi 等人[79]提取断奶仔猪猪群平均运动强度和空间占用指数两个特征,使用线性判别分析方法自动识别仔猪的攻击行为。

3. 基于深度学习的智慧养殖模型

深度学习作为一种自主特征学习方法,具有自动获取图像、音/视频等多媒体数据中的多层次、多维度、多尺度特征信息的能力,有效避免了人工提取特征向量的局限性,具有识别准确度高、模型迁移能力强等优点[80]。深度学习技术在畜禽目标检测、身份标识、健康识别等方面表现出巨大的应用前景。

目标检测的主要任务是在图像中定位感兴趣的畜禽目标,这是处理畜禽身份标识和行为理解等高级视觉问题的基础。深度学习模型在目标检测中应用广泛且效果良好。目标检测算法可分为两种流派:以 R-CNN 系列为代表的两阶段算法和以 YOLO[81]、EfficientDet[82] 为代表的一阶段算法。两阶段算法首先在图像上生成候选区域,然后对候选区域依次进行分类与边界回归。例如,张晨鹏[83] 利用改进的 Faster R-CNN 训练牛脸检测模型,实现牛只个体识别目标。一阶段算法是直接在整张图像上完成所有目标的定位和分类,略过了生成候选区域这一步骤。例如:李娜[84] 利用 YOLOv4 算法训练了一个鸡只目标检测模型,识别鸡只的采食、饮水、站立、舒展、梳羽、啄羽、打架等行为;陆明洲等[85] 训练基于 EfficientDet 的舍饲肉羊嘴部状态检测模型,实现肉羊采食咀嚼行为识别。总的来说,两种流派的目标检测方法各有优势,通常两阶段算法准确度更高,一阶段算法速度更快。

深度学习在牲畜个体身份标识方面的应用是计算机视觉和模式识别前沿领域的探索尝试[86],符合智慧牧场精准养殖的需求,为现代牧场管理和养殖产业提供技术支持[83]。基于深度学习的牲畜脸部识别流程主要包括脸部检测、特征学习、特征比对等步骤,其中提取强判别性、强鲁棒性的特征学习是脸部识别的关键。牲畜脸部深度特征学习和识别性能受网络结构和损失函数的影响。常用的深度卷积神经网络如 VGGNet[87]、GoogLeNet[88]、ResNet[89] 等被用于提取牲畜脸部特征,在经典的多分类损失函数 Softmax Loss 基础上,损失函数的设计问题受到广泛关注。如张晨鹏[83] 利用 ResNet-50 网络作为牛脸检测模型的特征提取网络,提升模型的特征提取能力,然后利用 Softmax Loss 结合中心损失作为损失函数监督牛脸特征提取模型的训练。

畜禽姿态和行为是畜禽健康和生理状态的外在表现。利用畜禽异常姿态和行为识别来实现动物健康异常的自动识别和预警一直是智慧养殖技术研究领域的挑战性内容。深度学习技术如 CNN[90]、R-CNN[91]、SSD[92]、YOLO[93]、LSTM[94] 等已被广泛应用于动物健康识别,例如基于行走行为分析的跛行识别[95]、基于异常排泄行为的肠道疾病识别[96]、基于呼吸频率自动提取的呼吸道健康评估[97]等。构建基于深度学习的畜禽姿态和行为自动识别模型通常包括模型训练和模型验证两个阶段。目前,用于动物健康识别模型构建的数据集主要是 RGB 图像和视频,并且大部分研究采用监督学习方法。大规模的数据集和高质量的标签有助于提高模型的精度[98]。

1.5 畜禽养殖作业智能装备

养殖环境、畜禽生理参数与健康水平、投入品等数据汇聚到数据中心后,各类养殖管控模型、专家系统做出养殖管控决策,这些决策通过驱动位于养殖设施内的各类智能装备实现对养殖过程的自动管控。目前,畜禽养殖作业智能装备可分为三类:养殖环境优化调控系统、固定式养殖作业智能装备以及移动式养殖作业智能机器人。本节通过介绍这三类装备来简述畜禽养殖作业智能装备研究概况。

1.5.1 畜禽养殖环境优化调控系统

现代规模化养殖中,养殖环境对畜禽健康和生产力起着重要作用。通过传感器、物联网等技术,智能装备可以自动感知各项环境因素,并将数据传输到云端管理平台,在手机、PAD、计算机等终端显示环境参数,这已成为标准化养殖场普遍采用的信息化管理手段。同时,养殖管理人员通过远程操控方式还可以实时控制喷淋器、风机、加热器等设备,保持适宜畜禽生长的养殖舍环境。这样的养殖环境自动监测及调控系统在现代养殖中得到广泛应用。图 1-5-1 所示为养殖环境自动监测与调控系统典型架构。

为了保证畜禽的健康,保持畜禽的生产力,养殖环境的调控显得尤为重要。传统的环境参数传感器只能检测单一环境因素,难以准确反映动物的舒适性需求。然而,随着传感器技术的进步,智能非接触式传感器和多元环境参数检测设备的应用逐渐增多。此外,机器人巡检畜禽舍内环境也成为现实,可实时采集环境指标,帮助养殖管理人员制定更高效的环境调控策略。

畜禽舍环境调控主要采用通风、降温、保温、加温和空气净化等措施,与环境调控措施相对应的环境控制设备包括风机、湿帘、喷淋器、加热器等,这些设备由智能控制器控制。在半自动管理方式下,养殖管理人员通过移动终端或计算机实时掌握环境信息,并通过移动终端或计算机向控制器发送启停控制命令。在自动管理方式下,云平台根据综合因素自动向控制器发送控制命令,实

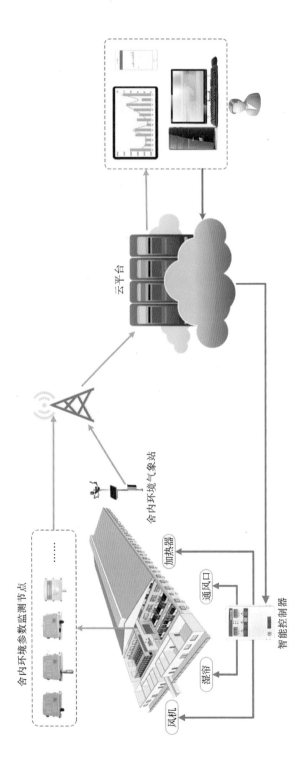

图 1-5-1 养殖环境自动监测与调控系统典型架构

现环境的自动调节。虽然已有大量研究在畜禽舍的养殖环境自动监控技术与系统领域取得进展,但对复杂的养殖环境进行自动调控仍然具有一定的难度。目前,我国在多变量耦合控制算法、控制策略与养殖工艺结合方面有进展,但泛化性和鲁棒性仍是关键挑战。

1.5.2 固定式养殖作业智能装备

固定式养殖作业智能装备在工作过程中位置固定,典型的固定式养殖作业智能装备有种猪性能测定站、群养妊娠母猪电子饲喂站、家畜自动分群装备、自动挤奶装备等。

1. 种猪性能测定站

种猪性能测定站一般固定安装在各个种猪圈中,通过护栏、门禁系统确保种猪逐个进入性能测定站采食。其在种猪采食过程中动态采集猪只个体采食量及其体重变化,进而计算猪只不同生理生长阶段的饲料转化效率,以评价测定种猪的生长性能。物联网感知技术的发展为种猪性能测定与分析提供了有效方法,并且嵌入式模块在数据采集和分析方面也越来越完善。国外典型的种猪性能测定站如荷兰睿保乐(Nedap)公司提供种猪性能测定站,国内有北京京鹏环宇畜牧科技股份有限公司(以下简称京鹏环宇)研发的 Compident 种猪性能测定站。

2. 群养妊娠母猪电子饲喂站

电子标识及自动控制技术的发展使得实施群养妊娠母猪个性化饲喂的电子饲喂站应运而生。电子饲喂站利用射频标识技术识别妊娠母猪个体,并自动控制妊娠母猪每天的采食量。电子饲喂方式提高了生产效率,减少了管理工作量。国外研发时间较长且市场占有率较高的妊娠母猪电子饲喂站有德国大荷兰人(Big Dutchman)公司的 CallBackpro,美国奥斯本(Osborne)公司的 TEAM 等。这些电子饲喂站的工作原理和总体结构基本相同,其主要由进入通道、采食区域及离开通道三部分组成。另外,英国 MPS 公司还研发了 APOLLO 舍外母猪电子饲喂站。

3. 家畜自动分群装备

家畜养殖场需要科学地按日龄、体重等指标对畜禽进行分群饲养,以提高生产效率。传统的分群通过人工观测方式进行,其效率低,且受主观因素影响大,花费较大的人力成本,因此家畜自动分群装备应运而生。家畜自动分群装备主要包括甬道式[99]、饲喂站式[100]等,集成机械、电气自动控制、气动系统等专业领域知识[101]，通常具有家畜个体识别、自动称重、自动分群等多种功能。在个体识别方面，使用较多的是射频标识技术。自动称重是分群装备的核心功能，一般可通过称重传感器动态称重[102]或基于机器视觉的体重估测技术[103]实现。

4. 自动挤奶装备

挤奶机产业的发展已有百余年的历史。随着高新科技的发展和应用，全自动挤奶装备兴起，它能实现无人化挤奶，保证奶牛健康，提高产奶量，节省劳动力。自动挤奶装备由控制器、真空系统、液体储存系统、奶杯以及多种传感器等组成，主要功能包括管道自动清洗、自动挤奶、自动按摩、自动告警提示以及挤奶罩杯自动脱落等[104]。目前，全自动智能挤奶装备主要在欧美等发达国家研制生产[105]，知名企业有 Lely、DeLaval 等。

1.5.3　移动式养殖作业智能机器人

移动式养殖作业智能机器人主要用于流动式作业，需养殖作业机器人自主到达畜禽位置完成预设的任务。按照移动方式可将移动式养殖作业智能机器人分为轨道式和地走式两类。典型的畜禽养殖作业机器人有养殖环境及畜禽健康巡检机器人、智能赶猪机器人、家畜精准饲喂机器人、畜禽舍消毒机器人、生猪免疫自动注射机器人、清粪与清洗机器人、病死畜禽巡查捡拾机器人、放牧机器人等。

1. 轨道式巡检机器人

为确保畜禽养殖生产不受机器人干扰，采用轨道式巡检机器人成为解决方案之一。这些机器人携带各类传感器，在养殖舍内沿预设路径执行环境和畜禽状态检测任务。目前，轨道式巡检机器人已成功应用于生猪、肉鸡和蛋鸡养殖场。

1）鸡场轨道式巡检机器人

鸡场养殖环境复杂，监测鸡只健康和环境参数有一定难度。鸡场轨道式巡检机器人可以沿铺设在禽舍顶棚上的轨道巡检舍内养殖信息，包括养殖环境参数、健康异常家禽、养殖设施（如垫料）问题等。用户可以通过云平台实时查询机器人检测的各项数据，进而为养殖作业实施方案提供决策依据。农场机器人和自动化公司（Farm Robotics and Automation SL）生产的 ChickenBoy 是鸡场轨道式巡检机器人的代表。该机器人配备相机、环境参数监测传感器、空气质量监测传感器、声音传感器和激光发射器等装备，沿着轨道在肉鸡群上方巡检。

相机用于采集鸡群实时图像;环境参数和空气质量监测传感器用于收集舍内养殖环境数据并绘制指标分布图;声音传感器用于记录鸡舍内的鸡鸣声,作为肉鸡群健康状态的评判指标之一;激光发射器用于促进肉鸡活动,提升健康水平。

2) 猪舍轨道式巡检机器人

猪舍轨道式巡检机器人具备多项功能,包括舍内养殖环境采集(如温湿度、光照强度、二氧化碳及氨气浓度等),育肥猪和母猪的体尺、体温监测以及数量盘点功能。猪舍轨道式巡检机器人系统主要由工字形轨道、动力装置、充电装置、养殖数据采集装置等组成。轨道一般吊装在猪舍顶部,充电装置一般安装在轨道尽头,负责为机器人补充电能。动力装置主要由电池、驱动电机及传动机构组成,负责控制机器人前进后退等动作。目前小龙潜行公司的守望者轨道式巡检机器人已经部署在国内多家养殖场,可实现育肥猪生长性能(如体重、均匀度、料肉比等)的追踪预警,可帮助制订出栏计划,并可帮助做好后备培育猪的生长与饲喂管理。

2. 地走式养殖作业智能机器人

轨道式巡检机器人沿着预先铺设的轨道实施巡检任务,机器人运动控制相对简单,但也存在巡检成本较高(每个养殖舍都需一套巡检机器人及相应的导轨)、作业类型相对单一等问题。地走式养殖作业智能机器人可以实现跨舍作业,且可以在自走平台上搭载功能各异的作业模块,从而执行饲喂、清粪、消毒等养殖作业,是轨道式巡检机器人的一个补充。

1) 自主移动底盘

自主移动底盘是地走式养殖作业智能机器人的基础,目前主要有轮式移动底盘和履带式移动底盘两种。轮式移动底盘中较为常见的是三轮及四轮底盘,与单轮、双轮底盘相比,三轮、四轮移动底盘具有更好的平衡性,其转向方式主要包括阿克曼转向、滑动转向、全轮转向、轴-关节式转向及车体-关节式转向[106]。履带式底盘具有接地比压小,在松软的地面上附着性能和通过性能好,爬坡平稳性高,自复位能力良好等特点,由于转向半径小,可以实现原地转向[107]。

2) 自主导航与自主行走功能

地走式养殖作业智能机器人应具备自主导航和自主行走功能,常用导航方式有磁导航、惯性导航、路标导航和视觉导航。磁导航需在机器人移动路径上埋设磁条,机器人通过磁传感器检测磁条磁场强度来移动。这种导航方式可靠性高,但也存在成本高,改造、维护困难,无法避障等缺点[108]。惯性导航通过陀螺仪等传感器检测方位角和行驶距离实现导航,不需外部参考但可能产生漂移误差。路标导航根据传感器识别出的路标进行导航,分为人工和自然路标导航,养殖舍常用人工路标导航。视觉导航可感知障碍物和路标等信息,在移动机器人自主导航中广泛应用,通常与其他导航方式结合使用。

同步定位与建图(simultaneous localization and mapping,SLAM)通过机器人自身所搭载的多传感器获取环境信息,并估计自身位姿完成地图构建,是实现机器人在未知环境下自主定位与导航的关键[109]。目前,SLAM 技术已经具有较好的鲁棒性,在舍内作业机器人的定位导航上应用广泛。对于室外作业养殖机器人,如澳大利亚野外机器人研发中心研发的草原放牧机器人[110],可采用北斗卫星导航系统、伽利略卫星导航系统、全球定位系统(global positioning system,GPS)等导航系统完成机器人的定位与导航。

3)作业目标识别与定位

养殖机器人通过计算机视觉、机器学习、深度学习等方法对作业目标进行准确识别与定位[111]。目标识别利用颜色、梯度、形状、纹理等特征进行目标检测和分类。深度学习网络模型如 R-CNN、SSD、YOLO 等也常用于目标识别。目标定位则确定指定类别物体的位置和范围,通常借助激光雷达、超宽带(ultra wide band,UWB)技术、毫米波雷达、视觉设备等设备和技术。例如,荷兰瓦赫宁根大学研发的鸡蛋捡拾机器人 PoultryBot[112],使用单目相机检测禽舍地面上的鸡蛋,利用颜色反差和形态学检测目标鸡蛋,并利用粒子滤波方法定位机器人位置[113],最终实现目标鸡蛋的准确定位。

4)执行机构控制

机器人的执行机构是实现工作任务的关键部分,根据不同功能,构成也有所不同。例如:畜禽舍消毒机器人的喷药控制机构通过电磁阀来控制消毒液的喷洒和停止,同时通过调节风机转速来控制喷洒距离;而生猪免疫自动注射机器人则采用机械臂携带气压驱动的无针头疫苗注射器,机器人通过三维点云相机拍摄猪臀部区域,识别注射部位和角度,然后,多自由度的机械臂应用高精度力控贴合算法确保注射器与注射位置紧密贴合,最后,通过气压驱动将药液高速注入生猪体内。

1.6 畜禽智慧养殖管控大数据平台

随着畜禽养殖业现代化、规模化水平提高,产生了大量养殖数据。数据整理和录入过程烦琐,耗费时间,导致工作量大、录入不及时、数据质量不高[114]。为解决这些问题,出现了基于大数据、物联网、云计算等技术的养殖场智能管控大数据平台,为养殖企业提供精准的生产管理和高效的信息服务。

1.6.1 大数据平台主要支撑技术

1. NoSQL 存储技术

大数据平台出现之前,关系数据库被大量应用于存储和检索数据。但是,畜禽养殖大数据的复杂性不允许使用关系数据库技术来分析养殖各环节中产生的图像、音频、视频等复杂数据[115]。若要利用关系数据库存储、处理大数据,需要事先将大数据结构转换为关系模型,严格定义关系范式,指数增长、缺乏结构和类型的多样性养殖数据给传统的数据管理系统带来了数据存储和分析的挑战。为了满足大数据存储需求,存储机制从传统的关系型数据管理系统向NoSQL 技术的结构转变。根据数据在数据库中的存储模式,可以将 NoSQL 非关系型数据库划分为列式型、键值型、文档型和图型四种类型,不同类型的非关系型数据库分别适用于不同场景。

1)列式型存储

Apache 公司开发的 HBase 是一个典型的列式型 NoSQL 数据库。在基于列式型存储的数据库中,数据是按照以列为基础的逻辑存储单元进行存储的,一列中的数据在存储介质中以连续存储形式存在。列式型存储每次读取的是列数据集合的一段或者全部;写入时,一行记录被拆分为多列,每一列数据追加到对应列的末尾处。

2)键值型存储

采用键值型存储方式的代表是 Google 公司的 BigTable 以及 Yahoo 公司的 Cassandra。键值型存储系统的数据按照键值对的形式进行组织、索引和存储,其中键作为数据记录的唯一标识符。在键值型存储模式中,数据表中的每个实际行都具有行键和数值两个基本内容。

3)文档型存储

文档是 NoSQL 非关系型数据库处理信息的基本单位,文档以某种标准格式或编码来封装和排列数据(或信息)。基于文档的数据库使用的编码包括XML、YAML、JSON 和 BSON,还有二进制文档格式如 PDF 和 Microsoft Office 文档。文档型存储引擎可以直接支持二级索引,从而允许对任意字段进行高效查询。文档型存储比较适合存储系统日志等非结构化数据。但是,文档型存储模型不太适合以邻接矩阵或邻接表表示的图数据。MongoDB、Elasticsearch 等是文档型 NoSQL 数据库的典型代表。

4）图型存储

图型存储数据库也可称为面向/基于图的数据库,其基本含义是以"图"这种数据结构作为逻辑结构存储和查询数据。"图"由顶点和边组成,顶点上有描述其特征的属性,边有名字和方向,并且每一条边都对应着一个源顶点和目的顶点,边也可以有属性。相对于关系型数据库,图数据库在数据操作的灵活性方面有着天然的优势,特别是在异构数据存储、新数据集成以及多维关系分析等方面有着较高的效率。主流的图数据结构模型主要有资源描述框架(resource description framework,RDF)模型和属性图模型[116]。

2. 大数据计算硬件架构

大数据计算硬件架构主要包括虚拟化、分布式存储计算和云计算。

虚拟化技术是一种资源管理技术,利用软件创建组件(如应用、服务器、存储和网络)的虚拟表现形式,打破了传统的物理资源限制。常见的虚拟化技术有服务器虚拟化、存储虚拟化和网络虚拟化。

分布式存储是一种解决大规模、高并发 Web 访问问题的数据存储技术。它采用可扩展的系统结构,多台存储服务器共同分担存储负载,提高系统的可靠性、可用性和存取效率,且易于扩展。分布式存储包含多种类型,如分布式文件系统、分布式块存储、分布式对象存储,还有分布式数据库和分布式缓存等。其主要架构有中间控制节点、完全无中心架构计算模式和完全无中心架构一致性哈希。分布式计算将大数据应用分解成多个小部分,分配给多台计算机进行处理,从而节约整体计算时间,大大提高计算效率。

云计算是网格计算、分布式计算、并行计算、虚拟化等先进计算机技术和网络技术发展融合的产物,具有普遍适用性。云计算通过网络"云"将巨大的数据计算处理程序分解成无数个小程序,然后通过多部服务器组成的系统进行处理和分析这些小程序,得到结果并返回给用户。对于智慧畜牧技术而言,将数据快速放到"云"中,增强畜牧产业链的协同作用,将畜牧生产过程、屠宰加工过程、冷链运输过程中的相关信息全程开放给终端用户,可以把许多资源集合起来,通过软件实现资源自动化传输、存储、管理与共享,不仅有利于为网络终端用户提供便捷的信息和服务,而且有利于行业部门监管和企业发展。

3. 大数据分析的系统支持

在大规模数据处理系统中,通常有两个方面需要保证,一是要保证数据的完备性、可靠性,二是要保证数据处理能在可容忍的时间内完成。在大规模数据系统中,通常采用分布式处理方式,通过硬件横向扩展来满足上述要求。A-pache Hadoop 是分布式数据处理中最著名的一款软件框架,该框架实现了 MapReduce 编程范式,基于该范式,开发人员可以较为方便地开发分布式应用。Hadoop 框架包括 MapReduce、Hadoop 分布式文件系统(Hadoop distributed file system,HDFS)和其他一些相关的项目,如 Hive、HBase 等。

Apache Spark 与 Hadoop MapReduce 计算框架有许多相似之处,它非常适合用于迭代算法的并行处理和交互式分析。弹性分布式数据集是 Spark 中一项富有特色的核心技术。它允许开发人员在较大的集群中实现分布式内容计算,同时又有很好的并行性和容错性。以内存为介质记录中间结果能够有效地减少读写操作,从而解决机器学习算法在分布式计算中的瓶颈问题[117]。在大数据处理系统中,Hadoop 主要用于批处理而不适用于实时处理。BackType 公司开发的 Storm 为大数据分布式实时计算提供了一组通用原语。Storm 采用主从系统架构,任务拓扑是其逻辑单元。Storm 中存在一个主节点与多个从节点,主节点的主要功能是分配计算资源、调度任务、监测系统状态等。主节点会接收来自客户端的请求并将任务分配到多个从节点中。现阶段,机器学习已经成为一种从数据中提取信息的主要方法,Petuum 是一个专门针对机器学习的分布式平台,主要应对机器学习在大规模数据和大规模模型上的挑战。

1.6.2 智慧养殖管控大数据平台常见功能模块

智慧养殖管控大数据平台旨在建设饲养可监控、屠宰可监督、销售可监管、消费可查询、全程可追溯的现代化养殖平台,从而打造养殖、监管、流通、溯源一体化的智能养殖基地。因此,一个智慧养殖管控大数据平台的管控目标包括养殖业务管控、智能数据报告、畜禽产品溯源管理、养殖成本管理等。

1. 养殖业务管控

养殖业务管控包括人员管理、投入品管理、养殖设施管理、畜禽管理等。在人员管理方面,智慧养殖管控大数据平台为养殖场所有员工分配相应的岗位与角色,进行人员调度,提升养殖场人力资源配置能力。在投入品管理方面,各类自动饲喂装备的出现使得饲料消耗量数据的实时自动记录成为可能,智慧养殖管控大数据平台可以利用各类机器学习算法对饲料消耗量数据库及养殖场生产数据进行统一建模分析,确定牲畜每天所需要的饲料数量以及种类,从而有效地降低饲料的浪费。在养殖设施管理方面,智慧养殖管控大数据平台需基于养殖工艺、配套管理技术和专家经验,实现满足畜禽生产力需要并发挥其最佳遗传潜力的目标。该平台采用以基于群体中个体差异按需、定点、定时饲养管理为特征的智能化养殖方法,控制各类设施装备以满足畜禽采食、饮水及生长过程所需的各类条件。在畜禽管理方面,智慧养殖管控大数据平台利用现代化信息技术对动物养殖全过程进行管理。畜禽个体管理信息包括个体信息、饲喂记录、称重记录、转舍记录、淘汰记录、死亡记录、繁殖记录、疾病防治记录等。存栏/出栏总量管理统计各个养殖场多个畜别的存栏/出栏总量,实现存栏/出栏信息的统计、查询与导出。

2. 智能数据报告

养殖智能数据报告包括环控数据报告、生产数据分析报告、动物健康分析报告、能耗报告等。环控数据报告通过物联网采集养殖环境信息,后台系统分析并给出调控决策。生产数据分析报告以图表形式对养殖场存栏情况、生产效率等核心指标进行全面对比分析,帮助找到生产问题并提供解决方案依据。动物健康分析报告基于传感器采集动物体温、行为等信息,通过机器学习、深度学习等方法评估动物健康状况,及时采取措施减少经济损失。能耗报告实时分析设备运行状态、耗电情况等数据。

3. 畜禽产品溯源管理

智慧养殖管控大数据平台提供的畜禽产品溯源功能模块应包括养殖环节、屠宰环节、加工仓储环节及物流环节的溯源信息。养殖环节溯源信息应至少包括入栏量、饲喂管理、疫苗使用、病害处理、出栏量、养殖环境等畜禽日常养殖信息。屠宰环节溯源信息应包括检疫时间、合格记录、不合格记录等信息。加工仓储环节溯源信息应包括加工环境、品质等级、仓库状况(温度、湿度等环境指标)、入库时间、出库时间等信息。物流环节溯源信息应包括物流轨迹、驾驶员身份、物流车状态(温度、湿度)、开始时间、到达时间等。

本章小结

利用以物联网、大数据及人工智能为代表的新一代信息技术构建智慧养殖解决方案,发展以畜禽养殖信息智能感知、智能分析、智能管控等为核心的智能化养殖新装备与新技术,是提升畜禽养殖产出效率、保持和推动畜禽养殖业向绿色、健康、高质量方向转型发展的关键。本章概述了畜禽智慧养殖技术、装备、平台的发展现状。首先从数据感知、数据分析与决策、养殖环节管控措施执行三个方面分析了畜禽智慧养殖的整体架构。然后简要介绍了现有的畜禽个体标识、养殖环境感知、畜禽本体数据感知、投入品数据感知等养殖数据感知技术及相应的数据通信网络。在此基础上，着重介绍了基于机器学习的智慧养殖模型构建技术与方法，并通过畜禽养殖环境优化调控系统、固定式养殖作业智能装备、移动式养殖作业智能机器人介绍畜禽养殖作业智能装备的研究概况。最后介绍了畜禽智慧养殖管控大数据平台构建所需的相关技术。

本章参考文献

[1] 国务院办公厅. 国务院办公厅关于促进畜牧业高质量发展的意见[EB/OL].（2020-09-27）. http://www. gov. cn/zhengce/content/2020-09-27/content_5547612. htm.

[2] 农业农村部."十四五"全国畜牧兽医行业发展规划[EB/OL].（2021-12-14）. http://www. gov. cn/zhengce/zhengceku/2021-12/22/content_5663947. htm.

[3] 李保明，王阳，郑炜超，等. 畜禽养殖智能装备与信息化技术研究进展[J].华南农业大学学报，2021，42(6)：18-26.

[4] 陆明洲，沈明霞，丁永前，等. 畜牧信息智能监测研究进展[J]. 中国农业科学，2012，45(14)：2939-2947.

[5] 汪开英，赵晓洋，何勇. 畜禽行为及生理信息的无损监测技术研究进展[J]. 农业工程学报，2017，33(20)：197-209.

[6] 熊本海，杨亮，郑姗姗. 我国畜牧业信息化与智能装备技术应用研究进展[J]. 中国农业信息，2018，30(1)：17-34.

[7] 滕光辉. 畜禽设施精细养殖中信息感知与环境调控综述[J]. 智慧农业，2019，1(3)：1-12.

[8] 孟鹤，刘娟，张立伟，等. 动物标识发展趋势及其应用于畜禽管理的对策[J]. 中国农学通报，2010，26(4)：6-10.

[9] 赵文年，韩佳佳，朱梦莹，等. 生物特征识别技术在家畜标识中应用研究[J]. 中国畜禽种业，2021，17(4)：56-57.

[10] 费玉杰. 智能饲喂系统设计及投料控制算法的研究[D]. 哈尔滨：哈尔滨工程大学，2015.

[11] 刘代强，孔德顺，刘境. 喀斯特地区奶牛泌乳后期营养需求模型研究[J].畜牧与饲料科学，2008，29(3)：1-4.

[12] 郁厚安，高云，黎煊，等. 动物行为监测的研究进展——以舍养商品猪为

例[J]. 中国畜牧杂志，2015，51(20)：66-70.

[13] 宣传忠. 设施羊舍声信号的特征提取和分类识别研究[D]. 呼和浩特：内蒙古农业大学，2016.

[14] 赵凯旋，李国强，何东健. 基于机器学习的奶牛深度图像身体区域精细分割方法[J]. 农业机械学报，2017，48(4)：173-179.

[15] 马为红，薛向龙，李奇峰，等. 智能养殖机器人技术与应用进展[J]. 中国农业信息，2021，33(3)：24-34.

[16] 杨飞云，曾雅琼，冯泽猛，等. 畜禽养殖环境调控与智能养殖装备技术研究进展[J]. 中国科学院院刊，2019，34(2)：163-173.

[17] 刘烨虹. 家禽健康体征的动态监测技术及装置研究[D]. 太原：中北大学，2019.

[18] 许宏为，秦会斌，周继军. 基于 WiFi 的耳标式生猪体温监测系统设计[J]. 电子技术应用，2020，46(9)：64-68.

[19] 刘则学. 规模化养猪生产繁殖性能大数据分析方法的建立与运用[D]. 武汉：华中农业大学，2017.

[20] 林长水，齐淑波，李亚丽. 猪场仔猪编号的剪耳法[J]. 养殖技术顾问，2006(8)：55.

[21] 黄孟选，李丽华，许利军，等. RFID 技术在动物个体行为识别中的应用进展[J]. 中国家禽，2018，40(22)：39-44.

[22] 张典典. 远距离低功耗标签的设计与实现[D]. 西安：西安电子科技大学，2021.

[23] RUSK C P，BLOMEKE C R，BALSCHWEID M，et al. An evaluation of retinal imaging technology for 4-H beef and sheep identification[J]. Journal of Extension，2006，44(5)：1-33.

[24] 李超，赵林度. 牛眼虹膜定位算法研究及其在肉食品追溯系统中的应用[J]. 中国安全科学学报，2011，21(3)：124-130.

[25] KUMAR S，SINGH S K，ABIDI A I，et al. Group sparse representation approach for recognition of cattle on muzzle point images[J]. International Journal of Parallel Programming，2018，46(5):812-837.

[26] 钱建平，杨信廷，吉增涛，等. 生物特征识别及其在大型家畜个体识别中的应用研究进展[J]. 计算机应用研究，2010，27(4)：1212-1215.

[27] 吴建平，彭颖. 传感器原理及应用[M]. 4 版. 北京：机械工业出版

社，2021.

[28] VALLE J E D, PEREIRA D F, NETO M M, et al. Unrest index for estimating thermal comfort of poultry birds (Gallus gallus domesticus) using computer vision techniques[J]. Biosystems Engineering, 2021, 206：123-134.

[29] 赵晓洋. 基于动物发声分析的畜禽舍环境评估[D]. 杭州：浙江大学，2019.

[30] 李奇峰，李嘉位，马为红，等. 畜禽养殖疾病诊断智能传感技术研究进展[J]. 中国农业科学，2021，54(11)：2445-2463.

[31] 许宏为，秦会斌，周继军. 基于 WiFi 的耳标式生猪体温监测系统设计[J]. 电子技术应用，2020，46(9)：64-68.

[32] 赵凯旋. 基于机器视觉的奶牛个体信息感知及行为分析[D]. 咸阳：西北农林科技大学，2017.

[33] 刘龙申，沈明霞，姚文，等. 基于加速度传感器的母猪产前行为特征采集与分析[J]. 农业机械学报，2013，44(3)：192-196,191.

[34] 何灿隆，沈明霞，刘龙申，等. 基于加速度传感器的肉鸡步态检测方法研究与实现[J]. 南京农业大学学报，2019，42(2)：365-372.

[35] 李丽华，陈辉，于尧，等. 基于无线传输的蛋鸡体温动态监测装置[J]. 农业机械学报，2013，44(6)：242-245，226.

[36] GUMUS A, LEE S, KARLSSON K, et al. Real-time in vivo uric acid biosensor system for biophysical monitoring of birds[J]. Analyst, 2014, 139(4)：742-748.

[37] SATO S, MIZUGUCHI H, ITO K, et al. Technical note：Development and testing of a radio transmission pH measurement system for continuous monitoring of ruminal pH in cows[J]. Preventive Veterinary Medicine, 2012, 103(4)：274-279.

[38] DUAN G H, ZHANG S F, LU M Z, et al. Short-term feeding behaviour sound classification method for sheep using LSTM networks[J]. International Journal of Agricultural and Biological Engineering, 2021, 14 (2)：43-54.

[39] 刘烨虹，刘修林，侯若羿，等. 基于机器视觉的鸡群热舒适度判别方法研究[J]. 黑龙江畜牧兽医，2018(19)：11-14.

[40] TASDEMIR S，URKMEZ A，INAL S. Determination of body measurements on the Holstein cows using digital image analysis and estimation of live weight with regression analysis[J]. Computers and Electronics in Agriculture，2011，76(2)：189-197.

[41] OTT S，MOONS C P H，KASHIHA M A，et al. Automated video analysis of pig activity at pen level highly correlates to human observations of behavioural activities[J]. Livestock Science，2014，160(1)：132-137.

[42] 刘波，朱伟兴，纪滨，等. 基于射线轮廓点匹配的生猪红外与可见光图像自动配准[J]. 农业工程学报，2013，29(2)：153-160,297.

[43] RUCHAY A，KOBER V，DOROFEEV K，et al. Accurate body measurement of live cattle using three depth cameras and non-rigid 3-D shape recovery[J]. Computers and Electronics in Agriculture，2020，179 (2)：105821.

[44] 李卓，杜晓冬，毛涛涛，等. 基于深度图像的猪体尺检测系统[J]. 农业机械学报，2016，47(3)：311-318.

[45] SHAO B，XIN H W. A real-time computer vision assessment and control of thermal comfort for group-housed pigs[J]. Computers and Electronics in Agriculture，2008，62(1)：15-21.

[46] LU M Z，HE J，CHEN C，et al. An automatic ear base temperature extraction method for top view piglet thermal image[J]. Computers and Electronics in Agriculture，2018，115：339-347.

[47] 赵海涛. 基于红外热成像技术的猪体温检测与关键测温部位识别[D]. 武汉：华中农业大学，2019.

[48] 滕光辉，申志杰，张建龙，等. 基于Kinect传感器的无接触式母猪体况评分方法[J]. 农业工程学报，2018，34(13)：211-217.

[49] JORQUERA-CHAVEZ M，FUENTES S，DUNSHEA F R，et al. Modelling and validation of computer vision techniques to assess heart rate，eye temperature，ear-base temperature and respiration rate in cattle[J]. Animals，2019，9(12)：1089.

[50] 吴顿华. 基于视频分析的奶牛呼吸行为检测方法研究[D]. 咸阳：西北农林科技大学，2021.

[51] O'GRADY M J，LANGTON D，O'HARE G M P. Edge computing：A

tractable model for smart agriculture[J]. Artificial Intelligence in Agriculture, 2019, 3(1): 42-51.

[52] 邵林, 刘淑霞, 霍晓静, 等. 数据融合算法在畜禽舍环境监测系统中的应用[J]. 农机化研究, 2013, 35(08): 162-165, 169.

[53] 张铮, 曹守启, 朱建平, 等. 面向大面积渔业环境监测的长距离低功耗 LoRa 传感器网络[J]. 农业工程学报, 2019, 35(01): 164-171.

[54] 罗松. 基于 CFD 对垂直通风猪舍气流场与温度场的数值模拟及优化研究 [D]. 南昌: 江西农业大学, 2020.

[55] 王福军. 计算流体动力学分析——CFD 软件原理与应用[M]. 北京: 清华大学出版社, 2004.

[56] 范蓓蕾. 基于多尺度环境分析的设施奶牛场精细化管理研究[D]. 北京: 中国农业科学院, 2019.

[57] 程琼仪. 叠层笼养蛋鸡舍夏季通风气流 CFD 模拟与优化[D]. 北京: 中国农业大学, 2018.

[58] 陈晋如. 基于笼养鸡只多孔介质模型的蛋鸡舍内环境动态模拟研究[D]. 天津: 河北工业大学, 2015.

[59] LI H, RONG L, ZHANG G Q. Reliability of turbulence models and mesh types for CFD simulations of a mechanically ventilated pig house containing animals[J]. Biosysems Engineering, 2017, 161: 37-52.

[60] LI H, RONG L, ZHANG G Q. Numerical study on the convective heat transfer of fattening pig in groups in a mechanical ventilated pig house [J]. Computers and Electronics in Agriculture, 2018, 149: 90-100.

[61] DUAN R, LIU W, XU L Y, et al. Mesh type and number for the CFD simulations of air distribution in an aircraft cabin[J]. Numerical Heat Transfer Part B: Fundamentals, 2015, 67(6): 489-506.

[62] SEO I H, LEE I B, MOON O K, et al. Modelling of internal environmental conditions in a full-scale commercial pig house containing animals [J]. Biosystems Engineering, 2012, 111(1): 91-106.

[63] 周志华. 机器学习[M]. 北京: 清华大学出版社, 2016.

[64] 邱锡鹏. 神经网络与深度学习[M]. 北京: 机械工业出版社, 2020.

[65] CORNOU C, LUNDBYE-CHRISTENSEN S, KRISTENSEN A R. Modelling and monitoring sows' activity types in farrowing house using

acceleration data[J]. Computers and Electronics in Agriculture，2011，76(2)：316-324.

[66] PEREIRA G M，HEINS B J，O'BRIEN B，et al. Validation of an ear tag-based accelerometer system for detecting grazing behavior of dairy cows [J]. Journal of Dairy Science，2020，103(4)：3529-3544.

[67] UNGAR E D，RUTTER S M. Classifying cattle jaw movements：comparing IGER behaviour recorder and acoustic techniques[J]. Applied Animal Behaviour Science，2006，98(1-2)：11-27.

[68] FERRARI S，SILVA M，GUARINO M，et al. Cough sound analysis to identify respiratory infection in pigs[J]. Computers and Electronics in Agriculture，2008，64(2)：318-325.

[69] 刘振宇，赫晓燕，桑静，等. 基于隐马尔可夫模型的猪咳嗽声音识别的研究[C]//熊本海，王文杰，宋维平. 中国畜牧兽医学会信息技术分会第十届学术研讨会论文集. 北京：中国农业大学出版，2015：99-104.

[70] 徐亚妮，沈明霞，闫丽，等. 待产梅山母猪咳嗽声识别算法的研究 [J]. 南京农业大学学报，2016，39(04)：681-687.

[71] HE K M，GKIOXARI G，DOLLAR P，et al. Mask R-CNN[J]. IEEE Transactions on Pattern Analysis and Machine Intelligence，2020，42(2)：386-397.

[72] 杨艳，滕光辉，李保明，等. 基于计算机视觉技术估算种猪体重的应用研究[J]. 农业工程学报，2006，22(2)：127-131.

[73] 李卓，杜晓冬，毛涛涛，等. 基于深度图像的猪体尺检测系统[J]. 农业机械学报，2016，47(3)：311-318.

[74] NASIRAHMADI A，RICHTER U，HENSEL O，et al. Using machine vision for investigation of changes in pig group lying patterns[J]. Computers and Electronics in Agriculture，2015，119：184-190.

[75] LEONARD S M，XIN H W，BROWN-BRANDL T M，et al. Development and application of an image acquisition system for characterizing sow behaviors in farrowing stalls[J]. Computers and Electronics in Agriculture，2019，163(11)：104866.

[76] ZHU W X，GUO Y Z，JIAO P P，et al. Recognition and drinking behaviour analysis of individual pigs based on machine vision [J]. Livestock

Science，2017，205：129-136.

［77］李振晔. 运动目标检测跟踪技术在生猪行为监测中的应用研究［D］. 北京：中国农业大学，2013.

［78］HEO E J，AHN S J，CHOI K S. Real-time cattle action recognition for estrus detection［J］. KSII Transactions on Internet and Information Systems，2019，13(4)：2148-2161.

［79］VIAZZI S，ISMAYILOVA G，OCZAK M，et al. Image feature extraction for classification of aggressive interactions among pigs［J］. Computers and Electronics in Agriculture，2014，104：57-62.

［80］王少华. 基于视频分析和深度学习的奶牛爬跨行为检测方法研究［D］. 咸阳：西北农林科技大学，2021.

［81］REDMON J，DIVVALA S，GIRSHICK R，et al. You only look once：Unified，real-time object detection［DB/OL］. https：//pjreddie. com/media/files/papers/yolo. pdf.

［82］TAN M X，PANG R M，LE Q V. EfficientDet：Scalable and efficient object detection［DB/OL］. https：//www. xueshufan. com/reader/138338230？publicationId=3034971973.

［83］张晨鹏. 基于深度学习的牛脸检测与个体身份识别方法研究［D］. 呼和浩特：内蒙古工业大学，2021.

［84］李娜. 舍饲散养模式下鸡只行为分析与监测关键技术研究［D］. 保定：河北农业大学，2021.

［85］陆明洲，梁钊董，NORTON T，等. 基于 EfficientDet 网络的湖羊短时咀嚼行为自动识别方法［J］. 农业机械学报，2021，52(8)：248-254，426.

［86］许贝贝，王文生，郭雷风，等. 基于非接触式的牛只身份识别研究进展与展望［J］. 中国农业科技导报，2020，22(7)：79-89.

［87］SIMONYAN K，ZISSERMAN A. Very deep convolutional networks for large-scale image recognition［DB/OL］. (2015-04-10)［2019-07-17］. http：//arxiv. org/abs/1409. 1556.

［88］SZEGEDY C，LIU W，JIA Y Q，et al. Going deeper with convolutions［C］//IEEE Conference on Computer Vision and Pattern Recognition，Boston：2015，1-9.

［89］HE K M，ZHANG X Y，REN S Q，et al. Deep residual learning for image recognition[DB/OL]. http://arxiv.org/pdf/1512.03385.

[90] JIANG B, YIN X Q, SONG H B. Single-stream long-term optical flow convolution network for action recognition of lameness dairy cow[J]. Computers and Electronics in Agriculture, 2020, 175: 105536.

[91] FUENTES A, YOON S, PARK J, et al. Deep learning-based hierarchical cattle behavior recognition with spatio-temporal information[J]. Computers and Electronics in Agriculture, 2020, 177: 105627.

[92] HUANG X, HU Z, WANG X, et al. An improved single shot multibox detector method applied in body condition score for dairy cows[DB/OL]. https://www.xueshufan.com/reader/135863070? publicationId=2964316664.

[93] TSAI Y C, HSU J T, DING S T, et al. Assessment of dairy cow heat stress by monitoring drinking behaviour using an embedded imaging system[J]. Biosystems Engineering, 2020, 199: 97-108.

[94] YIN X, WU D, SHANG Y, et al. Using an EfficientNet-LSTM for the recognition of single cow's motion behaviours in a complicated environment[J]. Computers and Electronics in Agriculture, 2020, 177: 105707.

[95] KANG X, ZHANG X D, LIU G. Accurate detection of lameness in dairy cattle with computer vision: a new and individualized detection strategy based on the analysis of the supporting phase[J]. Journal of Dairy Science. 2020, 103(11): 10628-10638.

[96] 丁静, 沈明霞, 刘龙申, 等. 基于机器视觉的断奶仔猪腹泻自动识别方法[J]. 南京农业大学学报, 2020, 43(5): 969-978.

[97] WU D, YIN X, JIANG B, et al. Detection of the respiratory rate of standing cows by combining the Deeplab V3+ semantic segmentation model with the phase-based video magnification algorithm[J]. Biosystems Engineering, 2020, 192: 72-89.

[98] MAHMUD M S, ZAHID A, DAS A K, et al. A systematic literature review on deep learning applications for precision cattle farming[J]. Computers and Electronics in Agriculture, 2021, 187: 106313.

[99] 刘忠臣, 曹沛, 魏洪祥, 等. 育肥猪群养自动分食系统及其分栏采食装置: CN201976564U[P]. 2011-09-21.

[100] 胡天剑, 李炳龙, 贺成湖. 猪只同栏分离饲喂系统: CN103125402B[P].

2015-03-25.

[101] 杨建宁，武佩，张丽娜，等. 羊自动分栏系统及其开门机构的设计[J].
中国农机化报，2016，37(10)：81-85.

[102] 朱晓波. 羊只智能称重分栏系统的设计研究[D]. 呼和浩特：内蒙古农业
大学，2020.

[103] 张建龙，庄晏榕，周康，等. 基于机器视觉的育肥猪分群系统设计与试
验[J]. 农业工程学报，2020，36(17)：174-181.

[104] 熊磊光，王建平. TCP/IP 协议在挤奶机自动控制系统中的应用[J]. 现
代电子技术，2007，30(19)：127-130.

[105] 刘俊杰，杨存志，杨旭，等. 智能挤奶机器人总体设计方案研究[J]. 农
业科技与装备，2015(12)：16-19.

[106] 熊光明，龚建伟，徐正飞，等. 轮式移动机器人滑动转向研究综述[J].
机床与液压，2003(6)：9-12.

[107] 樊正强，张青，邱权，等. 农业机器人移动平台行进方式综述[J]. 江苏
农业科学，2018，46(22)：35-39.

[108] 邓志，黎海超. 移动机器人的自动导航技术的研究综述[J]. 科技资讯，
2016(33)：142-144.

[109] 刘鑫，王忠，秦明星. 多机器人协同 SLAM 技术研究进展[J]. 计算机工
程，2022，48(5)：1-10.

[110] 刘强德. 草食畜牧业的现状及智能化进程[J]. 畜牧产业，2020(8)：
36-46.

[111] 李兆冬，陶进，安旭阳. 移动机器人目标识别与定位算法发展综述[J].
车辆与动力技术，2020(1)：43-48.

[112] VROEGINDEWEIJ B A，BLAAUW S K，IJSSELMUIDEN J，et al.
Evaluation of the performance of PoultryBot，an autonomous mobile ro-
botic platform for poultry houses[J]. Biosystems Engineering，2018，
174：295-315.

[113] VROEGINDEWEIJ B A，IJSSELMUIDEN J，VAN HENTEN E J.
Probabilistic localization in repetitive environments：Estimating a ro-
bot's position in an aviary poultry house[J]. Computers and Electronics
in Agriculture，2016，124：303-317.

[114] 李建文. 生猪智慧养殖平台的研究与应用[D]. 武汉：武汉轻工大

学，2020.

[115] XIAO Z F, LIU Y M. Remote sensing image database based on NOSQL database[C]. 19th International Conference on Geoinformatics，2011：1-5.

[116] 张翔宇. 分布式图数据库存储层设计与实现[D]. 成都：电子科技大学，2021.

[117] 孙仕亮，陈俊宇. 大数据分析的硬件与系统支持综述[J]. 小型微型计算机系统，2017，38(1)：1-9.

第2章
畜禽个体标识技术

畜禽个体身份标识在养殖、动物疫病防治监控、畜禽产品贸易和食品安全等各个环节中发挥作用。在养殖环节，基于身份标识对畜禽个体生产性能进行测定，指导种畜、种禽的选择或选育，基于畜禽自动识别及物联网技术，采集畜禽个体生理参数和养殖信息，调控生产环境和养殖流程，实现精准养殖目标；在动物疫病防治监控环节，应用动物标识技术并建立疫病追溯系统，可对动物个体的免疫情况进行记录，在疫病暴发时能快速追溯传染源和传播途径，尽快弄清疫病流行趋势和生物学规律，及时控制传染源的移动，减少经济及社会损失；在畜禽产品贸易和食品安全环节，建立畜禽及其产品的标识与可追溯系统，保护消费者免受动物性食品安全事故危害[1]。

本章介绍畜禽个体标识技术的发展演化过程，比较各种标识技术的优缺点，并介绍个体标识技术在机器视觉和分子标记技术相关领域的发展趋势。

2.1　畜禽标识技术与系统概述

现代畜禽标识技术与系统是基于电子技术、信息技术和生物技术，对养殖动物个体或群体进行标记、识别和记录，在畜禽的品种繁育、养殖生产、疫病防控、食品安全和国际贸易等各个领域，进行精准化作业和精细化管理，从而实现提高畜禽生产和管理效率、提升疫病防治水平、保障食品安全的目标。

传统畜禽标识主要用于区分同类动物个体或群体。随着现代科技的发展，基于自动识别技术的畜禽标识技术和系统得到广泛应用，相关技术包括条形码识别、光学字符识别、磁卡识别、射频识别和机器视觉识别等电子信息技术，还包括皮纹识别、虹膜识别、视网膜识别及基于聚合酶链式反应和单核苷酸多态性分析的 DNA 分子标记等生物特征识别技术，这些技术各有所长。

2.2 传统的畜禽个体标识技术

动物从野生状态被驯化为人工养殖状态,古人采用各种物理方法如皮肤、尾巴、嘴唇、蹄和角的文身或烙印,耳朵的打孔或割痕,身体的颜料涂抹或记号、佩戴项圈、脚环或标签等对养殖的畜禽进行标识。新石器时代的牧民出于不同目的使用动物标识方法[2,3]。

现代畜牧业中,家畜种类、品种、用途、生产系统和环境条件已发生巨大改变,但传统畜禽个体标识方法并未完全过时,仍在发挥其作用。现存的传统畜禽个体标识中,一类是针对大型家畜的身体进行标记,如剪耳、文身、烙印、涂颜色等[4],另一类是给畜禽佩戴各种形式的标识物,如耳牌、脚环等。

2.2.1 畜禽身体标识方法

1. 剪耳法

剪耳法又称截耳法、耳刻法等。用特制的耳号钳(见图 2-2-1),在家畜的左、右耳打上缺口或圆洞,每个耳缺或圆洞代表特定数字,耳号组成规则包括数字规则和编码规则。

数字规则主要分为内外法和上下法(见图 2-2-2[5]):

内外法:如图 2-2-2(a)所示,对于耳朵上缘的缺刻,内部靠近耳根的代表 5,中间的代表 3,外部靠近耳尖的代表 1;对于耳朵下缘的缺刻,从内向外分别代表 50、30 和 10。内外法存在"1-3""1-3-5"和"1-3-9-27"等不同变种。

上下法:右耳上缘一个缺刻代表 1,下缘一个缺刻代表 3,左耳上缘和下缘的一个缺刻分别代表 10 和 30;此外,耳尖

图 2-2-1 耳号钳

缺刻和耳中部的圆洞,可代表百位乃至千位的数字,图 2-2-2(b)中耳尖缺刻和耳中圆洞分别代表 100、200、400、800。

编码规则主要包括大排法、窝排法和标亲法(图 2-2-3[6]):

大排法用两个耳朵所有数字之和作为耳号,一般规定左大右小,公单母双、

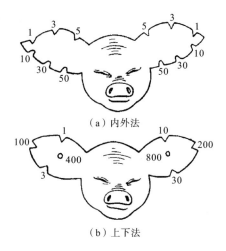

（a）内外法

（b）上下法

图 2-2-2　耳号组成数字规则

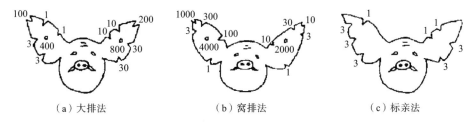

（a）大排法　　　　　　　　（b）窝排法　　　　　　　　（c）标亲法

图 2-2-3　耳号组成编码规则

数字规则既有"上1下3"的打法，也有"上3下1"的打法。

窝排法以右耳和左耳上半部分的数字之和作为窝号，右耳洞、左耳洞和右耳尖缺刻分别为4000、2000和1000；右耳上缘、左耳上缘和右耳下缘缺刻，根部分别为100、10和1，中部分别为300、30和3，窝号最大编码7999；以左耳下缘及耳尖的数字之和作为个体号，耳尖缺刻为10，下缘缺刻根部1中部3，最大编码为19。

标亲法适用于小型育肥猪场，同一窝的仔猪采用相同编码，规定左耳父号，右耳母号，上1下3（或上3下1），如母猪编号较多，右耳尖可打缺为10，耳内打小洞为20。

2. 文身法

耳朵文身是永久识别动物的常规方法之一。将出生不久的幼雏右耳里面用热水洗净擦干，用耳标钳在右耳内部进行穿刺。耳标钳可放入不同号码针（见图2-2-4），在穿刺处涂以黑色的墨汁，或煤烟酒精溶液，对于深色或黑耳品种,使用绿色染料更适合。文身应在耳廓内没有毛发、软骨嵴和大静脉的区域施加,伤口长好后即可显出明显的号码,耳廓上半部分的文身比下半部分的更清晰。除耳朵文身外,奶用绵羊和山羊的尾巴底部也可使用文身;一些地区使用刺青锤对待宰猪进行标记,但该法目前已基本淘汰。

必须对动物头部进行约束才能使用文身法文刺,所以文身法不适合日常使用,但其标识准确率高、不易出错、创口较小,不易引发细菌感染。

3. 烙印法

最初的烙印法采用火烫烙印法,用低碳钢等优良导热体制成字符(条形、字母或单个数字)或符号(所有者的防伪符号)形状的烙铁,将烙铁投入火中加热至灰白色,此时温度最适宜,再将加热的烙铁放在动物皮肤上数秒钟,按照身体形状滚动施压,最后用冷水或伤口油缓解皮肤灼伤并促进愈合。被烫伤的皮肤结痂康复后再生长出来的被毛变为白色,且永久不变。烙印法会损伤真皮部,影响皮革质量,而且烫伤结疤部位往往易感染化脓,造成创痕连成一片,因此字迹模糊,难以识别。燃气烙印机和电热烙印机的携带和使用更加方便。

用特制的烙印烧红后可以在牛角上烙号。2~2.5月的牛只即可在角上烙号。如果烙得均匀平坦,而牛角又不脱皮,则角上号码可永不磨灭。

由于动物福利的原因,火烫烙印法已被很多国家禁止使用,冷冻烙号法(见图2-2-5)取而代之。冷冻烙铁由铜或青铜合金制成,使用二氧化碳气瓶、干冰乙醇混合物或液态氮,将烙铁冷却到-60 ℃。用-60 ℃的烙铁给动物烙号能破坏皮肤中产生色素的色素细胞而不损伤毛囊。烙号部位长出来的新毛是白色的,因此不推荐对白色动物使用。该法的优点是烙号清晰明显,极易识别,永不消失;操作简便,对皮肤损伤小、无痛感。

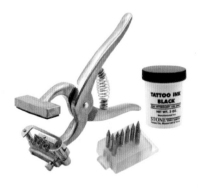

图 2-2-4　墨水刺青钳　　　　　　　图 2-2-5　冷冻烙号

4. 颜色法

在生产过程中,有时需要作临时标记。如产羔时需在产羔母羊和羔羊身上用相同颜色的涂料打出母号和仔号,可选用毛纺厂专用标记涂料,或用易洗掉的色料作标记。基层生产单位出于方便,经常用油漆或沥青等在羊只被毛上作标记,形成疵点毛,给羊毛的利用造成损失。

对于白色的牛羊,可以用蘸有硝酸银溶液的笔在明显部位写上号码,留下的字为红色或褐色,此法应在晴天进行,号码一般仅维持 1~2 个月。

2.2.2 畜禽佩戴标识方法

佩戴耳标是目前在养殖生产中标识个体动物的常用方法。传统耳标有不同材质(金属、塑料)、规格和颜色,佩戴在动物耳廓边缘明显位置。耳标在动物断奶后,耳朵发育到能承受耳标重量时才佩戴。低于两周龄的动物耳廓未发育好,不予佩戴。佩戴后要定期检查动物耳朵,出现组织损伤或发炎时要立即取下。对耳朵结构的研究表明,耳朵软骨被两个相互平行的突出结构隔开。将耳标放置在这些软骨嵴之间的中心、靠近耳朵中部以及没有毛发的位置,使用特定且设计良好的钳子佩戴耳标,是防止掉标的有效方法。佩戴耳标的畜禽个体标识方法的优点是成本低、操作快速、简便;缺点是佩戴时要固定动物,可能会使动物产生应激反应,耳标存在丢失的风险。

2.3 基于条形码的畜禽个体标识技术

随着材料和工艺的发展,以塑料耳标为主的佩戴标识在全球畜牧业生产中得到广泛应用。塑料耳标可以编号,用于标记动物个体,编号采用字符或数字,可使用油墨或颜料手写,也可在加工时采用注塑、印刷、压制或激光蚀刻等方法预先编制。在耳标上增加条形码标识,可实现耳标编号的自动识别和读取,在此基础上,构建畜禽可追溯管理系统,建立完善的食品质量安全体系,因此条形码耳标在各国相继得到使用和推广[7]。

2.3.1 条形码分类

条形码可分为一维条形码、二维条形码和三维条形码。一维条形码即传统条形码,常见一维条形码可分为商品条形码和物流条形码两种。二维条形码可分为两大类型:一类是行排式或堆积式二维条形码(stacked or tiered barcode),如 PDF417 等;另一类是矩阵式二维条形码,如 QR 码、Data Matrix 等。三维条形码在二维码基础上,利用色彩或灰度的变化增加编码数据维度。

1. 一维条形码

一维条形码(见图 2-3-1)是将宽度不等的多个黑条和空白,按照一定的编码规则排列,用以表达一组信息的图形标识符。一维条形码仅在一个维度方向(一般是水平方向)表达信息,而在另一方向则不表达任何信息。

图 2-3-1 常用一维条形码

一维条形码自动识别可提高信息录入速度,减少录入差错。一维条形码存在一些不足:编码内容少,只能包含字母和数字,不能编码汉字;数据容量较小,尺寸相对较大,空间利用率较低;不具备冗余性,其中条形码的任一部位损坏则整个一维条形码即不能识读。受信息容量的限制,一维条形码只包含代码信息,若要存储被标识物品的其他信息,必须依赖于数据库。在没有数据库和不便联网的地方,一维条形码的使用受到了较多的限制,有时甚至变得毫无意义。

部分一维条形码特征如表 2-3-1 所示。

表 2-3-1 部分一维条形码的特征

种类	字符数	排列	校验	字符符号、码元结构	标准字符集	其他
EAN-13	13 位	连续	校验码	每个字符宽 7 个模块,由 2 条 2 空组成	0~9	EAN-13 为标准版
EAN-8	8 位					EAN-8 为缩短版
UPC-A	12 位	连续	校验码	每个字符宽 7 个模块,由 2 条 2 空组成	0~9	UPC-A 为标准版
UPC-E	8 位					UPC-E 为消零压缩版
Code 39	可变长	非连续	自校验校验码	每个字符宽 12 个模块,5 条 4 空,其中 3 宽 6 窄	0~9、A~Z、-、$、/、+、%、、空格	"＊"用作起始符和终止符,密度可变,有串联性,可增设校验码

种类	字符数	排列	校验	字符符号、码元结构	标准字符集	其他
Code 93	可变长	连续	校验码	每个字符宽 9 个模块,3 条 3 空	0~9、A~Z、-、$ 、/、+、%、* 、.、空格	有串联性,可设双校验码,加前置码可表示 128 个全 ASCII 码
基本 25 码	可变长	非连续	自校验	每个字符由 5 个条表示,其中 2 宽 3 窄	0~9	空不表示信息,密度低
交叉 25 码	定长或可变长	连续	自校验校验码	每个字符由 5 个条/空表示,奇数位为条,偶数位为空	0~9	偶数个字符长度
矩阵 25 码	定长或可变长	非连续	自校验校验码	每个字符宽 9 个模块,3 条 2 空,其中 2 宽 3 窄	0~9	密度较高,在中国用于邮政管理
库德巴码	可变长	非连续	自校验	每个字符由 4 条 3 空组成,2 宽 5 窄或 3 宽 4 窄	0~9、A~D、$ 、+、-、/	有 18 种密度
Code 128	可变长	连续	校验码	每个字符有 11 个模块,由 3 条 3 空组成	三个字符集覆盖 128 个全 ASCII 码	有功能码、对数字码的密度最高
Code 11	可变长	非连续	自校验	每个字符由 3 条 2 空组成	0~9、-	有双自校验功能

2. 二维条形码

二维条形码,又称二维条码、二维码,是按一定规律在平面(长和宽两个维度)上分布的、黑白相间的、记录数据符号信息的特定几何图形;代码编制时,利用构成计算机内部逻辑基础的"0""1"比特的概念,将数据编码为数字信息,并使用相应几何形体及组合表示;代码解读时,通过图像输入设备获取图像信息后将其转化为数字信息,或利用光电扫描设备直接获得数字信息,然后将数字信息解码,还原为编码数据。二维条形码与一维条形码相比,共性在于每种码制有其特定字符集,每个字符占有一定宽度,具有校验功能等;特点在于具有识别不同行信息的功能,能处理图形旋转情况,还能允许一定程度的变形、污损、缺失等,具有较强鲁棒性。

行排式/堆积式二维条形码相当于若干条一维条形码在高度方向进行堆叠,常用的有 Ultracode、PDF 417、Code 49、Code 16K 等;矩阵式二维条形码是建立在计算机图像处理技术、组合编码原理等基础上的一种新型图形符号自动识读处理码制,具有代表性的矩阵式二维条形码有 Data Matrix、Maxi Code、Aztec Code、QR Code、Vericode 等。常用二维条码如图 2-3-2 所示。

图 2-3-2　常用二维条形码

国际通用的二维条形码及其技术特点见表 2-3-2。

表 2-3-2　国际通用二维条形码及其技术特点

类别	二维码名称	技术特点
行排式	PDF 417	一种多层、可变长度、具有高容量和错误纠正能力的连续型二维条形码。每个码字宽 17 个模块,由 4 条及 4 空组成,每个条空至多不能超过 6 个模块。因资料大小不同,PDF 417 码的行数为 3～90。每个 PDF 417 码可以表示 1848 个 ASCII 字符或 2729 个数字,具体数量取决于所表示数据的种类及表示模式
	Code 49	一种多层、连续型、可变长度的条形码。可以表示全部 128 个 ASCII 字符。每个码由 2～8 层组成,每层有 18 个条 17 个空。层与层之间由一个层分隔条分开,每层包含一个层标识符,最后一层包含表示符号层数的信息
	Code 16K	一种多层、连续型、可变长度的条形码,可以表示 ASCII 字符集所有 128 个字符及 ASCII 扩展字符。采用 UPC 及 Code 128 字符编码,通过唯一的起始符或终止符标识层号,便于自动识别与自动处理,通过字符自校验及两个模为 107 的校验字符进行错误校验。一个 16 层的 Code 16K 码可容纳 77 个 ASCII 字符或 154 个数字字符

类别	二维码名称	技术特点
矩阵式	Data Matrix	分为 ECC 000-140 和 ECC 200 两种类型。ECC 000-140 具有几种不同等级的卷积错误纠正功能,而 ECC 200 则通过 Reed-Solomon 算法利用生成多项式计算错误纠正码词。不同尺寸的 ECC 200 符号应有不同数量的错误纠正码词
	Maxi Code	一种固定长度/尺寸的二维条形码。由紧密相连的多行六边形模块和位于符号中央位置的定位图形组成。Maxi Code 有 7 种模式(包括两种作废模式),可表示全部 ASCII 字符和 ASCII 扩展字符
	QR Code	全称为快速响应矩阵码。QR Code 最多可编码 7089 个字符;可对英文、数字、汉字进行编码
	Vericode	由美国 Veritec 公司研发的一种用于微小型产品上的二进制数据码。与 Data Matrix 和 QR Code 比较,具有解码速度较快、相同面积编码容量较大,以及可进行私有化定制等特点
	Code one	Code one 中包含可由快速线性探测器识别的图案。Code one 共有 10 种版本及 14 种尺寸。容量最大的 Code one,即版本 H,可以表示 2218 个数字、字母型字符或 3550 个数字,以及 560 个错误纠正符号字符

二维条形码能在有限几何空间内表示更多的信息。二维条形码密度高、容量大,多数二维条形码具有字节表示模式,即提供一种表示字节流的机制,可以用来表示数据文件、多语言文字、图片等信息。

二维条形码具有纠错功能。二维条形码普遍引入错误纠正机制,一定程度内的局部损坏可以通过冗余信息进行还原,得到正确识读。纠错机制使二维条形码成为一种安全可靠的信息存储和识别载体。

二维条形码可引入加密机制。部分二维条形码在编码时可引入加密算法对信息加密,识别时通过对应解密算法,可以恢复编码信息。

3. 三维条形码

目前常见二维条形码的数据容量最多为几千个字节,而实际应用对信息容量提出更高的要求。理论上,可以采用增大条形码尺寸或增大条形码密度来解决这个问题,但两种方案的实施都存在局限性。

在二维条形码的基础上引入更高维度,加入色彩或灰度形成三维条形码,相比于二维条形码,三维条形码提高了存储信息量,增加了单位面积信息储存的密度。三维条形码按色彩划分,主要有三维灰度条形码和三维彩色条形码。

美国微软公司开发的高容量彩色条形码——HCCB 三维矩阵式条形码(见图 2-3-3(c)),采用三角形网格的彩色编码数据。其符号数量(条码规模)、符号密度和符号色彩是可变的。如八色 HCCB 条形码,最大储存量为每平方英寸3500 字符,相当于每平方厘米 540 字符。

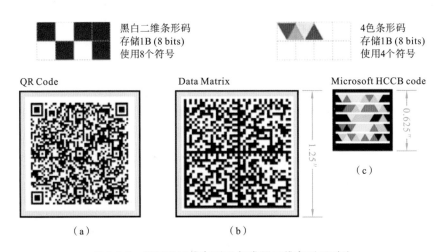

图 2-3-3　HCCB 三维条形码与常用二维条形码对比

深圳大学光电子学研究所开发的任意进制三维条形码,采用色彩和灰度来表示第三维,并引入任意进制的概念,即第三维上有一定的层高,可以表示任意进制的数据,在一个编码中不同的区间可以用不同的进制,在编码过程中用户可以随意改变数据的进制进行编码,增加了保密性。

2.3.2　条形码编码原理

1. 一维条形码的结构与编码

一维条形码的编码方法是指条形码中条与空的编码规则以及二进制的逻辑表示的设置。一维条形码符号作为一种为计算机信息处理而提供的光电扫描信息图形符号,满足计算机二进制的要求。一维条形码的编码方法就是要通过设计条形码中条与空的排列组合来表示不同的二进制数据。

一般来说,条形码的编码方法有两种:模块组合法和宽度调节法。

(1)模块组合法是指条形码符号中,条与空由标准宽度的模块组合而成。

一个标准宽度的条表示二进制的"1",而一个标准宽度的空模块表示二进制的"0"。例如 EAN 码、UPC 码模块的标准宽度是 0.33 mm,它的一个字符由两个条和两个空构成,每一个条或空由 1~4 个标准宽度模块组成。

（2）宽度调节法是指条形码中条与空的宽窄设置不同,用宽单元表示二进制的"1",而用窄单元表示二进制的"0",宽窄单元之比一般控制在 2~3。库德巴码、Code 39、基本 25 码和交叉 25 码均采用宽度调节法。

图 2-3-4 所示是最常见的一维条形码 EAN-13 码,条形码由两侧空白区、起始符、数据符、校验符（可选）和终止符以及供人识读字符组成。其中数据符和校验符是代表编码信息的字符,扫描识读后需要传输处理,左右两侧的空白区、起始符、终止符等都是不代表编码信息的辅助符号,仅供条形码扫描识读使用。

图 2-3-4　EAN-13 码的结构

EAN-13 码的编码过程分为两步:首先根据 12 位数字计算出校验位,将校验位附加到数字最后,形成 13 位数字,然后将 13 位数字编码为一个条和空的序列。

2. 矩阵式二维条形码的结构与编码

矩阵式二维条形码和行排式/堆积式二维条形码的编码原理有所不同。

行排式/堆积式二维条形码的编码原理建立在一维条形码基础之上,按需要堆积成两行或多行。它在编码设计、检验原理、识读方式等方面继承一维条形码的特点,识读设备、条形码印刷与一维条形码技术兼容,但由于行数的增加,行的鉴别、译码算法比一维条形码的更复杂。

矩阵式二维条形码以矩阵的形式组成,在矩阵相应元素位置上,用点（方点、圆点或其他形状的点）的出现表示二进制的"1",点的不出现表示二进制的"0",矩阵式二维条形码实际是一个二进制码流的图形表示。二进制码流由原始数据按照特定的算法进行编码形成。矩阵式二维码的解码是编码的反向过程,首先使用图像传感器获得二维图像,经过图像处理算法得到二值化图像,变换为二进制码流后,再使用算法进行译码。

矩阵式二维条形码目前应用最广泛的当属 QR Code,"QR"是 quick response 的缩写。1994 年,QR Code 由日本 Denso-Wave 公司发明,1999 年 1 月发布标准 JIS X 0510,对应国际标准 ISO/IEC 18004,在 2000 年 6 月获得批准。

QR Code 支持四种编码,分别是数字模式编码、字母数字模式编码、8 位字节模式编码和中文模式编码(双字节表示汉字和非汉字字符)。

QR Code 的纠错算法包括四个级别的纠错能力,分别是 L 级、M 级、Q 级和 H 级,分别可纠错 7%、15%、25% 和 30% 的数据码字。

QR Code 的规格分为 40 个版本,从 21×21 的 Version 1,到 177×177 的 Version 40,每增加一个版本,长度和宽度方向的分辨率各增加 4。在 L 级纠错级别下,最小的 Version 1 编码对应的数据容量是 41 个数字或 5 个中文字,最大的 Version 40 编码对应的数据容量是 7089 个数字或 984 个中文字。

QR Code 的结构如图 2-3-5 所示。版本信息即二维码的规格,从 Version 1 到 Version 40;格式信息表示二维码的纠错级别,包括 L、M、Q、H;数据及容错密钥区域是二维码的核心信息,容错密钥用于修正二维码损坏带来的错误;定位标志用于对二维码的定位,对每个 QR Code 来说,其位置都是固定存在的,只是大小规格会有所差异;校正标志的数量和位置根据 QR Code 规格确定;定时标志用于指示 QR Code 的宽度及点数。

图 2-3-5　QR Code 矩阵局域定义

二维条形码编码的过程可以分为两步:首先将数据转换为二进制码流,码流中除原始数据外,还包含了编码模式、版本信息、纠错码字、结构字符等;然后按照条形码的构造方式,将探测图形、分隔符、定位图形、校正图形和码字模块放入二维矩阵中,并将二进制码流填充到相应规格的二维码矩阵区域。

QR Code 编码从构造二进制码流到形成二维码矩阵的流程如图 2-3-6 所示。

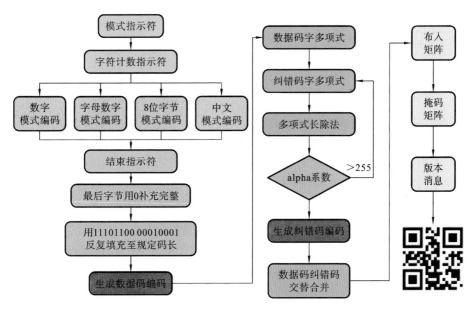

图 2-3-6　QR 码编码流程

2.3.3　条形码解码原理及设备

条形码识读设备是能够对条形码进行光学信息采集及识读解码的设备总称,根据其技术原理的不同,分为光电扫描解码设备和图像识读解码设备。条形码解码原理如下。

1. 光电扫描解码原理

光电扫描解码设备,又称条形码扫描器,主要由光学系统、光电转换器和条形码解码模块组成,如图 2-3-7 所示;光电扫描解码设备的工作原理图 2-3-8 所示。

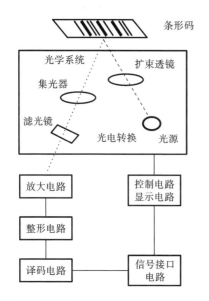

图 2-3-7　光电扫描解码设备构成

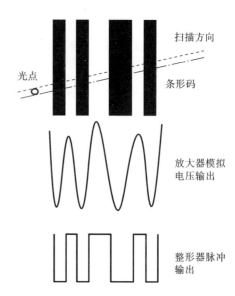

图 2-3-8　光电扫描解码设备工作原理

光电扫描器通电后,激光二极管发出的激光束穿过扩束透镜被扩束,射到可摆动的反射镜表面后反射到条形码上形成一个激光点;当反射镜摆动时,根据光学反射原理,条形码上的激光点位置发生变化,反射镜连续摆动,那么可在条码上看到一条红色的激光线,这是视觉暂留现象所致。条形码的表面较粗糙,照在条形码上的激光点发生反射,由于条和空的反射强度是不同的,导致漫反射的光射到反射镜上,再由反射镜反射到集光器,通过集光器集光,由滤光镜滤掉杂散自然光射入光敏二极管,产生光电感应信号。

光学系统和光电转换器可完成对条形码符号的光学阅读,将条形码中条与空图案的光信号转换成电信号;信号整形部分通过信号放大、滤波和整形,将条形码的光电阅读信号转换为标准点位的方波脉冲信号,方波脉冲信号的高低电平的宽度与条形码的条和空尺寸相对应;方波脉冲信号经信号接口电路传入计算机(或内置处理器),计算机对方波脉冲输入信号进行译码。

2. 图像识读解码原理

图像识读解码是使用摄像头捕获条形码图像,再经过图像处理获得二进制码流,然后进行解码。随着手机等移动设备的广泛使用,图像识读解码的应用变得非常普遍。

1）一维条形码的解码过程

识读设备获取图像后,内置算法模块(硬件或软件)扫描图像寻找条形码候选对象——黑/白图,然后锁定检测区域进行解码;一旦识别出条形码,算法模块尝试搜索所有的条形码以检测其类型,通过对图像像素进行计数和比较,来匹配开始和结束标识符,然后根据编码类型的规范解析开始标识符和结束标识符之间的数据单元,将条形码转换为数据信息。

2）二维条形码的解码过程

与一维条形码相似,在启动扫描时,扫描器尝试查找条形码,不同之处在于各种二维条形码具有不同的定位和识别模式。在解码步骤中,内置的算法模块(硬件或软件)尝试根据该代码类型的规范来解析黑白模块的模式,这些规范都是标准化的。除了编码信息(通常是数字和字符的组合)之外,二维条形码通常还包含冗余数据。这就要求算法模块能够读取和解码数据值。编码值的构建类似于代码字的堆栈。

3. 条形码的识读设备

条形码识读设备是从条形码上获取信息并将其转换成所需形式的仪器设备。条形码扫描设备从操作方式上划分,可分为手持式和固定式两种;从通信方式上划分,可分为有线和无线两种;从扫描方式上划分,可分为接触式和非接触两种,接触式识读设备包括光笔与卡槽式条形码扫描器,非接触式识读设备包括 CCD 扫描器、激光扫描器;从原理设计上划分,可分为光笔、电荷耦合器件(charge-coupled device,CCD)、激光、拍摄＋图像识别四类,前三者主要用于扫描一维条形码,拍摄＋图像识别类的可以扫描一维和二维条形码。

1）用于扫描一维条形码的识读设备

(1) CCD 条形码扫描器。

CCD 条形码扫描器是利用电荷耦合原理,对条形码印刷图案进行成像,然后再译码。其优势在于无转轴、马达,使用寿命长,价格便宜。

优秀的 CCD 应无须紧贴条形码即可识读,而且体积适中,操作舒适。由于 CCD 的成像原理类似于照相机,如果要加大景深,则相应地要加大透镜,从而使 CCD 体积过大,不便操作;如果要提高 CCD 分辨率,则必须增加成像处光敏元件像素。低价 CCD 的分辨率一般是 512 像素,识读 EAN、UPC 等商业码已经足够,对于别的码制识读就会困难一些。中档 CCD 的分辨率以 1024 像素为多,有些甚至达到 2048 像素,能分辨最窄单位元素为 0.1 mm 的条形码。

(2) 手持式激光扫描器。

手持式激光扫描器是利用激光二极管作为光源的单线式扫描器,主要有转镜式和颤镜式两种。

选择激光扫描器的关键参数是扫描速度和分辨率,而景深并不是关键参数。因为当景深加大时,分辨率会大大降低。优秀的手持式激光扫描器应当具有高扫描速度和在固定景深范围内有很高的分辨率。

(3) 全角度扫描器/条形码扫描枪。

全角度扫描器/条形码扫描枪是通过光学系统使激光二极管发出的激光折射成多条扫描线的条形码扫描器,选择时应着重注意其扫描线花斑分布:保证在一个方向上有多条平行线,在某一点上有多条扫描线通过,在一定空间范围内各点的解读概率趋于一致。

2) 用于扫描二维条形码的识读设备

(1) 线性 CCD 和线性条形码识读设备。

线性 CCD 和线性条形码识读设备可识读一维条形码和线性堆叠式二维条形码(如 PDF 417),在识读二维条形码时需要沿条形码的垂直方向扫过整个条形码,这种识读二维条形码的方式称为"扫动式阅读"。这类产品比较便宜。

(2) 带光栅的条形码识读设备。

带光栅的条形码识读设备可识读一维条形码和线性堆叠式二维条形码。识读时将光线对准条形码,由光栅元件完成垂直扫描,不需要手工扫动。

(3) 图像式条形码识读设备。

图像式条形码识读设备采用面阵 CCD 摄像方式将条形码图像摄取后进行分析和解码,可识读一维条形码和所有类型的二维条形码。

2.3.4 畜禽条形码标识及系统应用

1. 欧美国家畜禽条形码标识的应用情况

20 世纪 90 年代,为提高消费者的安全信心以及畜产品的地区和品牌优势,世界各国开始发展和实施家畜标识制度和畜产品追溯体系,并通过立法推进实施[8]。

在美国,一个大约由 70 多个协会、组织以及政府机构的 100 余名畜牧兽医专业人员组成的家畜标识开发小组(USAIP),共同参与制定并建立家畜标识工作计划,其目的是在发现外来疫病的情况下,能够在 48 h 内确定所有涉及与其有直接接触的企业。USAIP 要求牛、猪养殖企业于 2004 年开始使用具有企业编号或个体标识的耳标,2005 年开始向电子耳标过渡。

加拿大联邦政府、各省(地区)实施"品牌加拿大"战略,于 2008 年实现本国 80%农业食品联合体农产品可追溯源头。2001 年,加拿大对肉牛使用一维条形码塑料耳标来提高养殖阶段牛标识号的自动识别水平;2002 年强制性的牛标识制度正式生效,要求采用 29 种经过认证的条形码、塑料悬挂耳标或电子纽扣耳标来标识初始牛群;2005 年后逐步过渡到使用电子耳标,2008 年起牛的条形码塑料耳标停止使用。

　　欧盟要求大多数国家对家畜和肉制品强制性实施追溯制度,2002 年就要求所有店内销售的产品必须具有可追溯标签。欧盟的牛畜体身份和登记系统由包含唯一的个体注册信息的耳标、出生、死亡和迁移信息的计算机数据库,动物护照及农场注册机构组成。法国对离开养殖场用于屠宰或者剔除的生猪实施强制标识;同时还对动物转群、迁移运输的过程进行标识,若在某一地区停留超过 10 天或更长时间,必须在动物耳标上标记该地区号码。荷兰要求仔猪断奶一周内加挂耳标,育成猪在屠宰或出口时必须用屠宰标记进行标识。丹麦要求所有刚出生的猪从出生地向外运输时,必须有耳标。英国要求在动物出生后 20 天内进行标识,当从第三国进口动物时,应在动物进口后 15 天内进行标识。

　　澳大利亚 70% 的牛肉产品销往海外,实施的国家牲畜标识计划(National Livestock Identification Systems,NLIS)旨在建立一个永久性的身份系统,通过这个系统能够追踪家畜从出生到屠宰的信息。家畜个体采用经 NLIS 认证的耳标或瘤胃标识来标识身份。从 2002 年起,澳大利亚全国 1.15 亿头羊采用塑料耳标方式标记产地,当牧场主将羊出售给屠宰场或出口时,必须在申请表上填写耳标号码。

2. 中国畜禽条形码标识的应用情况

　　中国高度重视重大动物疫病防控和食品质量安全工作。2001 年开始实行动物免疫标识制度;2002 年农业部(2018 年 3 月更名为农业农村部)颁布第 13 号令《动物免疫标识管理办法》,规定动物免疫标识包括免疫标识和免疫档案,并要求对经过重大疫病免疫后的猪、牛、羊佩戴免疫耳标;2005 年第十届全国人民代表大会常务委员会审议通过《中华人民共和国畜牧法》,规定畜禽养殖者必须对畜禽进行标识,并建立养殖档案,要求采取措施落实畜禽产品质量责任追究制度;2006 年农业部颁布第 67 号令[9]《畜禽标识和养殖档案管理办法》,在北京、上海、重庆、四川三市一省启动动物标识及疫病可追溯体系建设试点;2007 年起,在全国范围推广动物标识及疫病可追溯体系。

　　我国养殖业以中小规模企业和养殖户为主体,为降低可追溯体系管理成本,在高端畜体标识方法尚未达到大规模推广应用阶段之前,塑料耳标一直被作为广泛使用的畜体标识。2006 年,农业部颁布第 67 号令《畜禽标识和养殖档案管理办法》,将 2002 年开始使用的动物免疫标识塑料耳标升级为二维条形码牲畜耳标,实现动物标识及疫病可追溯体系的数字化运行,并由中国动物疫病预防控制中心制定发布《牲畜耳标技术规范》《牲畜耳标生产系统技术规范》《牲畜耳标管理规范》及《畜禽标识信息数据库管理规范》等配套技术规范,对畜禽标识编码、生产、使用及畜禽标识信息化管理等作出明确规定。

二维条形码标识最主要的载体是塑料耳标,如图 2-3-9 所示。耳标分为主耳标和辅耳标,针对猪、牛、羊生理特性和生产环境的不同,规定主耳标为圆形耳标面与耳标颈、耳标头的组合,辅耳标分别采用环形锁扣、环形锁扣与铲形耳标面组合、环形锁扣与半圆弧长方形耳标面组合,并利用激光打印技术在耳标面上打印个体编码和对应的二维条形码。猪、牛、羊耳标的颜色分别为肉色、浅黄色和橘黄色。

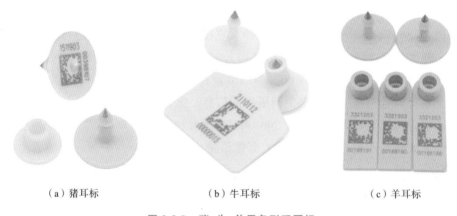

(a)猪耳标 　　　　　(b)牛耳标 　　　　　(c)羊耳标

图 2-3-9　猪、牛、羊用条形码耳标

耳标编码由主编码和副编码组成,主编码为 7 位数字,第一位代表牲畜种类(1:猪,2:牛,3:羊),后六位是县(区)行政区域代码;副编码为 8 位数字,以县(区)为单位连续编码,代表牲畜个体;专用条形码在耳标中央,使用 Vericode 二维码[10]。

3. 动物标识及疫病可追溯体系技术架构与功能模块

动物标识及疫病可追溯体系是覆盖全国的畜禽防疫、检疫和监督管理平台,包含畜禽标识、识读器、传输网络和中央数据库四大追溯环节,形成畜禽标识申购与发放管理、动物生命周期全程监管和动物产品质量安全追溯三大系统。

1)畜禽标识申购与发放管理系统

畜禽标识是动物标识及疫病可追溯体系中的重要防疫物资,耳标作为标识动物的载体,从产生到注销具有严格的申请、审批、编码生成、耳标生产和发放流程。

2)动物生命周期全程监管系统

在追溯体系中,动物防疫、检疫、监督环节采用移动智能识读器作为信息采集终端,实时地把饲养、产地检疫、运输、屠宰检疫四个环节的防疫、检疫和监督信息通过无线网络传送到中央数据中心,实现动物生命周期全程监管。

3)动物产品质量安全追溯系统

动物产品质量安全追溯是动物标识及疫病可追溯体系的终极目标。将动物在进入屠宰企业时对应的唯一二维码标识同屠宰环节时分割动物产品的标准条形码之间建立相应关系,实现动物和产品的绑定,并提供多种不同查询方式,进而可以获知动物的原产地和防疫、检疫等信息,达到动物产品质量安全追溯的目的。

2.4 基于射频识别的畜禽个体标识技术

射频识别(radio frequency identification,RFID)技术是一种非接触的自动识别技术,其基本原理是利用射频信号和空间耦合(电感或电磁耦合)传输特性,对物体进行自动识别。

射频识别技术具有非接触识别、读取率高、抗干扰能力较强等特点,可对动物个体进行编码和识别,实现追踪动物从出生到死亡的信息。RFID 畜禽标识有多种方式,如电子耳标、项圈、腿环等可穿戴式标识,皮下植入式标识,瘤胃内置式标识等;RFID 畜禽标识还可集成传感器、信号收发器等多种功能。RFID畜禽标识的应用为畜禽养殖生产数字化、智能化奠定基础,提高养殖动物的健康、福利和生产水平,提升畜禽及其产品生产监控和安全溯源能力,保障养殖业环境卫生和食品安全。

2.4.1 RFID 技术发展现状

RFID 技术应用最早可追溯到第二次世界大战中敌我飞机的目标识别。随着大规模集成电路、网络通信、信息安全等技术的发展,RFID 技术进入商业化应用阶段。

RFID 技术涉及信息、制造、材料等诸多高技术领域,涵盖无线通信、芯片设计与制造、天线设计与制造、标签封装、系统集成、信息安全等技术。一些国家和国际跨国公司都在加速推动 RFID 技术的研发和应用进程。

经过半个多世纪的发展,RFID 技术的理论得到丰富和完善。单芯片电子标签识读、多电子标签识读、无线可读可写、无源电子标签的远距离识别、适应高速移动物体的RFID技术与产品正在成为现实并走向应用。

RFID技术的发展得益于多项技术的综合发展,所涉及的关键技术大致包括芯片技术、天线技术、无线收发技术、数据变换与编码技术、电磁传播技术。

近年来,随着技术的不断进步,RFID产品的种类越来越丰富,应用领域也越来越广泛,RFID技术的行业应用持续保持高速发展的势头。RFID技术在电子标签(射频标签)、识读器、应用系统等方面取得新进展。

在电子标签方面:电子标签芯片功耗越来越低,无源标签、半无源标签技术更趋成熟,其作用距离和无线读写性能更加完善;适合高速移动物体识读,识读速度快,并具有快速多标签读写功能;电子标签的智能性更强,成本更低。

在识读器方面:多功能识别终端更加完善,具有与条形码识别集成、无线数据传输、脱机工作等多方面功能;数据接口更加丰富;识读器能兼容多制式多频段,兼容读写多种标签类型和多个频段标签;识读器向智能化、小型化、便携式和模块化方向发展,应用范围更加广泛。

在应用系统方面:低频近距离系统具有更高的智能水平和安全特性;高频远距离系统性能更加完善;2.45 GHz和5.8 GHz系统的应用领域增多。

虽然RFID技术取得了长足进步,但仍然存在一些不足。

① 成本高。以畜禽耳标成本为例,RFID耳标较普通塑料耳标的成本高出1~2个数量级。具体应用中,RFID标签更适合用于高价值商品或有特定需求物品的标识,如在畜牧生产中,可以在要求更高的种畜禽的管理中使用RFID标签。

② 在有金属或者其他可导材料的使用环境中受限。RFID标签在靠近金属材料,即使是很薄的金属箔时,其工作会受到干扰。而且在所有的工作频率下都存在不同程度的影响。在某些场合下,需要使用特殊材料将RFID标签与其附着的金属表面进行隔离。

③ 在含液体材料的使用环境中受限。在此环境中,RFID标签的工作不正常或很不稳定,识读距离可能变短。

④ 对电磁环境敏感。RFID系统可能对电磁环境敏感,如计算机显示器、灯光、电动设备以及相同工作频率的设备(如2.4 GHz的RFID系统与蓝牙设备的频率相同)在部署RFID系统前要对电磁环境进行评估。

⑤ 存在多目标识读可靠性不高的可能。RFID系统依靠反冲突算法,可以同时识读多个RFID标签,但根据工作频率和标签数量,要识读的RFID标签可能会超出系统识读的上限,导致超出响应时间,因此在大量标签同时识读的场

合，多目标识读可能不可靠。

⑥ 标准不兼容。各国有关 RFID 技术的标准尚未完全统一，存在相互竞争的商业标准体系。

⑦ 存在辐射隐患。RFID 系统可能对人体产生辐射并造成伤害，这个问题已争论多年，目前并无定论。RFID 标签并不产生辐射，在未被激活的时间内是无辐射和安全的。识读器对人体无危害的控制标准和辐射等级需要明确。

2.4.2 RFID 技术原理与系统组成

1. 射频识读概念

在电子学理论中，电流流过导体，导体周围会形成磁场；交变电流通过导体时，导体周围会形成交变的电磁场，称为电磁波。射频（radio frequency，RF）是指高频交流变化的电磁波。

将电信息源（模拟或数字的）用高频电流进行调制（调幅或调频），形成射频信号，经过天线发射到空中；远距离接收射频信号后进行反调制，还原成电信息源，这一过程称为无线传输。

RFID 是自动识别技术的一种，通过射频方式进行非接触双向数据通信，对记录媒体（电子标签或射频卡）进行读写，从而达到识别目标和交换数据的目的。

电子标签和阅读器之间通过耦合元件实现射频信号的空间耦合，在耦合通道内，根据时序关系，实现能量的传递和数据的交换。发生在识读器和电子标签之间的射频信号的耦合方式有两种：电感耦合、电磁反向散射耦合（见图 2-4-1[11]）。

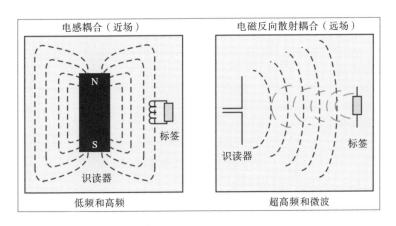

图 2-4-1 射频识别系统的两种信号耦合方式

1）电感耦合

电感耦合依据电磁感应定律的变压器模型,通过空间高频磁场实现耦合。电感耦合方式一般适用于低频和高频工作的近距离 RFID 系统,频率范围为 100 kHz～30 MHz。

2）电磁反向散射耦合

电磁反向散射耦合依据电磁波空间传播规律的雷达原理模型,发射出的电磁波碰到目标后反射,同时携带回目标信息。电磁反向散射耦合方式一般适用于超高频和微波工作的远距离 RFID 系统,频率范围为 2.45～5.8 GHz。

2. RFID 系统工作频率

RFID 标签的工作频率也就是 RFID 系统的工作频率,直接决定系统应用的各方面特性。在 RFID 系统中,RFID 标签和识读器必须调制到相同频率才能工作。RFID 标签的工作频率不仅决定着 RFID 系统的工作原理(电感耦合还是电磁反向散射耦合)、识读距离,还决定着 RFID 标签及识读器实现的难易程度和设备成本。

RFID 应用占据的频段或频点在国际上有公认的划分,即位于 ISM 波段。典型的工作频率有:125 kHz、134 kHz、13.56 MHz、27.12 MHz、430～434 MHz、902～928 MHz、2.4～2.5 GHz 和 5.2～5.8 GHz 等(见图 2-4-2)。

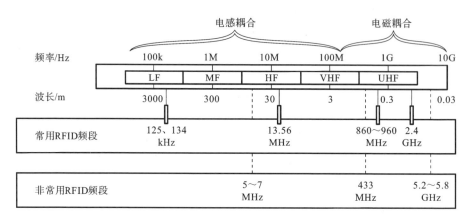

图 2-4-2　RFID 工作频率

按照工作频率的不同,RFID 标签分为低频(LF)、高频(HF)、超高频(UHF)和微波等不同种类。不同频段的 RFID 标签工作原理不同,LF 和 HF 频段 RFID 标签采用电感耦合原理,而 UHF 及微波频段的 RFID 标签采用电磁反向散射耦合原理。

不同工作频率下电子标签的特性如表 2-4-1 所示。

表 2-4-1　不同工作频率下电子标签的特性

频率	波长	耦合方式	距离	数据传输速率
125～150 kHz	2400 m	近场	<0.5 m	低
13.56 MHz	22 m	近场	<1 m	低至中
430～434 MHz(有源)	69 cm	远场	<100 m	中
860～960 MHz	33 cm	远场	2～5 m	中至高
2.4～2.5 GHz	12 cm	远场	1～2 m	高
2.4～2.5 GHz(有源)	12 cm	远场	100 m	高

RFID 标签在不同工作频段具有不同的技术特点。

1）低频段

低频段 RFID 标签的典型工作频率有 125 kHz 和 134 kHz。低频标签一般为无源标签,主要通过电感耦合的方式工作,即在识别器线圈和感应器线圈间存在着变压器耦合作用,低频标签位于识读器天线辐射的近场区内,从识读器耦合线圈的辐射近场中获得能量。低频标签与识读器之间的工作距离一般小于 1 m,低频能够穿过除金属外的多数材料,且不降低读取距离。低频标签的典型应用有动物识别、容器识别、工具识别和电子闭锁防盗等。

2）高频段

高频段 RFID 标签的典型工作频率为 13.56 MHz。高频标签多为无源设计,工作能量通过电感(磁)耦合方式从识读器耦合线圈的辐射近场中获得,感应器通过负载调制方式进行工作,即通过接通和断开感应器上的负载电阻,远距离对天线电压进行振幅调制。标签与识读器进行数据交换时,标签必须位于识读器天线辐射的近场区内,识读距离一般小于 1 m,除金属材料外,该频率的波长可穿过大多数材料,但是往往会降低读取距离。高频标签的天线可通过腐蚀或者印刷的方式制作,不需要绕制线圈,标签可方便地做成卡状,广泛用于电子车票、电子身份证、小区物业管理系统和大厦门禁系统等。

3）超高频段和微波段

超高频与微波频段 RFID 标签的典型工作频率有 433.93 MHz、862(902)～928 MHz、2.45 GHz 和 5.8 GHz。超高频标签通过电场获取能量,工作区间位于识读器天线辐射场的远场区内,标签与识读器的耦合方式为电磁反向散射耦合,识读器天线辐射场为无源标签提供射频能量。超高频标签的识读距离一般大于 1 m,典型情况为 4~6 m,最大可达 10 m 以上。超高频电磁波不能通过许多材料,特别是水、灰尘和雾。识读距离增加可能导致多个 RFID 标签同时出现在识读区域的情况,先进的 RFID 系统均将多标签识读问题作为系统的一个重要特征。超高频标签主要用于铁路车辆自动识别系统、集装箱识别系统,还可用于公路车辆识别与自动收费系统。

3. RFID 系统组成

RFID 系统有两个基本组件,如图 2-4-3 所示[12]:标签(又称应答器)和识读器。标签内保存约定格式的电子数据,作为待识别物品的标识性信息,应用时将电子标签附着在待识别物品上,作为待识别物品的电子标记;当带有标签的被识别物体通过识读器的可识别范围时,识读器自动以非接触方式将信息读出,从而实现自动识别。

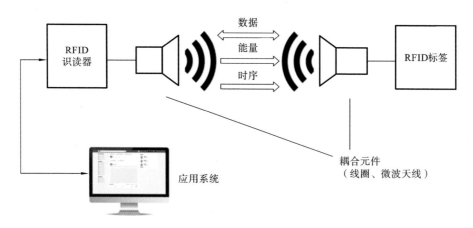

图 2-4-3　RFID 系统基本组件

4. RFID 标签

RFID 标签的基本功能是存储数据并将数据传输到询问器。标签由电子芯片和天线封装组成,芯片中包含控制电路、存储器,有源标签中还要封装电池。

1)有源标签与无源标签

当有源标签需要向识读器传输数据时,使用其自身电源获得芯片工作和信号传输的功率。有源标签可在更远的距离(可达到数十米)传输信息,通常具有更大的内存,相应地比无源的同类产品体积更大、结构更复杂,生产成本更高。

无源标签则从识读器发送的信号中获得芯片工作和数据传输的能量,需进行低功耗设计,具有体积小、系统紧凑、成本低廉的特点。无源标签的有效通信距离比有源标签小得多,如低频标签和高频标签的典型工作距离为 10～20 cm,在标签设计不改变的情况下,如果需要增大工作距离,需要功率更大的识读器。

此外,一些标签配置电池供内部芯片工作,而不用于无线电信号传输,称作半有源标签。外部电源使标签时刻处于可接收射频信号的状态,且具有更好的响应速度与接收效率,或为标签中附加的其他传感器提供能量。

2) 只读标签与读写标签

RFID 标签最重要的性能是能被识读,但很多情况下,需要具有可写的功能,根据可编程性能,标签分为只读(RO)和读写(RW)两种。

只读标签与条形码相似,由产品制造商赋码且用户无法进行更改,使用中通常仅提供有限的静态数据为物体编码,如序列号和零件号,可以集成到现有的条形码系统中。

读写标签为用户提供更灵活的功能,通常具有更大的存储量,并具有易于更改的寻址方法。读写标签上的数据可以被擦除和重写数千次,标签可以充当各种各样的"移动"数据库,携带应用系统的动态信息。

除以上两种标签,还有一次写入多次读取(WORM)的 RFID 标签,最终用户只有一次机会写入自己的信息。如在生产线中,可对标签标记制造日期、工位信息或厂商代码等。此外,一些标签可能同时包含只读和读写内存,如附着在托盘上的 RFID 标签,可以在内存的只读部分中标记托盘的序列号,该序列号在托盘的使用寿命内保持不变,读写部分可用于标识托盘的临时内容,可根据需要经常修改。

5. RFID 识读器

RFID 识读器根据具体实现功能的特点有一些其他较为流行的别称,如查询器(interrogator)、通信器(communicator)、扫描器(scanner)、识别器(reader and writer)、编程器(programmer)、读出装置(reading device)、便携式读出器(portable readout device)和 AEI 设备(automatic equipment identification device)等。

RFID 识读器按照通信方式可分为有线式、无线式和离线式三种。有线通信方式一般用于固定式识读器,常用的通信协议有 RS-232 串口、CAN 总线、TCP/IP 网络接口。其中 RS-232 通信方式具有协议简单、编程使用方便的优点,但是其抗干扰能力较弱、通信距离较短(几十至几百米);CAN 总线的抗干扰能力强,通信距离长(可达 1000 m 以上);TCP/IP 网络接口适合于养殖场内部局域网。无线式阅读器利用移动互联网、WiFi 等无线通信方式,实时连接后台计算机系统;离线式识读器内部带有数据存储功能,可以暂存现场采集的数据信息,然后利用 RS-232 串口、USB 等有线方式或红外线、蓝牙等近距离无线方式,将数据信息传送到后台计算机系统。

按标签工作模式来分类,RFID 识读器可以分为识读器优先和标签优先两类。识读器优先(RTF)是指识读器首先向标签发送射频能量和命令,标签只有在被激活且收到完整的识读器命令后,才对识读器发送的命令做出响应,返回相应的数据信息。标签优先(TTF)是指对于无源标签系统,识读器只发送等幅的、不带信息的射频能量。标签被激活后,反向散射标签数据信息。

按传送方向分类,RFID 识读器可以分为全双工和半双工两种类型。全双工方式是指 RFID 系统工作时,允许标签和识读器在同一时刻双向传送信息。半双工方式是指 RFID 系统工作时,在同一时刻仅允许识读器向标签传送命令或信息,或者标签向识读器返回信息。

RFID 识读器主要实现四项基本功能,包括:为标签供电(被动标签);读取标签的数据内容;向标签写入数据(可读写标签);与应用系统通信。更复杂的 RFID 识读器还执行三项关键的功能:实施防冲突措施,以确保与多个标签同时通信;认证标签,以防止欺诈或未经授权访问系统;数据加密,以保护数据的完整性。

1)实施防冲突算法

射频识别系统工作时,识读器虽然不知道其读取区域中有多少 RFID 标签,甚至不知道其读取区域中是否有标签,但会发出一个读取命令,让标签传输其数据。读取区域中的标签都会对读取命令立即回复,从而造成通信混乱或阻塞,解决这一事件的方法在 RFID 系统中称为防冲突。RFID 系统有三种类型的防冲突技术,即空分多路法、频分多路法和时分多路法,以确定标签通信顺序,防止冲突发生;或使用概率性算法,使冲突在统计学上不太可能出现。

2)认证标签

高安全性系统要求识读器对系统用户进行认证。身份验证主要有两种类型,即对称密钥和派生密钥。身份验证过程分两层进行:一部分过程发生在控制器上,另一部分过程发生在识读器上。RFID 标签向识读器提供密钥,然后将其插入算法或"锁",以确定密钥是否有效,以及标签是否被授权访问系统。

3)数据加密

数据加密用于防止对系统的外部攻击。第三方可能会拦截用户的密钥,用来进行欺诈或欺骗。为保护无线传输数据的完整性,并防止第三方拦截,由识读器实现加密、解密算法,对通信进行加密。

6. RFID 中间件

RFID 中间件（message-oriented middleware，MOM）扮演 RFID 标签和应用程序之间的中介角色[13]。用户从应用程序端利用中间件提供一组通用的应用程序接口（API），即能连到 RFID 识读器，读取 RFID 标签数据，这样一来，省去多对多连接的维护复杂性问题。

RFID 中间件是一种面向消息（message）的中间件，信息（information）以消息的形式，从一个程序传送到另一个或多个程序。信息可以异步（asynchronous）的方式传送，所以传送者不必等待回应。面向消息的中间件的功能不仅包括传递信息，还包括解译数据、保证数据传输的安全性、数据广播、错误恢复、定位网络资源、找出符合成本的路径、确定消息与要求的优先次序，以及延伸的除错工具等服务。

RFID 中间件分为以应用为中心（application centric）和以架构为中心（infrastructure centric）两种设计理念。以应用为中心的理念是指通过 RFID 识读器厂商提供的 API，以 HotCode 方式直接编写特定读取数据的适配器（adapter），并传送至后端系统的应用程序或数据库，达成与后端系统或服务串接的目的。以架构为中心的理念是指采用厂商所提供的标准规格的 RFID 中间件，在 RFID 识读器或标签改变，或数据库软件变迁等情况发生时，应用端不需要修改。这种设计理念可以支持高复杂度的企业应用系统。

国际上知名的 RFID 中间件厂商有 IBM、Oracle、Microsoft 等企业，这些企业具有雄厚的技术储备，其 RFID 中间件产品的稳定性、先进性、对海量数据的处理能力都比较完善，得到了行业的认同。

与国外相比，国内 RFID 软件起步较晚，在技术标准、产品性能和安全性等方面，与国外存在差距。国内研究机构在 RFID 中间件和公共服务方面开展研究工作，中国科学院自动化研究所开发了 RFID 公共服务体系基础架构软件和血液、食品、药品可追溯管理中间件；上海交通大学开发了面向商业物流的数据管理与集成中间件平台。

2.4.3 基于超高频 RFID 技术的无源感知系统

传统感知系统使用专用传感器对特定的感知目标进行测量，实现精准的物理世界感知。无源感知系统是指节点自身不配备或不主要依赖自身的电源设备供电，而是从环境中获取能量支撑其计算、感知、通信与组网的感知系统。

相比于传统的有源感知技术（有源传感器）及其他无源感知技术（利用WiFi 无线信号、可见光信号等），超高频 RFID 技术由于其独特的反向散射通信（back scattering communication）原理，为无源感知应用提供支持。超高频 RFID 技术的优点如下所述。

（1）低成本：超高频标签采用印刷电路生产，无须外接电池，价格低廉，适合大规模部署与应用。

（2）高敏感：由于反向散射的通信机制，超高频标签的多种信号特征对环境变化十分敏感，能够用于感知不同的目标信息，为多种应用需求提供感知可能。

（3）强关联：由于标签的可标记性，多个 RFID 标签可以构成标签阵列，标签间存在信号的关联与冗余，合理高效地利用标签之间的信号关联能够拓展RFID 标签的感知能力，形成 RFID 技术特有的感知方法。

（4）易定制：超高频标签的天线能够进行简单改造，而不会显著影响标签的通信性能，为各种定制化的感知需求提供了便利。

基于 RFID 技术的无源感知系统的技术框架包括感知渠道、感知方法、感知范畴以及感知应用等 4 个方面，即"用什么感知""如何感知""感知什么"及"为什么感知"，如图 2-4-4 所示[14]。

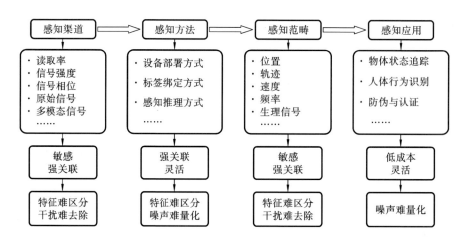

图 2-4-4　基于 RFID 技术的无源感知系统技术框架

1. 感知渠道

感知渠道指使用的信号类型，感知渠道信号通常被用于感知算法输入，感知渠道既包含不同模态的信号（如 RFID 信号与视觉信号），也包含同一模态信号的不同特征（如 RFID 信号中的信号强度、信号相位等）。RFID 技术的感知渠道呈现出由表及里的发展趋势:在早期,RFID 技术的感知渠道集中于应用层信号;至中期,感知渠道逐步深入,在链路层扩散;发展至今,感知渠道已经进一步延伸至物理层信号,以实现高精度、细粒度的感知。

2. 感知方法

感知方法分为硬件、软件两个层面:硬件层面包括设备部署方式、标签绑定方式;软件层面包括感知推理方式。

(1)设备部署方式。初期为获得更多可靠的信号特征,通常使用较多的天线来实现高精度感知;随着 RFID 技术的深入及雷达技术的融合,仅使用少量 RFID 天线就能对标签进行厘米级的准确定位,且单天线的感知信息逐渐增加;如今,基于多标签的感知逐步替代基于单标签的感知,成为主流的部署方式,为感知方法提供更加丰富的信号维度。

(2)标签绑定方式。绑定式感知将 RFID 技术从目标"识别"拓展至行为"感知",开拓了 RFID 的功能;非绑定式感知则将标签从目标上去除,不仅拓宽了感知模式,更提供了标签的复用方案,为未来的感知应用提供更多可能性。

(3)感知推理方式。模型驱动和数据驱动的感知方法相辅相成。模型驱动从原理层解释感知信号到感知对象的识别机理,从而保证了感知应用在不同环境下的鲁棒性与模型的泛化能力;数据驱动则从统计数据的特征学习角度,说明感知任务在信号层的特征关联,而这些关联信息能够被机器学习方式捕获,从而使用大数据技术为无线模型的完善提供支撑,为新模型的构建提供线索,同时得到较好的应用效果。

3. 感知范畴

感知范畴作为感知技术的目标,往往决定感知渠道与感知方法的选择,是感知应用设计中首先确定的要素。传统的感知研究往往依赖于信号的传输衰减模型,因此通信距离为主要感知目标,并延伸至目标定位、轨迹追踪等;近年来随着感知应用领域扩大,研究进一步从多个维度拓展射频识别技术的感知范畴,实现包括速度、频率及生理体征信号的有效感知。

4. 感知应用

感知应用是感知技术最终的应用形态,体现了感知技术的研究动机与落地方式,关注该感知技术所能使用的应用形态,着眼于与用户相关的应用场景。

总体而言,基于 RFID 的无源感知与其他感知技术相比,在感知渠道方面,无源标签的通信带来了更多的信号干扰与感知挑战,同时便捷的标签部署也提供了"万物皆可知"的感知机遇;在感知方法方面,标签和天线的灵活部署与定制化调整,提供了更多的感知场景与有针对性的感知解决方案;在感知范畴方面,绑定式与非绑定式感知都能利用广泛部署的 RFID 标签进行目标感知,提升感知的灵活性;在感知应用方面,物联网时代 RFID 标签的广泛部署为更丰富的感知应用提供了硬件基础,为众多潜在的应用提供保障。

2.4.4 动物 RFID 技术标准体系

动物 RFID 技术在内容、性能和应用方面,均有相应的国际标准。

1. RFID 标准组织

随着 RFID 技术的不断发展及其在各个领域的广泛应用,RFID 标准发挥着越来越重要的作用,目前大部分 RFID 国际标准是由 ISO/IEC 组织和 EPCglobal 组织制定的。

ISO(国际标准化组织)成立于 1947 年;IEC(国际电工委员会)成立于 1906年,是世界上最早的国际标准化组织,是制定和发布国际电工电子标准的非政府性国际机构。1947 年,IEC 作为一个电工部门并入 ISO,1976 年又从 ISO 中分离出来。ISO/IEC 第一联合技术委员会 ISO/IEC JTC 1 共同制定信息技术领域里的国际标准。JTC 1 又分成若干技术委员会(SC),其中负责制定 RFID标准的主要是 SC 17 和 SC 31:SC 17 负责 ISO 14443 和 ISO 15693 非接触式智能卡标准的起草、讨论、制定、表决和发布;SC 31 负责制定一维条形码、二维条形码、射频识别、实时定位共 4 种自动识别技术的基础标准。ISO/IEC RFID 标准体系可分为术语标准、空中接口标准、数据协议标准、测试标准、软件标准、应用标准和实施指南等。

为推进我国电子标签标准的研究和制(修)订工作,做好标准化对电子标签技术创新和产业发展的支撑,2005 年 10 月信息产业部(2008 年更名为工业和信息化部)科技司批准成立"电子标签标准工作组"。经过十多年的努力,我国RFID 技术标准从无到有,标准体系逐步完善,内容不断充实,已经发布基础性、应用性标准上百项。

2. 与畜牧业相关的 RFID 标准

与畜牧业相关的 RFID 标准包括国际标准、国家标准、农业农村部规范和地方标准[15]。

1)国际标准

1996 年制定的国际标准 ISO 11784:1996 *Radio-Frequency Identification of Animals — Code Structure* 和 ISO 11785:1996 *Radio-Frequency Identifi-*

cation of Animals — Technical Concepts,为动物的跟踪识别确立了全球统一的数据代码和技术准则。前者确定了 64 位数据代码结构,后者制定了全双工(full duplex,FDX)和半双工(half duplex,HDX)数据传输时的各项技术准则。ISO 分别于 2004 年与 2010 年发布 ISO 11784 标准的两个补充篇,于 2008 年发布 ISO 11785 标准的一个补充篇。

ISO 11784 规定的数据代码结构见表 2-4-2。

表 2-4-2   ISO 11784 规定的数据代码结构

位序号	信息	注释
1	动物(1)或非动物(0)	说明该应答器是否用于动物
2～15	保留	将来使用
16	后跟数据(1)/无后跟数据(0)	说明识别代码后是否跟有附加数据
17～26	国家代码	900～998 为厂商代码,999 为测试应答器
27～64	国内识别代码	国内专有的唯一注册号

ISO 11785 的主要技术内容见表 2-4-3。

表 2-4-3   ISO 11785 的 FDX 和 HDX 系统概要

参数	FDX 系统	HDX 系统
激活频率	134.2 kHz	134.2 kHz
调制	AM/PSK	FSK
返回频率	129.0～133.2 kHz 135.2～139.4 kHz	124.2 kHz(逻辑"1") 134.2 kHz(逻辑"0")
编码	变型 DBP	NRZ
位速率	4194 bit/s	7762.5 bit/s(逻辑"1") 8387.5 bit/s(逻辑"0")
报文结构		
头标	11	8
识别代码	64	64
CRC 错误检测码	16	16
尾标	24	24
控制位	13	—

而作为 ISO 11784、ISO 11785 的扩展标准 ISO 14223,则针对动物识别的高级识读器。ISO 14223-1:2011《动物射频识别高级射频标签　第 1 部分:空中接口》,定义与 ISO 11785 兼容的高级标签模式,用于数据存储、设备检索、传感

器集成等功能,标准中定义了识读器与标签交互中高级模式的开启/关闭方式与传输速率、数据编码格式;ISO 14223-2:2010《动物射频识别高级射频标签第 2 部分:代码和指令结构》,承接 ISO 14223-1,给出了高级模式中的交互命令格式、标签的各类状态与状态之间的转换情况。

ISO 14223 的主要技术内容见表 2-4-4。

表 2-4-4　ISO 14223 的 FDX 和 HDX 系统下行链空气接口参数

参数	FDX-B20	FDX-B100	HDX
下行链频率	134.2 kHz	134.2 kHz	134.2 kHz
调制(深度)	ASK(10%～25%)	ASK(90%～100%)	ASK(90%～100%)
编码	曼彻斯特编码	二进制脉冲宽度	PWM
位速率	4194 bit/s	6000 bit/s	500 bit/s

ISO 15639-1:2015《动物射频识别　不同动物物种用注射部位的标准化第 1 部分:伴侣动物(猫和狗)》,概述猫、狗的射频识别标签的注射和使用规则,规定注射式动物射频识别标签在猫与狗身上的注射点要求。

ISO/TC 23/SC 19 发布了用于动物射频识别管理的 ISO 24631 系列标准,其主要内容见表 2-4-5。

表 2-4-5　ISO 24631 系列标准及其主要内容

标准号	标准名称	主要内容
ISO 24631-1:2017	第 1 部分:射频识别标签与 ISO 11784 和 ISO 11785 的一致性评估(包括制造商代码的发放和使用)	主要制定制造商代码的申请流程,制造商可申请测试的类型、内容与测试环境,测试内容主要包括形状、尺寸、共振频率等
ISO 24631-2:2017	第 2 部分:射频识读器与 ISO 11784 和 ISO 11785 的一致性评估	主要制定动物射频识读器的 ISO 11784 和 ISO 11785 符合性测试流程,包括激活场频、功能、激活场时间、无线同步等测试项目;还对测试实验装置与条件进行了梳理
ISO 24631-3:2017	第 3 部分:符合 ISO 11784 和 ISO 11785 的射频识别标签性能评估	制定射频标签的性能测试方法与试验所用到的设备,详细表述测试前标签定位、磁场归零的方法与测试系统中场强的参数的计算公式,测试包括最小激活磁场强度、调制幅度、位长稳定性、频率稳定性等

续表

标准号	标准名称	主要内容
ISO 24631-4:2017	第 4 部分:符合 ISO 11784 和 ISO 11785 射频识读器的性能评估	制定识读器的性能测试方法和试验装置,详细阐述读取距离同响应时间等测试项目
ISO 24631-5:2014	第 5 部分:射频识读器读取 ISO 11784 和 ISO 11785 射频标签的能力试验程序	主要制定 ISO 11784 和 ISO 11785 的符合性验证流程,以及所用到的测试设备。测试项目着重验证动物射频识别标签发射能力,包括频率、功能、激活场时序等
ISO 24631-6:2011	第 6 部分:动物识别信息的表述(视觉显示/数据传输)	主要规定动物射频识读器的显示屏上应具备的信息和信息的显示格式
ISO 24631-7:2012	第 7 部分:ISO 11785 识别系统的同步	规定动物射频识读器在与标签通信过程中的同步规则,同时规定了在通信中的各类延长时段数值限额

2)国家标准

2006 年 12 月 1 日,国家标准《动物射频识别 代码结构》(GB/T 20563—2006)正式实施。这个标准采用了与国际接轨的编码方式,既保证了每一个动物编码的唯一性,也保证了编码的通用性。标准是根据 ISO 11784:1996 的总体原则,并结合中国动物管理的实际编制而成的,适用于家禽、家畜、家养宠物、动物园动物、实验室动物、特种动物的识别,也适用于动物管理相关信息的处理与交换。

2009 年 3 月 1 日,国家标准《动物射频识别 技术准则》(GB/T 22334—2008)正式实施,该标准为国际标准 ISO 11785:1996 的国内转化,增加了无线电管理部门对射频识读设备发射磁场强度和杂散发射限值的要求。

国际标准 ISO 14223、ISO 15639、ISO 24631 对应的国家标准,均已纳入国家标准计划,由 TC 201(全国农业机械标准化技术委员会)归口上报,TC 201 SC6(全国农业机械标准化技术委员会农业电子分会)执行,主管部门为中国机械工业联合会,相关标准即将发布实施。

3)农业农村部规范

农业农村部从 2006 年 7 月 1 日起开始实施《畜禽标识和养殖档案管理办法》(即农业部第 67 号令)。在《畜禽标识和养殖档案管理办法》中,农业农村部对家畜、家禽等农场动物的编码方法与国家标准不同,采用的是由畜禽种类代码、县级行政区域代码、标识顺序号组成的共 15 位数字及专用条形码。目前,农业农村部已经开始对猪、牛、羊三类数量大的家畜实行编码。具体的编码方法是:猪、牛、羊的家畜种类代码分别为 1、2、3,编码第 1 位为种类代码(目前只有 3 类),第 2 至 7 位为县级行政区域代码,第 8 至 15 位为标识顺序号。

《畜禽标识和养殖档案管理办法》仅针对农场动物进行编码,不包括野生动物、实验动物和家养宠物等,标识载体也限定为二维条形码牲畜耳标。

4)地方标准

上海市质量技术监督局则于 2005 年正式发布了 DB31/T 341—2005《动物电子标识通用技术规范》地方标准,规定了动物电子标识的特性、环境适应性、封装和安全要求、信息编码与存储格式,以及数据传输信号接口和操作指令等。该标准依据 ISO 11784、ISO 11785、ISO 14223-1 和 ISO 18000-2,结合当地应用制定。此外,北京市质量技术监督局发布《植入式宠物电子标识技术规范》(DB11/T 479—2007)和《奶牛电子耳标技术规范》(DB11/T 1021—2013);宁夏回族自治区质量技术监督局发布《动物无线射频标识技术要求》(DB64/T 622—2010);新疆维吾尔自治区质量技术监督局发布《动物电子标识(射频识别 RFID)通用技术规范》(DB65/T 3209—2011);辽宁省质量技术监督局发布《动物电子标识技术规范》(DB21/T 2089—2013)。

2.4.5 RFID 技术在畜禽养殖中的应用

1. RFID 技术用于畜禽个体标识

1)动物个体射频标识

常用的畜禽个体射频标识主要有四大类型:动物耳标、项圈(脚环、翅标)式标签、注射式电子标签和瘤胃(网胃)电子胶囊(the electronic rumen bolus)等(见图 2-4-5)。

动物耳标主要有低频和超高频两大类型,两者的芯片、天线、封装方式等均不同。低频耳标的 RFID 芯片和天线组成的中间体结构如图 2-4-6 所示,被放置在母标的内部,外面被聚氨酯塑料包裹。

项圈(脚环、翅标)式标签根据动物种类和生理特点选择使用,家禽多使用脚环和翅标,用于种禽管理、产品溯源等;牛、羊等多使用项圈,用于分群系统、自动饲喂系统、挤奶系统等。

注射式电子标签是利用特殊工具将电子标签放置在动物皮下,这个标签必

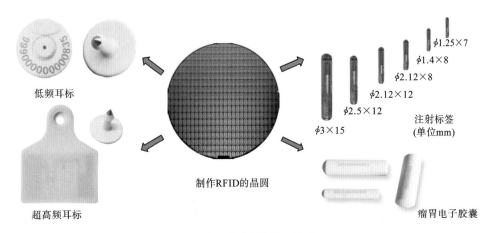

低频耳标

超高频耳标

制作RFID的晶圆

$\phi 1.25 \times 7$
$\phi 1.4 \times 8$
$\phi 2.12 \times 8$
$\phi 2.12 \times 12$
$\phi 2.5 \times 12$
$\phi 3 \times 15$

注射标签
(单位mm)

瘤胃电子胶囊

图 2-4-5 畜禽射频识别标签

图 2-4-6 低频耳标中间体结构

须通过手术取出,通过对电子芯片不同植入位置的效果对比,以耳部下面位置最合适,这个位置安全、保存率高,且不易被触摸到。家畜采用注射式电子标签的方法存在缺陷:标识物作为外来物件,会导致动物机体组织出现排斥反应;受埋植位置等因素影响,存在掉标与破损的问题,甚至在畜体内发生位移。所以,选择埋植位点时要考虑上述因素,并易于读取和便于屠宰时回收。

瘤胃电子胶囊是将电子标签安装在一个耐酸的圆柱形外壳(大多是陶瓷的)内,再通过动物食道放置到反刍动物的瘤胃内,如果未被人工取出,一般会终身停留在动物的瘤胃内。屠宰后注射式电子标识的取出是个问题,它存在进入食物链的潜在危险。

国外研究者对部分家畜标识的应用研究表明,射频识别技术在动物管理领域的应用具有三大优势:其一,射频信号稳定,识别效率高;其二,应用方式贴合需求,电子标签采用注入式的形态不影响动物外观,体外读取方式便于盘点识别;其三,有国际动物射频识别领域标准可以遵循,有利于与国际接轨。射频识别技术的应用为动物管理带来了有效的解决方案,而动物管理也给设备技术产品提供了一个市场方向,促使射频技术产品在贴合应用需求的同时变得更加规范化、标准化。

2)动物个体标识识读器

用于动物个体标识的识读器,可分成固定式、便携式、一体式和模块式(见图 2-4-7)四种。

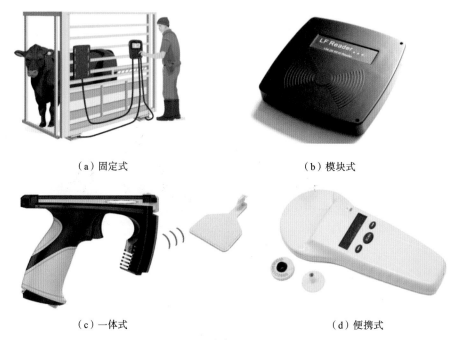

(a)固定式　　　　　　　　　　　　(b)模块式

(c)一体式　　　　　　　　　　　　(d)便携式

图 2-4-7　畜禽 RFID 识读器

固定式识读器的天线、识读部件和主控机分离,一般固定安装于动物经过的通道,不需要人工操作就可以自动采集和判别所经过的动物的个体信息,主要用于动物个体信息的日常自动采集和个性化的饲喂控制(如奶牛场的与计步器配合使用的牛号识读器);便携式识读器的识读部件、天线和主控机集成在一起,操作者以手持方式进行动物标识扫描识别和动物个体信息的自动采集;一体式识读器的天线和识读部件集成在一个机壳内,固定安装,主控机一般安装在其他地方,一体式识读器与主控机可有多种接口;模块式识读器的识读部件一般作为系统设备集成的一个单元,识读部件与主控机的接口和应用有关。

3)动物电子标识工作频段

低频、高频或超高频 RFID,在动物标识领域均有应用。从动物射频识别国际标准发展的情况可见,目前国际上主要使用低频电子标识,而国内重点发展超高频电子标识,但尚未形成成熟的技术标准。

(1)基于低频技术的畜禽射频标识技术。

基于低频技术的畜禽射频标识简称低频标签,其发展已很成熟,其优点是:不受无线电频率管制约束,穿透性好,可以应对复杂的通信环境;技术成熟,产品性能稳定,上下游产业链完整;天线结构简单,标签体积/面积小。低频标识的缺点有:低频协议不具备防碰撞功能,只可一对一识别读取,不支持较大范围动物盘点功能;传输速率低,存储容量小,不利于大量数据交互;识读距离短;成本比其他频段的高。

低频标识商业化时间早,国内企业对低频产品的关注度不高,很多射频技术芯片企业甚至没有低频产品。在动物射频标识这一新兴领域,国内销售的低频标识主要应用于城市宠物管理等方面,而宠物射频标识的市场量级相较于高频、超高频甚至低频 ID 卡市场要小得多。一直很少有企业愿意对低频技术芯片进行自主研发,国内厂商通常会购买国际企业的低频产品来满足使用需求。

2018 年,无锡富华科技有限责任公司联合中国农业科学院北京畜牧兽医研究所等单位,首次实现家畜电子标识芯片的国产化:采用 0.18 μm(国际通用 0.35 μm)制造工艺,在 8 in(0.203 m)的晶圆上可生产出 40000 枚 RFID 芯片,与国际知名生产企业的芯片比较,芯片的 4 项性能指标达到国际领先水平。

(2)基于超高频技术的畜禽射频标识技术。

基于超高频技术的畜禽射频标识简称超高频标签,其在畜牧业的形态多为体外标签,比如耳标、颈环、脚圈等(见图 2-4-8)。

图 2-4-8　猪、牛、羊用超高频电子耳标

超高频技术在畜牧业的应用场景成熟,经常被用于放养/圈养的牲畜盘点

管理系统,其产品特点比较显著,有以下优点:超高频标识协议支持多标识同时识读,能支撑畜禽盘点功能,便于统计管理;超高频标识信息存储量较大,传输速率高,标识选择、读取、更新方便。缺点包括:超高频信号受无线电频率管制约束,工作功率受到限制;高湿度环境会对超高频标识的性能产生较大的影响;超高频协议不具备定位功能,因此在野生动物管理中,常与 GPS 系统搭配使用;超高频标识不支持注入式场景,一般为体外使用,对动物外观有一定影响;超高频技术的射频天线较大,导致标识产品面积/体积较大。

与低频技术相比,超高频技术兴起时间相对较晚,全世界的超高频产能主要集中在我国。国内有大量的标签生产厂商为国外企业代工,产品远销多个国家。我国在超高频技术领域实力较强,拥有自研的 GB/T 29768—2013 等系列空中接口技术规范。国内企业的产品类型多样,性能比较优越。在动物射频识别领域,超高频技术可复用、盘点效率高的特点适用于大牲畜 2~3 年的周转周期以及小牲畜不到 1 年的周转周期。超高频标识存储量大、传输效率高的特点也有利于牲畜的身份识别与信息更新管理。但超高频标识不适合用作宠物标识,需要对超高频技术产品进行改良和优化,以达到较小的体积和优越的穿透性。

考虑到国内企业在低频技术领域不具备优势,且低频产品又没有足够的经济效益,因此我国标准化机构可以在此基础上联合高频技术企业,研发用于动物射频识别场景的高频技术产品,制定用于动物射频识别的高频技术与测试规范,从而替代低频技术产品,实现动物射频识别产品国产化的目标。然后通过 ISO 的国内归口单位,向国外推广国内的技术与测试规范。

2. RFID 技术用于畜禽养殖

为满足生产者、管理者和消费者对提高生产效率、提升疫病防治水平和保障食品安全所提出的更高要求,现代动物标识技术的功能已远远超出了对动物个体和群体进行简单标记的范畴,实现了在多个领域的广泛应用[16,17]。

1) 对品种性能的跟踪测定

畜禽育种需要在生产过程中对群体中不同个体的生产性能进行及时测定,并通过比较选择优良个体。利用 RFID 电子标识技术,能够从一个群体中识别个体,并采集其生长、生产过程的相关数据(如采食时间、采食量、体重等),以此确定个体的生产性能,计算生产中动物的生长发育曲线,用于指导种畜、种禽的选择或选育。

美国奥斯本公司已利用该技术研发了全自动种猪生产性能测定系统(feed

intake recording equipment，FIRE）。该系统能够帮助育种公司随时测定猪个体的生产和生理数据，对不同测定猪的任何生长阶段的日增重和饲料报酬数据进行比较，计算生产中的猪生长发育曲线，从中选择理想的种猪。

扬州大学针对种鹅生产性能统计需求，构建基于物联网的优质种鹅选育系统，设计产蛋区位的鹅自动称重、蛋体标记打码等功能的一体化产房装置：采用RFID 技术实现种鹅个体身份识别；利用动态称重方法实现产房内种鹅体重数据测量；设计鹅蛋姿态调整装置和感应输送带，采用无接触喷墨打码技术实现种鹅个体信息与产蛋性能的精确标记，为统计分析鹅的饲料转化率、产蛋量等个体表型指标等提供准确的数据源[18]。

北京市农林科学院研发一套基于物联网的适合种鸡个体育种信息的自动采集系统，包括电子标签、识读器、称重台和应用程序等部分。雏鸡佩戴定制的可读写防水超高频电子翅标，存储品系条形码及编号；鸡笼位上用绑带固定高频的可读写、防水、抗金属电子标签；识读器可批量写入笼位电子标签编码，并将品系编码及顺序码写入电子翅标，同时将电子翅标编码与笼位电子标签编码进行绑定；种鸡自动称重台、称重桶通过蓝牙模块自动传输称重数据；专用程序包括识读器专用程序、服务器端种鸡育种采集信息管理平台[19]。

2）对精准养殖的信息采集

精准农业已成为提高农业发展集约化、标准化水平的重要生产模式。基于动物标识技术的畜禽自动识别系统具有实时信息采集功能，使其成为现代化精准养殖场中不可或缺的部分。自动识别系统、有线或无线通信系统及计算机数据中心共同构成了面向生产的分布式计算机管理网络，通过这一网络平台，生产者可随时采集不同个体的生理参数和生产记录，以此为依据调节生产环境和饲喂标准，实现精准养殖目标。

RFID 技术可以实现非接触式的远距离目标自动识别。电子标签和管理系统识别猪只个体，记录和调用个体信息，包括猪只的生产地、品种类别、出栏日期等。猪只靠近射频识别区域，识读器读取电子标签，完成对猪只的识别，确定猪只身份，收集采食量与体重数据，然后根据年龄以及身体状况等方面的情况进行分析，针对单个猪只进行饲料、饮水、药物的投喂，同时记录饲料名称、添加剂名称等信息，以便出现任何饲料问题时能够迅速溯源。该技术已成功应用于各类生猪的自动饲喂系统。

澳大利亚最早在养牛业中采用电子标识，并广泛建立奶牛自动管理系统。通过 RFID 采集记录生产数据，养殖户在挤牛奶时，就可以清楚知晓奶牛的生理参数,如脂肪含量、体细胞数和产奶量等。RFID 技术可在畜禽个体识别基础上,利用个体定位方法获取动物位置以及停留时间,实现对个体采食、饮水、产蛋、活动以及个体运动轨迹等进行识别监测,建立其行为模型,从而对异常行为进行预警,及时发现动物健康、生产中存在的隐患,并采取相应解决措施,减少生产损失。

河北农业大学为实现种鸡个体采食智能化、自动化测定,设计了一种集个体自动识别、精准饲喂、个体采食量数据自动采集与自动处理为一体的种鸡个体精准饲喂系统。智能饲喂系统主要由上位机和下位机两部分组成。上位机由计算机组成,采用组态可视化界面进行人机交互,具备专家管理系统功能。下位机为智能饲喂子系统,主要由电子耳标读取设备、称重饲喂装置和其他硬件驱动设备组成。RFID 个体识别系统与个体采食量测量系统安装在喂料行车上,RFID 标签采用抗金属标签,粘贴在笼子上方的铁片上,每 4 只鸡作为 1 组共用 1 个标签,在软件系统里对不同位置的鸡只进行标识。为了保证行车读取到需要读取的电子标签而不被相邻标签干扰,实现种鸡个体识别,该系统需要调节天线的功率,使得标签在距离天线大约 15 cm 范围内可 100% 读取到正确的标签值[20]。

3)对动物疫病的防治监控

养殖场和畜牧兽医管理部门基于动物标识技术和信息系统,对动物个体免疫、动物饲养、防疫、检疫、流通等情况进行记录和跟踪,解决信息上报不及时、误报、漏报等问题,减少动物疫病带来的经济及社会损失。

华南理工大学开发基于动物标识的生猪疾病防控系统。生猪养殖场制定防疫计划,包括消毒处理、药物治疗、疫苗注射、定时检疫等,系统根据防疫计划安排养殖场防疫工作。养殖人员执行防疫工作的同时,通过手机或平板电脑等终端设备扫描生猪电子耳标,采集和更新猪只防疫信息,并写入猪只 RFID 电子标签中。一旦猪只发生疫情,兽医可以根据 RFID 电子标签所记录的具体信息,快速查询和锁定目标,进行紧急防疫和治疗[21]。

黑龙江大学基于 Android 系统及 NFC 等技术,设计开发种鸡免疫信息管理系统。管理人员可利用具备 NFC 功能的安卓手机,触碰种鸡 NFC 标签,从 NFC 标签中读取种鸡免疫信息,或将种鸡免疫信息写入 NFC 标签里;同时,也可利用 APP 获取近期某鸡场种鸡的免疫信息[22]。

4)对安全生产的全程追溯

动物及其产品的标识与可追溯系统的建设,是保护消费者免受动物性食品安全事故危害而采取的有效措施之一。通过建立统一的信息管理系统、制定标识信息采集标准，实现对畜禽在饲养、运输、屠宰、加工、销售、消费全过程中的每一环节和相关责任人信息的全面记录，以此作为畜禽产品追溯监控的依据。一旦出现质量问题，即可从信息管理平台调出所有相关数据，掌握发生问题的畜禽产品批次、数量，并逆向溯源，迅速查找到污染源和责任人，从而提高动物卫生水平，规范畜牧业生产经营行为，保障动物产品安全。

江苏省农业科学院研制出基于 RFID 技术的猪肉制品追溯系统。在生猪的养殖环节中，采用 RFID 技术，用电子标签记录生猪的饲养信息、防疫信息、治疗信息与出栏信息等；在运输环节中，质检人员随机抽查生猪信息，并将猪只信息匹配后上传到系统；屠宰前，为了确保所有猪只都满足屠宰要求，检测人员应对猪只在养殖阶段的各项数据进行读取；屠宰后，将生猪的 RFID 电子标签信息转移到胴体标签内，胴体切割成猪肉后，再将分类的猪肉封装成物流单元，贴上条形码标签，便能分级显示猪肉的流动环节，做到真正意义上的全程追溯与跟踪[23]。

2.5　基于机器视觉的畜禽个体标识技术

机器视觉是信息技术领域最热门的研究方向之一。机器视觉系统通过分析图像或视频，实现对场景中目标的定位、识别和跟踪，分析和判断目标的行为，判断异常情况发生。机器视觉系统在行人、车辆等个体识别领域取得良好的试验结果，近年来又被广泛应用于畜禽识别领域。这种非接触式的机器视觉识别方法能提高识别的实时性和自动化程度，降低养殖管理成本和减少动物应激反应，但是针对复杂的养殖环境，识别精度和鲁棒性有待进一步提高。

机器视觉系统可以采集和分析的个体识别特征有：面部或身体特征、鼻纹、虹膜图像、视网膜血管等视觉特征，声音、步态、身体姿态等行为特征。下面讲解鼻纹识别技术、虹膜图像识别技术和视网膜血管识别技术，面部或身体特征、行为特征的识别，请参见后续章节内容。

2.5.1　鼻纹识别技术

鼻纹是指牲畜鼻尖上的皮肤纹理，如牛只口鼻部特殊的皮肤纹理与人类的指纹类似，其纹理分为谷和脊，每头牛的鼻纹都不相同，随着时间的推移也不会发生较大改变，因此牛只口鼻部可以作为个体识别的特征（见图 2-5-1[24]）。最早使用鼻纹识别牛个体身份，是由 Petersen 在 1922 年提出的，具体实现方法是将墨汁喷在牛鼻子上,再将其印在纸上,然后采用肉眼观察比对的方式进行身份匹配;1998 年,Mishra 等通过鼻纹的分布特征来开发牛的编码系统,配合耳标对牛建立档案,实现了牛产品的全程追溯;2007 年,Barry 等通过对牛鼻纹拍摄照片来采集牛鼻纹信息,使用主成分分析和欧氏距离分类算法对牛鼻纹照片进行识别,最后得出通过鼻纹识别牛的身份准确率可达 98.85%。虽然牛鼻纹与人指纹一样具有不变性、可采集性和识别准确率高等特点,但是动物的动作行为具有随意性,在采集鼻纹图片和提升采集效率、识别优化方面需要更进一步的提升[25,26]。

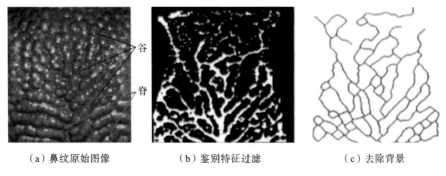

（a）鼻纹原始图像 （b）鉴别特征过滤 （c）去除背景

图 2-5-1 牛鼻纹图像处理过程

2.5.2 虹膜识别技术和视网膜血管识别技术

1. 虹膜识别技术

牛虹膜图像处理过程如图 2-5-2[27] 所示。

虹膜是瞳孔与巩膜之间的环形可视部分,由随瞳孔直径变化而拉伸的复杂纤维状组织构成,动物出生前的随机生长过程,造成了各自虹膜组织结构的差异,具有终身不变性和差异性。虹膜总体上呈现一种由里到外的放射状结构,包含许多相互交错的类似斑点、细丝、冠状、条纹、隐窝等形状的细微特征。这些特征信息对每个动物来说都是唯一的,通常称为虹膜的纹理信息。

在红外光照射下,反映虹膜图像特征的模拟信号被高分辨率的摄像机接收采样,经数字化后存入计算机,每个虹膜数据长度为 256 字节,整个过程在系统中瞬间完成。虹膜识别技术的优点是精确度高;而缺点是虹膜技术系统成本过高,需要比较好的成像条件和成像时间,在畜禽养殖中应用较为烦琐。

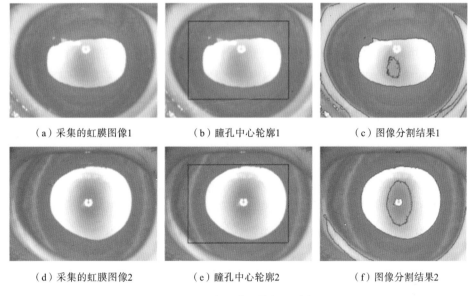

（a）采集的虹膜图像1	（b）瞳孔中心轮廓1	（c）图像分割结果1
（d）采集的虹膜图像2	（e）瞳孔中心轮廓2	（f）图像分割结果2

图 2-5-2　牛虹膜图像处理过程

2. 视网膜血管识别技术

牛视网膜血管图像处理过程如图 2-5-3[28] 所示。

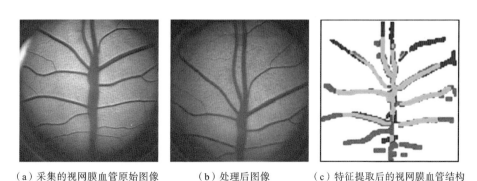

（a）采集的视网膜血管原始图像	（b）处理后图像	（c）特征提取后的视网膜血管结构

图 2-5-3　牛视网膜血管图像处理过程

视网膜是一些位于眼球后部十分细小（直径约为 1/50 in）的神经，它是感受光线并将信息通过视神经传给大脑的重要器官，它同胶片的功能有些类似，用于生物特征识别的血管分布在神经视网膜周围，即视网膜四层细胞的最远处，在采集视网膜的数据时，扫描器发出一束光射入被识别者的眼睛，并反射回扫描器，系统会迅速描绘出视网膜的血管图案并录入数据库中。眼睛对光的自然反射和吸收被用来描绘一部分特殊的视网膜血管结构。

视网膜血管识别技术的优点：具有相当高的可靠性，视网膜血管分布具有唯一性，并且无法伪造，即使是同胞胎动物，视网膜血管的分布也是有区别的；视网膜的结构形式在动物生长过程中保持稳定；视网膜识别系统误识率低，录入设备从视网膜上可以获得 700 个特征点，这使得视网膜扫描技术录入设备的误识率低于百万分之一。

视网膜血管识别技术的缺点：采集设备成本较高，采集过程较为烦琐；视网膜扫描设备要获得视网膜血管图像，眼睛与录入设备的距离应在 0.5 in 之内，并且录入设备在读取图像时，眼睛必须处于静止状态，使用不够方便。

2.6 基于分子标识的畜禽个体标识技术

自从 DNA 分子标识技术建立以来，各种 DNA 分子标识技术相继被广泛地应用于遗传图谱的构建、遗传多样性评估遗，以及个体识别和亲权鉴定等方面。常用的畜禽个体标识的分子标识主要有简单序列重复(simple sequence repeat，SSR)、单核苷酸多态性(single nucleotide polymorphism，SNP)等，与 SSR 方法有许多等位基因相比，SNP 方法仅有两个等位基因，技术相对简单，成本相对低廉，有益于全自动分析。在基于 DNA 分子标识的可追溯系统中，进行家畜个体追溯是可行的，其优点是具有非常高的准确率，对疾病控制有显著效果；缺点是仅能从肉制品向农场及种畜追溯，对从超市到分销商到加工商到屠宰场的过程无法追溯。

西班牙 Oviedo 大学利用 DNA 分子标记进行肉牛追踪研究，建议采用 3 个多态微卫星标记来进行日常检测，此时两个个体检测标识信息相同的概率为千分之一。2003 年，加拿大枫叶公司联合 Pyxis 基因公司、Orchid 生物科学公司以及 IBM 公司，研究利用 SNP 技术，实现从猪肉或肉制品到饲养场种母猪的追溯目标。目前，每头母猪的 DNA 分型成本 35 加元，按每只母猪总共生产 50 头仔猪计算，则平均每头肉猪的分型成本为 0.7 加元，大批量检测可降低经济成本，高速 SNP 分型成本可大幅度降低至每基因 0.02 加元或者每头种母猪 6 加元，分摊到每头屠宰肉猪的分型成本为 0.12 加元。

欧盟对牛和猪肉追溯系统进行电子标识(electronic identification，EID)＋DNA 双标识制度的可行性研究。EID 用于养殖场到屠宰场阶段的猪或牛个体标识，而 DNA 标识用于胴体和分割肉的追溯，这样两种标识结合可实现猪肉或牛肉的全程追踪。DNA 标识最大的优点是有非常高的准确率。但由于技术原因,还未能做到实时取样和迅速鉴定,且价格昂贵,目前难以进行推广应用。

江苏省农业科学院开展苏钟猪个体身份识别和猪肉溯源的 DNA 条形码编制研究,基于 SNP 识别猪个体身份,最终选定 7 对引物扩增的 52 个 SNP 位点编制基因条形码[29](见表 2-6-1)。

表 2-6-1　7 对引物扩增的 52 个 SNP 位点用于猪个体身份识别

引物对	扩增产物中的 SNP 位置	数字条形码中的位置
1	+171、+211、+350、+419	1~4
2	+104、+329、+345、+475	5~8
3	+212、+214、+329、+467、+493	9~13
4	+72、+74、+331、+375、+450、+472、+478、+563、+668、+737	14~23
5	+115、+167、+297、+351	24~27
6	+129、+159、+209、+218、+252、+316、+400、+435、+442	28~36
7	+60、+94、+105、+126、+142、+143、+150、+163、+181、+191、+192、+197、+202、+211、+212、+216	37~52

用阿拉伯数字 0~9 分别替代 SNP 条形码中的 A/A、T/T、G/G、C/C、A/T、A/G、A/C、T/G、T/C、G/C 10 种 SNP 基因型,形成相应的二维条形码[30](见图 2-6-1)。理论上,7 对引物扩增的 52 个 SNP 位点形成的 SNP 条形码可用于近 500 万头苏钟猪的个体身份识别或猪肉产品溯源。

```
A/A   T/T   G/G   C/C   A/T   A/G   A/C   T/G   T/C   G/C
0     1     2     3     4     5     6     7     8     9

CCGGCCAATTAGTTTTTGAG          3230151175
TCTCAGTCAGCCCCGGAGGG          8858533253
AAAGCCAGAGTCAGAAAAAA          0535585000
CCCCTTGGCCCCTTCCAAGG          3312331302
TTGGCCGGTTTTTTCCCCCC          1232111333
GGCC                          23
```

QR Code

图 2-6-1　猪只 52 个 SNP 位点基因型及其二维条形码

2.7 畜禽个体标识技术发展趋势

传统识别方法对畜禽有一定伤害,且人员劳动强度大,不适合未来规模化养殖的要求。机器视觉技术是发展最快、应用潜力最大的技术,在个体识别的基础上,能实现动物跟踪、行为感知、生理监测、智能管控、资产管理的一揽子解决方案,未来要进一步解决实际养殖条件下的技术研发和落地问题;RFID 技术较为成熟,是目前替代人工应用较多的方法,但需要解决行业标准兼容性差的问题,同时开发基于 RFID 的多参数感知技术;生物识别技术的识别精度高,但对应用场景、技术设备和人工参与要求较高,未来需要改进现有硬件设备,提高准确性、兼容性,根据使用环境和生产特点开发自动化生物识别系统。

2.7.1 与畜禽个体标识相关的机器视觉技术发展趋势

在精准化养殖模式日益兴起的今天,在充分考虑畜禽生理习性及养殖装备等因素的前提下,畜禽个体识别技术,特别是基于机器视觉的畜禽个体识别技术将向无接触、自动化、实时、连续检测的方向发展,其研究重点方向如下。

1. 数据采集技术

养殖场的环境相对复杂,受光照因素,以及动物之间相互遮挡等不利因素影响,采集数据会有所偏差,需要开发适用于各种养殖场景的数据自动采集和目标跟踪类算法相结合的方法。

2. 增量识别学习模型

基于大量训练样本,应用机器学习方法训练的模型仅适用于试验场景中的畜禽个体。而养殖场因为种群繁殖、分群饲养等生产需求,会发生畜禽个体离群或引入新个体的情况,需要将个体识别模型与迁移学习结合,开发增量识别学习模型,实现在引入新个体的情况下也无须重复训练模型的目标。

3. 研发嵌入式设备

虽然国内外学者在实验室开展的研究都取得较好成果,但具体应用受限。将图像数据采集、特征提取、个体识别融合在一起,研发嵌入式识别设备成为急需解决的问题。所开发的嵌入式设备需兼容深度学习模型,能快速高效地完成深度学习任务。

4. 智能化养殖系统

基于畜禽个体识别技术,提升个体信息采集的智能化程度,研究如何融合家禽的采食量、体温、活动量和体况评分等信息,以及养殖环境对畜禽个体生长的影响,开发智能化养殖系统。

2.7.2 与畜禽个体标识相关的射频识别技术发展趋势

目前,关于畜禽射频识别的个体标识,仅有低频标识的国际标准和国家标准,而国内规模化应用的主流技术为超高频技术,在技术标准方面尚属空白。超高频技术应用于动物个体标识,未来需要持续关注。

1. 提高超高频标识的识别精度

低频标识识别距离短、传输速率低、不具备多目标同时识别的性能,但用于自动饲喂、自动分群等自动化管理设备时,可以避免识别错误,因此目前在养殖生产中尚不可取代。超高频 RFID 识读器可同时读取多个标签,读取速率快,通过引入或改进相应算法可提高识别准确性,排除信号干扰,在大群体动物个体采食、产蛋、活动等行为监测方面的应用潜力巨大。

2. 降低超高频标识的工作功率

超高频标识的典型工作频率有 433.92 MHz、862(902)~928 MHz、2.45 GHz 和 5.8 GHz 等,其中动物标识使用较多的是前两个频段,且多为无源标识。有源标识和标识识读器会产生电磁辐射,在靠近动物和长时间使用的情况下,应当限制其发射功率和安全距离。目前,超高频标识的电磁辐射对动物的长期影响尚无普遍接受的研究结果,更没有相关规范和标准。考虑到超高频动物标识主要在中国应用,国内学者应加强相关研究。

3. 提高超高频标识的感知能力

当前 RFID 感知技术在实际环境中的应用主体,从时间维度来看,经历了由"物"逐渐到"人"的转化:在物联网发展初期,RFID 标签主要用来标识各种物品,无论是状态感知还是防伪认证,RFID 的相关应用主要集中于物品感知;随着物品感知应用的不断拓展,当使用的标签增多时,大量的标签能够用于对环境中的用户行为进行感知;通过进一步主动设计并部署标签或者标签阵列,可将其用于某些特定的人体行为感知中;将标签转化为轻量级的无源传感设备后可用于声音感知、振动感知等多个方面,实现标签从识别到感知的进化。

2.7.3 与畜禽个体标识相关的生物特征识别技术发展趋势

畜禽的生物特征包括皮毛花纹、躯体形态、面部特征等显著特征,及口鼻、眼睛、血管(眼睛、皮下)等细微特征。基于机器视觉技术对显著特征的识别和应用相对比较成熟,针对细微特征进行识别,具有识别成本较高、可识别性较弱、识别操作要求高等特点。开发新的生物特征标识分析技术,以及融合两个或多个生物特征标识的识别技术,可以扩大生物识别的应用范围,提高识别系统的准确性。畜禽声纹识别、步态识别等方面的研究成果,可用于对动物群体中非特定个体的识别和定位,值得进一步研究。

1. 声纹识别技术

声纹识别技术从 20 世纪 30 年代开始发展。贝尔(Bell)实验室通过观察声音的语谱图第一次提出了声纹的概念;从 20 世纪 40 年代开始,各国学者对声音中的个性参数进行了研究,提出梅尔倒谱系数和线性预测分析技术,实现了准确率的极大提高;21 世纪初,基于最大似然概率统计的高斯混合模型因其简单、可靠、稳定的优点,成为声纹识别的重要模型之一。

畜禽发声能在一定程度上反映其健康状态和生理生长信息,一直是畜禽行为研究的热点[31]。如鸡的发声特征在 20 世纪 50 年代被首次报道,发现鸡可以发出 30 多种叫声,其中 19 种叫声的语义信息(包括警告、威胁、求偶等)可被理解;家禽发出痛苦叫声的总数和频率与其社交能力强弱和生长环境改变有一定的相关性。在畜禽发声识别方面,多种音频特征参数与识别模型有相关报道。

2. 步态识别技术

步态识别技术的优势是非接触、远距离感知。因为不同动物个体的肌肉力量、骨骼形态、体重、身体状况各不相同,因此步态上存在细微差异,通过分析该差异便可以实现身份识别[32-34]。

步态识别可以分为静态特征识别和动态特征识别两类。其中静态特征是指身高、体型等几何特征;而动态特征是指步幅、关节角度等随时间变化的特征。静态特征和动态特征都会影响步态识别的准确性。养殖动物的步态识别主要针对动物生病时发生的步态异常情况,该异常步态与健康步态差异较大,在发病初期较容易被发现。如对猪只建立星状骨架模型,实现对猪只行走姿态的自动识别,能够有效地识别出猪只的抬头、低头和正常行走;根据猪前肢端点相对距离的变化规律检测猪的步态周期,通过步态周期来识别步态异常的病猪。目前步态识别技术尚处于研究阶段,识别准确率和识别速度有待进一步提升。

本章小结

本章回顾畜禽个体标识技术的发展历程,介绍条形码技术、射频识别技术、机器视觉技术、分子标识技术等应用于畜禽个体标识上的技术原理、实施方法和使用效果,对各类技术的特点、优势和不足进行说明,并对将来的标识技术进行分析和预测。

畜禽个体标识,可分为人为标识和生物特征标识两大类,其中人为标识可以分为三类,即永久性标识、半永久性标识和临时性标识。永久性标识包括动物文身、微芯片注射、剪耳法记号或烙印等;半永久性标识包括耳标和瘤胃胶囊等;临时性标识则包括颜料记号、穿戴式项圈、脚环等,穿戴式设备往往具有多参数传感功能。生物特征标识则是利用无线电技术、机器视觉技术、声音分析技术乃至生物技术等方法,对动物天然具有的生物特征、行为模式等进行检测、识别、分析。

畜禽个体标识在现代化养殖生产中的应用及国内外研究进展表明:

(1)实现畜禽快速高效的个体身份识别是精准畜牧业的基础,有助于提高畜产品品质,增强畜产品在国际市场的竞争力,实现畜牧业经济增长与生态农业可持续发展,在提高生产效率的同时大大降低了人力、物力成本。

(2)未来畜禽个体标识技术应着重提高对环境的适应性和对系统的兼容性,并重点关注生物特征识别技术和基于 RFID 的泛在感知技术的发展。

(3)机器视觉技术可应用于畜禽个体智能识别,是畜禽个体识别技术的有益补充。

本章参考文献

[1] CAJA G,GHIRARDI J J,HERNÁNDEZ-JOVER M,et al. Diversity of animal identification techniques:From 'fire age' to 'electronic age'[DB/OL]. [2022-3-30]. https://www. researchgate. net/profile/Gerardo-Caja/publication/269278181_Diversity_of_animal_identification_techniques_From_％27fire_age％27_to_％27electronic_age％27/links/5485e9ca0cf2ef344789ad7d/Diversity-of-animal-identification-techniques-From-fire-age-to-electronic-age. pdf.

[2] 张晶声,周河. 动物标识技术比较研究[J]. 中国畜牧杂志,2008(11):55-58.

[3] 孟鹤,刘娟,张立伟,等. 动物标识发展趋势及其应用于畜禽管理的对策[J]. 中国农学通报,2010,26(4):6-10.

[4] 王立方,陆昌华,谢菊芳,等. 家畜和畜产品可追溯系统研究进展[J]. 农业工程学报,2005,21(7):168-174.

[5] 中国农业百科全书总编辑委员会,畜牧业卷编辑委员会,中国农业百科全书编辑部. 中国农业百科全书:畜牧业卷（下）[M]. 北京:中国农业出版社,1996.

[6] 林长水,齐淑波,李亚丽.猪场仔猪编号的剪耳法[J].养殖技术顾问,2006(8):55.

[7] 陆昌华,王长江,胡肄农.动物及动物产品标识技术与可追溯管理[M].北京:中国农业科学技术出版社,2007.

[8] 陆昌华,王立方,胡肄农,等.动物及动物产品标识与可追溯体系的研究进展[J].江苏农业学报,2009,25(1):197-202.

[9] 中华人民共和国农业部令 第 67 号[EB/OL].(2006-07-20).[2022-3-30]. ht-tp://www.moa.gov.cn/nybgb/2006/dqq/201806/t20180616_6152317.htm.

[10] 黄新亚.ID 矩阵码编码技术[J].中国安防产品信息,1995(1):21-22.

[11] FINKENZELLER K. 射频识别技术[M].吴晓峰,陈大才,译.北京:电子工业出版社,2006.

[12] 游战清. 无线射频识别技术（RFID）理论与应用[M]. 北京:电子工业出版社,2004.

[13] 陈阳.RFID 中间件发展与趋势研究[J].电脑与电信,2015(4):23-24,38.

[14] 王楚豫,谢磊,赵彦超,等.基于 RFID 的无源感知机制研究综述[J].软件学报,2022,33(1):297-323.

[15] 王文峰,史春腾,冯敬.动物射频识别技术标准研究[J].中国标准化,2021(9):102-108.

[16] 黄孟选,李丽华,许利军,等.RFID 技术在动物个体行为识别中的应用进展[J].中国家禽,2018,40(22):39-44.

[17] 孙雨坤,王玉洁,霍鹏举,等.奶牛个体识别方法及其应用研究进展[J].中国农业大学学报,2019,24(12):62-70.

[18] 杨天. 基于物联网的优质种鹅选育系统研究[D].扬州:扬州大学,2021.

[19] 栾汝朋,初芹,刘华贵,等.种鸡个体育种信息自动采集系统的研究与应用[J].中国畜牧杂志,2016,52(23):18-21.

[20] 李丽华,邢雅周,于尧,等.基于超高频 RFID 的种鸡个体精准饲喂系统[J].河北农业大学学报,2019,42(6):109-114.

[21] 刘广同,何金成,刘橙.RFID 技术在生猪养殖业中的应用现状与展望[J].南方农机,2021,52(22):4-8.

[22] 赵剑楠.基于 Android 的种鸡免疫信息管理软件设计[D].哈尔滨:黑龙江大学,2016.

[23] 胡肄农,陆昌华,王立方,等.生猪及其产品可追溯体系的研究与建立[J].中国牧业通讯,2011(10):42-43.

[24] 钱建平,杨信廷,吉增涛,等.生物特征识别及其在大型家畜个体识别中的应用研究进展[J].计算机应用研究,2010,27(4):1212-1215.

[25] KUMAR S,SINGH S K,SINGH R,et al. Deep learning framework for recognition of cattle using muzzle point image pattern[J]. Measurement,2018,116:1-17.

[26] 赵文年,韩佳佳,朱梦莹,等.生物特征识别技术在家畜标识中应用研究[J].中国畜禽种业,2021,17(4):56-57.

[27] SUN S N, YANG S C, ZHAO L D. Noncooperative bovine iris recognition via SIFT[J]. Neurocomputing,2013,120(23):310-317.

[28] AWAD I A. From classical methods to animal biometrics:A review on cattle identification and tracking[J]. Computers and Electronics in Agriculture,2016,123:423-435.

[29] 胡肄农,丁潜,纪红军,等.苏钟猪个体身份 SNP 识别的数字条形码编制[J].江苏农业学报,2014,30(4):779-783.

[30] 丁潜,邢光东,胡肄农,等.识别杜洛克猪个体身份的 DNA 条形码[J].江苏农业学报,2014,30(5):1058-1063.

[31] 余礼根,杜天天,于沁杨,等.基于多特征融合的蛋鸡发声识别方法研究[J].农业机械学报,2022,53(3):259-265.

[32] 朱家骥,朱伟兴.基于星状骨架模型的猪步态分析[J].江苏农业科学,2015,43(12):453-457.

[33] 钱建轩.基于骨架分析和步态能量图的猪的步态识别[D].镇江:江苏大学,2018.

[34] 王萌萌.融合步态特征与纹理的奶牛个体识别研究[D].天津:河北工业大学,2020.

第3章
畜禽生理生长指标感知技术

畜禽生理生长指标感知技术是现代畜牧业的重要技术,精确感知畜禽生理生长指标对提升畜禽的生产性能和畜禽福利具有重要意义。目前,我国大部分地区的畜禽养殖业仍采用传统的经营方式,生产规模参差不齐,畜禽生理生长指标大多依赖养殖人员的观察和记录。随着生活质量的提高,人们对畜禽产品的需求不断增加。面对日益扩大的市场,依赖人工决策的管理方式已经难以适用于生产规模不断扩大的规模化养殖,严重制约了畜禽业的高质量发展。

3.1 畜禽生理生长指标评价体系

目前,越来越多的地区以及企业开始意识到精确和自动化记录畜禽生理生长指标的重要性[1]。通过接触或非接触传感器实现畜禽信息收集,与深度学习技术相结合,可以提升畜禽信息的获取和预测能力。因此,建立深度学习和计算机视觉技术背景下的畜禽生理生长指标评价体系是现代畜禽养殖业体系的重要组成部分,有助于实现对畜禽生理生长指标的实时监测,为科学饲养提供参考依据,有助于推动畜禽养殖业长远发展。

完善的畜禽生理生长指标评价体系是确保畜禽福利、生产性能的基础。畜禽福利可以概括为 5 个自由:免受饥渴的自由、生活舒适的自由、免受痛苦伤害的自由、免受恐惧悲伤的自由、表达本能行为的自由。畜禽福利的要求是动物健康、感觉舒适、营养充足、能够自由表达天性,而且没有痛苦、恐惧、压力的威胁。农场没有相应的畜禽生理生长指标评价体系,就无法保证畜禽的舒适生活状态,从而导致畜禽体内的代谢处于较低水平,甚至内分泌紊乱,对畜禽的生产质量和产量产生不利影响。畜禽生理生长指标主要分为畜禽健康福利指标及生产性能指标等。本章主要从畜禽健康福利指标、生产性能指标的检测技术和具体应用场景展开介绍,相关检测技术如图 3-1-1 所示。

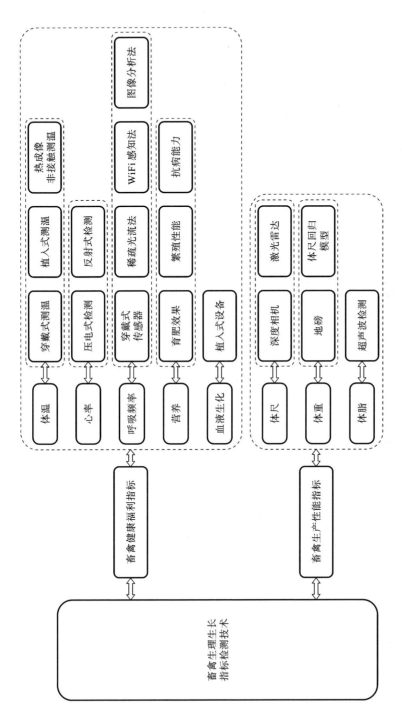

图 3-1-1 畜禽生理生长指标检测技术框图

3.1.1　畜禽健康福利指标

在畜禽健康福利指标方面,当牲畜处于健康的状态下,生理指标参数通常都会维持在一个稳定的范围内。一旦生理发生变化或出现病理反应,一些特征参数如体温、心率、呼吸频率、营养状况和血液生化标记物等都会发生特定的变化。为科学合理地监测这些变化为牲畜健康状态的监测提供了重要依据。体温是相关疾病、热应激和发情鉴定最显著的表达窗口,通过对畜禽体温的监控,可以有效发现健康状态异常的畜禽,直接进行疾病判断。机体核心组织包括心、肺、脑等位于躯干和头部的器官,对应温度为体核温度。而外周组织室包括四肢、皮肤和皮下组织,对应温度为体表温度。恒温动物核心组织间的温度虽然存在一定的差异,但相对比较稳定和一致,而外周组织间的温度差异较大,易受环境影响且与核心组织体温明显不同。与体核温度相比,体表温度的测定相对容易,利用热红外成像技术扫描畜禽特定部位可获取体表温度,并通过校正模型转化为体核温度的研究日益增多。

畜禽心率异常主要是受到畜禽神经中枢、压力反射和呼吸活动等因素的影响,畜禽心率反映了畜禽营养、环境、药物、运动和各种疾病等多方面信息。在畜禽养殖业中,为了便于动态监测畜禽心率,常常使用便携式心率计,将其置于畜禽的心脏、动脉血管或者毛细血管丰富处。心率计检测原理主要分为压电式和反射式两种。其中,反射式心率计可以用于运动状态下的心率、血氧的检测,其易受外界干扰,但操作简单,易于远程监护;压电式心率计适用于静止状态下的心率、心电图监测,功耗低,干扰小,操作复杂。

呼吸频率是心脏疾病、贫血、呼吸系统疾病及剧烈疼痛性疾病的检测指标,也是反映畜禽热应激状态最直接、有效的生理指标。体温、心率和呼吸频率对动物疾病的诊断和治疗非常有帮助,有助于早期发现患病动物,判断疾病严重程度等。呼吸检测分为接触式呼吸检测和非接触式呼吸检测。接触式呼吸检测通过穿戴式传感器采集侧腹压力、周长变化或者鼻腔温度、湿度、压力变化,以获取动物呼吸频率。非接触式呼吸检测主要根据呼吸时胸腹部的运动变化,通过测距或者图像分析的方法来检测呼吸频率。非接触式呼吸检测方法包括:稀疏光流法、WiFi感知法、图像分析法等。稀疏光流法是图像分析中对运动目标进行检测和跟踪的常用方法,通过给图像中的每个像素点赋予一个速度矢量,形成一个运动矢量场。根据各个像素点的速度矢量特征,可以对图像进行动态分析。

畜禽营养指标与畜禽的育肥效果、繁殖性能、抗病能力相关,对畜禽产品品质有着至关重要的影响。因此,监测畜禽营养指标,除了观察记录畜禽的育肥效果、繁殖性能、抗病能力外,还可以通过检测畜禽产品质量判断畜禽营养健康指标。例如,可通过检测乳产品蛋白质含量、脂肪含量、维生素和矿物质含量判断奶牛营养状况,进而调整饲料或者改善放牧条件。又如,在散装牛奶中监测体细胞数量,将其作为牛奶质量的评价指标。牛奶中体细胞数量通常被用于奶牛乳腺炎检测,由于体细胞数量数据的获得要比细菌培养容易,因此体细胞数量与乳房内感染之间的关系成了研究热点。

血液生化指标主要应用于动物生产、营养调控、疾病诊断和动物遗传育种。血液生化指标在一定程度上反映了畜禽的生产性能和营养水平。在畜禽生产研究中,鸭血浆中的钙、磷含量与其生产性能相关,母畜产奶量和代谢病受其血糖变化和丙酸数量的影响。在畜禽营养调控中,总蛋白(TP)和白蛋白(ALB)含量反映了机体蛋白质的吸收和代谢情况,甘油三酯和胆固醇是血液脂肪的组成部分,其含量可以反映肉鹅脂类的吸收和代谢状况[2]。在动物疫病诊断中,血清白蛋白与球蛋白含量的比值可以反映羊只的免疫系统状态;血液碱性磷酸酶的含量,是判断肠道吸收障碍的重要指标;检测某些血液生化指标对诊断禽流感具有一定的参考价值[3]。在动物遗传育种中,碱性磷酸酶的含量通常作为评价动物骨骼生长与选种的辅助指标。

3.1.2 畜禽生产性能指标

在畜禽生产性能指标方面,需要根据畜禽生产性能的不同,选用不同的生产性能指标,常见的畜禽生产性能包括:产肉、产乳、产蛋、繁殖和产毛性能等。其中畜禽的产肉、产乳、繁殖和产蛋性能与其体尺、体重、体脂等参数密切相关。通过检测这些畜禽特征参数,分析畜禽的生产性能,可实现优良选种、育种。

畜禽的体尺、体重和体脂是检测畜禽成长、发育状态的重要指标。目前大多数养殖场采用人工进行体尺、体重测量,不仅费时费力,而且易引起畜禽的应激反应。计算机视觉技术可通过畜禽的视频或图像,根据体尺-体重回归模型实现无应激条件下的畜禽体尺测量和体重估计。畜禽体脂随着其生长和生产周期变化而变化,准确测定体脂对判断畜禽发情及身体状况具有重要指导意义。体脂含量的测定通常采用超声波测量背膘厚度和基于体况评分的间接方法。有研究发现,母猪配种时背膘厚度对产仔数、初生窝重、分娩率、瘦肉率等参数有显著影响。刘纪方等[4]发现,母猪配种时,如果背膘厚度为14.5～19.0 mm,则产活仔数最高且初生窝重最大。对于奶牛而言,各个泌乳阶段对奶牛膘情的要求有所不同。膘情一般要求适中,过瘦表明奶牛营养不良,过肥易造成营养过剩、饲料浪费,还容易引起难孕及产后肥胖综合征、脂肪肝等疾病,产奶量也不会提高。对于羊而言,加强饲养管理,改善羊只营养水平,营造良好的养殖环境,维持羊只适当膘情,是提升羊群繁殖能力的基础性工作。研究证实,长期提高膘情,不仅有利于母羊整齐发情,还有利于增加母羊排卵数量。

3.2 畜禽生理指标感知技术

3.2.1 畜禽体温检测

体温是畜禽养殖中评价生理状态的重要指标,具有关键的生产应用价值。同时畜禽病理过程中体温的变化程度对于早期诊断畜禽疾病及其繁殖情况有一定指导作用。生理学意义上的体温为身体内部的平均温度,由于直肠温度不易受外界温度影响,因此常用直肠温度代表体温[5]。目前畜禽体温检测方法主要包括体核温度检测和体表温度检测,另外,基于体表温度的体核温度估测也是重要课题。

1. 体核温度检测

畜禽的体核温度检测方法主要是直肠温度检测,同时也有植入式温度检测(瘤胃温度检测和阴道温度检测)的方法。直肠温度主要通过兽用水银体温计或兽用电子体温计测定[6]。首先在测温前在体温计上涂些润滑剂,插入直肠一定深度后,保留 3~5 min,然后取出并用酒精棉球消毒,查看水银柱的高度。鸡、牛和猪等畜禽,都可以采用直肠测温的方法[7]。但该方法对畜禽刺激大、应激强,可能会造成黏膜撕裂和交叉感染的问题,同时对于规模化养殖场来说效率较低,不能实时准确地获取动物个体体温数据。

植入式温度检测方法同样可以检测体核温度,主要是将测温装置植入动物体内(如瘤胃、阴道等),检测数据以电磁信号的形式发送至接收器。在检测过程中,一是要确保传感器的准确性、稳定性、反应速度、传输性能及系统丢包率均达到理想结果,二是要确保满足检测元件无毒、无味、刺激弱、强度高、耐腐蚀、续航久等要求。在瘤胃温度自动检测方面,赵继政等[8]设计了一种基于物联网技术的奶牛瘤胃 pH 值和温度监测系统(检测单元总质量为 260 g,密度为 1.05 g/cm³,温度测量误差小于±0.3 ℃),实现了奶牛瘤胃 pH 值和温度的连续监测。Timsit 等[9]开发了瘤胃温度传感器,将无线电瘤胃丸通过牛的口腔放入瘤胃,实现瘤胃温度变化的自动监测,以检测犊牛的呼吸系统疾病。在阴道温度自动检测方面,Trad 等[10]研发的阴道产道牛犊检测传感器 Vel'Phone sensor 能够通过无线基站向用户手机发送奶牛体温信号,温度检测精度为 0.1 ℃。何东健等[11]设计了一种奶牛体温植入式传感器与实时监测系统,系统中的奶牛体温植入式传感器利用 Pt1000 铂电阻作为温度测量探头,传感器温度测量误差在 0.05 ℃以内,12 h 内温度最大波动为 0.02 ℃,并在 15 s 内趋于稳定。植入式传感器射频信息能有效传输至项圈节点,单个牛场内,系统的整体丢包率不超过 1.2%,可高精度、实时检测奶牛的体温变化。Lee 等[12]通过在奶牛的阴道内放置两种温度探测器实现了对奶牛体温的测量,同时说明了传感器位置在阴道内的变化对体温测量结果的影响。

体核温度较为稳定,受外界因素影响较小,获取方法简单,但直肠、瘤胃和阴道测温都可能会造成动物不适,影响动物健康。因此需要寻求更合适的植入部位和方法,确保畜禽福利最大化。

2. 体表温度检测

动物体表温度易受外界气候影响,不同部位的温度变化和差异都会较大。但同时在动物体表的某些区域血管丰富且血液充盈,对于体温而言是一个"窗户",其通常称为"热窗"[13],不同动物的"热窗"不同,但都和体核温度有较高的相关性,因此体表温度检测在实际的畜禽养殖中具有重要参考意义。按照测温时传感器与动物的接触方式,测温方法分为接触式测温和非接触式测温两种,不同的测温方法在研究和应用上存在差异。

接触式测温的方法通常通过绑带、医学粘胶等工具将温度传感器或电极贴片固定于畜禽身体的某个部位实现体温测量,并基于无线通信技术实现畜禽体温数据的传输,不同动物有各自特有的测量部位。奶牛的耳道孔径较大,方便测量,且测量时不影响奶牛的活动,因此常用将温度传感器或热敏电阻放在奶牛耳道边沿处的方法进行测温[14,15]。同样地,在生猪体温接触式测量的过程中,由于在养殖场内将耳标作为区分个体的工具,其能够非常稳固地固定在猪耳上,因此常用温度传感器在生猪耳道内测温。生猪耳道内测温传感器的形状如图 3-2-1 所示,其操作方法是将温度传感器节点封装在耳标上,将感温探头深入耳道内,完成实时检测生猪体表温度的要求[16]。

因为蛋鸡表面羽毛较厚,因此常将感温元件用医用胶带固定在鸡翼下贴近鸡胸的无毛区,将体温采集器采用背包形式背在鸡后背上,如图 3-2-2 所示,翼下无毛区贴近皮肤表面,能够准确、稳定地监测体温,对鸡的日常活动干扰小,同时可以避免感温元件被鸡啄食[17-19]。

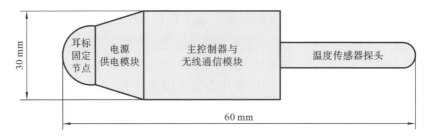

图 3-2-1　耳标式体温监测节点硬件结构

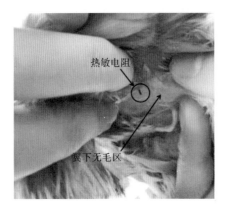

图 3-2-2　蛋鸡翼下无毛区

非接触式测温无须捕捉动物,能够降低传染和应激风险,便于部署,使用方便[20]。基于畜禽体温与外界温度不同的特点,非接触式测温方法分为热成像技术和红外点测温技术两种。热成像技术利用红外辐射热效应,将动物发出的红外辐射转化成肉眼可见的图像,并将相关温度区域的图像进行处理,完成测温;红外点测温技术测量动物表面某点的温度。

近年来,随着计算机视觉领域的快速发展,热成像技术在畜禽体温检测领域的应用和研究均取得了多项成果。如图 3-2-3 所示,畜禽的部分热红外图像的热窗部分有着明显的颜色差异,因此基于红外热图像的畜禽温度测量,一般选择受测对象的某区域作为热窗,并通过图像变化趋势测得热窗的温度,而热窗选择的重点不仅在于动物种类和姿势,还在于选择图像区域的方法,这也是国内外学者研究的重要方向。

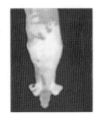
（a）生猪的热红外图像

（b）白羽肉鸡的热红外图像

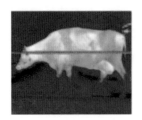
（c）奶牛的热红外图像

图 3-2-3　畜禽的热红外图像

红外点测温技术在畜禽测温方面的应用较为广泛,测温部位与动物体表特征息息相关,各有不同。利用红外测温仪测量奶牛眼部、耳后、肩胛部和外阴的温度,对比发现最稳定可靠的测量部位是眼部与外阴,这两处的温度与奶牛真实体温的相关系数最高[21]。成年鸡最合适的红外线体温计测量部位是眼部(31.73~38.51 ℃),眼部温度与直肠温度(41.15~42.32 ℃)差异最小[22]。生猪合适的红外线体温计测量部位是眼部和臀部,其温度与体温变化趋势一致,比其他体表温度变化更平稳[23,24]。

3. 基于体表温度的体核温度估测

与传统体核测温相比,体表测温具有速度快、测温范围宽、不受时间限制等优势,但是风速、温度、湿度等环境因素对测温结果的准确性影响较大,因此建立体表温度、环境温度和体核温度的关系模型来估测体核温度,显得尤为重要。基于体表温度的体核温度估测流程如图 3-2-4 所示,其中体温反演模型是本节重点介绍的部分。

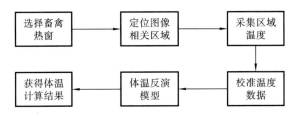

图 3-2-4　基于体表温度的体核温度估测流程

国内外学者使用的体温反演模型主要分为线性模型和非线性模型。畜禽体核温度和热窗温度基本成线性相关关系,但在考虑环境因素的影响时,非线性模型通常表现得更稳定。Metzner 等[25]使用红外成像技术测定奶牛乳房表面温度,并建立了乳房表面温度最大值(T_{max})对直肠温度(T_r)的校正公式($T_r = 5.86 + 0.874 \times T_{max}$)。武彦等[15]基于 ZigBee 无线通信技术,采用 MF5A-4 型 NTC 热敏电阻设计奶牛耳道温度自动采集系统,结果表明耳道温度与直肠温度的线性相关系数为 0.95,有良好的线性关系。赵海涛[26]建立了母猪体表温度、环境温度与体核温度的一元线性回归模型,其中基于耳根区域体表温度平均值建立的一元回归方程效果最优,预测集相关系数为 0.66。沈明霞等[27]通过红外成像技术和深度学习方法计算肉鸡头部、腿部的热窗温度值,同时结合环境温度、湿度、光照强度等参数,基于多元线性回归提出了一种白羽肉鸡的体温自动检测方法,体温检测模型平均相对误差为 0.29%~0.33%。

3.2.2　畜禽心率检测

在畜禽养殖中,心率指标可以在一定程度上反映养殖动物的疾病、热应激、害虫侵袭应激等情况。例如,心率变异性是反映交感-副交感神经张力及其平衡的重要指标,心律失常是导致动物猝死的重要原因[28]。在奶牛中,心率和心率变异性已被用于检测常规管理操作、疼痛或挤奶对奶牛引起的压力[29]。在奶牛和猪等动物妊娠期间,环境温度变化都可对其心率变异性产生不同程度的影响[30-32]。在遭受昆虫侵袭时奶牛的心率也会发生明显的升高,结合其护身行为可以评价奶牛对昆虫侵袭的应激程度[33]。因此,对心率进行实时和精准的检测是提高养殖管理效率、掌握畜禽健康状况的重要手段。

利用传感器技术获取动物的心率是心率检测的基本方法,避免了听诊器人工监听方法测量畜禽心率时操作烦琐、准确性难以保证以及实时性差的缺点。如图 3-2-5～图 3-2-7 所示,陈桂鹏等[34]基于光电容积脉搏波(photo plethysmography,PPG)原理,采用 SoC 芯片 CC2541、光电式心率传感器、MPU6050 研制了一款基于 CC2541 蓝牙 4.0 的生猪心率测量耳标,用于生猪心率的在线监测。通过分析生猪心率信号的运动干扰来源,同时采集生猪在运动状态下的心率信号并将其导入 MATLAB 软件,以快速傅里叶变换(fast Fourier transforma-

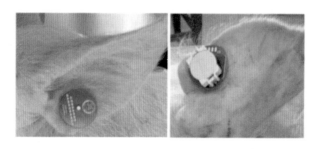

图 3-2-5　心率测量耳标

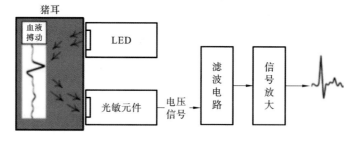

图 3-2-6　PPG 信号采集原理

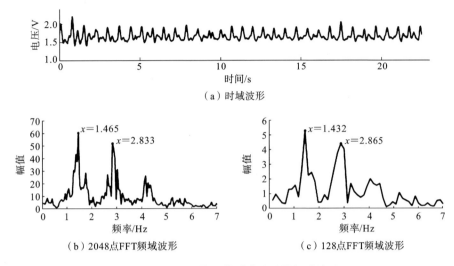

（a）时域波形

（b）2048点FFT频域波形

（c）128点FFT频域波形

图 3-2-7　PPG 信号的时域波形及频域波形

tion,FFT)处理和分析 PPG 信号、运动信号的频域特征及低频采样对心率数据提取结果的影响,将 FFT 移植到 CC2541 中便可直接提取心率数据。该设备具有体积小、抗运动干扰强、功耗低的特点,适合对生猪进行长期动态的心率监测,为开展生猪健康预警、动物福利、行为建模等研究提供一种新手段。

如图 3-2-8 所示,Youssef 等[35]利用 PPG 传感器获取猪的心率信号,提出了一种基于连续小波变换(continuous wavelet transform,CWT)的算法,将心脏脉冲波与滤波器解耦,测试了三种不同的小波,即二阶、四阶和六阶高斯阶导数,并测试了三个不同的身体位置(耳朵、尾巴和腿),如图 3-2-9 所示。由传感器在每个身体位置获取的检测结果得出结论:PPG 心率检测技术与参考传感器的一致性在 91%～95% 之间。心率检测结果如图 3-2-10 所示。

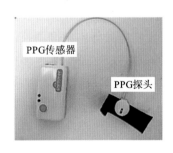

（a）PPG传感器

（b）心电图记录器

图 3-2-8　检测设备

（a）左耳　　　　　　　　（b）尾部　　　　　　　　（c）左后腿

图 3-2-9　在猪的不同位置安装 PPG 传感器

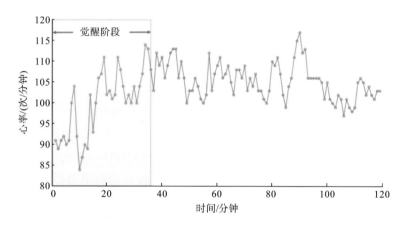

图 3-2-10　基于 CWT 算法的 PPG 心率检测结果

　　用穿戴式传感器检测动物心率会引起一定程度的应激反应，从而影响测量精度。随着农业物联网和非接触式生物传感器技术的发展，对畜禽体征、异常行为等信息进行远程监测成为当下的研究热点。通过分析监测数据估计动物生理、健康状况，可实现对畜禽饲喂环境、繁育和防疫等的精准调控。现有的非接触式检测方法主要包括基于计算机视觉的检测方法、基于远程感应传感器的检测方法和基于雷达传感器的检测方法等。

　　如图 3-2-11 所示，Youssef 等[36]介绍了一种新的具有非接触性、半侵入性和运动耐受性的鸡胚胎心率测量技术。鸡胚胎是生理和发育生物学研究的良好模式生物。鸡绒毛尿囊膜被广泛用于研究原发性肿瘤生长过程中的血管生成。心血管系统是胚胎发育中形成的第一个器官系统，心率被认为是这类研究中一个重要的生理参数。这项技术从孵化鸡蛋的过程中捕获的视频来恢复鸡胎心率信息。该技术适用于实时和连续地监测胚胎血管系统的发育过程。监测过程中对血管的分割减少了其他胚胎运动对心源性信号的干扰作用,使该技术对不同运动干扰的耐受性更强。该技术是一种新的半侵入性和运动耐受性的方法,可在不干扰孵化过程的前提下用于非接触式的鸡胚胎心率测量。

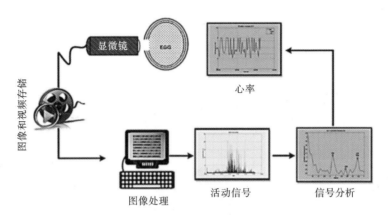

图 3-2-11 使用视频成像测量鸡胚胎心率的步骤

同样地,基于计算机视觉技术,Fuentes 等[37]利用集成可见光/红外热摄像机的计算机视觉算法和机器学习建模方法对绵羊的生物信息进行识别,如图 3-2-12 所示。该研究测试并验证了一种基于人工智能的非接触式生物识别系统,以获取绵羊心率、呼吸频率和体温等。利用计算机视觉算法和机器学习模型,从记录的 RGB(红、绿、蓝)视频和绵羊的红外热视频中自动获取关键的生物特征。

(a)可见光/红外热摄像机 　　　　(b)显示感兴趣区域并提取相应的呼吸频率和心率

图 3-2-12 绵羊心率检测场景

如图 3-2-13 所示,Jorquera-Chavez 等[38]提出并评估验证了一种基于计算机视觉技术检测牛的心率、体温、耳基温度和呼吸频率的模型。该技术主要用于跟踪牛的面部特征,并远程检测牛的眼睛温度、耳基温度、呼吸频率和心率。

该研究使用热红外摄像机和 RGB 摄像机记录了在连续两天的 6 次处理过程中的 10 头奶牛的数据。同时,使用传统的侵入性方法测量核心体温、呼吸频率和心率,并与所提算法获得的数据进行比较。该算法在跟踪牛的面部不同区域时,对所检测信息的获取准确率在 92%～95% 之间。这项研究利用计算机视觉技术远程检测牛的生命体征信息,评估了遥感数据在检测牛的心率、眼睛和耳基温度及呼吸频率方面的潜力。该技术可以进一步发展出更加实用的方法,通过对农场动物的监测,实时获取它们的生理信息。

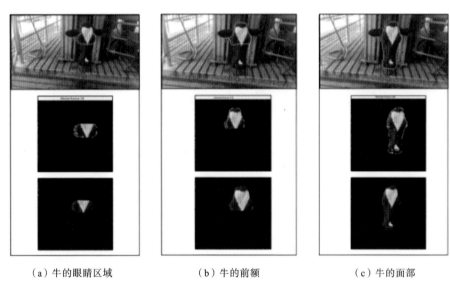

(a) 牛的眼睛区域　　　　　(b) 牛的前额　　　　　(c) 牛的面部

图 3-2-13　跟踪面部特征时摄像机位置

　　基于计算机视觉的检测技术与接触式检测传感器相比,避免了对畜禽的直接接触,使检测过程对畜禽的影响程度降到了最低。除了基于计算机视觉技术的非接触式检测,Sutter 等[39]研究了利用光泵浦磁力计的梯度仪系统记录奶牛心率的方法,如图 3-2-14 所示。这项研究在实际场景中应用非接触磁心电图(MCG)的方法对农场中的奶牛进行生物磁传感监测,并对其有效性进行了验证。通过在差分装置中安排磁力计,并使用专门制造的低噪声电子设备抑制共模噪声,成功地记录心率、心跳间隔和心跳振幅。将 MCG 信号与使用常规心电图(ECG)记录的数据进行比较,可以使两个信号对齐,并能够匹配心电图的特征,包括 P 波、QRS 复合波和 T 波,如图 3-2-15 所示。这项研究表明,MCG 作为一种评估成年奶牛心率和其他心脏属性的非接触式方法具有潜力。

（a）检测场景

（b）传感器

图 3-2-14　磁心电图检测场景

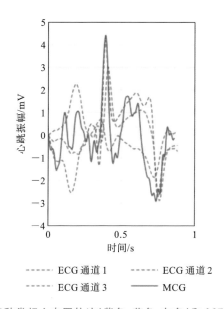

图 3-2-15　三种常规心电图轨迹(紫色、蓝色、灰色)和 MCG 轨迹(红色)

　　此外,部分学者在雷达传感器的探测方面也进行了研究。雷达探测系统利用电磁波进行目标探测,具有一定的穿透性,受环境的影响较小。翟月鹏等提出了一种基于毫米波雷达的奶牛呼吸心率监测方法。通过毫米波雷达捕获奶牛的体征微动信号,并解析雷达原始回波。通过距离门曲线获知雷达与奶牛的大致位置关系,确定目标的距离范围,并提取目标距离门处的相位。根据呼吸和心跳频率的不同,利用带通滤波器滤波,将呼吸和心跳的相位差信号进行滤波分离,如图 3-2-16 所示。最终,将计算得到的心率信号通过嵌入式系统发送至上位机显示。该项工作实现了奶牛心率的无接触检测,提高了奶牛心率检测

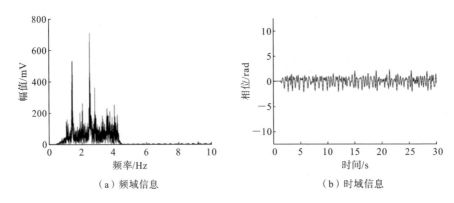

（a）频域信息　　　　　　　　　（b）时域信息

图 3-2-16　毫米波雷达系统获取的心率信息

的准确性和实时性。

3.2.3　畜禽呼吸频率检测

　　畜禽的健康与畜禽自身福利、养殖企业效益和消费者的食品安全密切相关。呼吸频率作为畜禽最基本的生理健康指标之一，包含了丰富的健康信息，是热应激、禽流感及其他呼吸系统疾病的直观评价指标[40-43]。畜禽呼吸频率的自动检测对现代规模化养殖场实现畜禽健康评估、疾病远程精准诊疗和精准养殖的自动化具有重要意义[44]。

　　接触式传感器在呼吸检测中易引起畜禽应激反应，相比之下，非接触式呼吸检测技术因部署灵活、低应激等特点，受到了越来越多研究人员的青睐。其中，计算机视觉技术因其成本低、获取信息丰富，已成为非接触式畜禽呼吸检测的重要研究方向，国内外众多学者正在对此进行探索[45]。

　　猪肉含有丰富的蛋白质、脂肪、维生素和矿物质，是人体重要的营养源。我国作为世界猪肉消费第一大国，生猪养殖在国民经济发展中的地位变得日益重要[46]。自动、准确地检测猪只呼吸，是进一步分析生猪健康、调整饲养计划与调控养殖环境的基础。如图 3-2-17 所示，纪滨等[47]提出了一种基于机器视觉的猪呼吸检测方法。在利用背景减法提取猪只目标的基础上，通过跟踪站立不动时猪脊腹线的起伏，统计脊腹线波动次数来获取呼吸频率。试验结果表明，呼吸频率检测准确率可达 85.00％以上。然而该方法对猪轮廓图像预处理精度较为敏感，为此，唐亮等[48]设计了脊腹区域面积算子用于呼吸频率检测，如图 3-2-18 所示。在算法改进方面，研究人员过去更多地关注生猪腹式呼吸运动信息模型构建,以期设计出鲁棒性更好的呼吸运动描述子,比如脊部轮廓最大曲率半径描述子。为避免在可见光图像中光照、遮挡和无关背景给猪只目标提取带来的干扰,如图 3-2-19 所示,德国亚琛工业大学研究人员在实验室环境中探索了利用热红外图像检测跟踪麻醉后猪只胸部特征点的呼吸频率检测方法[49],为避免无关干扰提供了新思路。

（a）视频帧

（b）猪只目标提取

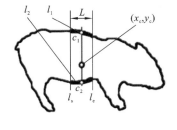

（c）猪脊腹线轮廓

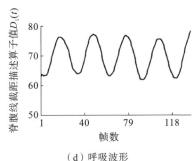

（d）呼吸波形

图 3-2-17　基于脊腹线的猪只呼吸频率检测

注:(x_c, y_c) 为形心位置;l_1 为脊线,l_2 为腹线;l_s、l_e 为两条竖直截线;L 为截取脊腹线区域的宽度,像素;$c_1 c_2$ 为脊腹距离。

相较于生猪,奶牛体型较大、脊腹线特征不明显且运动范围大,生猪的呼吸频率检测方法很难被直接采用。站立静息、侧卧休息时奶牛运动量较小,二者的呼吸行为更能反映奶牛的生理健康状态,为呼吸系统疾病诊断提供依据。如图 3-2-20 所示,赵凯旋等[50]在采集奶牛侧卧视频的基础上,结合 Horn-Schunck 光流法与 Otsu 阈值分割算法筛选出呼吸运动点,通过监测其方向变化完成奶牛呼吸频率的检测,该方法对呼吸频率检测的准确率可达 95.68%。尽管该方法可以较高精度检测奶牛呼吸行为,但其属于稠密光流法,检测速度和实时性仍有待提升。如图 3-2-21 所示,吴顿华[51]通过引入 Lucas-Kanade 稀疏光流法来检

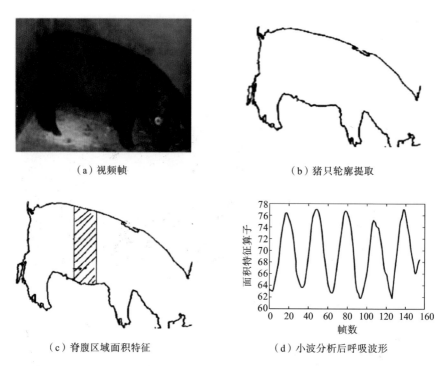

（a）视频帧

（b）猪只轮廓提取

（c）脊腹区域面积特征

（d）小波分析后呼吸波形

图 3-2-18 基于脊腹区域面积特征的猪只呼吸频率检测

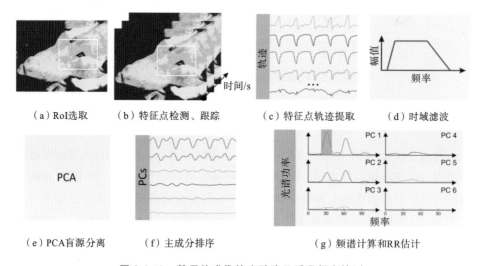

（a）RoI选取　（b）特征点检测、跟踪　（c）特征点轨迹提取　（d）时域滤波

（e）PCA盲源分离　（f）主成分排序　（g）频谱计算和RR估计

图 3-2-19 基于热成像的麻醉猪只呼吸频率检测

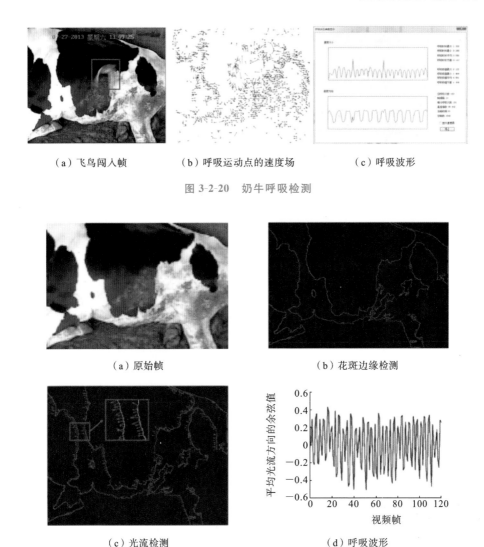

（a）飞鸟闯入帧　　　　（b）呼吸运动点的速度场　　　　（c）呼吸波形

图 3-2-20　奶牛呼吸检测

（a）原始帧

（b）花斑边缘检测

（c）光流检测

（d）呼吸波形

图 3-2-21　基于 Lucas-Kanade 稀疏光流法的奶牛呼吸检测

测奶牛身体花斑边界运动规律,从而进行呼吸检测,有效提升了呼吸检测的
速度。

　　热成像技术可以反映丰富的温度信息并且对光照变化、遮挡具有较强的抗
干扰性,在可视化的测温任务中具有巨大的应用潜力。随着呼吸状态的交替变
化,畜禽鼻子周围空气的温度也会呈现出周期性起伏的特点,众多学者开展了
基于热成像技术的呼吸检测方法研究。如图 3-2-22 所示,对于奶牛目标,新西
兰学者通过分析热红外图像中鼻孔温度变化引起的色彩变化的频率,实现了奶

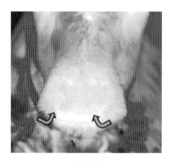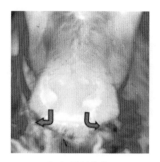

（a）吸气状态　　　　　　　　（b）呼气状态

图 3-2-22　奶牛鼻子热红外图像

牛呼吸检测，有效验证了热成像技术在呼吸检测中的可行性[52,53]。

　　深度学习技术在计算机视觉中的快速发展，为开发高性能的视觉算法提供了有力支撑。如图 3-2-23 所示，为提升上述方法的自动化程度，日本宫崎大学某研究团队引入基于 Mask R-CNN（mask region-based convolutional neural network）深度学习的图像分割算法，在自动识别和分割奶牛鼻孔区域的基础上，通过计算该区域的平均温度实现了呼吸频率的自动监测[54]。

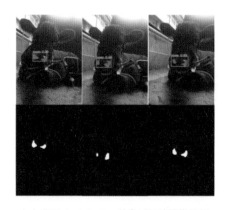

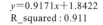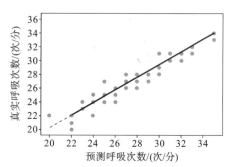

（a）基于Mask R-CNN的鼻子区域图像分割　　　（b）呼吸监测结果与观测值的相关性

图 3-2-23　呼吸行为检测结果

　　在生猪研究方面，澳大利亚墨尔本大学 Jorquera-Chavez 团队[55]在热红外图像检测、猪鼻子跟踪的基础上，连续感知鼻子区域最高温度的周期性波动规律，实现了对猪只呼吸频率的自动检测。研究结果如图 3-2-24 所示，该方法能够为病猪的快速检测提供技术支撑。

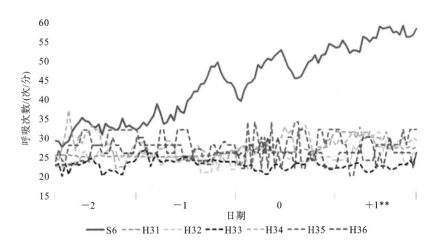

图 3-2-24 "生病"和"健康"猪的呼吸频率(包含一头病猪(红色实线)和六头健康猪(虚线))
注:图中横轴上的正负值指猪只病症被检测确诊前后的天数;＊＊代表猪只在该日注射了抗生素。

3.2.4 畜禽营养状况指标检测

瘤胃 pH 值是奶牛消化系统健康状况的重要评价指标。正常的瘤胃 pH 值在 6.4~6.8 范围内。但为了提高牛奶产量,在规模化养殖过程中一般会饲喂高淀粉含量、低纤维含量的谷物日粮,来增加奶牛摄入的能量[56]。如果精饲料所占比例过高,瘤胃在精饲料发酵过程中急剧产生大量乳酸,致使瘤胃 pH 值下降。当瘤胃 pH 值低于 5.0 时,奶牛将发生急性瘤胃酸中毒,临床症状明显[57]。当瘤胃 pH 值低于 5.6 且每天持续时间超过 3 h[58],或 pH 值低于 5.8 且每天持续时间超5~6 h[59]时,奶牛就会发生亚急性瘤胃酸中毒(subacute ruminal acidosis,SARA)。急性酸中毒可能在短时间内导致动物死亡[60]。亚急性酸中毒在早期临床表现不明显,许多症状要延迟数周到数月才出现[61]。

研究发现,亚急性酸中毒是意大利高产奶量奶牛常见的严重的健康和生产问题[62]。欧美国家奶牛养殖场中瘤胃酸中毒有较高的发病率。对英国瘤胃酸中毒发病率的调查发现,来自 22 个养殖场的 244 头奶牛中有 26.2% 的奶牛出现瘤胃 pH 值低于 5.5[63]。对澳大利亚 5 个地区奶牛酸中毒的调查发现,奶牛患病率为 10%[64]。有效的瘤胃 pH 值连续监测在实际生产中具有重要的生产指导意义和经济价值。

目前,国外学者在奶牛瘤胃 pH 值实时监测设备开发方面做了许多研究。Nocek 等[65]使用有线方式的 pH 值连续测量装置,来连续记录奶牛瘤胃 pH

值。该设备由防水 pH 复合电极、电极保护套、导线以及外部数据记录器构成，可通过实验分析不同谷物含量的日粮对奶牛瘤胃 pH 值的影响。如图 3-2-25 所示，Alzahal 等[66]设计了瘤胃 pH 值连续记录设备。该设备的数据记录仪体积小，可直接绑在奶牛的腰部。电极通过瘘管放置在瘤胃内，通过导线连接到记录器。数据采集过程中奶牛的正常活动不会受到影响。

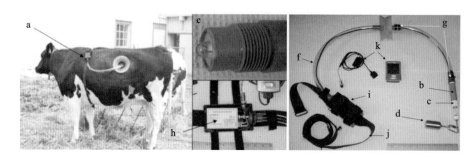

图 3-2-25 牛瘤胃 pH 值记录系统

a—记录单元；b—pH 探针集成组件；c—接头；d—砝码；e—电极及其密封结构；

f—保护软管；g—塑料接头；h—数据记录仪；i—记录仪外壳；j—记录仪固定绑带；k—手持终端设备

Penner 等[67]设计了一款可以留置于瘤胃的 pH 值连续测量设备 LRCpH。该设备经过防水处理后可通过瘘管放置到瘤胃内，采集到的数据存储到检测单元内部的存储器中，减少了瘤胃 pH 值的记录过程对牛自身活动的束缚。在保证精度的情况下，该设备可在瘤胃内连续工作 3 天，但进行数据分析时必须将设备从瘤胃内取出，通过数据线将数据传输到 PC 上，不能进行实时监测。

使用有线方式检测瘤胃 pH 值，受到信号线放置的约束。动物瘘管需要手术，而且只适用于少数样本的动物研究。针对这个问题，研究人员研制了基于无线数据传输的瘤胃 pH 值检测装置。Mottram 等[68]设计了一款可从口腔置入的瘤胃 pH 值连续监测设备，如图 3-2-26 所示，该设备由瘤胃 pH 值传感器和手持式数据收发仪构成。传感器采集瘤胃 pH 值和温度并将数据保存。当操作员将手持式数据收发仪靠近奶牛时，无线收发仪通过无线信号下载传感器采集的数据。传感器和手持数据收发仪之间的无线信号传输频率为 433.92 MHz。传感器每 15 min 采集一次数据，在测量的 pH 值误差在 ±0.2 范围内的情况下可连续工作 35 天。

在瘤胃 pH 值实时监测设备研发方面，庄蒲宁[69]研发了一种基于物联网技术的奶牛瘤胃 pH 值和温度监测系统。该系统实现了对瘤胃 pH 值和温度的连

 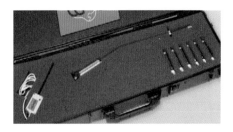

（a）传感器　　　　　　　　（b）无线收发仪、放置设备及传感器

图 3-2-26　牛瘤胃 pH 值无线检测系统

续检测、数据无线传输、云端数据存储显示等功能。如图 3-2-27 所示，该系统主
要包括瘤胃 pH 值和温度检测单元、无线数据传输网络（包括项圈中继节点和
数据集中器）、数据存储和管理云平台。

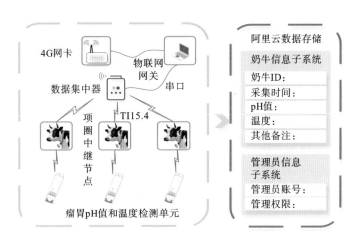

（a）瘤胃pH值和温度监测系统结构框

  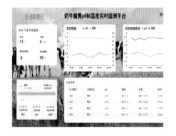

（b）pH值和温度　　　（c）项圈中继节点(左)和数据　　　（d）云平台实时显示
　检测单元　　　　　　　集中器(右)实物图

图 3-2-27　基于物联网技术的奶牛瘤胃 pH 值和温度监测系统

通过总结分析国内外已有的奶牛瘤胃 pH 值实时监测设备研发工作,可以发现以下共性问题亟待解决。① pH 值检测电极是奶牛瘤胃 pH 值实时监测的核心器件。目前的设备中,针对奶牛瘤胃环境的专用 pH 值检测电极研究较少,采用通用的 pH 值检测电极存在使用寿命限制,无法有效解决因工作时间较长而产生的基线漂移问题。② 基于物联网技术的瘤胃 pH 值实时监测设备的成熟产品尚不多见,在国内更是缺少商用产品。对于奶牛瘤胃工作环境,如何设计低功耗、小尺寸、高防护性的传感器检测电路,同时考虑到无线信号衰减较为严重,如何通过物联网技术构建无线数据传输网络并传输到云服务器上,尚无成熟解决方案。

3.2.5 体液生物标志物快速检测

1983 年,美国国家研究委员会出版的红皮书《联邦政府风险评估》中首次提出了"生物标志物"(biomarker)概念。经历几十年的发展,生物标志物被定义为一种能客观测量并评价正常生物过程、病理过程或药物干预反应的指示物。生物标志物可以反映生理、生化、免疫、细胞和遗传方面的变化,可用于特异性标识正常生物学过程、发病过程或药理学反应等[70]。

生物标志物一般是蛋白质、多肽、脂类、激素、核酸、代谢物以及化学试剂残留物等分子,其检测介质可以是体液、粪便、组织样本等,其中又以体液较为常见。畜禽体液中的生物标志物变化,可提供畜禽体内系统性变化信息,为畜禽生理、生长、健康状态的评估提供靶标[71]。畜禽体液主要包括血液(血浆和血清)、唾液、尿液、乳汁、精液、生殖道分泌物等。多种形式的体液富含生物标志物,且各具特点。血液是一种成分复杂的生物标志物,而唾液作为一种传统且常用的生物标志物,其采集过程无创、简便,具有安全性高、运输和储存方便以及成本低廉的特点[72];尿液容易得到,取样不会对机体造成损伤[73];乳汁的产量和成分受到遗传因素、饲料组成、季节变化、奶产品加工过程以及动物健康状况等许多因素影响。通过对这些生物标志物的检测,可以了解畜禽的生理或病理状况[74-78]。

目前,在畜禽健康养殖领域,多种体液中的系列生物标志物已被发现,为畜禽生长潜力发掘、发情鉴定、早期妊娠诊断等生理状态和健康状况的自动监测提供了靶标。具体总结见表 3-2-1。

表 3-2-1　已知畜禽体液生物标志物列表

生物标志物	体液	品种	应用
1.畜禽生长状态相关			

续表

生物标志物	体液	品种	应用
L-组氨酸（L-histidine）	血清/血浆	猪	新生仔猪生长潜力评估
Alpha-1 酸性糖蛋白（Alpha-1 acid glycoprotein）	血浆	猪	哺乳仔猪生长速率预测
丝氨酸蛋白酶抑制剂 A3-8（serpin A3-8）	血清	猪	保育猪饲料利用率预测
瘦素（leptin）	血清	猪	生长性能和胴体性状预测
碱性磷酸酶（alkaline phosphatase）	血液	猪	颌骨的形态、密度和生物力学特性评估
脱氧吡啶诺林（deoxypyridinoline）	尿液	猪	磷营养状态评估
乳酸脱氢酶、cornulin 蛋白、热激蛋白 27、免疫球蛋白 J 链（lactate dehydrogenase, cornulin, the heat shock protein 27, immunoglobulin J chain）	唾液	猪	动物福利评价
Alpha-1 酸性糖蛋白（Alpha-1 acid glycoprotein）	血浆	牛	产后采食量预测
L-甘氨酸（L-glycine）	血浆	牛	蛋白质储备过度消耗与维生素 B6 缺乏评估
乳铁蛋白（lactoferrin）	乳清	牛	疾病抵抗力评估

2. 畜禽生理状态相关

生物标志物	体液	品种	应用
L-瓜氨酸（L-citrulline）	血浆	猪	断奶仔猪小肠功能评估
肿瘤坏死因子-α（tumor necrosis factor-α）	乳汁	猪	母猪生理状态评估
D-乳酸（D-lactate）	血液	猪	腹腔间隔室综合征所致肠缺血评估
6-磷酸葡萄糖、游离葡萄糖、β 羟基丁酸、异柠檬酸、尿素、尿酸、N-乙酰-β-D-氨基葡萄糖苷酶、乳酸脱氢酶（glycose-6-phosphate, free glucose, β-hydroxybutyrate, isocitrate, urea, uric acid, NAGase, lactate dehydrogenase）	乳汁	牛	生理失衡状态评估
apelin-36	血清	牛	妊娠晚期和哺乳早期的机体负能量平衡评估
miR-802	血浆	牛	产后机体负能量平衡评估
丝氨酸蛋白酶抑制剂 A3-7（serpin A3-7）	血浆	牛	代谢紊乱评估

续表

生物标志物	体液	品种	应用
coiled-coil domain containing 88A	血浆	牛	代谢紊乱评估
抑制素、激活素 β A 链(inhibin, activin β A chain)	血浆	牛	代谢紊乱评估
丙酮、β-羟基丁酸(acetone, β-hydroxybutyric acid)	乳汁	牛	泌乳早期乳腺代谢状态评估
β-羟基丁酸、乙酰乙酸(β-hydroxybutyric acid,acetoacetate)	血液/乳汁/尿液	牛	急性酮症检测
6-甲基-4-羟基-2-吡喃酮(4-hydroxy-6-methylpyran-2-one)	血清	牛	酮症检测
肉桂酰甘氨酸(cinnamoylglycine)	血清	牛	酮症检测
甘油磷酸胆碱/磷酸胆碱(glycerol phosphocholine/choline phosphate)	乳汁	牛	酮症预后健康评估
反-10-十八碳烯酸、十五烷酸、反-10-十八碳烯酸/反-11-十八碳烯酸(C18:1 trans-10, C15:0, C18:1 trans-10/C18:1 trans-11)	乳汁	牛	亚急性瘤胃酸中毒评估
3-硝基酪氨酸(3-nitrotyrosine)	尿液	牛	围产期脂肪肝预测
纤维母细胞生长因子 21(fbroblast growth factor-21)	血清	牛	泌乳母牛脂肪肝预测
总血红蛋白(total hemoglobin)	血清	牛	泌乳母牛脂肪肝预测
L-天冬酰胺、棕榈油酸、L-丝氨酸、硬脂酸、棕榈酸、顺-6-十八碳烯酸、十七烷酸(L-asparagine, palmitoleic acid, L-serine, stearic acid, hexadecanoic acid,petroselinic acid,heptadecanoic acid)	血液	牛	围产期脂肪肝预测

3. 畜禽应激状态评估相关

生物标志物	体液	品种	应用
α-淀粉酶(α-amylase)	唾液	猪	应激评估
白介素 18(interleukin-18)	唾液	猪	应激评估
免疫球蛋白 A(immunoglobulin A)	唾液	猪	应激评估
急性时相蛋白(acute phase proteins)	唾液/血浆	猪	应激评估
睾酮(testosterone)	唾液/血液	猪	应激评估
睾酮(testosterone)	唾液	猪	急性应激评估
嗜铬粒蛋白 A(chromogranin A)	唾液	猪	分群引起社会心理应激评估

续表

生物标志物	体液	品种	应用
结合珠蛋白(haptoglobin)	唾液	猪	束缚应激评估
嗜铬粒蛋白 A(chromogranin A)	唾液	猪	束缚应激评估
免疫球蛋白 A(immunoglobulin A)	唾液	猪	束缚应激评估
嗜铬粒蛋白 A、皮质醇(chromogranin A,cortisol)	唾液	猪	攻击应激评估
皮质醇(cortisol)	血清	猪	运输应激评估
新蝶呤(neopterin)	血清	猪	运输应激评估
热激蛋白 72(heat shock proteins 72)	血清	猪	肠道上皮细胞应激评估
总酯酶活性、丁酰胆碱酯酶、腺苷脱氨酶同工酶 1 和 2、唾液高级氧化蛋白产物铁还原能力(total esterase activity, butyrylcholinesterase, adenosine deaminase isozymes 1, adenosine deaminase isozymes 2, ferric reducing ability of saliva advanced oxidation protein products)	唾液	猪	疼痛评估
缓激肽蛋白(bradykinin protein)	血液	猪	炎症疼痛评估
神经肽 P 物质蛋白(substance-P protein)	血液	猪	炎症疼痛评估
皮质醇(cortisol)	唾液/血浆/血清	猪/牛	应激评估
15-F_{2t}-异构前列腺素(15-F_{2t}-isoprostane)	血浆/乳汁	牛	哺乳期氧化应激评估
8-异前列腺素(8-isoprostaglandin F2α)	血液/乳汁	牛	初产奶牛氧化应激评估
游离 15-F_{2t}-isoprostane（free 15-F2t-isoprostane)	血浆	牛	系统和乳腺氧化还原状态评估
bta-mir-2898	血液	牛	热应激评估
三甲胺、葡萄糖、乳酸、甜菜碱、肌酸、丙酮酸、乙酰乙酸乙酯、丙酮、β-羟丁酸、C16 鞘氨醇、溶血磷脂酰胆碱、磷脂酰胆碱、花生四烯酸(trimethylamine, glucose, lactate, betaine, creatine, pyruvate, ethyl acetoacetate, acetone, β-hydroxybutyric acid, C16 sphingosine, lysophosphatidylcholine, phosphatidylcholine, arachidonic acid)	血浆	牛	奶牛热应激状态评估

续表

生物标志物	体液	品种	应用
丙三醇、麦芽糖、甘露醇（glycerol，maltose，mannitol）	瘤胃液	牛	热耐受评估

4.畜禽健康状态相关生物标志物

生物标志物	体液	品种	应用
氧脂素（oxylipins）	唾液	猪	胃溃疡评估
肠脂肪酸结合蛋白、猪主要急性期蛋白、肿瘤坏死因子α（intestinal fatty acid-binding protein，pig major acute-phase protein，tumour necrosis factor α）	血清	猪	肠道损伤评估
L-乳酸（L-lactate）	血浆	猪	肠道缺血症评估
结合胆汁酸（conjugated bile acids）	血清	猪	急性肝损伤评估
洛血卵磷脂（lysophosphatidylcholines）	血清	猪	急性肝损伤评估
磷脂酰胆碱（phosphatidylcholines）	血清	猪	急性肝损伤评估
脂肪酸酰胺（fatty acid amides）	血清	猪	急性肝损伤评估
碳酸酐酶Ⅵ（carbonic anhydrase Ⅵ）	尿液	猪	肾脏疾病评估
结合珠蛋白、C-反应蛋白（haptoglobin，C-reactive protein）	唾液/肌肉组织液	猪	生殖和呼吸综合征评估
Ⅱ型胶原蛋白 C 前肽（C-propeptide of type Ⅱ collagen）	血清	猪	猪股骨远端骨软骨病预测
Ⅱ型胶原蛋白的羧基末端 3/4 长度的片段（carboxy-terminal telopeptide of type Ⅱ collagen 3/4-length fragment）	血清	猪	猪股骨远端骨软骨病预测
miR-19b、miR-27b、miR-365	唾液	猪	断尾和阉割引发的炎症评估
结合珠蛋白（haptoglobin）	血液	猪	胸膜炎检测
C-反应蛋白（C-reactive protein）	血液	猪	胸膜炎检测
ssc-let-7d-3p	血清	猪	鞭虫感染检测
α-氨基丁酸、长链脂肪酸（α-aminobutyric acid，long-chain fatty acids）	血清	猪	猪支原体肺炎感染检测
干扰素 γ 诱导蛋白 10（interferon gamma induced protein 10）	血液	疣猪	牛结核分枝杆菌感染检测

续表

生物标志物	体液	品种	应用
miR-127	血浆	牛	跛行评估
谷氨酸、鸟氨酸、苯丙氨酸、丝氨酸、缬氨酸、磷酸(glutamic, ornithine, phenylalanine, serine, valine, phosphoric acid)	血清	牛	跛行 8 周前预测
亮氨酸、鸟氨酸、苯丙氨酸、丝氨酸、D-甘露糖(leucine, ornithine, phenylalanine, serine, D-mannose)	血清	牛	跛行 4 周前预测
卡尼汀、丙酰肉碱、溶血磷脂酰胆碱 C14:0(carnitine, propionyl carnitine, lysophosphatidylcholine acyl C14:0)	血浆	牛	围产期奶牛发病前 4 周预测
磷脂酰胆碱酰基 C42:4、磷脂酰胆碱二酰基 C42:6(phosphatidylcholine acyl-alkylC42:4, phosphatidylcholine diacyl C42:6)	血浆	牛	围产期奶牛发病前 1 周预测
β-胡萝卜素、视黄醇、α 生育酚(β-carotene, retinol, α-tocopherol)	血清	牛	围产期奶牛疾病预测
白介素-1β(interleukin-1β)	血清	牛	分娩期子宫扭转引发炎症检测
犬尿氨酸(kynurenine)	血清	牛	重复繁殖综合征检测
唾液酸(sialic acid)	血清	牛	环型泰勒虫病检测
结合珠蛋白(haptoglobin)	血清	牛	产后中性粒细胞功能检测
苯丙氨酸、乳酸、羟基丁酸、酪氨酸、柠檬酸、亮氨酸(phenylalanine, lactate, hydroxybutyrate, tyrosine, citricacid, leucine)	血液	牛	呼吸系统疾病检测
铁(iron)	血清	牛	呼吸道疾病引发炎症检测
结合珠蛋白(haptoglobin)	血浆	牛	呼吸道疾病状态检测
护骨素/抗酒石酸酸性磷酸酶 5b(osteoprotegerin/tartrate-resistant acid phosphatase 5b)	血液	牛	产乳热检测
铁(iron)	血清	牛	去角引发炎症检测
L-乳酸(L-lactate)	脑脊液	牛	脑炎检测

续表

生物标志物	体液	品种	应用
miR-21	血清	牛	乳腺炎检测
细胞游离线粒体 DNA（cell free mitochondrial DNA）	血清/乳汁	牛	乳腺炎检测
壳多糖酶 3 样蛋白 1、脂多糖结合蛋白、凝溶胶蛋白、谷氨酸半胱氨酸连接酶催化亚基、补体 C4、多聚免疫球蛋白受体（CHI3L1，LBP，GSN，GCLC，complement C4，PIGR）	乳汁	牛	乳腺炎检测
MIR29B-2 a	乳汁	牛	乳腺炎检测
铁（iron）	血清	牛	急性乳腺炎检测
对称二甲基精氨酸、甲基戊二芳基肉碱、十二烷酰基肉碱、磷脂酰乙醇胺 aeC42:1、磷脂酰丙醇胺 ae C42:0（symmetric dimethylarginine，methylglutarylcarnitine，dodecanoylcarnitine，phosphatidylethanolamine ae C42:1，phosphatidylethanolamine ae C42:0）	尿液	牛	隐性乳腺炎检测
淀粉样蛋白 A（amyloid A）	乳汁	牛	隐性乳腺炎检测
未鉴定蛋白 G5E513（uncharacterized protein G5E513）	血浆	牛	子宫内膜炎检测
产后 7 日 α_1-acid glycoprotein	宫颈阴道黏液	牛	子宫内膜炎检测
对氧磷酶 1（paraoxonase 1）	血液、乳汁	牛	金黄色酿脓葡萄球菌诱发隐性乳腺炎检测
胆碱酯酶（cholinesterases）	血液	牛	犬新孢子虫引发亚临床炎症检测
球蛋白（globulins）	血液	牛	犬新孢子虫引发亚临床炎症检测
C-反应蛋白（C-reactive protein）	血液	牛	犬新孢子虫引发亚临床炎症检测
结合珠蛋白基质金属蛋白酶 9 复合物（haptoglobin-matrix metalloproteinase 9 complex）	血清	牛	细菌性系统炎症检测

续表

生物标志物	体液	品种	应用
白介素-2、白介素-17、白介素-10(interleukin-2, interleukin-17, interleukin-10)	血浆	牛	牛结核分枝杆菌感染
白介素-17A(interleukin-17A)	血液	牛	牛结核分枝杆菌感染
细胞外囊泡相关脂蛋白 LpqH(extracellular vesicle-associated lipoprotein LpqH)	血浆	牛	牛结核病和副结核鉴别
干扰素 γ 诱导蛋白 10(interferon gamma induced protein 10)	血液	牛	牛结核分枝杆菌感染
白介素-1β(interleukin-1β)	血液	牛	牛结核分枝杆菌感染
脂阿拉伯甘露聚糖(lipoarabinomannan)	血清	牛	亚临床牛结核病
Rho 鸟嘌呤核苷酸交换因子 11、Vannin 1、热休克蛋白家族 A 成员 2(Rho guanine nucleotide exchange factor 11, vannin 1, heat shock protein family A member 2)	血液	牛	牛结核分枝杆菌抵抗性
Rho 鸟嘌呤核苷酸交换因子 11、热休克蛋白家族 A 成员 2(Rho guanine nucleotide exchange factor 11, heat shock protein family A member 2)	血液	牛	牛结核分枝杆菌抵抗性
乳酸胸苷激酶、脱氢酶同工酶 2(thymidine kinase lactate, dehydrogenase isozyme 2)	血清	牛	流行性牛白血病
异亮氨酸、亮氨酸(isoleucine, leucine)	奶	牛	金黄色酿脓葡萄球菌感染
7SL-sRNA	血清	牛	锥虫病
丙酮醛(methylglyoxal)	血清	牛	肝胆吸虫病
L-乳酸(L-lactate)	血浆	犊牛	腹部外科急症治疗预后
可溶性晚期糖基化终产物受体、可溶性 E 选择素(soluble advanced glycation end-product receptor, soluble E-selectin)	血清	犊牛	肺损伤和周期性窒息死亡率预测
内皮素-1、非对称性二甲基精氨酸、表面活性蛋白 D(endothelin-1, asymmetric dimethylarginine, surfactant protein D)	血清	犊牛	早产呼吸窘迫综合征评估
组氨酸(histidine)	血清	犊牛	隐孢子虫病诱发的肠黏膜损伤评估

生物标志物	体液	品种	应用
组氨酸、脯氨酸、半胱氨酸、精氨酸、谷氨酰胺（histidine，proline，cysteine，arginine，glutamine）	血浆	犊牛	隐孢子虫病诱发的肠黏膜损伤评估
原降钙素、新蝶呤、急相蛋白、前炎性细胞活素（procalcitonin，neopterin，acute phase proteins，pro-inflammatory cytokines）	血清	犊牛	溶血性曼氏菌和嗜酸性组织杆菌引发的呼吸道疾病检测
肌钙蛋白Ⅰ（cardiac troponin Ⅰ）	血清	犊牛	患口蹄疫的存活率评估
fgi-miR-87 和 fgi-miR-71	血清	水牛	片吸虫感染检测
肌钙蛋白、肌酸激酶心肌带（troponin(cTnI)，creatine kinase-myocardial band(CK-MB)）	血清	山羊	妊娠毒血症检测
D-乳酸（D-lactate）	血液	家禽	肠道健康检测
二氨基氧化酶（diaminoxidase）	血液	家禽	肠道健康检测
卵转铁蛋白（ovotransferrin）	血清	鸡	病原菌感染和炎症检测

5. 畜禽繁殖相关

生物标志物	体液	品种	应用
精子头粒蛋白活性（acrosin activity）	精液	猪	精液耐冻性评估
精子头粒蛋白结合蛋白（acrosin binding protein）	精液	猪	精液耐冻性评估
纤连蛋白（fibronectin）	精浆	猪	精液耐冻性评估
热休克蛋白 90AA1（heat shock protein 90AA1）	精液	猪	精液耐冻性评估
N-乙酰-β-己糖苷酶（N-acetyl-β-hexosaminidase）	精浆	猪	精液耐冻性评估
磷酸丙糖异构酶（triosephosphate isomerase）	精液	猪	精液耐冻性评估
压敏阴离子通道 2（voltage-dependent anion channel 2）	精液	猪	精液耐冻性评估
ssc-miR-503、ssc-miR-130a、ssc-miR-9	精液	猪	精液耐冻性评估
PSP-Ⅰ，组织蛋白酶（cathepsin B）	精浆	猪	精液质量评估
PKA 磷酸化底物（phosphorylated substrates of PKA）	精液	猪	精液质量评估
花生四烯酸-15-脂加氧酶、泛素（arachidonate 15-lipoxygenase，ubiquitin）	精液	猪	繁殖性能评估
过氧化酶 4（peroxiredoxin 4）	精液	猪	繁殖性能评估
蜡酸、西门木烯酸、十九烷酸（cerotic acid，ximenic acid，nonadecanoic acid）	阴道黏液	猪	繁殖性能评估

生物标志物	体液	品种	应用
细胞内磷脂氢过氧化物谷胱甘肽过氧化物酶（intracellular phospholipid hydroperoxide glutathione peroxidase）	精液	猪	繁殖性能评估
脂多糖结合蛋白、雄烯二酮、雄酮、雌酮、17β-雌二醇（lipopolysaccharide-binding protein, androstenedione, androsterone, estrone, 17β-estradiol）	血清	猪	妊娠后期经产母猪盆腔器官脱垂风险评估
丁酸、甲酸、丙二酸、丙酸（butyrate, formate, malonate, propionate）	唾液	猪	发情前期确定
孕酮、乙醇酸（progesterone, glycolate）	唾液	猪	提前 25 天确定发情期
3α5β20α-和 3β5α20β-六氢孕酮、甾酮、雄烯二醇、琥珀酸、丁酸（3α5β20α-and 3β5α20β-hexahydroprogesterone, dehydroepian drosterone, androstenediol, succinate, butyrate）	唾液	猪	提前 11 天确定发情期
谷胱甘肽过氧化物酶、妊娠区带蛋白、凝血酶应答蛋白 1、α-1-抗胰蛋白酶、甘露聚糖结合凝集素 C（glutathione peroxidise, pregnancy zone protein, thrombospondin-1, α-1-antitrypsin, aannose-binding lectin C）	血清	猪	早期妊娠诊断
孕酮（progesterone）	血清	猪	早期妊娠诊断
Zn、Se	血浆	牛	精液耐冻性评估
Zn、Cu、Fe	精浆	牛	精液耐冻性评估
谷胱甘肽 S-转移酶 mu5（glutathiones-transferase mu 5）	精液	牛	精液耐冻性评估
电压依赖性阴离子通道 2（voltage-dependent anion-selective channel protein 2）	精液	牛	精液耐冻性评估
ATP 合成酶 β 亚基（ATP synthase subunit beta）	精液	牛	精液耐冻性评估
超氧化物歧化酶（superoxide dismutase）	新鲜精浆	牛	精液耐冻性评估
烯醇酶 1（enolase-1）	精液	牛	繁殖性能评估
γ-氨基丁酸、氨基甲酸酯、苯甲酸、乳酸、棕榈酸（γ-aminobutyric acid, carbamate, benzoic acid, lactic acid, palmitic acid）	精液	牛	繁殖性能评估

生物标志物	体液	品种	应用
miR-34c、miR-7859、miR-342	精液	牛	繁殖性能评估
sperm-1 黏合剂(binder of sperm-1)	精液	牛	繁殖性能评估
精子尾部外层致密纤维 2 柱-精子头蛋白的顶体(sperm outer dense fber of sperm tails 2 post-acrosomal assembly of sperm head protein)	精液	牛	繁殖性能评估
miR-345-5p	血浆	牛	繁殖性能评估
抗缪勒管激素(anti-Müllerian hormone)	血清	牛	母牛繁殖性能评估
抗缪勒管激素(anti-Müllerian hormone)	血清	牛	卵巢功能和生育能力评估
三甲胺(trimethylamine)	唾液	牛	发情鉴定
辛酸、正丁酸(octanoic acid，butanoic acid)	尿液/子宫颈黏液	牛	发情鉴定
2-戊酮、4-甲基-2-戊酮(2-pentanone，4-methyl-2-pentanone)	子宫颈黏液	牛	发情鉴定
孕酮(progesterone)	乳汁/血浆	牛	早期妊娠诊断
bta-miR-499	外周血浆	牛	早期妊娠诊断
miR-26a	血浆	牛	早期妊娠诊断
尿素氮(urea nitrogen)	血清	牛	胎盘潴留预测
血红蛋白 β 亚基、血红蛋白 α 亚基、β-乳球蛋白、CD320、载脂蛋白 E(hemoglobin subunits β, hemoglobin subunits α，β-lactoglobulin，CD320，apolipoprotein E)	乳清	牛	胎次确定
早期泌乳蛋白、衔接蛋白、肝素酶(early lactation protein，syntenin，heparanase)	乳清	牛	泌乳阶段确定
白细胞介素-1α、白细胞介素-6、基质金属蛋白酶抑制剂(IL-1α，IL-6，matrix metalloproteinase inhibitor)	血清	牛	贝氏贝诺孢子虫引发急性期不孕症检测
细胞间黏附分子、金属蛋白酶 13、组织型纤溶酶原激活剂、白细胞介素-1α(intercellular adhesion molecule，metalloproteinase13，tissue type plasminogenactivator，IL-1α)	血清	牛	贝氏贝诺孢子虫引发慢性期不孕症检测

续表

生物标志物	体液	品种	应用
对甲酚(P-cresol)	唾液	水牛	发情鉴定
无机电解质(包括钙、磷、镁、钠、钾、氯)	唾液	水牛	发情鉴定
β-烯醇酶、TLR-4	唾液	水牛	发情鉴定
HSP70、TLR-4 RNA	唾液	水牛	发情鉴定
对甲酚(P-cresol)	尿液	马	发情鉴定
骨膜蛋白(periostin)	血清	山羊	早期怀孕诊断
妊娠相关糖蛋白(pregnancy-associated glyco-protein 7)	血浆	绵羊	早期妊娠诊断
水通道蛋白(aquaporins)	精液	畜禽	繁殖性能评估

6. 其他

生物标志物	体液	品种	应用
脱氧雪腐镰刀菌醇、玉米赤霉烯酮、赭曲霉毒素 A(deoxynivalenol, zearalenone, ochratoxin A)	尿液	猪	霉菌毒素摄入检测
结合珠蛋白(haptoglobin)	血清	猪	饲料添加剂有效性评估
3-羟基-3-甲基羟吲哚和/或吲哚-3-羧酸(3-hydroxy-3-methyloxindole and/or indole-3-carboxylic acid)	尿液	猪	公猪组织粪臭素水平预测
缬氨酸、甘氨酸(valine, glycine)	乳汁	牛、山羊	奶源鉴定
N-乙酰碳水化合物(N-acetyl carbohydrates)	乳汁	牛、山羊	奶源鉴定
肉碱、胆碱、柠檬酸(carnitine, choline, citric acid)	乳汁	牛	品系鉴定
miR-154c	血浆	牛	奶体细胞数检测
miR-380-3p	血浆	牛	产奶量、奶蛋白、脂肪含量预测
马尿酸、烟酰胺、壬酸(hippuric acid, nicotinamide, pelargonic acid)	血清	牛	乳蛋白量预测
MYH7、ENO$_3$、FHL1	血浆	牛	肉质嫩度预测
甲状腺素运载蛋白(transthyretin)	血浆	牛	生长促进剂滥用检测
雌二醇-17β(Estradiol-17β)	血清	牛	生长促进激素雌二醇使用检测
miR-380-3p	血浆	牛	年龄判定

　　畜禽养殖研究领域已发现的体液生物标志物多单独用于定性分析,较难实现定量分析。多个体液生物标志物同时使用的交互影响也较少受到关注[79]。随着数学建模技术在畜禽养殖研究领域的推广与应用,多个体液生物标志物的组合量化建模开始出现[80]。通过测定不同梯度蛋白含量的日粮饲喂下生长猪的血液生化指标、血液代谢物的含量,并进行关联分析,初步构建了基于血液生物标志物的商品猪蛋白营养状态量化评估模型[81]。

　　生物标志物的应用关键在于对其浓度的量化。体液生物标志物的传统检测方法有免疫印迹法[82]、酶联免疫吸附实验(ELISA)法[83]、免疫共沉淀和液相质谱仪测定法等。这些传统方法存在检测通量较小的限制,难以满足未来畜禽智能养殖过程中对新生物标志物筛查的要求。近年来,随着分子识别和新型生物相容性材料(尤其是纳米材料)的研究日益深入[84],生物传感器得到了长足发展,其适用范围不再局限于传统样品采集后的检测,而越来越倾向于实时、连续的动态在线监测[85]。识别元件作为生物传感器的设计和应用的核心,适配体方面研究发展快速。适配体是可与靶标物质特异性结合的单链的短核酸(核酸适配体,aptamer)或者短肽(肽适体,pepaptamer)[86]。Kwon 等[87]基于 DNA适配体开发了一种无标签电化学传感器,用以检测鸡血清中血凝素的变化。该传感器的检测范围为 10 pmol/L ~ 10 nmol/L,最低检出限为 5.9 pmol/L,可用于鸡血清中 H5N1 禽流感病毒浓度的检测(见图 3-2-28)。He 等[88]将硫醇化的精氨酸肽适体固定在金电极表面,构建了特异识别 L-精氨酸的阻抗型

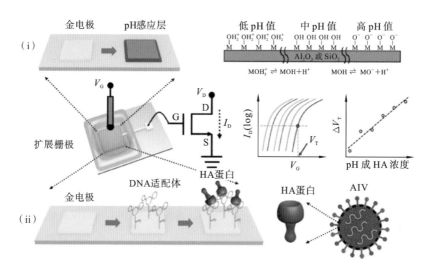

图 3-2-28　基于 DNA 适配体的生物传感器及其在 H5N1 禽流感病毒检测中的应用

生物传感器（见图 3-2-29），可以实现猪血浆精氨酸的识别，传感器的检测范围在 0.1 pmol/L～0.1 mmol/L。

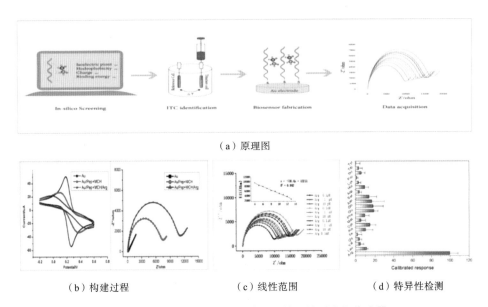

（a）原理图

（b）构建过程　　　　　（c）线性范围　　　　　（d）特异性检测

图 3-2-29　基于肽适体的 L-精氨酸的阻抗型生物传感器

　　在利用生物传感器快速检测生物标志物的研究基础上，科研人员开始进行体液生物标志物的活体监测。早在 2014 年，Gumus 等[89]就以尿酸氧化酶作为识别对象，建立了电流型传感器，将电极探头植入鸡的肌肉层实现了尿酸的实时在线监测（见图 3-2-30）。

　　冯泽猛等[90]发明了一种基于分子对接技术的代谢物肽适体快速筛选方法，采用 AOTODOCK 软件在规模计算平台上筛选对 20 种氨基酸有特异性结合力的多肽。在生理模拟条件下使用等温滴定量热法对模拟计算获得的氨基酸肽适体进行试验验证，获得 20 种氨基酸的八肽肽适体。成功研制可对猪血液、腹腔液游离氨基酸进行动态监测的游离氨基酸活体无线监测仪（见图 3-2-31）[91]。

　　随着基因组学、转录组学、蛋白质组学、代谢组学、微生物组学、多肽组学等技术的发展以及检测方法和仪器设备的不断优化，生物标志物的研究也进入了快车道，不断有可在畜禽养殖领域应用的潜在生物标志物被发现[92]。生物标志物在畜禽养殖领域的应用也面临着挑战，即缺少一个高效且科学的生物标志物认证体系。在医学领域，药物安全性预测联盟（Predictive Safety Testing Consortium，PSTC）主导组织生物标志物验证认证；美国 FDA 药物评价与研究中

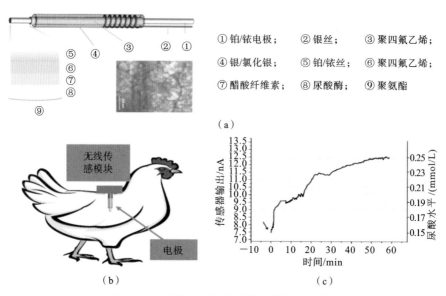

①铂/铱电极；　　②银丝；　　③聚四氟乙烯；

④银/氯化银；　　⑤铂/铱丝；　　⑥聚四氟乙烯；

⑦醋酸纤维素；　　⑧尿酸酶；　　⑨聚氨酯

图 3-2-30　鸡肌肉组织液尿酸含量的动态监测

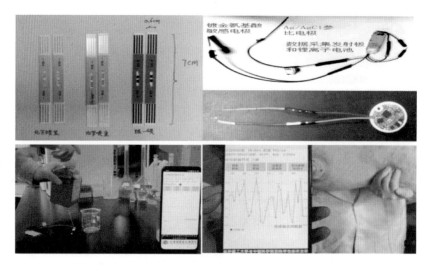

图 3-2-31　游离氨基酸活体无线监测仪

心（Center for Drug Evaluation and Research,CDER）也于 2018 年正式颁布了经认证的指导原则并设立了生物标志物认证程序（biomarker qualification program,BQP）；欧洲药品管理局（European Medicines Agency,EMA）和日本厚生劳动省也成立了相关联盟并制定相关指南和法规。随着我国智能养殖技术的推广，基于生物标志物的检测将在畜禽养殖领域变得更加活跃。因此，需要在行业层面对畜禽养殖领域生物标志物的发现和应用进行整体规划,包括体液采集与处理标准流程的建立、生物标志物的认证、靶向识别生物标志物的检测方法与传感器检测功能的评定等。

3.3　畜禽生长及体况指标自动监测技术

3.3.1　畜禽体尺自动测量

1. 猪体尺自动测量

在猪的生长过程中,猪的体尺参数能够反映猪的生长发育情况,可作为衡量猪生长发育情况的一个主要指标。牲畜体尺参数采集经历人工视觉观察和触觉判定技术、热成像技术、图像识别技术和三维重构技术等发展过程。传统的体尺测量多采用人工视觉观察和触觉判定技术,例如使用皮尺进行手工测量。这种方法直接接触猪体,测量难度大,误差较大,易使猪受到刺激,影响其生长发育。热成像技术能较清晰地捕获动物表面轮廓信息,但热成像设备昂贵,且需从视频流中手动分离相应数据帧,无法实现完全自动化[93]。

由于图像设备简单、成本低,众多研究者提出不同方案尝试从图像中提取牲畜部分特征信息来进行体尺测量。国外研究者利用可视图像分析(visual image analysis,VIA)对猪只进行自动监测,获取猪体背部尺寸和形状信息,计算出猪的体长、体宽、面积等体尺参数,并构建体尺参数、体重、时间两两之间的关系模型,研究猪只体尺、体重在生长过程中的增长趋势。国内研究者在复杂背景和噪声影响的条件下,利用背景差影法和去除噪声法有效地提取猪体图像,采用包络分析法对猪头部和尾部的分割点进行识别,并去除头部和尾部,用提取体尺测点的算法对体尺的测点进行识别,最后根据体尺测点计算出猪的体长、臀宽、腹部体宽和肩宽的值[94]。图 3-3-1 所示为提取的猪体轮廓。利用图像处理技术检测牲畜体尺参数大多以像素为单位,这些参数受相机参数、物距

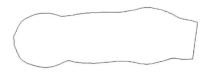

（a）猪体分析结果　　　　　　　　　（b）去除头部和尾部后的猪体轮廓

图 3-3-1　提取的猪体轮廓

的影响较大,因此其通用性还需要进一步提高。

随着 Kinect、ASUS Xtion sensor、realSense 等一系列价格低廉、高性能的三维深度相机的出现,近几年,研究者将三维重构技术应用于牲畜体尺测量和体况评定。利用单视角或多视角深度相机采集猪只在不同机位的深度图像,对猪体进行三维重建以得到猪体轮廓,利用该轮廓可以有效地获取猪只身体部位的位置坐标,求得体尺测点并根据位置信息获得体尺参数。单视角深度图像采集简单,不需要融合配准,但只能获取体长、体宽、体高等体尺数据,腹围等体尺数据无法估测。多视角获取牲畜各部分深度图像时需要解决各部分点云配准融合、非刚体三维模型点云匹配、体表轮廓描述、家畜体尺测量交互式软件设计等关键技术问题。国内有研究者运用消费级深度相机 Kinect v2 从正上方和左右两侧 3 个不同角度同步获取在采集通道中自由行走猪的局部点云。局部点云采用邻域曲率变化法去噪,并运用基于轮廓连贯性的点云配准融合,最后采用多体尺数据精确估算技术测定包括体长、体高、胸宽、腹围等在内的数据。图

图 3-3-2　猪只的点云融合效果图

3-3-2 所示为猪只的点云融合效果图[95]。消费级深度相机应用于牲畜体尺测量和体况评定中,当扫描较大面积物体时数据精度下降严重,同时扫描活体动物时时间较长,容易出现非刚性形变。牲畜全局三维点云重构时,处理数据量大,对存储和计算能力要求很高,实时处理是难点。

2. 鸡体尺自动测量

鸡体尺信息直接反映鸡的生长发育情况[96]。传统的鸡体尺测量方式主要是使用皮尺或卡尺直接进行人工测量,如图 3-3-3 所示。但这种测量方式工作量大,并且需要接触鸡体,鸡的应激反应大,影响鸡的生长发育。机器视觉技术革新了鸡体尺测量的方法,它通过采集视频和图像数据,并利用图像处理技术,实现了对鸡体尺的无接触测量,从而显著减少了鸡的应激反应。在实际的研究中,利用鸡体图像提取体尺过程中,测点提取是关键。前人的研究中,多以单只鸡为研究对象,要求有比较理想的鸡体姿态,颈部呈自然笔直状,无弯曲。此外,鸡体存在羽毛覆盖,导致测点识别率较低。在复杂环境下识别鸡体尺测点,并提高图像利用率,成为复杂背景下提高鸡体尺提取准确性的关键所在。

鸡体尺测点是指通过鸡体图像,计算鸡体长、胸宽、胫长等体尺数据的端点。通常需要对鸡体图像进行预处理,去除背景信息,增强鸡体信息,然后通过

图 3-3-3　人工测量鸡体尺

中值滤波对鸡体图像进行去噪处理,最大限度地消除噪声。在鸡体尺提取过程中,首先利用动态阈值法来确定鸡体分割的阈值,然后提取出鸡体轮廓边缘。根据边缘对鸡体图像进行分割,识别其各个部位,最终实现鸡体尺各个测点坐标的提取。在检测装置固定过程中,需要添加一个标定板,以得到图片像素值和真实值的映射关系,进而根据鸡体图像中的测点计算出鸡体尺。

3. 牛体尺自动测量

牛的体尺参数主要包括体长、体高、体斜长,其既能直观反映牛的生长发育状况,又是精细化养殖中牛选育、肉质评价等的重要指标[97]。牛体尺主要通过手杖皮尺进行直接测量,这种传统测量方法工作量大,而且直接接触牛体,会使牛产生应激反应,极大地影响测量精度和测量效率。基于机器视觉的家畜体尺测量改变了这种接触式的测量方法,当前方法大多采用传统的图像预处理、目标分割、轮廓提取、图像配准(深度摄像头)等算法,对测量环境(如背景、光线)、动物站姿等要求较高,导致算法的实际应用效果下降,实地测量中误差较大。

随着深度学习技术的发展,基于图像的动物体尺测量方法得到关注。深度学习技术在图像分类、目标检测、语义分割等领域得到广泛的研究,取得了丰硕的成果。与传统图像处理方法不同,深度学习技术通过深度卷积神经网络来学习图像特征,适用于复杂背景下的图像(见图 3-3-4)。例如,有研究基于双目立体视觉,结合 Mask R-CNN 提取牛体轮廓曲线,测量体尺数据;赵建敏等[98]利用深度学习 YOLOv5(you only look once v5)目标检测算法检测牛特征部位体尺信息,对牛特征部位进行图像裁剪,提取关键轮廓和测点,实现了三维坐标系下体尺数据的计算;有学者提出了一种基于改进 CenterNet 的牛体尺智能测量算法,进一步提高了牛体尺关键点的检测效率,虽然得到了理想的实验结果,但仍有一些不足:所提算法虽然拥有较高的检测精度,但部分关键点的回归仍不能完全准确,在未来的工作中,应在算法上进行改进,提高关键点回归精度,为智能畜牧业提供收敛速度快、稳定性好、精度高的检测模型。

原始图像   掩模图像   轮廓图像

图 3-3-4   基于深度学习的动物体尺测量方法

三维点云相关技术是近年来计算机图形学和计算机视觉领域的研究热点。通过机器视觉技术获得的奶牛三维点云数据,可以重构奶牛的三维模型,提取奶牛生长参数数据,为奶牛体型线性评定和行为研究提供模型基础,通过体尺参数建立奶牛体重预测模型,实现奶牛体重的无接触测量,为奶牛的规模化、标准化养殖提供便利。有研究人员通过数据采集和图像处理技术对奶牛体型的线性评定指标进行了研究,他们主要使用双目视觉技术对奶牛的身体进行三维重建,然后依据三维重建结果手动标记形状点,进而测量奶牛体型的各参数值,将这些参数值与手工测量的值进行比较,发现两者之间的误差较小,这表明所用技术可以用于奶牛体型的评定。有国内学者使用双目视觉技术对猪体进行三维重构,在重构的三维模型中提取了猪体长、体宽、臀宽、体高、臀高、胸围等体尺参数,并与人工测量的体尺参数进行了比较,它们的最大相对误差为 0.42%,平均相对误差为 0.17%,这表明所用技术具有较高的精度。牛金玉[99]重点研究了点云的预处理方法、点云缺失区域修复方法、点云中奶牛体尺参数的自动提取方法，并建立了基于体尺参数的体重预测模型，为奶牛的体尺和体重测量提供了一种便捷的方法，总体技术路线如图 3-3-5 所示。该研究仅用 1 台 Kinect 设备采集奶牛一侧的点云，故提取的体尺参数类型有限。若使用多台设备进行采集并重建，可为基于奶牛点云的体况评价、体尺测定和体重预测等提供更优良的点云模型。

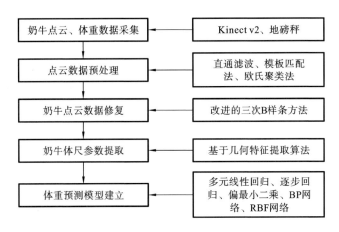

图 3-3-5　总体技术路线图

4. 奶牛线性评分参数测量技术

奶牛的体型指标是奶牛总体性能评价中的一个重要指标，与产奶能力同等重要[100]。奶牛的体型线性评定是一种对奶牛体况进行公正评定的方法[101]，同时也是奶牛优化育种工作的重要内容之一。奶牛的体型直接关系到奶牛的产奶能力及产奶持续力，是影响奶牛场效益的重要因素。奶牛的体型线性评定分数越低，其淘汰率就越高，利用年限就越短，经济效益就越低；奶牛的体型线性评定可以对育种做出指导，有利于选出高产奶量、健康、长寿的奶牛；此外，由于社会和奶业的发展、机械集约化程度的提高，需要标准体型的奶牛来适应机械化大生产，因此对奶牛进行体型线性评定就显得尤为重要[102]。部分体型指标测点示意图如图 3-3-6 所示。

为了实现奶牛体尺参数的自动测量，有研究人员研究了基于 Xtion 的奶牛体尺参数测量的可行性和初步的处理流程，结果表明利用由深度图像构建的点云模型进行体尺参数测量，获取线性评定指标的方法是可行的。其他学者利用三维激光扫描仪构建了奶牛扫描系统，以获得奶牛完整模型，从而记录和分析奶牛的三维形状并估计诸如身体体积、表面积和体重等物理指标，为奶牛的形

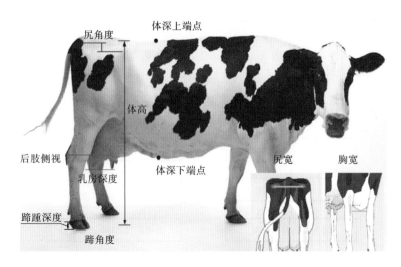

图 3-3-6　奶牛体型线性评定部分体尺测点分布

态和生长监测提供了一种解决方案。国内外基于机器视觉技术的奶牛体型线性评定及体尺参数测定研究已取得一系列显著成果。同时,基于三维点云的体尺参数测量研究亦开始受到广泛关注并取得初步进展。然而,奶牛体型线性评定指标涉及 5 个方面共 20 个参数,胸宽、乳房深度等参数的三维测量因腿部遮挡等影响较为困难,且奶牛是有生命的个体,行为不受人的控制,不像工业产品那样可在静止状态下获取其三维点云数据。在奶牛行走状态下,获取点云数据会受到其身体摆动、四肢移动等姿势变化的影响,尚需解决运动状态下奶牛三维点云的获取、点云精确高效配准、高精度三维模型构建,以及奶牛体型线性评定体尺参数的自动测定等难题。因此迫切需要研究智能化、自动化奶牛体尺参数的测量技术和方法,并根据测定的体尺参数为奶牛体型线性评定提供一定的技术支持。最近,芦忠忠[103]研究了一种基于三维模型的奶牛体型线性评定体尺参数自动测量的方法,如图 3-3-7 所示,在奶牛活动场至挤奶间的通道上,构建了从左、右两侧和上方同步获取奶牛点云数据的系统,并提出了基于多视角点云数据的奶牛三维模型高精度构建方法,在多视角点云数据获取中降低奶牛活动对重构精度的影响,为实现奶牛体型线性评定体尺参数的获取提供技术支持。

3.3.2　畜禽体重自动测量

畜禽的体重是衡量畜禽生长发育的重要指标,是精细化养殖过程中重要的

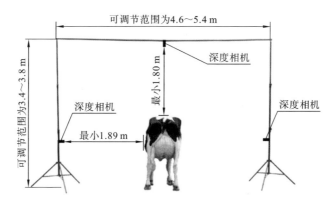

图 3-3-7　可调式门形深度相机固定机构

参考数据,也是测定生产性能、调整饲料配比和用药剂量、观测育肥、判断疫病等的依据。准确测量畜禽体重是精细化养殖的必要工作,对畜禽养殖场的高效精准管理具有重要作用。

1. 基于电子秤的畜禽体重自动监测

地磅称重方法是将畜禽驱赶到带有栅栏的地磅秤上进行静态称重,如图3-3-8 所示。这种称重方法可以测得畜禽的静态体重,数据较为接近真实值。但是地磅称重方法存在以下问题:① 需要多人配合,较浪费劳动力,且存在一定的危险性;② 驱赶畜禽会对畜禽造成刺激,若驱赶称重过于频繁,将会造成畜禽生长异常甚至生病;③ 大部分地磅围栏是三面固定的,一面活动用于畜禽进出

图 3-3-8　地磅秤

称重,称重完成后畜禽只能倒退下称,导致耗时较长,不利于及时掌握畜禽体重数据的变化,失去了实时监测体重数据对精细化养殖的意义。

奶牛体重的智能化测定通过称重系统以及 RFID 和 ZigBee 技术实现,即将RFID 电子标签识别的牛只信息与称重区的体重数据进行绑定,直接发送至数据终端或经过 ZigBee 网络发送至终端管理系统。该项技术已发展至较为成熟的阶段,应用最广泛的是以色列阿菲金的 Afiweigh 奶牛全自动称重系统和瑞典利拉伐的 AWS100 奶牛自动称重系统,如图 3-3-9 所示。

图 3-3-9 阿菲金与利拉伐的称重系统

2. 畜禽体重无接触式估测技术

在国外,对奶牛、猪和羊等家畜的体重预估研究起步较早。1997 年,Enevoldsen 等使用奶牛臀高、臀宽、身体状况及相关统计学信息对奶牛的体重进行预估,开发了一种可靠的回归模型,试验结果表明,该模型可在各种环境中估算奶牛的体重。1999 年,Schofield 等设计了可视图像分析系统用以预估猪只体重,该系统将采集到的猪体图像进行预处理,然后利用猪体背部投影面积预估体重。2009 年,Yan 等利用奶牛胎次、活重、身体状况评分和产奶量等指标共同预测泌乳奶牛的体重和空腹体重,验证了利用上述几种指标对奶牛体重进行预测的准确性和有效性。2011 年,Tasdemir 等在奶牛的背部和侧面两个方向获取三维点云,然后基于上述三维点云计算奶牛体尺,并根据所计算的体尺建立回归方程,对奶牛体重进行预估,试验结果表明,各项体尺检测的准确率较高,且体重预估值与实际值的相关系数较高。2014 年,Kongsro 利用 Kinect 相机采集两个品种猪的红外深度图像,然后根据图像数据估算猪只体重,其误差为猪只平均体重的 4%~5%。2018 年,Guber 等研究验证了奶牛胸围尺寸对奶牛体重的影响最大,其次是腹围、臀围、体高等体尺,然后据此建立回归模型对奶牛体重进行预测。同年,Kyungkoo 等提出一种基于图像的猪体重估计方法,与之前不同的是,该研究引入了曲率与偏差两个概念,可对待测猪只体重预估模型进行动态调整,体重预估模型基于机器学习最新进展构建而成,且该模型不限制猪的姿态与图像获取环境。

国内对奶牛和猪等家畜的体重预估研究起步较晚,但与国外相比也取得了一些突破性成果。2005 年,杨艳等通过计算机视觉技术,测量和计算种猪在图像中的投影面积以及体尺参数,并观察它们与体重之间的线性关系,试验证实这种线性关系在种猪的饲养管理中具有实用意义。2006 年,付为森等利用图像处理等技术将猪体头部和躯干分别近似为圆锥体和圆柱体,以此建立猪体重的三维预估模型,试验结果表明,该预估模型具有较高的准确性。2007 年,李志忠等利用人工神经网络技术建立种猪不同体尺参数与体重的预测模型,指出了将种猪体长、腹围、胸围和臀围作为人工神经网络预测模型的参数具有较高的准确性。2013 年,张立倩对奶牛图像进行去噪等预处理后,模糊逼近定位奶牛的特征空间位置,建立奶牛体型立体空间模型,并据此计算奶牛体重,试验结果表明,该算法能够提高奶牛体重的测量精度。同年,刘同海等利用最近邻聚类算法构建了基于 RBF 神经网络的种猪体重预测模型,消除了线性回归分析中预测种猪体重自变量(种猪生长参数)的共线性问题,结果表明,该模型的预测效果优于线性回归模型。2015 年,李卓等总结了已有的 13 种猪体重估测模型并进行精度比较,试验结果表明,使用多体尺的主成分幂回归体重估测模型的精确度较高,该方法可用于利用机器视觉估测猪体重。2018 年,曾德斌等利用算法自动识别所获取羊只图像的体尺测点,并完成体重的估测,其中体长测量的平均相对误差较小,利用体长测量值与体重的关系拟合估测羊只体重的关系方程,结果表明,利用该关系方程预测羊只体重的误差较小。

综合分析上述家畜体重预估研究现状,目前大多数研究使用家畜胸围、体长和体高等体尺参数预估体重,并已建立多种回归模型,但有少数研究利用家畜的三维模型参数如家畜曲面重建后的体积、表面积等参数预估体重。

3.3.3　家畜体脂含量评估测定技术

规模化养殖中体脂含量是衡量动物能量储备、营养健康状态和饲喂管理水平的有效指标,它受到牧场饲料效率、饲粮类型和载畜率的影响[104,105]。作为牧场管理的重要指标,动物体脂含量与其能量平衡状态密切相关,且在整个生长周期中都是不同的。因此,确保动物在各生长周期拥有合适的肌体组织储量,不仅是对各阶段饲喂管理水平的适宜评价,也是提高群体繁殖性能、优化泌乳曲线、延长服役寿命的重要保证[106]。此外,体脂含量的异常和突然变化可能是代谢紊乱、疾病或管理不当导致的代谢衰竭的迹象。因此,定期评估动物体脂含量是防止代谢衰竭、保障个体福利、增加经济效益的有效途径。目前,动物体脂含量的测定可分为基于超声波测量背膘厚度的精准方法和基于体况评分的间接测定方法。

1. 基于超声波的背膘厚度测定技术

该技术主要通过便携式兽用 B 超仪对动物关键脂肪富集区皮下脂肪厚度进行直接测量,并借助由统计分析、机器学习等方法构建的体脂含量预测模型,实现对动物个体体脂含量的精准测定[107]。该技术获取数据直观,数据处理简单,目前已在猪、牛等动物的身上得到了应用研究,并取得了较高的测量精度,其测量示意图如图 3-3-10 所示。但由于测量过程需要使用手持设备,且需将评估对象固定,因此整个过程仍是劳动密集型的,难以在规模养殖中实现常态化测量。

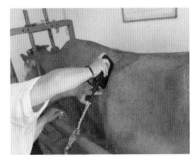

图 3-3-10　基于超声波的背膘厚度测定示例

2. 奶牛体况自动评分技术

体况人工评分是指通过肉眼观察和触诊的方式对动物体脂含量进行人工主观评估的方法,其规则如图 3-3-11 所示,但人工评分存在主观性强、评定结果可重复性和可靠性低、耗时费力等问题[108]。因此,为适应现代化牧场的发展,研究者提出了基于"特征提取—模型分析"的评分方法,即从低成本 2D 相机拍摄的 RGB 图像中提取与体况相关的体表几何特征(轮廓、形状、曲线等),建立特征值与人工评分值回归关系,以此实现对动物体况的评估。这种方法能够达到 0.5 步长内 96.7% 的体况识别率。虽然通过 RGB 图像初步实现了体况的自动评价,但提取的体表几何特征均为相关性较弱的间接特征,且环境对图像采集质量有影响,系统自动化程度较低,并在体况评价实时性、识别准确率及可靠

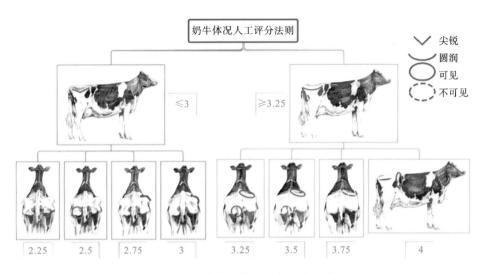

图 3-3-11　奶牛人工体况评分准则(5 分制)

性方面难以满足实际养殖的管理需求。随着 3D 计算机视觉技术的发展,由于深度图像包含更多的与体况直接相关的特征,因此被用于动物体况评价并逐渐成为自动化获取动物体况信息的主流技术。深度图像技术提高了体况评估的精度和效率,但由于图像中所含的奶牛三维结构特征较为复杂,且传统手工构建的特征提取器存在有效性缺失、鲁棒性差、过程烦琐等问题,使得现有系统难以适应复杂的环境。为此,研究者提出采用深度学习技术来替代特征构建与提取方法,从而实现直接由图像到体况得分的评估,大大提高了体况评估的效率与精度,0.25 步长内评分准确率可达到 82%。深度学习与 3D 技术的结合使用使体况自动评分精度有了进一步提升,且两者的结合也许会成为未来解决商业化应用问题的最佳方案。图 3-3-12 所示为动物体况自动评分方法的流程图。

3. 母猪体况自动评分技术

工厂化养殖中确保母猪在生长周期各阶段(配种、妊娠、分娩、泌乳、空怀)拥有适当的肌体组织储备,是提高母猪群体繁殖性能和延长母猪繁殖年限的重要保证。通过体况评分可以合理、准确地评估母猪个体的能量储备,并客观反映其饮食状况、繁殖能力以及健康福利水平。图 3-3-13 所示为使用母猪体况卡尺评估的不同体况。

目前母猪体况评定主要以人工目测为主,但受人工主观性影响,评分结

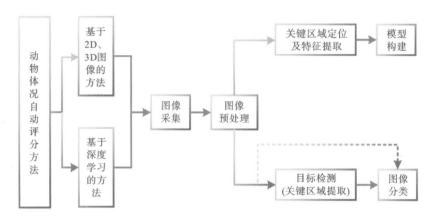

图 3-3-12　动物体况自动评分方法流程

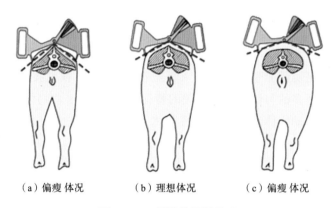

（a）偏瘦 体况　　　　（b）理想体况　　　　（c）偏瘦 体况

图 3-3-13　母猪的不同体况

果的可重复性和可靠性较低,评定过程耗时费力,并严重依赖于评估人员的经验。为此,研究者提出使用电子探针和超声波仪测定背膘厚度来提高体况监测精度的方法,但由于整个过程是用手持设备完成的,因此该过程仍是劳动密集型的。而随着机器视觉技术的发展,研究者提出了基于图像与计算机视觉的母猪体况评定方法。例如,滕光辉等[109]利用深度图像对母猪后躯进行了三维重构,并通过测量与分析母猪臀部外形特征建立了体型特征与背膘厚度之间的关系,实现了对母猪体况的高效检测。图 3-3-14 所示为母猪臀部的三维重建图。尽管基于机器视觉的无应激式体况评分方法表现出更大的商业潜力,但目前更多的是关于牛和羊的体况研究,而关于母猪体况与体型方面的研究相对较少。

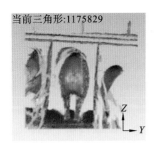

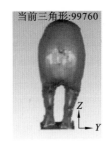
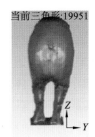

（a）原始三维图像　　　（b）分割后的三维图像　　（c）简化后的三维图像

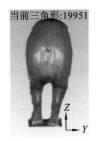
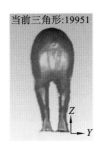

（d）平滑后的三维图像　　　（e）旋转归一化的三维图像

图 3-3-14　母猪臀部的三维图像

3.4　畜禽生理生长指标自动监测技术发展趋势

伴随着畜禽生产模式由农牧经营转向大规模养殖,畜禽生理生长指标的监测方式正由人工、粗放转为无接触、精准的自动管理模式。面对日益扩大的生产规模和提高的生产标准,依赖人工手动、经验评估的监测方法难以适应现代化的养殖要求。畜禽种类多样、生产性能繁多,不同生产阶段的生理生长指标也不尽相同,因此畜禽生理生长指标自动监测面临诸多挑战。一方面对自动监测装备提出了新的发展要求,另一方面,要求畜禽饲养者具有更高的学习及决策水平。对于大规模养殖生产背景下的畜禽饲养者而言,自动监测装备在带来高效率及高准确度的同时,也带来了海量的检测信息。合理有效地利用这些信息,对实现畜禽精准管理与决策至关重要。

随着传感器技术、深度相机技术、红外相机技术、图像处理技术和深度学习技术的发展,畜禽的生理生长指标自动监测技术和新的自动监测装备也不断涌现。在体温监测方面,可利用热红外成像技术扫描畜禽特定部位获取体表温度,并通过校正模型将其转化为体核温度;在禽畜心率监测方面,反射式心率测量方法可以用于运动状态下的心率、血氧的检测,操作简单,易于远程监护;在呼吸频率监测方面,利用稀疏光流法对图像进行动态分析可以准确计算出奶牛的呼吸频率;在畜禽的体尺测量方面,基于深度相机的计算机视觉技术为无接触、非应激下的畜禽体尺测量工作提供了新思路;在畜禽的体重测量方面,可根据体尺-体重回归模型实现无应激条件下的畜禽体重估计。基于上述内容,畜禽生理生长指标自动监测技术发展趋势可以概括为:① 非接触、无应激的监测方式,通过红外相机、深度相机、深度学习算法,改变数据采集方式,提高数据处理速度和精度;② 提高监测方法的实用性,通过更改设备部署、数据采集方案,在算法层面降低对数据特异性的要求,以适应目前的实际生产要求,为大量动物特征数据的获取提供基础;③ 建立动物特征数据的统一结构化标准,加大数据采集量,收集多地域、多类型、多环境下大量动物特征数据,基于大数据对畜禽生长模型做出优化、调整,将"算法驱动"改为"数据驱动",提高监测方法的准确度与鲁棒性;④ 打破各自动监测方法之间的"孤岛",探索多种畜禽生理特征融合方法以评估畜禽的健康福利水平。

对于畜禽自动检测设备,应考虑到养殖环境的实际需求,并且全面考虑各种干扰对检测设备的影响。在养殖环境中应用传感器和相机设备,应确保在多尘、高温、高湿的环境中稳定运行,避免因动物位置移动、姿态变化、应激反应而产生的测量误差。对于用于自动监测的数学模型,应提高数学模型的鲁棒性与适用性,扩大试验数据的来源,考虑不同养殖条件对动物疫病诊疗准确率的影响,不能局限于单一、少量数据得出的结论。在多传感器特征融合的研究中,可综合考虑动物形态、行为、体温、心率、排泄物、呼吸等生理特征中的一个和多个特征对自动诊断结果的影响。在各特征耦合的情况下,打破各模型之间的数据"孤岛",构建一个全面、高效、智能、精准的畜禽生理生长指标监测体系。

本章小结

畜禽生产正在向以动物为中心的精细畜牧业方向转型,通过获取畜禽的生理生长指标,研究其生理、健康、福利状况,可对畜禽养殖环境、饲喂、繁育和防疫等进行精准管理与决策支持。本章阐述了畜禽生理生长指标监测的重要意义和必要性,从畜禽体温、心率、呼吸频率、生物标志物、体尺、体重监测技术的研究现状、相关成果、发展趋势进行深入总结、归纳与分析,并系统地阐述了畜禽生理生长指标监测技术的难点和发展趋势。

本章参考文献

[1] 李奇峰，李嘉位，马为红，等. 畜禽养殖疾病诊断智能传感技术研究进展
[J]. 中国农业科学，2021，54(11)：2445-2463.

[2] 王宗伟，牟晓玲，杨国伟，等. 日粮营养素水平对东北肉鹅生长性能及血
液生化指标的影响(1～28 日龄)[J]. 核农学报，2009，23(5)：891-897.

[3] 叶远兰，周泉鹤，李玉谷. 2 株 H5N1 亚型禽流感病毒人工感染鸭的 11 项
血液生化指标测定[J]. 中国畜牧兽医，2011，38(2)：43-48.

[4] 刘纪方，张勇. 母猪背膘厚度与其繁殖性能关系的研究[J]. 山东畜牧兽医，
2012，33(7)：16-17.

[5] 刘忠超，范伟强，何东健. 奶牛体温检测研究进展[J]. 黑龙江畜牧兽医，
2018(10)：41-44.

[6] 寇红祥，赵福平，任康，等. 奶牛体温与活动量检测及变化规律研究进展
[J]. 畜牧兽医学报，2016，47(7)：1306-1315.

[7] GOODWIN S D. Comparison of body temperatures of goats, horses, and
sheep measured with a tympanic infrared thermometer, an implantable mi-
crochip transponder, and a rectal thermometer[J]. Contemporary Topics
in Laboratory Animal Science，1998，37(3)：51-55.

[8] 赵继政，庄蒲宁，石富磊，等. 基于物联网技术的奶牛瘤胃 pH 值和温度监
测系统研究[J]. 农业机械学报，2022，53(2)：291-298，308.

[9] TIMSIT E, ASSIÉ S, QUINIOU R, et al. Early detection of bovine re-
spiratory disease in young bulls using reticulo-rumen temperature boluses
[J]. The Veterinary Journal，2011，190(1)：136-142.

[10] TRAD I B, FLOCH J M. Design of planar implantable compact antennas
for vaginal sensor for early detection of calving[C]// European Confer-
ence on Antennas and Propagation，2017：1049-1053.

[11] 何东健，刘畅，熊虹婷. 奶牛体温植入式传感器与实时监测系统设计与试
验[J]. 农业机械学报，2018，49(12)：195-202.

[12] LEE C N, GEBREMEDHIN K G, PARKHURST A, et al. Placement
of temperature probe in bovine vagina for continuous measurement of
core-body temperature [J]. International Journal of Biometeorology，
2015，59(9)：1201-1205.

[13] TATTERSALL G J，MILSOM W K. Transient peripheral warming ac-companies the hypoxic metabolic response in the golden-mantled ground squirrel[J]. The Journal of Experimental Biology，2003，206(1)：33-42.

[14] 屈东东，刘素梅，吴金杰，等. 群养奶牛体温实时监测系统设计与实现 [J]. 农业机械学报，2016，47(21)：408-412.

[15] 武彦，刘子帆，何东健，等.奶牛体温实时远程监测系统设计与实现[J]. 农机化研究，2012，34(6)：148-152.

[16] 许宏为，秦会斌，周继军. 基于 WiFi 的耳标式生猪体温监测系统设计 [J]. 电子技术应用，2020，46(9)：64-68.

[17] 刘烨虹. 家禽健康体征的动态监测技术及装置研究[D]. 太原：中北大 学，2019.

[18] 杨威. 蛋鸡穿戴式无线体温感知设备的开发及体温监测实验研究[D]. 杭 州：浙江大学，2017.

[19] 李丽华，陈辉，于尧，等. 基于无线传输的蛋鸡体温动态监测装置[J]. 农 业机械学报，2013，44(6)：242-245,226.

[20] ZHANG Z Q，ZHANG H，LIU T H. Study on body temperature detec-tion of pig based on infrared technology：A review[J]. Artificial Intelli-gence in Agriculture，2019(1)：14-26.

[21] HOFFMANN G，SCHMIDT M，AMMON C，et al. Monitoring the body temperature of cows and calves using video recordings from an in-frared thermography camera[J]. Veterinary Research Communications，2013，37：91-99.

[22] 曹春梅，贾海，闫贵龙. 红外线体温计测量成年鸡体温部位优选[J]. 黑龙 江畜牧兽医，2021(14)：50-53.

[23] 孟祥雪. 红外热像仪在母猪皮温现场检测中的应用[D]. 哈尔滨：东北农 业大学，2016.

[24] 柏广宇，刘龙申，沈明霞，等. 基于无线传感器网络的母猪体温实时监测 节点研制[J]. 南京农业大学学报，2014，37(5)：128-134.

[25] METZNER M，SAUTER-LOUIS C，SEEMUELLER A，et al. Infrared thermography of the udder surface of dairy cattle：Characteristics, meth-ods，and correlation with rectal temperature[J]. The Veterinary Jour-nal，2014，199(1)：57-62.

[26] 赵海涛. 基于红外热成像技术的猪体温检测与关键测温部位识别[D]. 武汉:华中农业大学,2019.

[27] 沈明霞,陆鹏宇,刘龙申,等. 基于红外热成像的白羽肉鸡体温检测方法[J]. 农业机械学报,2019,50(10):222-229.

[28] 柴月阳. 恩度对球囊损伤联合高脂喂养小型猪心率变异性的影响[J]. 医药前沿,2015(30):140-141.

[29] KOVÁCE L, JURKOVICH V, BAKONY M, et al. Welfare implication of measuring heart rate and heart rate variability in dairy cattle: Literature review and conclusions for future research[J]. Animal, 2014, 8(2): 316-330.

[30] 王广猛,陈丽媛,颜培实. 不同妊娠阶段荷斯坦奶牛心率变异性分析[J]. 畜牧与兽医,2014,46(10):78-81.

[31] 郭玉光,孙亚楠,颜培实. 环境温度对猪心率变异性的影响[C]//中国畜牧兽医学会 2011 学术年会论文集,2011:671-672.

[32] 杨婵,孙亚楠,颜培实. 短期高温对断乳仔猪心率变异性的影响[J]. 家畜生态学报,2014,35(8):42-44.

[33] 李福生,敖日格乐,王纯洁. 双翅目昆虫侵袭对荷斯坦奶牛护身行为及心率的影响[J]. 饲料研究,2010(4):48-50.

[34] 陈桂鹏,郑立平,严志雁,等. 基于 CC2541 的生猪光电式心率测量方法研究[J]. 南方农业学报,2017,48(7):1297-1303.

[35] YOUSSEF A, FERNÁNDEZ A P, WASSERMANN L, et al. An approach towards motion-tolerant PPG-based algorithm for real-time heart rate monitoring of moving pigs[J]. Sensors, 2020, 20(15): 4251.

[36] YOUSSEF A, VIAZZI S, EXADAKTYLOS V, et al. Non-contact, motion-tolerant measurements of chicken (Gallus gallus) embryo heart rate (HR) using video imaging and signal processing[J]. Biosystems Engineering, 2014, 125: 9-16.

[37] FUENTES S, VIEJO C G, CHAUHAN S S, et al. Non-invasive sheep biometrics obtained by computer vision algorithms and machine learning modeling using integrated visible/infrared thermal cameras[J]. Sensors, 2020(21): 6334.

[38] JORQUERA-CHAVEZ M, FUENTES S, DUNSHEA F R, et al. Mod-

elling and validation of computer vision techniques to assess heart rate, eye temperature, ear-base temperature and respiration rate in cattle[J]. Animals，2019，9(12)：1089.

[39] SUTTER J U，LEWIS O，ROBINSON C，et al. Recording the heart-beat of cattle using a gradiometer system of optically pumped magnetometers[J]. Computers and Electronics in Agriculture，2020，177：105651.

[40] 翟月鹏，买东升. 基于毫米波雷达的奶牛呼吸心率监测方法：CN202111531115. X[P]. 2022-02-11.

[41] 魏占虎，王聪，马进勇，等. 中草药添加剂对河西地区热应激奶牛部分生理指标及牛奶常规成分的影响[J]. 中国草食动物科学，2019，39(1)：66-68.

[42] 韩佳良，刘建新，刘红云. 热应激对奶牛泌乳性能的影响及其机制[J]. 中国农业科学，2018，51(16)：3159-3170.

[43] 邵钺馨，单春花，王超，等. 奶牛生产中冷热应激的研究进展[J]. 黑龙江畜牧兽医，2018(7)：38-41.

[44] FOURNEL S，OUELLET V，CHARBONNEAU E. Practices for alleviating heat stress of dairy cows in humid continental climates：A literature review[DB/OL]. http://pdfs. semanticscholar. org/0f49/f12a6fb871356-a59f48b235ffa8b8d339b2a. pdf.

[45] 何东健，刘冬，赵凯旋. 精准畜牧业中动物信息智能感知与行为检测研究进展[J]. 农业机械学报，2016，47(5)：231-244.

[46] 朱佳，于滨铜，张熙，等. 非洲猪瘟对猪肉消费行为的影响研究——基于辽宁省沈阳市 459 份消费者问卷调查[J]. 中国食物与营养，2019，25(5)：37-41.

[47] 纪滨，朱伟兴，刘波，等. 基于脊腹线波动的猪呼吸急促症状视频分析[J]. 农业工程学报，2011，27(1)：191-195.

[48] 唐亮，朱伟兴，李新城，等. 基于面积特征算子的猪呼吸频率检测[J]. 信息技术，2015(2)：73-77.

[49] PEREIRA C B，DOHMEIER H，KUNCZIK J，et al. Contactless monitoring of heart and respiratory rate in anesthetized pigs using infrared thermography[J]. Plos One，2019，14(11)：e0224747.

[50] 赵凯旋，何东健，王恩泽. 基于视频分析的奶牛呼吸频率与异常检测[J]. 农业机械学报，2014，45(10)：258-263.

[51] 吴顿华. 基于视频分析的奶牛呼吸行为检测方法研究[D]. 咸阳：西北农

林科技大学，2021.

[52] STEWART M，WILSON M T，SCHAEFER A L，et al. The use of infrared thermographyand accelerometers for remote monitoring of dairy cow health and welfare[J]. Journal of Dairy Science，2017，100(5)：3893-3901.

[53] LOWE G，SUTHERLAND M，WAAS J，et al. Infrared thermography—A non-invasive method of measuring respiration rate in calves[J]. Animals，2017，9(8)：535-542.

[54] KIM S，HIDAKA Y. Breathing pattern analysis in cattle using infrared thermography and computer vision[J]. Animals，2021，11(1)：207-217.

[55] JORQUERA-CHAVEZ M，FUENTES S，DUNSHEA F R，et al. Using imagery and computer vision as remote monitoring methods for early detection of respiratory disease in pigs[J]. Computers and Electronics in Agriculture，2021，187(8)：106283.

[56] ABDELA N. Sub-acute ruminal acidosis (SARA) and its consequence in dairy cattle：A review of past and recent research at global prospective [J]. Achievements in the Life Sciences，2016，10(2)：187-196.

[57] 王洪荣. 反刍动物瘤胃酸中毒机制解析及其营养调控措施[J]. 动物营养学报，2014，26(10)：3140-3148.

[58] PLAIZIER J C，KRAUSE D O，GOZHO G N，et al. Subacute ruminal acidosis in dairy cows：The physiological causes, incidence and consequences[J]. The Veterinary Journal，2009，176(1)：21-31.

[59] ZEBELI Q，DIJKSTRA J，TAFAJ M，et al. Modeling the adequacy of dietary fiber in dairy cows based on the responses of ruminal pH and milk fat production to composition of the diet[J]. Journal of Dairy Science，2008，91(5)：2046-2066.

[60] JOUANY J P. Optimizing rumen functions in the close-up transition period and early lactation to drive dry matter intake and energy balance in cows[J]. Animal Reproduction Science，2006，96(3)：250-264.

[61] NORDLUND K V，GARRETT E F. Rumenocentesis：A technique for collecting rumen fluid for the diagnosis of subacute rumen acidosis in dairy herds[J]. The Bovine Practitioner，1994，28：109-112.

［62］KRAUSE K M, OETZEL G R. Understanding and preventing subacute ruminal acidosis in dairy herds: A review［J］. Animal Feed Science and Technology, 2005, 126(3): 215-236.

［63］ATKINSON O. Prevalence of subacute ruminal acidosis (SARA) on UK dairy farms［J］. Cattle Practice, 2014, 22: 1-9.

［64］BRAMLEY E, LEAN I J, FULKERSON W J, et al. The definition of acidosis in dairy herds predominantly fed on pasture and concentrates［J］. Journal of Dairy Science, 2008, 91(1): 308-321.

［65］NOCEK J E, ALLMAN J G, KAUTZ W P. Evaluation of an indwelling ruminal probe methodology and effect of grain level on diurnal pH variation in dairy cattle［J］. Journal of Dairy Science, 2002, 85(2): 422-428.

［66］ALZAHAL O, RUSTOMO B, ODONGO N E, et al. Technical note: A system for continuous recording of ruminal pH in cattle［J］. Journal of Animal Science, 2007, 85(1): 213-217.

［67］PENNER G B, BEAUCHEMIN K A, MUTSVANGWA T. An evaluation of the accuracy and precision of a stand-alone submersible continuous ruminal pH measurement system［J］. Journal of Dairy Science, 2006, 89(6): 2132-2140.

［68］MOTTRAM T, LOWE J, MCGOWAN M, et al. Technical note: A wireless telemetric method of monitoring clinical acidosis in dairy cows［J］. Computers and Electronics in Agriculture, 2008, 64(1): 45-48.

［69］庄蒲宁. 基于物联网技术的奶牛瘤胃 pH 实时监测设备研发［D］. 咸阳:西北农林科技大学, 2022.

［70］Biomarkers Definitions Working Group. Biomarkers and surrogate endpoints: Preferred definitions and conceptual framework［J］. Clinical Pharmacology and Therapeutics, 2001, 69(3): 89-95.

［71］AHSAN H. Biomolecules and biomarkers in oral cavity: Bioassays and immunopathology［J］. Journal of Immunoassay & Immunochemistry, 2019, 40(1): 52-69.

［72］WANG J, SCHIPPER H M, VELLY A M, et al. Salivary biomarkers of oxidative stress: A critical review［J］. Free Radical Biology and Medicine, 2015, 85: 95-104.

[73] PEJCHINOVSKI M, SIWY J, MULLEN W, et al. Urine peptidomic biomarkers for diagnosis of patients with systematic lupus erythematosus [J]. Lupus, 2018, 27(1): 6-16.

[74] VISIOLI F, STRATA A. Milk, dairy products, and their functional effects in humans: A narrative review of recent evidence[J]. Advances in Nutrition, 2014, 5(2): 131-143.

[75] ARNOULD V M, SOYEURT H. Genetic variability of milk fatty acids [J]. Journal of Applied Genetics, 2009, 50(1): 29-39.

[76] ELGERSMA A, TAMMINGA S, ELLEN G. Modifying milk composition through forage[J]. Animal Feed Science and Technology, 2006, 131 (3-4): 207-225.

[77] GARNSWORTHY P C, MASSON L L, LOCK A L, et al. Variation of milk citrate with stage of lactation and de novo fatty acid synthesis in dairy cows[J]. Journal of Dairy Science, 2006, 89(5): 1604-1612.

[78] HECK J M, VALENBERG H J V, DIJKSTRA J, et al. Seasonal variation in the Dutch bovine raw milk composition[J]. Journal of Dairy Science, 2009, 92(10): 4745-4755.

[79] ESCRIBANO D, FUENTES-RUBIO M, CERÓN J J. Salivary testosterone measurements in growing pigs: Validation of an automated chemiluminescent immunoassay and its possible use as an acute stress marker [J]. Research in Veterinary Science, 2014, 97(1): 20-25.

[80] DE KOSTER J, SALAVATI M, GRELET C, et al. Prediction of metabolic clusters in early-lactation dairy cows using models based on milk biomarkers[J]. Journal of Dairy Science, 2019, 102(3): 2631-2644.

[81] 冯泽猛, 苏云, 王荃, 等. 一种评价生猪个体蛋白营养状态的方法: CN111149763B[P]. 2020-05-15.

[82] ENGVALL E. Enzyme immunoassay ELISA and EMIT[J]. Methods in Enzymology, 1980, 70(A): 419-439.

[83] ANKER J N, HALL W P, LYANDRES O, et al. Biosensing with plasmonic nanosensors[J]. Nature Materials, 2008, 7(6): 442-453.

[84] GEORGE L, GARGIULO G D, LEHMANN T, et al. Concept design for a 1-lead wearable/implantable ECG front-end: Power management

[J]. Sensors, 2015, 15(11): 29297-29315.

[85] LU C X, LIU C B, ZHOU Q, et al. Selecting specific aptamers that bind to ovine pregnancy-associated glycoprotein 7 using real serum sample-assisted FluMag-SELEX to develop magnetic microparticle-based colorimetric aptasensor[J]. Analytica Chimica Acta, 2022, 1191: 339291.

[86] 贺玉敏, 苏云, 洪玲玲, 等. 肽适体的筛选及其应用[J]. 中国科学:生命科学, 2018, 48(10): 1054-1064.

[87] KWON J, LEE Y, LEE T, et al. Aptamer-based field-effect transistor for detection of avian influenza virus in chicken serum[J]. Analytical Chemistry, 2020, 92(7): 5524-5531.

[88] HE Y M, ZHOU L, DENG L, et al. An electrochemical impedimetric sensing platform based on a peptide aptamer identified by high-throughput molecular docking for sensitive L-arginine detection[J]. Bioelectrochemistry, 2021, 137:107634.

[89] GUMUS A, LEE S, KARLSSON K, et al. Real-time in vivo uric acid biosensor system for biophysical monitoring of birds[J]. Analyst, 2014, 139(4): 742-748.

[90] 冯泽猛, 贺玉敏, 邓磊, 等. 一种基于分子对接技术的代谢物肽适体快速筛选方法: CN108197429A[P]. 2018-06-22.

[91] 冯泽猛, 贺玉敏, 曹忠, 等. 一种基于肽适体的精氨酸生物传感器及其制备方法: CN110426435B[P]. 2021-10-19.

[92] KLEIN E K, SWEGEN A, GUNN A J, et al. The future of assessing bull fertility: Can the 'omics fields identify usable biomarkers[J]. Biology of Reproduction, 2022, 106(5): 854-864.

[93] 安露露. 基于机器视觉的猪体尺测量及行为识别研究 [D]. 保定:河北农业大学, 2020.

[94] 刘同海, 滕光辉, 付为森, 等. 基于机器视觉的猪体体尺测点提取算法与应用[J]. 农业工程学报, 2013(2): 161-168.

[95] 尹令, 蔡更元, 田绪红, 等. 多视角深度相机的猪体三维点云重构及体尺测量[J]. 农业工程学报, 2019, 35(23): 201-208.

[96] 万建洪, 张军, 池智贤, 等. 溧阳鸡体尺测量及屠宰性能测定[J]. 畜牧与兽医, 2011, 43(5): 41-43.

[97] 张智慧，李伟，韩永胜. 牛体尺影响因素及其应用[J]. 中国畜牧杂志，2018，54(1)：9-13.

[98] 赵建敏，赵成，夏海光. 基于 Kinect v4 的牛体尺测量方法[J]. 计算机应用，2022，42(5)：1598-1606.

[99] 牛金玉. 基于三维点云的奶牛体尺测量与体重预测方法研究[D]. 咸阳：西北农林科技大学，2018.

[100] 程郁昕，曹亚新. 奶牛乳用特征性状与 305 天产奶量的多元回归分析[J]. 安徽科技学院学报，2015，29(4)：14-17.

[101] 储明星，师守堃. 奶牛体型数据变异及相关的研究[J]. 中国农业大学学报，1996(1)：113-118.

[102] 刘华，周贵，郑经农. 奶牛体型线性鉴定在生产实际中的应用[J]. 中国奶牛，2001(6)：28-29.

[103] 芦忠忠. 基于三维模型的奶牛体型线性评定体尺参数测量方法研究[D]. 咸阳：西北农林科技大学，2020.

[104] PETROVSKA S，JONKUS D. Relationship between body condition score，milk productivity and live weight of dairy cows[C] // Research for Rural Development. International Scientific Conference Proceedings，2014，1：100-106.

[105] 黄小平. 基于多传感器的奶牛个体信息感知与体况评分方法研究[D]. 合肥：中国科学技术大学，2020.

[106] 吴宇峰，李一鸣，赵远洋，等. 基于计算机视觉的奶牛体况评分研究综述[J]. 农业机械学报，2021，52(S1)：268-275.

[107] BÜNEMANN K，VON S D，FRAHM J，et al. Effects of body condition and concentrate proportion of the ration on mobilization of fat depots and energetic condition in dairy cows during early lactation based on ultrasonic measurements[J]. Animals，2019，9(4)：131.

[108] JANZEKOVIC M，MOCNIK U，BRUS M. Ultrasound measurements for body condition score assessment of dairy cows[DB/OL]. https://www.daaam. info/Downloads/Pdfs/science_books_pdfs/2015/Sc_Book _2015-005. pdf.

[109] 滕光辉，申志杰，张建龙，等. 基于 Kinect 传感器的无接触式母猪体况评分方法[J]. 农业工程学报，2018，34(13)：211-217.

第 4 章
畜禽行为智能识别技术

畜禽行为的智能感知与分析是精准养殖的核心。猪、牛、羊、鸡等动物与人类关系密切、经济价值高,其智能养殖技术受到国内外学者的广泛关注。本章分别从传感器监测、图像识别与声音分析三个角度,详细总结、分析精准养殖中动物行为检测的研究现状,包括传感器类别及穿戴方式、传感数据的特征提取及视频预处理和目标分割方法,采食、反刍、运动、姿态、社交等日常行为的检测,以及行为识别技术在跛行、呼吸急促、腹泻等健康异常和动物发情及分娩关键生理阶段中的应用等。结合精准畜牧的发展趋势和应用需求,在分析的基础上指出动物行为智能识别技术未来的研究方向。

4.1　畜禽行为智能识别概述

畜禽行为是指动物从自身适应性和所处环境的变化出发,对外界环境的变化和内在生理状况的改变所做出的有机性调整,并以最有利于生存的方式完成各种生命活动[1]。畜禽的外在行为反映了畜禽的福利水平。当畜禽的生活环境有众多复合性不利因素,导致动物福利水平降低时,就会引起动物的异常行为或动物个体频发多样疾病等,动物的生产性能会因此而下降。当畜禽福利水平较高时,畜禽处于心理和生理健康的状态,有较强的抗病能力,那么畜禽的管理成本也会降低。因此,监测动物健康状况、行为、生理及心理状态等畜禽信息,进行疾病预警,加强动物养殖环节的科学管理对改善动物福利状况显得尤为重要。在各种畜禽信息获取手段中,传统的接触式检测方法不仅检测效率低,还会对畜禽的身体造成损伤或者对畜禽造成应激反应,不利于保证畜禽福利水平[2]。随着科学技术的进步,畜禽行为智能感知技术不断发展,传感器技术、声学信号分析技术和计算机视觉技术被广泛应用于动物行为的智能感知中。通过持续监控畜禽养殖过程,采集可反映畜禽生长状态的行为表现数据,为畜禽创造适宜生长的条件,从而提高畜禽的养殖效率和发挥畜禽繁殖的最大潜能,获取最好的经济效益。

传感器是一种检测装置,能感受到被测量的信息,并能将感受到的信息,按一定规律转换成电信号或其他所需形式的信息输出。当动物具有不同的行为或处于不同的生理状态时,其身体特定部位的温度、压力、声音和振动等具有不同的规律。通过利用传感器技术,可以连续地采集动物的生理行为信息,并将这些信息转换为易测量的数据(通常为电信号)输出。随后,通过分析处理这些数据,可以实现动物采食、反刍、发情和其他运动行为的智能感知。目前传感器技术在畜禽行为感知中的应用主要包括三个方向:姿态识别、采食及反刍行为感知和运动行为感知。

发声是动物行为中的一种,声信号的强度、频率、持续时间等特征参数反映了动物的不同情绪状态和行为信息。利用声学特征参数分析动物的行为可以帮助饲养员及时判断动物的内部机体状况和需求,及时采取措施,提高生产性能。声信号通常用穿戴式和空中悬挂式设备获取。在进一步分析声信号之前,首先需要提取出声信号中有效的声音部分,去除噪声。然后利用特征提取和分类识别方法,揭示动物的行为方式。动物声信号的常用特征参数主要有线性预测系数及派生参数、从声信号的频谱直接导出的参数以及鲁棒性参数如梅尔频率倒谱系数等[3]。

动物的不同行为可以利用视觉捕捉。机器视觉系统则是机器代替人工视觉的一种方式,为畜禽行为的智能识别提供了新思路。机器视觉系统在不需要人为干预的情况下,利用摄像机对目标进行记录并对视频进行分析,实现对场景中目标的定位、识别和跟踪,并在此基础上分析和判断目标的行为[4]。视觉特征可以用来分析畜禽的姿态,识别畜禽的基础行为、与繁殖相关的行为、群体交互行为、运动行为等。机器视觉系统具有成本低、布设简单、可重复利用性强等特点。特征提取方法和人工神经网络的发展,促进了机器视觉系统在牧场中的推广和使用。

4.2 基于标量数据传感器的畜禽行为智能识别

畜禽行为的智能识别是保障动物福利、实现牧场节本增效的关键所在。为此,研究者基于动物行为的时空标量特性,提出了利用传感器技术来监测奶牛行为的方法。即通过电子器件获取并量化畜禽行为发生期的内外变化,结合统计分析、特征工程、机器学习等方法构建模型以实现对畜禽行为的识别。

4.2.1 传感器类别及穿戴方式

目前在畜禽行为监测领域涉及的传感器主要有加速度传感器、水流量传感器、温度传感器、压力传感器、声音传感器、光电传感器、高频反射涡流传感器等。而在实际应用中依据所监测行为的不同,传感器的安装位置也有所差异。例如,在跛行和发情行为的监测中,基于压力传感器的监测设备分别位于走道地面和奶牛尾部;在饮水行为的监测中,水流量传感器位于饮水槽处;在日常行为的识别中,加速度传感器通常位于奶牛脖颈或脚踝处。不同传感器具体用途及安装位置如表 4-2-1 所示。

表 4-2-1　奶牛行为识别中的传感器类别及安装位置

行为类型	传感器类别	安装位置
发情行为	加速度、温度、红外、压力、声音	脖颈、腿部、外阴部、耳部、尾部
采食行为	加速度、压力、高频反射涡流、声音	脖颈、口鼻
饮水行为	加速度、水流量、RFID、红外	脖颈、饮食站点
反刍行为	加速度、声音、压力	脖颈
活动行为（行走/站立/躺卧等）	加速度	脖颈、腿部

4.2.2 传感器数据特征提取及行为识别模型

1. 姿态识别

动物行为是动物对来自环境或其机体本身刺激所产生的反应,动物的生理、病理、营养等内在状态会影响其外在行为[5]。因此可依据动物运动姿态的变化对其健康状况或生理变化做出有效判断,这对实现减投增效、智能养殖等具有重要意义。目前基于传感器的动物姿态识别研究主要采用多源信息融合的方式,通过 PI 调节、互补滤波、卡尔曼滤波等算法的结合,对三轴加速度计、三轴陀螺仪、磁力计等传感器数据进行融合以解算动物姿态角,并利用姿态角的时、频域特征,采用决策树、逻辑回归、多标签链式分类模型对其分类来实现动物姿态的识别。其流程如图 4-2-1 所示。

2. 采食、反刍行为识别

动物采食行为是判断其生长状态和健康状况的重要依据,科学的饮食管理

图 4-2-1　动物姿态识别流程

有助于动物健康。实时、连续、准确地监测动物采食行为能够帮助管理员及时了解动物个体采食量,并对预防动物疾病、提高养殖福利、降低饲喂成本等具有重要意义。目前,基于可穿戴设备的动物采食行为监测流程如图 4-2-2 所示,主要是通过对加速度、鼻羁压力和声音进行检测,即利用由安装在奶牛头部不同位置(耳标、项圈)处传感器(加速度、鼻羁压力、高频反射涡流、声音)获取的颈部(耳部)加速度和角速度变化或咀嚼引起的压力及声波变化,提取出奶牛采食的时间、频次、咬断次数等特征参数,并借助统计分析、机器学习等方法构建采食量预测模型,以最终实现奶牛个体采食行为和采食量的精准监测。

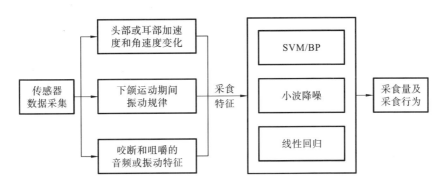

图 4-2-2　基于可穿戴设备的动物采食行为监测流程

有研究采用陀螺仪、加速度计和蓝牙组网模式进行奶牛行为姿态数据的采集与传输,并通过 BP 神经网络对采食过程中奶牛头部的偏转方向及转动速度进行分类,实现了采食行为的识别,识别准确率较高。此外,基于麦克风采集牛咬断和咀嚼草料的声音,分析牛采食声音信号的持续时间、能量密度以及平均强度,对牛的进食行为进行量化,也可以实现牛只采食量的估计,而且利用多个麦克风采集声音能够有效提高系统的识别性能。目前,采食量智能监测的商业化产品主要有爱尔兰 Dairymaster 公司生产的 MooMonitor+项圈,其通过纳米技术测量奶牛颈部运动行为;RumiWatch 是瑞士 ITIN+HOCH 公司开发的一种集鼻羁压力传感器、计步器、数据记录器和评估软件于一体的采食和运动监测系统;Zoetis 公司开发了两种监测采食行为的耳标传感器 SensOor 和 Smart-bow。其中 Smartbow 内部安装了集成加速度器,数据以 10 Hz 的频率通过接收器实时发送到本地服务器;SensOor 内置三维加速度器,并配有无线电芯片和温度传感器,数据通过无线网络发送到计算机,进行特定的分析。部分采食量智能监测产品如图 4-2-3 所示。

(a) RumiWatch   (b) MooMonitor+   (c) Smartbow

图 4-2-3　采食量智能监测产品

目前基于可穿戴设备的动物反刍行为监测主要是通过三轴加速度计、压力及声音传感器完成的[6],如图 4-2-4 所示。基于加速度计的方法是通过分析动物在不同行为下的加速度和俯仰角,以构建行为特征描述符(最大值、最小值、方向角等),并结合二次判别分析、支持向量机、决策树等分类模型识别反刍行为。基于压力传感器的方法主要是通过分析动物咀嚼时上下颌或颞窝处的压力变化产生的信号特征(如电压波形、频率、信号频谱等),并结合监督学习分类模型来实现对反刍行为的鉴定。使用声音传感器时可通过提取动物咀嚼、吞咽和逆呕音频的短时能量、振幅、持续时间等信号特征,并结合分类模型(决策逻辑算法、自下而上搜索活动识别器等)或时频域分析等方法来实现对反刍行为的识别。依据上述三种方法的原理开发的商业化产品有美国 Onset Computer Corporation 的 HOBO Pendant G 三轴数据记录器、Zoetis 公司的 Smartbow 加速度计系统、荷兰 Agis Automatisering BV 公司的 CowManager SensOor 耳标设备、瑞士 ITIN+HOCH 公司的 RumiWatch 和 ART-MSR 设备以及以色列 SCR 公司的 HR-Tag 反刍监测设备(见图 4-2-5)等。

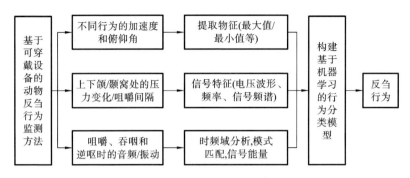

图 4-2-4　基于可穿戴设备的动物反刍行为智能监测方法

图 4-2-5　以色列 SCR 公司的 HR-Tag 反刍监测设备

3. 运动行为识别

　　动物行为是反映其健康和福利水平的重要指标,实时判别动物行为(躺卧、站立、行走等)可及早发现疾病、提高养殖经济效益和畜禽福利水平。在基于接触式传感器的动物运动行为监测中,舍饲条件下主要通过在动物不同部位安装不同传感器(以三轴加速度传感器为主)来采集与行为相关的运动特征,并结合机器学习分类算法进行动物运动行为识别。其中,提取的运动特征主要包括各轴加速度的最大值、最小值、均值、方差、角度、幅值、能量等,分类算法涉及决策树、K 均值聚类、BP、SVM、长短时记忆网络等。而放牧环境中动物的行为识别主要依赖于 GPS 和三轴加速度传感器完成,且放牧环境的数据处理与舍饲时大同小异。动物行为识别的一般流程如图 4-2-6 所示。

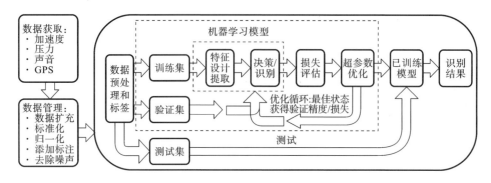

图 4-2-6　动物行为识别流程

4.3　基于声信号分析的畜禽行为智能识别

动物的声信号能反映出其身体状况(如饥饿、疼痛等)以及外部因素对动物身体所造成的影响,可以作为评估动物福利的重要指标。目前,畜禽发声信息作为动物福利评价指标有一定应用,且畜禽发声监测方法与传统生理生化指标检测方法相比,具有无接触、非侵入的优点。利用声信号数字处理技术,对设施养殖畜禽的声信号进行采集、特征参数提取和分类,建立畜禽声信号特征参数与不同应激行为之间的相关性,进行畜禽应激行为的统计分析并与环境调控相结合,对构建设施福利化养殖的预警系统,以及提高畜禽的抗病能力和改善健康状况等具有明显的现实意义。

4.3.1　畜禽行为声音数据自动获取

畜禽行为声音数据大多由穿戴式设备获取以及空中悬挂式设备获取,下面分述这两种畜禽行为声音数据获取方式。

1. 穿戴式设备获取

图 4-3-1 所示为穿戴式设备获取声信号方式,利用获取的放牧肉牛的摄食声音评估放牧肉牛每天的摄食量[7]。在该研究中,肉牛嘴旁的缰绳上安装一个宽频段麦克风,额头上安装有录音笔进行声信号文件的存储,录音笔放置在防雨水的塑料盒内。录音笔录制的声信号文件为 WAV 格式,计算机内装有牛发声信号分析软件系统,该系统根据声信号的持续时间、振幅、频谱和能量自动检测肉牛的采食行为,而采食行为的数量可以用来估计肉牛的摄食量。

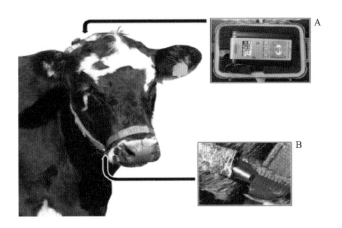

图 4-3-1　肉牛缰绳上安装录音笔和麦克风录制声信号

2. 空中悬挂式设备获取

图 4-3-2 所示为猪圈内使用的空中悬挂式声音采集系统。麦克风安装在猪圈上方区域[8]采集声音,采集的声音信号不仅包含需要的信号,同时不可避免地掺杂许多噪声信号。为了降低噪声信号对整个识别系统的影响,需要先对声音信号进行降噪处理,再对声音信号进行分类处理。

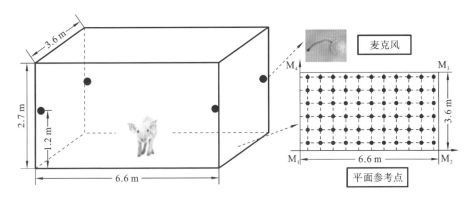

图 4-3-2　声音采集系统示意图

4.3.2　声音信号预处理及特征提取

声音信号处理的简要流程如图 4-3-3 所示。国内很多学者针对声音识别技术在畜禽养殖中的应用展开了一系列研究,主要聚焦于端点检测、去噪和噪声分析、特征参数提取、识别算法分类这四个方面。

图 4-3-3 声音信号处理简要流程

滤波降噪的目的是减少声音信号中的噪声,降低噪声干扰对声音识别的影响。在现代化养猪场中声音信号往往受通风系统、饲喂系统以及清粪系统等机械设备所产生的强噪声干扰。因此,从强噪声中恢复原始信号的波形,以及分离有效信号和噪声是十分必要的。

端点检测一方面可减小数据处理工作量,另一方面可保证数据的一致性,减小由人为因素造成的同一类样本之间的差异性,消除样本因素对模型训练和测试的影响,在声音预处理中占有重要地位。能量谱方差法和双门限法是两种常用的有效的端点检测算法。

特征参数提取是模型训练和测试的关键内容。国内很多学者针对特征参数进行了相关研究,研究表明利用不同特征参数构建的识别系统识别性能可能完全不同,特征参数组合有利于更好地对声音进行描述,恰当的特征参数能够提高系统的稳定性和精确度。

识别算法从识别原理角度可以分成模式匹配算法和概率统计算法。模式匹配算法主要包括时间规整算法、矢量量化、C 均值聚类算法等,概率统计算法主要包括支持向量机、隐马尔可夫和神经网络等算法。此外,同时使用多个分类器,综合不同分类器的分类决策能力,可以避免识别陷阱,从而形成互补,取得更为理想的识别效果。

4.3.3　基于声学特征的畜禽行为识别模型

1. 采食、反刍行为识别

通过可穿戴设备技术将声音传感器置于奶牛的颞窝、咽喉或其他部位,可检测奶牛的咀嚼、吞咽和反刍,区分反刍和其他行为。具体地,通过行为记录器和声音检测方法识别奶牛的下颌运动变化量,利用麦克风检测奶牛的咀嚼声音,利用摄像头或单轴加速度计监测奶牛下颌的活动量,对采集的数据进行分析并利用模式分类方法对采食和反刍等行为进行分类,可以达到识别奶牛采食行为和反刍行为的目的[9]。识别流程如图 4-3-4 所示。

2. 咳嗽行为识别

生猪咳嗽是呼吸道疾病的主要症状,能够在一定程度上反映猪的生理状况

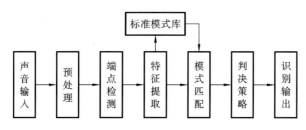

图 4-3-4　采食、反刍行为识别流程

和对外界环境的应激反应。许多疾病均能引发猪咳嗽,通过监测猪的咳嗽状况可以对呼吸道疾病进行预警。目前,国内针对猪声音识别的研究尚处于起步阶段。有学者设计了基于短时能量和短时过零率的猪咳嗽声双门限端点检测算法。有学者基于隐马尔可夫模型、模糊 C 均值聚类算法设计了识别猪只咳嗽的模型,取得了较好的效果。

4.4　基于计算机视觉技术的畜禽行为智能识别

随着精准畜牧的快速发展,传统养殖业的养殖模式发生了质的转变,传感器、相机、机器学习和图像处理技术已经在农业科学领域得到应用。实现精准畜牧的一个主要方法就是机器视觉技术。机器视觉技术是一种非接触的测量方式,它可以有效避免应激带给畜禽的影响,这种检测方法可以大大提高生产效率和自动化程度,为畜牧业的现代化发展提供了新的解决思路。随着应用算法的日益成熟,机器视觉技术逐渐完善且应用范围也在逐年扩大。

4.4.1　畜禽行为视频采集

常用的视频数据获取设备包括:彩色图像摄像机、红外图像摄像机、深度相机和热成像设备。用于畜禽养殖场的传统视频监控设备通常安装在棚舍角落,形成一个有角度的视场。这样的设计便于管理员观察,节约设备投入成本,但给自动分析算法的设计带来困难。目前,几乎所有的视频采集系统设计都是将摄像机架设在棚舍顶部以获取俯视图观察视角。当检测和区分动物群体中的个体时,俯视图相对于其他视图有 3 个明显的优势:首先,动物通常不会被遮挡;其次,图中动物和实际动物的大小和外观是一致的,使得系统能够递归式地检测动物个体；最后，可以使用三维成像系统，保证每只动物在二维平面上的投影高度不变。图 4-4-1 所示为摄像机架设在棚舍角落和棚舍顶部两种图像采集方式[10,11]。

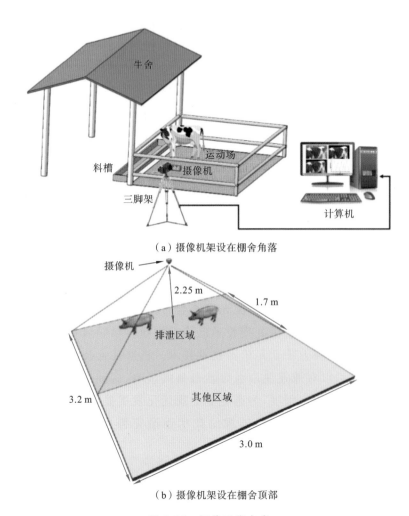

（a）摄像机架设在棚舍角落

（b）摄像机架设在棚舍顶部

图 4-4-1　图像采集方式

从畜禽行为视频采集的手段来看，现阶段应用较多的是普通 RGB 图像和深度图像。普通 RGB 摄像机成像清晰，但成像易受到光线、阴影等因素的影响。深度图像也被称为距离影像，是指将从图像采集器到场景中各点的距离（深度）作为像素值的图像，它直接反映了景物可见表面的几何形状。深度图像采集系统和采集结果[12]如图 4-4-2 所示。

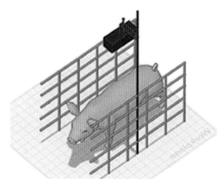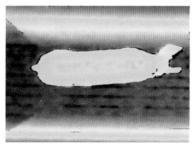

图 4-4-2　深度图像采集示意图

4.4.2　视频数据预处理与目标分割

1. 预处理

畜禽行为视频采集后,在图像数据获取和传输过程中,自然光、照明设备和镜头等因素会对图像质量产生干扰。为了消除在图像采集过程中产生的各种干扰,要对数据进行预处理。预处理包括图像灰度化、图像增强和滤波去噪等步骤。其中图像灰度化是将三通道的彩色图像降维转换为单通道的灰度图像,在该过程中选择性地保留亮度、色度和对比度等属性,效果如图 4-4-3 所示。图像增强则是针对特定的应用目的,增强图像的整体或局部特性,从而加强图像对某些特征的辨识效果,效果如图 4-4-4 所示。而滤波去噪是通过均值滤波、中值滤波或形态学滤波等方法,将图像中与周围像素灰度差异显著的像素值替换成与周围像素灰度相近的值,从而去除图像中的噪点以降低图像特征分析过程中的误差,效果如图 4-4-5 所示。

（a）原始图像　　　　　　　　　　　　（b）灰度化后的图像

图 4-4-3　图像灰度化

图 4-4-4　图像增强

（a）原始图像　　　　　　　　　　　　　（b）滤波去噪后的图像

图 4-4-5　滤波去噪

2. 目标分割

　　畜禽行为智能识别中目标分割对准确提取运动目标外部轮廓特征和区域纹理特征具有重要意义。当前目标分割方法主要包括基于背景建模的方法和基于非背景建模的方法。其中基于背景建模的方法包括基于背景减去法和混合高斯模型法,基于非背景建模的方法包括基于边缘的目标分割方法、基于神经网络的目标分割方法、基于阈值的目标分割方法和基于区域的目标分割方法。基于背景建模的方法需要对静态单一背景和可变背景进行建模,背景模型构建往往容易导致像素的不准确分类,因此基于背景的建模效果将直接影响目标区域分割和运动目标的行为识别,如图 4-4-6 所示。而基于非背景建模的方法则基于前景目标区域的特质实现目标分割。近年来,随着深度学习技术的发展,以 Mask-RCNN 为代表的实例分割模型能够对图像中的多种目标进行准确的检测与分割,也开始应用于畜禽动物目标检测的相关研究中(见图 4-4-7)。

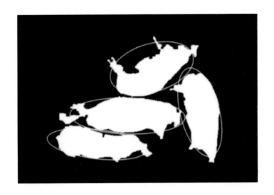

图 4-4-6 基于背景减去法的肉猪目标分割结果

图 4-4-7 基于深度学习的奶牛目标实例分割结果

4.4.3 基于视觉特征的畜禽姿态智能识别

动物的行为与它们的健康状态密切相关,不同的行为会传递不同的健康信息。而行为是由不同姿态组合而成的,获取姿态是了解行为的基础。在动物养殖管理中,可能出现动物生病等状况,如果不能及时发现和治疗,将会出现不必要的损失。畜禽姿态的智能识别有助于实现无人监控,及时了解动物行为信息,发现动物的状态变化,更好地保护濒危动物和提高养殖管理效率。

目前基于视觉特征的畜禽姿态智能识别流程如图 4-4-8 所示,包括数据采集、数据预处理、感兴趣区域提取、特征提取和姿态模式识别,涉及图像分析、模式识别、机器学习等理论方法。

猪只姿态识别可看作一种静态研究方法。在养殖场中,不同的视频监控角度会对猪的身体部位产生不同的成像效果。猪的姿态大体可分为站、坐、卧三种,母猪的站、坐、卧检测效果如图 4-4-9 所示[13]。国外研究人员使用德洛奈

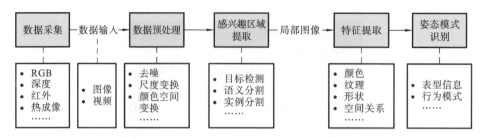

图 4-4-8　基于视觉特征的畜禽姿态智能识别流程

(Delaunay)三角剖分法检测养殖场中猪只躺卧姿态变化,评估躺卧姿态与环境温度的相关性,并采用背景差分法与支持向量机对猪的两种卧姿进行识别。通过采集母猪分娩室的深度俯视图像,利用阈值分割方法提取猪目标,然后对提取目标进行板块划分,根据整体以及各板块的平均深度信息自定义阈值来区分猪的站、坐、卧等行为[14]。国内研究人员基于卷积神经网络,构建猪只检测模型来定位猪只目标,并提取检测目标的几何特征,识别猪只姿态。

在禽类姿态识别方面,国外学者采用椭圆拟合的方法拟合单只火鸡的身体轮廓,对运输中处于不同笼子高度下火鸡转身、躺卧、站立和拍打翅膀四种行为进行识别,进而评估运输过程中火鸡的福利状况。国内学者利用 Kinect 相机采集蛋鸡深度图像,对蛋鸡的采食、躺、站和坐等行为进行识别,同时对群体行为参数如分布指数和活跃度进行了相关研究。

站立姿态可以作为分析牛只健康状况及发情状况的辅助依据。例如:牛患有蹄病时,站立时间会明显缩短(这里牛的站立行为指奶牛四肢站立不动的姿态),卧躺时间会相应延长。

4.4.4　基于视觉特征的畜禽行为智能识别

畜禽的日常行为是评价健康和福利状态的重要指标。机器视觉系统因其成本低廉、安装方便、具有非接触性和能够连续记录图像数据等优点,在动物行为记录领域中的应用越来越广泛。智能检测技术是机器视觉的关键组成部分,该技术采用摄像机捕捉目标物体的图像信号,并通过专业的图形处理系统对图像中的颜色、亮度及像素分布等信息进行处理,从而提取目标物体的大小、颜色、位置等信息,再根据具体要求将所监测到的行为进行分类并输出相应的结果。畜禽行为的智能识别流程如图 4-4-10 所示。

到目前为止,研究人员已经提出了许多行为检测的方法。根据对视频中信

（a）站

（b）坐

（c）卧

图 4-4-9　猪只姿态智能识别结果图

图 4-4-10　畜禽行为智能识别流程

息关注点的不同，可将现有行为检测方法做图 4-4-11 所示的分类。

1. 牲畜基础行为智能识别

牲畜的采食和饮水行为会影响其体重和肉质，还会影响产奶牲畜的产奶量。此外，牲畜采食和饮水行为还能反映它们的健康状况。这些指标与畜禽养殖业的生产效率密切相关。因此，识别牲畜的采食和饮水行为具有重要意义。

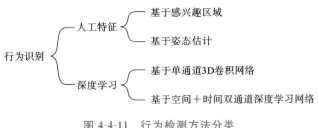

图 4-4-11　行为检测方法分类

同样地,对排泄行为的检测也具有重要意义。群养猪适量饮食与饮水可以保证猪只健康生长,过度排泄是患病表现,如病毒性腹泻和传染性肠胃炎等。仔猪断奶后,由于体内母源抗体水平降低,机体抵抗力下降,外部生长环境和饮食变化容易导致仔猪腹泻。在积极预防的前提下,及时、精准地识别出腹泻仔猪对降低仔猪死亡率有重要意义。

目前,研究者对牲畜采食、饮水和排泄行为的识别主要是通过分析牲畜与采食、饮水、排泄区域位置关系实现的。以判断猪只是否饮水为例,首先定义采食器和饮水器的像素区域,接着通过分析猪身体占据饮水区域的面积,或者猪鼻子是否在饮水区,来判断猪是否发生了饮水行为。上述这种识别方法存在缺陷,因为猪只进入饮水区并不一定发生饮水的行为。因此,有研究人员通过目标分割确定猪是否进入饮水区并停留一定时间,如果是,则利用深度学习目标检测方法确认猪的头部位置,以确定猪是否在饮水[15]。通过猪场监控视频,可自动提取出猪栏中各头猪只的饮水情况,具体的体系结构如图 4-4-12 所示。另外,有研究人员根据饮水区的轮廓特征判断猪只是否出现了饮水行为,也实现了较高的识别准确率。其识别流程如图 4-4-13 所示。同时,检测猪嘴与饮水器之间的距离和持续时间也是自动识别猪只饮水行为的一种有效方法。

畜禽的排泄行为也反映了畜禽的健康状态。畜禽排泄行为的检测方法主要有两种:一种是基于猪只姿态检测以及姿态维持时间识别猪只的排泄行为;另一种是通过检测猪只是否位于排泄区并根据滞留时间判定排泄行为。

在鸡只基本行为识别方面,有研究者利用阈值分割结合形态学的方法对单只鸡的图像进行分割,在分割基础上识别单只鸡的运动、饮水、采食等行为并追踪蛋鸡的活动情况和运动轨迹,实现了较为准确的行为识别[16]。

2. 家畜繁殖相关行为智能识别

对畜禽进行发情监测有助于确定最佳的人工授精时间,提高受孕率。家畜

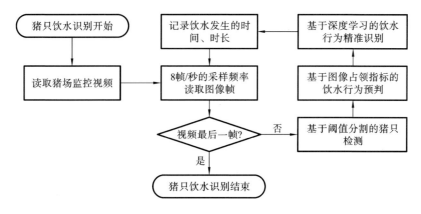

图 4-4-12　猪只饮水行为体系识别结构

图 4-4-13　基于轮廓的猪只行为识别流程

基本行为(例如站立和躺卧)的变化可以在一定程度上间接反映它们的发情状况。在发情期家畜最明显的变化是发生图 4-4-14 所示的爬跨行为[17]。

图 4-4-14　奶牛爬跨样例图像

　　因此,基于视觉的发情监测大多通过识别家畜的爬跨行为判断其发情状况。例如,使用椭圆拟合方法分割猪只图像,并根据拟合椭圆的长轴和短轴长度判断猪的爬跨行为;使用具有颜色和纹理特征的背景减去法检测奶牛图像,并从检测到的区域中提取几何和光流特征,然后使用支持向量机分类奶牛的爬跨行为;运用图像熵分割方法获得奶牛目标,然后根据目标最小边界框之间的交叉区域判断爬跨行为，其所用到的奶牛行为分析方法如图 4-4-15 所示。随着深度学习技术的发展，有研究者应用 Mask R-CNN 卷积神经网络分割图像中的猪只并得到目标区域（region of interest，ROI）参数和掩模坐标，根据这些信息构建特征向量，使用核极限学习机（kernel based extreme learning machine，KELM）对特征向量进行分类，以确定猪是否发生爬跨行为[18]。

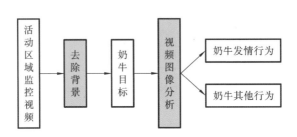

图 4-4-15　奶牛行为分析方法

家畜的分娩产犊是家畜养殖中的重要事件，及时发现家畜的分娩产犊行为既可以为家畜提供充足的生产保障，也可以尽早呵护新生仔畜的健康，从而提高新生仔畜的存活率。家畜的分娩产犊行为识别分为产前预测和产时监测两部分。产前预测主要基于家畜日常行为变化来推断家畜是否即将生产。基于动态背景消除（dynamic background subtraction，DBS）和光流方法等检测母猪的运动行为，分析其运动特征，统计特定行为（行走、侧卧和回看腹部）发生的频次，预测母猪是否即将分娩[19]。产时监测主要是为了监测家畜在生产时的状态，以确保家畜的顺利生产。国外有研究通过参数化椭圆拟合算法实现了对仔猪的监测，所拟合的椭圆数对应于图像中的仔猪数。用仔猪计数的每个顺序增量计算出生间隔，根据出生间隔判断母猪是否出现分娩窒息。除了椭圆拟合算法，半圆匹配算法也可用来分割母猪图像，排除母猪运动干扰，然后用改进的单高斯模型背景减去法监测运动目标，根据运动区域的颜色和面积特征识别仔猪。

3. 畜禽群体交互行为智能识别

畜禽的攻击行为威胁着畜禽的福利，及时发现并制止此类行为可以避免畜禽间的相互伤害。猪只交互行为指的是两猪或多猪的相互交流，头部、尾巴与身体之间的距离和夹角是交互行为识别的关键指标。攻击行为（见图 4-4-16）无论是对养殖利润还是对动物福利都有负面影响。因此，攻击行为的智能识别已经引起了人们的广泛关注。

国外有研究者通过获取猪只间的距离、运动速度和加速度等自动识别猪只

图 4-4-16 猪的攻击行为

的攻击行为。例如，首先利用 Kinect 深度传感器获取猪的深度信息，并且从中提取出站立猪的速度和猪间距离的最大值、最小值、平均值和标准差作为特征，最后利用支持向量机算法对这些特征进行分类，检测攻击行为，并将其划分为头对头（或身体）撞击和追逐等攻击行为子类型，从而利用深度传感器自动监测猪的异常行为[20]。除了速度和猪间距离，有学者从断奶仔猪的运动历史图像分割区域中提取了猪群平均运动强度和空间占用指数两个特征，然后使用线性判别分析方法对这两个特征进行分类，以检测仔猪是否具有攻击性。另外，有学者在构建识别模型时融合时空信息，采用卷积神经网络与长短期记忆（long short-term memory，LSTM）网络分别提取猪只数据中空间和时间上的特征信息，并利用 Softmax 分类器对猪的攻击行为进行识别，实现了较准确的识别结果。

为了将猪的攻击行为细分为高、中攻击性两个等级，国外研究者以运动动物的像素为基础提取了猪群活动指数的平均值、最大值、最小值和方差，并利用这些特征训练了一个多层前馈神经网络来实现对猪攻击行为的分类。结果表明，活动指数和多层前馈神经网络的结合可以用于猪的攻击行为分类。国内学者提出基于加速度特征的攻击识别算法，从整个猪群中识别出攻击猪个体，采用关键帧技术提取疑似攻击片段，并采用连通域面积和粘连指数定位成对的攻击猪，其提出的攻击行为识别算法的流程图如图 4-4-17 所示。

猪的咬尾症是仔猪受到应激后表现出来的一个病症，尤其是刚进入断奶期的仔猪，咬尾症的发生会使其更容易受到感染并引起一些其他的并发症，严重影响了猪场的经济效益。因此，咬尾行为（见图 4-4-18）[21] 的智能识别对行业具有很高的价值。

先前的研究已经证明，咬尾频率、尾巴位置和活动等指标可以用于咬尾爆发前的早期预测。通过对这些变量监测，可以实现早期预警，帮助管理咬尾行

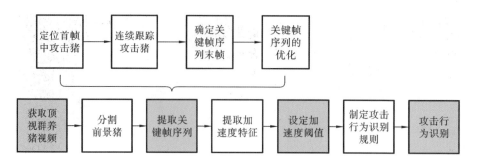

图 4-4-17 攻击行为识别算法流程图

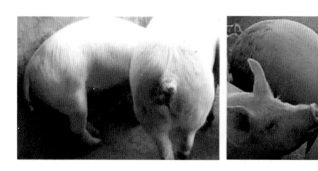

图 4-4-18 猪的咬尾行为

为。有研究使用基于飞行时间（time of flight，ToF）技术的 3D 摄像机，结合机器视觉算法采集并处理数据，实现猪尾巴姿态的自动检测，证明了 3D 机器视觉系统在自动检测猪尾巴姿态和提供咬尾预警方面的潜力。同时，也有学者使用光流算法评估了猪的活动变化与咬尾爆发的相关性，首先对拍摄的猪圈视频片段进行光流分析，分析结果表明，猪在咬尾爆发前 3 天的活动水平增加，所有光流测量值（平均值、方差、偏度和峰度）均与站立时间相关。因此，光流法在监测动物活动变化、预测咬尾爆发方面具有很大的应用潜力。为了在个体水平上进行仔猪咬尾行为的监测，有学者开发了一种基于计算机视觉技术的饲养猪咬尾活动自动识别和定位方法。该方法采用了一种基于 SSD 的目标检测算法对仔猪进行定位识别，并且将仔猪群级行为简化为成对交互行为。然后，结合 CNN和 RNN 提取时空特征，对仔猪行为类别进行分类。该方法证实了用于人类行为识别的深度学习方法在动物身上也是可行的，在群养猪的多种社会行为监测方面也具有一定的潜力。

4. 畜禽运动行为智能分析

为了精准监测生物体状态或行为，需要采集个体数据或建立个体模型。因此,首先要让计算机定位图像中的动物像素(目标检测),在此基础上才能递归式地获取个体表型信息。要实现群养环境下递归式监测动物个体行为,需要进行多目标跟踪,并在此基础上才有可能分析和识别单个动物行为的时空特征。典型商业化畜禽养殖场如图 4-4-19 所示[22]。群养环境下目标监测与跟踪算法受到养殖密度、背景环境的渐变和突变的影响。

(a) 单独圈养   (b) 群养   (c) 高密度养殖

图 4-4-19　典型商业化畜禽养殖场

为了在复杂、多样的动物棚舍中检测和跟踪动物个体,国内外学者尝试了各种方法,包括基于传统图像分析的目标检测算法、基于统计理论的目标检测算法和基于深度学习的目标检测算法。

早期有研究者通过建立支持图指向每个视频帧中的初始目标分割,然后利用支持图为每个目标构建 5D 高斯模型,实现对目标的实时跟踪。也有学者使用期望最大值的策略进行椭球体目标拟合,通过深度图像连续跟踪群养环境中的单头生猪。同时,国内学者提取图像的颜色和纹理特征,并通过边缘特征对其进行分割,然后计算前后帧之间猪区域的相关矩阵,并采用 Kuhn-Munkres 算法确定猪及其图像区域之间的关联,实现目标猪的追踪。随着 CNN 的发展,有研究者将基于 CNN 的检测器和基于相关滤波器的跟踪器结合实现了多目标猪的跟踪,同时针对跟踪中断问题提出了数据关联算法,使目标猪的轨迹更加完整。

畜禽的基本运动行为识别在检测畜禽健康和福利状态方面起着重要作用。通过观察畜禽基本活动的变化,可以预测和评估发情、产犊和发病等行为。国内学者提出基于最大连通域的目标循环搜索环境建模、目标检测算法[23]，以高效提取复杂自然环境下的犊牛目标，在提取犊牛的质心、轮廓等时序特征的基础上，采用基于结构相似的犊牛行为序列快速聚类算法，对犊牛躺卧、站立、行走和跑跳等基本行为进行识别，其犊牛目标检测流程如图 4-4-20 所示。国外研究者采用 Faster R-CNN、SSD 和 R-FCN 深度学习目标检测算法，对多目标猪进行目标提取和行为分类，其中 R-FCN 配合 ResNet101 的方法在检测站立、侧卧和腹卧行为上均实现了较高的检测准确率。

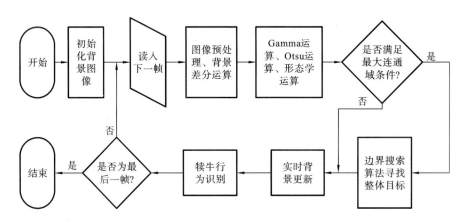

图 4-4-20　犊牛目标检测流程图

行走行为属于奶牛常见行为之一，可依据奶牛行走运动量的变化判断其健康状况及初期发情的可能性。有学者根据奶牛背部轮廓判断奶牛是否发生了跛行。首先分割出奶牛的身体前部像素区域，在此区域中用图像处理方法提取目标奶牛的头部、颈部以及与颈部连接的背部轮廓线拟合直线斜率数据，根据此数据识别奶牛的跛行行为。有学者根据奶牛的运动曲线计算奶牛跛行参数。首先用背景减去法进行目标检测，然后设计奶牛运动肢干跟踪方法和从奶牛运动曲线中计算奶牛跛行参数的方法。对于母牛基本行为的识别，研究人员对母牛图像提取时空兴趣点并描述，构建视觉词典实现母牛基本行为的识别，所提方法对 90 组规定视角下母牛产前行走、侧卧和回望等行为取得了较准确的识别结果。

4.5　行为智能识别在畜禽智慧养殖中的应用

随着畜禽养殖规模的扩大，传统的人工巡检管理方式不仅管理控制效率低,而且由于饲养员的时间、精力有限,养殖过程中的一些异常行为表现很容易被忽视,导致畜禽发病率和死亡率较高。同时,过多人畜接触不仅会使畜禽发生应激反应、打乱畜禽日常的生活状态,而且还会造成人畜疾病交叉感染,一旦出现疫情失控,会给整个养殖企业带来严重经济损失。为应对上述问题,将行为智能识别技术应用于畜禽养殖中,通过自动监测动物早期的行为变化,对监测数据进行分析,判断被观测的动物群体是否出现健康问题,或者是否处于发情、分娩等关键生理阶段,然后把结果反馈给生产管理者,以便生产管理者及时采取措施,做出相应的处理。自动化检测具有无人干预、独立可靠和连续性强等优点,是动物福利研究的发展趋势。

4.5.1　畜禽健康异常自动评判

1. 呼吸道疾病

生猪呼吸道传染疾病是生猪养殖场的常发病、多发病,具有发病急、传播迅速等特点。随着规模化养猪场的发展,养殖密度增大,生猪呼吸道传染疾病的发病率也呈递增趋势。对于呼吸道传染疾病必须做到早诊断、早治疗。传统监测生猪呼吸道疾病的主要方式是人工巡检,存在效率低、实时性低、易引起畜禽的应激反应甚至人畜交叉感染等问题。生猪咳嗽是其患呼吸道传染疾病的主要症状之一,因此可通过对生猪咳嗽声的监测判断其是否患有呼吸道传染疾病。音频监测技术相较于其他类型的监测方式有其独特之处,其具有声音传播范围大,在养殖区内部不易被遮挡,不受监测现场光照强度及其他光源的影响,在监测区域基本上不存在监测死角等特点。因此,将音频监测技术应用于畜禽自动化养殖具有非常重要的意义。

早在 20 世纪 80 年代,国外就有对生猪咳嗽声研究的报道,但主要针对实验室环境下采集的猪咳嗽声,由于环境噪声干扰较小,且每次采集数据时的采集对象是单头生猪,因此,其效果较好。随后,越来越多的研究者开始对实际猪舍中的生猪咳嗽声进行研究。在圈舍群养的饲养方式下,很难实现猪个体咳嗽声的采集,可将圈舍设定为监测对象,使用麦克风阵列定位具备病猪咳嗽音频特征的咳嗽声,将出现病猪咳嗽声频率高的区域设定为高危区,养殖人员重点关注高危区内动物健康状况,及早隔离确诊病例[24]。

国内声音识别技术的研究虽然起步较晚,但得益于科技的发展和国外相关理论的支持,近年来实现了跨越式发展。国内很多学者针对咳嗽声识别和声音识别技术在畜禽养殖中的应用展开了一系列研究。例如,国内学者设计了基于支持向量机算法的声音识别方法,通过短时过零率和短时能量的端点检测方法确定猪只不同状态下声音信号的起始点和终止点,然后提取声音信息的梅尔频率倒谱系数作为特征参数,使用支持向量机算法进行训练并建立声音的分类模型,实现对猪只不同状态的识别;另有国内学者对采集的猪场环境声音信号进行了语音增强、特征参数提取,并分别基于孤立词和连续语音识别技术进行了猪只咳嗽声的识别。猪只咳嗽声识别系统的基本流程如图 4-5-1 所示。

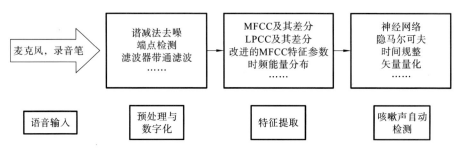

图 4-5-1　猪只咳嗽声识别系统的基本流程

2. 腹泻行为

仔猪断奶后,由于体内母源抗体水平降低,机体抵抗力下降,外部生长环境和饮食变化容易导致仔猪腹泻。断奶仔猪腹泻在规模猪场中发病率达 25%,严重时超过 70%,断奶前后因腹泻而死亡的仔猪数占总死亡数的 49.11%,直接影响生猪养殖业的经济效益。在积极预防的前提下,及时、精准地识别出腹泻仔猪对降低仔猪死亡率有重要意义。传统的人工观察手段无法 24 h 连续、定点进行监测,因此,需要采用自动监测手段代替人工观察手段来智能识别腹泻仔猪。

针对猪只排泄异常行为自动检测的研究,国内外均处于起步阶段。国外研究者使用三轴加速度传感器监测腹泻病猪的运动量和运动方式变化,实现断奶仔猪腹泻的早期检测。实践与研究表明,绝大多数仔猪选择靠近墙处定点排泄,且排泄姿态肉眼可辨,其腹泻产物为颜色和形态异常的病便。丁静等采用机器视觉的方法,检测猪只个体排泄姿态和异常粪便(检测模型训练流程如图 4-5-2 所示),并提出时空信息融合判定法,从时间序列先后和空间距离远近两方面,关联最优模型识别出目标姿态与病便,实现断奶仔猪腹泻的视频检测[11],如图 4-5-3 所示。结果证明,深度卷积神经网络分类模型结合时空信息融合判定法为断奶仔猪腹泻的自动识别提供了有力的技术支撑。

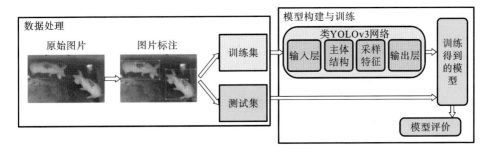

图 4-5-2　断奶仔猪腹泻检测模型训练流程

图 4-5-3　时空信息融合判断法检测仔猪腹泻流程示意图

3. 跛行行为

奶牛蹄病是奶牛养殖过程中易患的疾病之一,仅次于乳房炎和繁殖系统疾病,蹄病虽是慢性病,不致死亡,但是肢蹄健康是奶牛高产、健康的基础,蹄部疾病不仅会造成奶牛产奶量下降,而且会造成牛只高淘汰率,增加奶牛养殖成本。传统的人工检测奶牛跛行的方法费时费力,已经不能满足目前奶牛养殖业的需求。将奶牛跛行自动检测方法应用于奶牛养殖,是提高养殖效益的必要手段。奶牛跛行特征表现为奶牛在行走过程中头背姿态、步态特征及行为发生变化,如弓背、甩头、同侧前后蹄跟随性降低、关节僵硬、步态非对称、跛足对侧肢蹄承重压力增大、采食次数减少、产奶量下降等[25]。根据感知技术原理,奶牛跛行自动识别技术可分为机器视觉技术、压力分布测量技术、可穿戴技术和行为分析技术。奶牛跛行识别系统概念图如图 4-5-4 所示[26]。其中,压力台可以感知奶牛肢蹄的重量分布;侧视相机和顶视相机可采集奶牛通过测量通道时的视频,用以分析奶牛步态特征;电子项圈和电子脚环可测量记录奶牛日常活动行为。

4.5.2　畜禽关键生理阶段评估

1. 发情行为

在集约化精准畜牧中,及时、准确地掌握动物发情信息,适时进行人工授

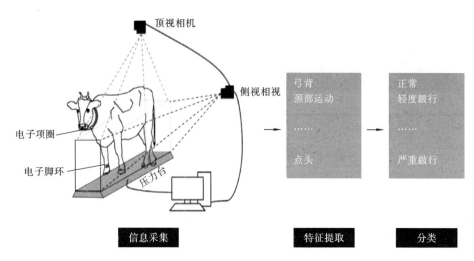

图 4-5-4　奶牛跛行识别系统

精,对节约人工授精人力和冷冻精液成本,提高受孕率,缩短产犊间隔,最大限度地提高养殖场生产效益均具有重要意义。传统的奶牛发情鉴定采用人工巡检、观察记录的方式,主要依靠人的主观感知,检测结果易受养殖人员经验影响,费时费力,严重地制约了奶牛规模化养殖的生产力。为此,国内外学者依据动物发情时的体征,并结合计算机、人工智能、图像处理等技术,研究了基于数字化电子设备的智能监测方法(见图 4-5-5),包括基于活动量的监测方法、基于体温和声音的监测方法和基于视频分析的监测方法。

随着电子信息和传感器技术的飞速发展,基于活动量的奶牛发情自动监测技术日益成为研究热点,以色列阿菲金公司和 SCR 公司、瑞典 Delaval 公司、荷兰 Nedap 公司等已开发出商品化产品。阿菲金脚环计步器(见图 4-5-6)内部采用独有的 3D 加速螺旋传感器和计时器,除了可以进行奶牛编号精准识别外,还能够收集躺卧时间、起卧次数和活动量数据,然后将收集到的数据最低每隔 5 min 发送给接收器,接收器再把数据发送给计算机,系统通过算法得出发情等结论。另外,通过计步器采集的躺卧时间可以监控奶牛舒适度,也可以通过起卧次数进行产犊预警,通过活动量和躺卧时间双指标监控奶牛健康水平。二代脚环计步器佩戴在牛腿部后,传感器可切换休眠和激活模式以保证电池更长的使用寿命,电池寿命可以长达 8 年。

奶牛的活动量检测范围已经不仅仅局限于牛舍内。利拉伐奶牛发情探测系统(见图 4-5-7(a))能够连接到中继天线上,覆盖距离最长可达 3 km,一套系

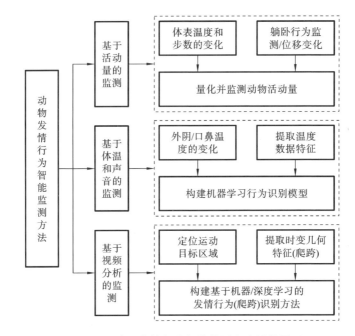

图 4-5-5　动物发情行为智能监测方法及其原理

图 4-5-6　阿菲金二代脚环计步器

统可以处理多达 100000 头的牛只,可以实现超大型牧场的信号全覆盖。SCR 奶牛发情监测系统利用 SCR 颈圈(见图 4-5-7(b))独特的传感器实时精确测量奶牛的身体运动(行走、奔跑、卧倒、站立及头部运动等)和运动强度(活动计量)。通过相关软件对活动量数据进行分析,该系统能够准确监测到奶牛发情高峰期及发情征兆并不明显的时期,有效区分和发情有关的非正常活动(运动场行走、转群等)。这为确定奶牛最佳授精时间提供了重要参考。2016—2017

年,杭州正兴牧业有限公司购入以色列 SCR 奶牛发情监测系统和奶牛发情监测颈圈 550 个,经过两年多的使用,证明该发情系统切实提升了牧场奶牛繁殖水平、奶牛产奶量及牛群管理水平。

(a)利拉伐奶牛发情探测装置　　　　　(b)SCR奶牛发情监测颈圈

图 4-5-7　基于活动量的奶牛发情监测装置

荷兰 Nedap 公司推出的 Nedap 奶牛发情监测装置(见图 4-5-8)可以洞察每头奶牛的发情周期,并辅以日历数据,显示最佳授精时刻,提高受精率并缩短产仔间隔。管理人员可以通过计算机、智能手机等设备自动监控奶牛的繁殖情况,为其他管理活动节省了时间。

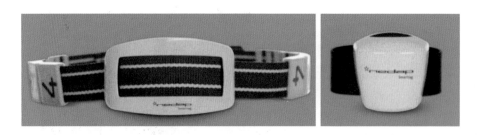

图 4-5-8　Nedap 发情监测装置

基于体温和声音的发情监测方法主要依据发情期奶牛体温的升高及能够表达不同情绪的叫声实现奶牛发情的监测。例如,有研究人员通过分析温度传感器采集的奶牛阴道温度数据,并结合发情期奶牛阴道温度的变化规律(增加了 0.6℃±0.3℃)对奶牛发情进行监测。国内学者通过奶牛颈部无线传感器采集鼻孔呼出气体的温度以及其他体征指标数据,将奶牛行为分为慢走、快跑和发情三种类型。韩国研究人员依据韩国本地牛的声音数据特点,通过降维方式从收集的牛声音中提取出梅尔频率倒谱系数作为特征,然后使用支持向量机训练模型作为发情事件的检测器,现场试验结果表明,该方法可以有效地检测发情事件。同时,国外一项研究表明,奶牛声音信号的持续时间、强度和共振峰值也可以作为特征参数,被用来分析奶牛的发情状态。

基于视频分析的监测方法主要是通过视频图像处理算法识别视频监控中的奶牛爬跨行为,实现奶牛发情监测。有国外学者依据奶牛爬跨行为存在的几何变化特性,提出了一种基于视频分析的奶牛发情监测方法;有学者研究了一种基于场边俯视角度拍摄的监控视频检测牛发情的方法,首先检测出视频中有运动行为的区域,然后结合运动行为的方向、幅值以及历史信息等特征判断是否为爬跨行为,从而实现对发情牛的自动监测;有研究人员通过分析视频图像中奶牛爬跨行为的几何和光流特征优选出了 8 组特征向量,并采用支持向量机训练奶牛爬跨行为识别模型。国内有研究者通过对视频中奶牛在活动区和挤奶厅匝道的运动行为进行分析,并结合奶牛一周的运动量数据,实现了 80% 以上的奶牛发情识别准确率;同时有研究人员从锚点框尺寸集优化、特征提取网络改进以及边界框损失函数优化 3 个方面对 YOLOv3 模型进行了改进,构建了一种端到端的奶牛发情行为识别模型。针对母猪发情监测问题,有学者依据大白母猪发情时双耳竖立的特征,采用 AlexNet 卷积神经网络对大白母猪的耳部图像进行分类,从而实现了大白母猪发情行为的识别[27]。

2. 分娩行为

分娩是动物养殖生产过程中的关键环节之一,有效的产前监管可以缩短分娩时间和初乳摄入间隔时间,提高养殖场产仔率和经济效益。为了对分娩进行准确预测,研究人员已经提出许多自动监测方法。例如,国内外学者以加速度传感器采集的牲畜运动信息为研究对象,提出产前行为识别方法,以判断母猪分娩时间。有研究人员提出一种改进时空局部二值模式用于特征描述,构建视觉词典实现对视频中母牛基本行为的识别。针对目前母羊产前行为监测费时费力、精确度较低、可识别行为类型单一等问题,有学者以颈环采集节点获得的加速度数据为研究对象,提出了一种基于区间阈值与遗传算法优化支持向量机分类模型的母羊产前行为识别方法,试验结果表明,该方法可以实现较为理想的平均识别准确率[28]。图 4-5-9 所示为阿菲金公司的产犊预警系统,通过二代脚环计步器可以统计奶牛的起卧次数,在产犊前,奶牛起卧次数会升高,产犊预警系统可以对即将产犊牛和难产牛进行预警,从而及时进行人为干预,保护母牛和犊牛安全。

图 4-5-9　阿菲金产犊预警系统

4.6　畜禽行为智能识别技术发展趋势

畜禽行为的智能识别是精细畜牧发展的关键和核心技术。通过对畜禽行为信息的获取、处理、分析与应用，并建立科学管理系统、决策支持系统，能够促使日趋规模化的畜牧业向自动化数据采集（无接触、高精度、高自动化程度）、低成本、高效率、安全、可持续的方向发展。

4.6.1　关键技术研究

尽管国内外学者对畜禽养殖中行为感知技术做了大量的研究与改进，但畜禽信息无损监测系统的准确性、抗干扰能力及工作效率等仍有待提高。因此，在研发和应用行为感知技术以获取养殖中的畜禽信息时，需要重点考虑以下几个关键问题。图 4-6-1 所示为动物行为感知的关键技术和研究内容。

1. 感知设备的结构和材料

随着现代养殖业的迅速发展，畜禽养殖规模化、集约化程度不断提高，封闭式养殖逐渐取代了传统养殖，但这种封闭式畜禽环境不能及时通风或得不到及时的清理。高湿、高腐蚀性等恶劣的畜禽养殖环境导致监测装置无法长时间高效工作。另外，所配置的传感装置在动物躺卧、互相打闹的过程中容易被破坏，导致传感装置失效。因此设计无损监测系统时应采用耐压、防水的材料和结构，设计体积合理、易于动物穿戴的传感器节点和声音采集装置，排除干扰，提

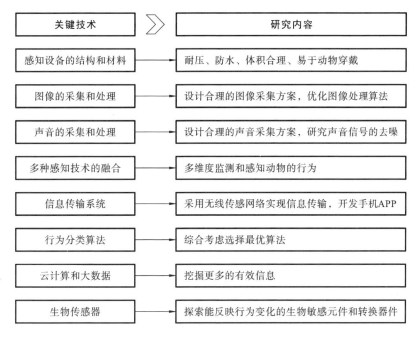

图 4-6-1　动物行为感知的关键技术和研究内容

高监测系统的识别准确率和稳定性。

2. 图像的采集和处理

机器视觉技术因其易安装、无侵入、设备便宜等优点而成为检测动物养殖状况、评价畜禽福利的重要手段之一。由于养殖场环境复杂,在获取畜禽图像信息时易受舍内饲养设施等障碍物的影响,并且动物在不受人为控制的情况下,处于随机的活动或静止状态。因此,针对不同的行为感知目的,需要设计不同的图像采集布置方案,必要时需要利用饲养设施限制动物的活动以获取目标图像或视频。受环境光照条件限制,常规图像在阴天或者晚上无光条件下难以采集。研发畜禽机器视觉系统的专用光源和图像采集方案,以适应复杂多变的养殖环境,同时优化图像处理算法,提升图像处理速度。精准高效获取畜禽的图像信息是图像处理系统的研究方向之一。

3. 声音的采集和处理

发声是动物交流的重要途径,圈养舍内动物的声信号包含了其内部机体状况和需求的反馈信息。畜禽发声监测方法与传统生理生化指标检测方法相比,具有无接触、非侵入的优点。但是畜禽发声信号的特征具有时变性和个体差异性,与养殖场的环境以及家畜的健康状况和情绪相关,并且随着家畜年龄的增加而发生变化。因此需要进一步优化动物声音信号的特征参数提取算法和分类识别模型以提高识别算法的鲁棒性。另外,在规模化设施养殖中,动物发声信号往往受通风系统、饲喂系统以及饲养员的走动等所产生的噪声干扰,从而造成有效声信号的信噪比较低。受噪声信号影响,有效的声信号可能会产生严重变形,导致误判动物发声信号的类型,从而不能够正确评估养殖环境中动物的福利状况。因此,有必要对采集的声信号进行去噪研究,分离出有效的动物声信号。

4. 多种感知技术的融合

当前畜禽养殖中无损监测主要基于声音监测、传感器监测,以及图像监测技术展开,3 种无损监测技术在畜禽养殖中的不同运用领域各有利弊。声音监测在动物情绪识别方面有较大优势,但是所采集的声信号中往往包含大量的噪声。传感器在监测动物体温、记录动物的活动量方面有明显的优势,但是需要佩戴在动物的躯体上,在动物的活动过程中容易遭到损坏。而图像监测方法在监测动物的姿态和行为方面有较大的优势,但是图像采集装置的监测范围有限,且容易受到光照条件的影响。考虑到单一传感器行为监测的准确性低,应多维度监测和感知动物的行为,提高监测准确性。将多种无损监测技术的优势结合起来,以快速高效地监测畜禽信息,是未来养殖业的发展趋势。目前,已有一些结合多种无损监测技术进行畜禽信息监测的研究。

5. 信息传输系统

传统有线多点环境监测系统测量周期长、成本高、效率低且不便于布设管理,且畜禽养殖环境复杂,需使用耐压、耐腐蚀的管路材料,线路布置复杂。当前信息传输系统主要通过无线电、移动通信、网络等技术进行信息数据的传输。

6. 行为分类算法

常见的行为分类算法利用视频图像信息、传感器采集的动物行为数据,引入 K 均值聚类、支持向量机和人工神经网络等常见的模式识别方法实现动物行为信息的分类。但聚类算法对预先输入的分类数目较为敏感,不能处理非凸数据,容易陷入局部最优;支持向量机训练时间长,只适合数量较小的分类问题,无法处理高度复杂的数据;相较于结构复杂的神经网络,人工神经网络学习速度慢,要求的数据量大。应针对动物行为分类算法的优缺点,合理采用最优算法。针对单一算法分类效果差的问题,在分析动物行为的内在生理学机理的基础上,应结合生理行为调控模型,提出有针对性的行为分析方法,以提高行为检测与分类的准确性。

7. 云计算和大数据

动物行为的实时感知和监测需要实时传输与处理海量数据,云计算与大数据处理技术是实现上述任务的关键。云计算技术实际上是一种分布式构架模式,通过互联网技术将庞大的计算处理任务拆分成无数细小的子任务,再由多部计算机服务器进行并行计算分析和分布处理,然后将处理的计算结果传回给用户。未来基于大数据和云计算的巨大优势,将其运用在动物行为感知和监测领域可挖掘更多的有效信息,提升行为监测的准确性和监测效率。

8. 生物传感器

生物传感器是基于生物感应元件的特性受待测物相关特性影响,在生物电信号原理基础上制成微型生物传感器设备。图 4-6-2 所示为生物传感器的工作原理。生物传感器具有检测专一性强、灵敏度高、反应速度快、便携式植入等众多优点。生物传感器具有高度专一的特点,选择合适的生物传感器是首要考虑的问题。首先必须对动物行为的生化机理进行研究,探索能够反映动物某种行为的特定生化反应物,同时探求能够检测该反应物某种参量的生物敏感元件和相应的转换器件。另外,生物传感器还可以监测畜禽的病变,有助于及时做好预防工作避免畜禽生病带来的经济损失。随着未来精细养殖的发展,生物传感器技术将会是一种动物检测不可或缺的技术手段。

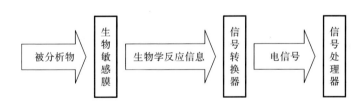

图 4-6-2   生物传感器的工作原理

4.6.2   未来研究方向

未来精准畜牧在充分考虑动物群居习性及检测设备布设条件等因素的前提下,持续向无接触、自动化、实时、连续检测的方向发展。以下几个方向将成为未来动物行为感知方面的研究重点(见图 4-6-3)。

1. 肢蹄病的早期自动检测

动物的肢蹄病、外伤等是危害动物健康的重要疾病之一,其中奶牛的肢蹄病造成的损失仅次于乳房炎和不孕症。患上肢蹄病的奶牛由于关节和肢蹄的

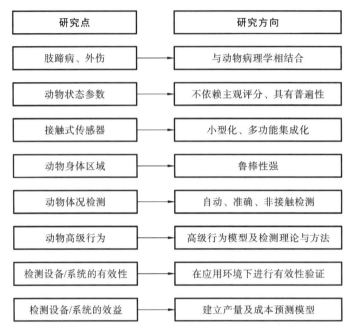

图 4-6-3　动物行为感知和检测的发展方向

疼痛造成运动能力和承载能力的下降,即表现出跛行行为。对肢蹄病的检测,一般采用基于压力传感器、加速度传感器和机器视觉系统的跛行检测方法与技术,主要关注动物步态变化、背弓变化等因肢蹄病疼痛而造成的"可见的"跛行特征,关注头颈部轮廓拟合直线斜率特征、步态参数和曲线等。但是,当肢蹄动物出现上述"可见"指标时,肢蹄病已非常严重且往往不可逆。因此,肢蹄病检测应与动物病理学相结合,调查肢蹄病的发病原因,研究早期肢蹄病自动化检测方法,控制肢蹄病的发生。

2. 具有普遍性的动物状态参数

奶牛跛行检测和体况研究中通常使用评分规则对奶牛进行运动或体况评分。但现阶段评分规则并未统一。针对跛行诊断,研究人员将视频集制成轻度跛行、中重度跛行及正常 3 类标签的斜率数据集;也有研究者采用 5 分制跛行评价标准研究跛行对奶牛产后主要生殖激素的影响。对于奶牛体况评分,通常采用 5 分制,按照每 0.25 分为一个单位进行划分。但是不同文献对同一个评分制的解读可能大相径庭,且观察员的经验等因素对评分结果影响较大。以评分结果为研究导向所提取的行为特征,往往具有鲁棒性差的缺陷,难以反映动物运动和体况变化的本质。因此有必要开发一种不依赖主观评分结果的具有普遍性的动物状态(运动或体况)参数,该参数应该具有客观属性,同时是一个可测的定量数值。

3. 接触式传感器对动物的适用性、应激性研究

针对跛行和体况以外的其他与生产实践息息相关的动物行为,如发情、待产和危险动作等行为的识别、检测技术主要分为佩戴式(或接触式)传感、声学检测和计算机视觉 3 类。目前,佩戴式传感器适用于个体识别和躺卧、发情、采食和饮水等基本行为的检测。接触式传感器有向小型化、多功能集成化发展的趋势,但接触式传感器作为一种外部设备,其本身会对动物行为造成不利影响,因此接触式传感器对动物的应激作用还有待研究和突破。

4. 动物身体区域精细分割和识别

针对动物的目标检测方法只能将视频图像中的动物作为一个整体进行分割。用图像进行姿态检测和识别时,若能分割出头部、颈部、躯干、四肢等区域,然后观测头部和四肢的动作,则不仅能够提高姿态和行为识别的准确率,而且能提供更加丰富多元的行为信息。目前已有关于动物身体区域的精细识别的研究。例如,赵凯旋等选取不同采样半径下的像素点带阈值局部二值式序列作为深度特征值,并用决策树森林机器学习方法实现了奶牛躯干的精细分割。研究人员在获取奶牛轮廓的基础上,提取基于奶牛肢体特征的分割点并依次连接生成奶牛躯干的分界线。现有方法均未考虑奶牛被遮挡等更为复杂的情况,如何将本方法加以改进,使之更加符合复杂的奶牛养殖环境需求,尚需进一步研究。因此,需要研究鲁棒性强的动物身体区域精细分割算法以区分动物身体各部分。

5. 动物体况的自动、准确、非接触检测方法研究

准确评估动物个体生长状况对养殖生产具有重要意义。动物体况评分已成为畜禽养殖场饲养管理中一种重要的评价工具。动物体况评价方法将手摸评估和眼观判断结合使用,对奶牛个体的体况进行打分,虽然这种方法是目前被广泛应用的评估奶牛体能储备是否平衡的一种实用方法,但是从本质上说它带有一定的主观判断性,而且耗时耗力。基于图像分析的体况评价方法因其无接触、自动化程度高的优点,近年来逐渐成为研究热点。基于图像分析的体况评价方法的难点是从自然养殖环境中准确提取出感兴趣区域,目前多数研究依然需要对图像关键信息进行矫正。3D 摄像机的普及和深度图像处理技术的快速发展为体况评分提供了新的思路,具备高精度、全自动检测的发展潜力。

6. 动物高级行为的识别理论与方法

感知动物的高级行为可为自动判定其健康状况、进行精准养殖提供依据，也可为动物福利、神经生理学、行为药理学等领域的研究提供新的手段。人的行为识别研究已经取得了丰硕的成果，且已有成熟的姿态识别设备（Kinect体感器）投入市场，未来通过借鉴人的行为识别理论和方法，研究动物高级行为模型及检测理论与方法，具备重要理论意义和潜在的应用价值。

7. 动物智能化行为检测设备/系统的有效性验证研究

由于养殖场的环境比较复杂，动物的行为也是任意和随机的，因此检测设备的应用条件比较苛刻。新设备投入牧场应用或者用于动物学研究之前，在应用环境下，对其进行采集参数优选，行为敏感性、环境鲁棒性等有效性验证，将成为新的研究热点。

8. 动物智能化行为检测设备/系统的效益研究与评估

应用行为智能检测设备的最终用途是服务于养殖生产，因此对设备投入使用所产生的经济效益进行研究也尤为重要。在收集牧场信息（如动物数量、产量、年收益、目标收益、员工数量等）基础上，结合设备所能提供的动物行为信息，建立产量及成本预测模型，并以此进行经济效益评估，为智能行为检测设备的推广提供数据支撑和科学依据，有利于智能检测设备的市场化，并形成研究成果转化的良性循环[29]。

本章小结

本章从传感器技术、声学信号分析技术和计算机技术三个方面对畜禽行为智能识别技术发展现状、应用成果以及未来发展趋势等方面进行了深入分析，阐述了行为智能识别技术在畜禽养殖业的重要意义，并提出了未来畜禽行为智能感知技术的应用前景及研究重点。欧美发达国家利用信息技术智能监测畜牧信息方面的工作起步较早，这些国家不仅有一大批智能化畜牧信息监测的研究成果，而且有一些已经投入实际生产应用的产品。而我国在智能化畜牧信息监测方面的研究还处于探索阶段，能将这方面的学术研究应用于实际生产的案例很少。我国研究人员应该准确把握国外研究进展，结合我国畜牧业特点，在我国畜牧业生产实践中合理引入信息技术、自动控制技术，设计高稳定性、低成本的智能化畜牧信息监测系统，以期大幅提高动物养殖效益及动物福利水平。

本章参考文献

[1] 郁厚安, 高云, 黎煊, 等. 动物行为监测的研究进展——以舍养商品猪为例[J]. 中国畜牧杂志, 2015, 51(20): 66-70, 5.

[2] 汪开英, 赵晓洋, 何勇. 畜禽行为及生理信息的无损监测技术研究进展[J]. 农业工程学报, 2017, 33(20): 197-209.

[3] 宣传忠. 设施羊舍声信号的特征提取和分类识别研究[D]. 呼和浩特: 内蒙古农业大学, 2016.

[4] 赵凯旋. 基于机器视觉的奶牛个体信息感知及行为分析[D]. 咸阳: 西北农林科技大学, 2017.

[5] 阴旭强. 基于深度学习的奶牛基本运动行为识别方法研究[D]. 咸阳: 西北农林科技大学, 2021.

[6] 王云, 芦娜, 王洋, 等. 奶牛反刍行为的智能化监测方法及其应用研究进展[J]. 中国饲料, 2021(7): 3-6.

[7] CLAPHAM W, FEDDERS J, BEEMAN K, et al. Acoustic monitoring system to quantify ingestive behavior of free-grazing cattle[J]. Computers and Electronics in Agriculture, 2011, 76(1): 96-104.

[8] 李江丽, 田建艳, 张苏楠. 生猪咳嗽声识别与定位方法的研究[J]. 黑龙江畜牧兽医, 2020(14): 36-41, 150.

[9] 马辉栋, 刘振宇. 语音端点检测算法在猪咳嗽检测中的应用研究[J]. 山西农业大学学报(自然科学版), 2016, 36(6): 445-449.

[10] 吴颀华. 基于视频分析的奶牛呼吸行为检测方法研究[D]. 咸阳: 西北农林科技大学, 2021.

[11] 丁静, 沈明霞, 刘龙申, 等. 基于机器视觉的断奶仔猪腹泻自动识别方法[J]. 南京农业大学学报, 2020, 43(5): 969-978.

[12] BENJAMIN M, YIK S. Precision livestock farming in swine welfare: A review for swine practitioners[J]. Animals, 2019, 9(4): 133-153.

[13] 俞燃. 基于深度学习的哺乳期猪只目标检测与姿态识别[D]. 哈尔滨: 东北农业大学, 2021.

[14] LEONARD S M, XIN H, BROWN-BRANDL T M, et al. Development and application of an image acquisition system for characterizing sow behaviors in farrowing stalls[J]. Computers and Electronics in Agricul-

ture，2019，163：104866.

[15] 杨秋妹，肖德琴，张根兴. 猪只饮水行为机器视觉自动识别[J]. 农业机械学报，2018，49（6）：232-238.

[16] 劳凤丹，滕光辉，李军，等. 机器视觉识别单只蛋鸡行为的方法[J]. 农业工程学报，2012（24）：157-163.

[17] 谢忠红，刘悦怡，宋子阳，等. 基于时序运动特征的奶牛爬跨行为识别研究[J]. 南京农业大学学报，2021，44（1）：194-200.

[18] LI D，CHEN Y F，ZHANG K F，et al. Mounting behaviour recognition for pigs based on deep learning[J]. Sensors，2019，19（22）：4924.

[19] 温长吉，王生生，赵昕，等. 基于视觉词典法的母牛产前行为识别[J]. 农业机械学报，2014，45（1）：266-274.

[20] LEE J，JIN L，PARK D，et al. Automatic recognition of aggressive behavior in pigs using a kinect depth sensor[DB/OL]. http://pdfs. semanticscholar. org/b836/1659885489c1b5ece4b648c9a7bed1882837. pdf.

[21] 杨敏. 猪咬尾症的发生原因、临床特点及防治措施[J]. 现代畜牧科技，2021（7）：95-96.

[22] 刘冬. 精准畜牧中机器视觉关键技术研究及应用[D]. 咸阳：西北农林科技大学，2020.

[23] 何东健，孟凡昌，赵凯旋，等. 基于视频分析的犊牛基本行为识别[J]. 农业机械学报，2016，47（9）：231-244.

[24] SILVA M，FERRARI S，COSTA A，et al. Cough localization for the detection of respiratory diseases in pig houses[J]. Computers and Electronics in Agriculture，2008，64（2）：286-292.

[25] ZHAO K X，ZHANG M，JI J T，et al. Automatic lameness scoring of dairy cows based on the analysis of head-and back-hoof linkage features using machine learning methods[J]. Biosystems Engineering，2023，230：424-441.

[26] 韩书庆，张晶，程国栋，等. 奶牛跛行自动识别技术研究现状与挑战[J]. 智慧农业（中英文），2020，2（3）：21-36.

[27] 庄晏榕，余泂桦，滕光辉，等. 基于卷积神经网络的大白母猪发情行为识别方法研究[J]. 农业机械学报，2020，51（S1）：364-370.

[28] 应烨伟，曾松伟，赵阿勇，等. 基于颈环采集节点的母羊产前行为识别方

法[J]. 农业工程学报，2020，36(21)：210-219.

[29] 何东健，刘冬，赵凯旋. 精准畜牧业中动物信息智能感知与行为检测研究
进展[J]. 农业机械学报，2016，47(5)：231-244.

第 5 章
畜禽养殖环境智能管控

随着我国畜禽养殖业规模化、集约化和工厂化程度的不断提升,养殖环境对畜禽的生理状态、健康状况以及生产性能的影响正逐渐成为制约畜禽养殖向现代化发展的重要因素,实现养殖环境智能化监测与精准化调控,是减少畜禽疫病发生、保障畜禽产品产量与质量安全、最大限度获得养殖效益的重要途径。本章围绕畜禽养殖环境指标体系、环境数据感知与传输、养殖环境调控、智能环控装备及系统的研究与应用现状进行梳理,分析当前畜禽养殖环境智能管控的不足,并总结未来我国畜禽业养殖环境智能管控的发展趋势。

5.1 畜禽养殖环境指标体系

5.1.1 畜禽养殖环境指标

畜禽养殖过程中影响畜禽健康及生产性能的环境因素主要包括温热环境、空气质量以及光环境等。温热环境是与动物机体代谢产热及其体温调节密切相关的物理因素,主要包括空气温度、空气湿度与气流流速等物理环境指标。空气质量指标主要包括由动物自身代谢和畜禽粪尿、垫料及饲料等分解产生的二氧化碳(CO_2)、甲烷(CH_4)等温室气体及氨气(NH_3)、硫化氢(H_2S)等有害气体的浓度,以及由舍内饲养管理和动物活动等产生的粉尘颗粒物(PM)的浓度。光环境指标如光照强度和光照时长也是畜禽养殖环境中的重要指标。当上述环境指标超过畜禽所能承受的生理限制,将会造成畜禽生产性能下降、生长发育缓慢以及抵抗力下降等不良现象,直接影响畜禽养殖场的经济效益。对这些环境指标进行实时监测,进而对畜禽养殖环境进行精准高效的自动控制,已成为我国实现畜禽绿色、高效以及现代化健康养殖的重要研究热点。为此,本节将对畜禽养殖过程中常见的温热环境、空气质量以及光环境指标的特性及其对畜禽生产性能与健康的影响进行具体介绍。

1. 温热环境指标

1）空气温度

空气温度是影响畜禽健康和生产性能的首要温热环境指标。自然界中的气温主要由太阳辐射决定,而畜禽舍内气温与舍外相比有一定差异,其差异大小取决于围护设施的保温性能、通风状况以及加热降温等措施。且由于舍内空气受畜禽体散热影响,在屋顶隔热性能良好的情况下,舍内气温呈现下低上高、从中心向四周递降的分布特性。而对于开放式和半开放式畜禽舍,舍内外空气温度相差不大,但舍内温度会随着季节、昼夜和天气变化而波动。畜禽是恒温动物,因种类、年龄、个体大小、生产性能、营养水平、体表的保温性能不同,所需要的适宜环境温度也不相同。当环境温度超出适宜范围时,畜禽机体需要进行自身的体温调节,然而,极端或持续的低温/高温作用于畜禽机体时将会使其产生严重的冷、热应激现象,直接影响畜禽的采食量、繁殖性能、生长与育肥、饲料转化率、产乳产蛋量以及健康等状况,最终影响养殖场经济效益。

2）空气湿度

空气湿度同样是影响畜禽生长的一个重要温热环境指标,空气湿度通常与温度共同作用进而对畜禽产生影响。空气湿度是表示空气中水汽含量的物理量,用以表示空气的潮湿程度,畜禽舍中常通过相对湿度反映舍内的潮湿程度。在环境温度适宜的情况下,空气湿度不会影响畜禽机体的热调节。但当外界环境温度较高时,高湿会使机体呼吸蒸发减少,抑制机体向环境散热,导致机体蓄热,体温上升;而当外界环境温度较低时,畜禽主要以对流和辐射的方式散热,高湿会提高空气及畜禽体表的导热性,增加机体散热,造成畜禽冷应激。可见,无论在高温还是低温环境下,高湿环境都不利于畜禽机体热平衡调节。此外,高湿环境还会促进细菌、病原性真菌等微生物的生长,提高畜禽的患病率,加速传染病的传播。而畜禽长期处于低湿环境下,会加速机体脱水、皮肤干裂以及呼吸道黏膜水分流失,导致呼吸道疾病患病率增加。

3）气流流速

气流流速即风速,主要影响畜禽的对流散热和蒸发散热,其影响程度与温度及湿度条件密切相关。夏季舍内环境温度高,提高气流流速有利于带走舍内多余热量与水汽,防止畜禽产生热应激,提高畜禽的生产性能。而冬季舍内温度较低,需保持适宜风速以带走舍内湿气及有害气体,降低畜禽的患病率。春、秋季舍内昼夜温差大,白天应在确保舍内环境适宜的情况下合理提高风速,夜晚应注意降低风速,防寒保温。

2. 空气质量指标

1）二氧化碳浓度

二氧化碳是一种无色、无味的酸性气体，主要来自畜禽个体的呼吸，其本身并无毒性。但二氧化碳浓度过高容易造成畜禽舍内氧气浓度相对下降，使畜禽产生慢性缺氧等症状，导致畜禽出现食欲不振、生长与生产性能降低以及抗病能力减弱等现象。通常情况下，舍内二氧化碳浓度不会达到有害水平，但在早春、晚秋或冬季等气温较低、通风不足的情况下，舍内二氧化碳浓度会有所升高。而舍内二氧化碳浓度可以反映舍内通风状况及空气的污浊程度，是评价畜禽舍内空气卫生状况的间接指标。二氧化碳浓度增加，表明现有通风模式无法有效净化畜禽舍内环境，舍内各类有害气体与颗粒物等污染物的浓度也会同时增加，导致舍内空气质量下降。

2）氨气浓度

氨气是一种无色、有强烈刺激性气味且极易溶于水的碱性气体。畜禽养殖环境中的氨气主要来自粪尿贮存处理过程中含氮有机物的分解。舍内氨气浓度与畜禽的饲养密度、畜禽舍地面的结构、舍内通风换气与粪污清理状况以及舍内管理水平等密切相关。在畜禽舍内产生的有害气体中，氨气对畜禽的危害最为严重，该气体常溶解或吸附在潮湿的地面、墙壁表面，也可溶于畜禽的黏膜，对畜禽产生生理刺激和损伤。舍内氨气浓度升高，将引起畜禽咳嗽、打喷嚏，上呼吸道黏膜充血、红肿及分泌物增加等现象，甚至引起肺部出血和炎症。

3）甲烷浓度

甲烷在常温下为无色无味气体，主要来自反刍动物的消化、粪便发酵和堆肥发酵过程。尽管畜禽舍内甲烷浓度低、无臭，但在全球变暖过程中，甲烷对气候的影响相当于二氧化碳的 25 倍，是全球温室效应剧增的重要因素。随着国家碳达峰和碳中和重要战略的提出，畜禽养殖必须重视反刍动物瘤胃消化、粪便发酵与堆肥发酵所产生的甲烷量。

4）硫化氢浓度

硫化氢是一种无色、有腐蛋臭味、刺激性强且易溶于水的可燃性气体，主要来源于畜禽舍中含硫有机物的分解。畜禽采食富含硫的蛋白质饲料后，一旦发生消化机能紊乱，肠道会排出大量的硫化氢。畜禽舍管理良好时，硫化氢浓度较低，管理不善或者通风不良时，该物质浓度会达到危害程度。特别是在密闭式鸡舍内，破损鸡蛋较多且未及时清理时，舍内硫化氢浓度会显著提升。此外，硫化氢易溶于水，会对畜禽机体黏膜产生刺激和腐蚀作用，容易引起眼炎和呼吸道炎症,导致畜禽出现畏光、咳嗽、气管炎甚至肺水肿等不良现象。且硫化氢进入畜禽机体血液循环,会影响细胞呼吸,造成畜禽机体内组织缺氧,致使畜禽出现体质变弱、抗病力下降等症状,最终产生肠胃病、心脏衰弱等疾病,过高浓度的硫化氢甚至会直接导致畜禽窒息死亡。

5)颗粒物(PM)浓度

颗粒物是在气溶胶体系中均匀分散的各种固态和液态颗粒状物质的总称,根据动力学直径(aerodynamic equivalent diameter,AED)大小不同可分为总悬浮颗粒物(total suspended particulate,TSP)(AED≤100 μm)和可吸入颗粒物(inhalable PM,IPM)(AED≤10 μm),其中 IPM 又可以分为粗颗粒物(2.5 μm<AED≤10 μm)、细颗粒物(0.1 μm<AED≤2.5 μm)以及超细颗粒物(AED≤0.1 μm)。在畜禽舍空气中,舍内的 PM 往往携带大量的细菌、病毒以及其他有害物质,如重金属和挥发性有机化合物等,直接影响畜禽的健康与福利。颗粒物沉降在畜禽体表会引起畜禽体表发炎,随呼吸系统进入体内会增加畜禽患肺炎、支气管炎等呼吸道疾病的风险,并引起畜禽机体组织坏死或器官功能衰退等症状。颗粒物的粒径越小,扩散的距离越远,对人畜的危害就越大。

3. 光环境指标

光环境指标主要包括光照强度和光照时长。这些指标通过影响畜禽机体的生物节律与内分泌从而对畜禽的繁殖性能和生产性能产生影响。其中光照强度(又称照度)影响相对广泛,光照强度对各类畜禽产生的生物学效应不同。光照强度对鸡的产蛋和生长发育影响较大,提高光照强度可促进产蛋效果,但光照强度过高或者过低,都会抑制雏鸡生长。适宜的光照对育肥猪的正常代谢具有一定的促进作用,能够增强其抗应激能力,并提高日增重。光照强度对母猪的繁殖性能和生长发育也有影响,随着光照强度在一定范围内增加,其繁殖能力、初生窝重、仔猪育成率等均有所提升。此外,适当延长光照时长,同样能够提高奶牛的泌乳性能。与自然长度光周期(3993 lx)为 9~12 h 的奶牛相比,每天 16 h 的光照(114~207 lx)使奶牛的产奶量增加 10%~15%。但光照强度过高或时间过长,同样会增加鸡啄癖、猪咬尾等不良恶癖行为的发生概率,从而造成经济损失。因此在养殖生产过程中需要从多方面对光照指标进行控制,使其保持在最佳范围内。

5.1.2　畜禽养殖环境标准

1. 不同种类畜禽养殖环境质量标准

我国农业行业标准 NY/T 388—1999 对畜禽场环境质量标准做出了具体

规范。表 5-1-1 列举了常见品种畜禽养殖环境的温热环境、空气质量以及光环境指标的质量标准。

表 5-1-1　不同品种畜禽养殖环境质量标准

指标	参数	雏禽舍	成禽舍	猪舍	牛舍
温热环境指标	温度/℃	21～27	10～24	27～32	11～17
	湿度/(%)	75	75	80	80
	风速/(m/s)	0.5	0.8	0.4	1.0
空气质量指标	氨气浓度/(mg/m³)	10	15	25	20
	硫化氢浓度/(mg/m³)	2	10	10	8
	二氧化碳浓度/(mg/m³)	1500	1500	1500	1500
	PM_{10}浓度/(mg/m³)	4	4	1	2
	TSP浓度/(mg/m³)	8	8	3	4
光环境指标	照度/lx	50	30	50	30

注:表格中数值为日均值。

从表 5-1-1 可以看出,不同种类的畜禽对养殖环境指标要求有差异。因此,在实际养殖过程中应注意对相关参数的调控。在空气质量指标中,畜类和禽类对颗粒物以及氨气指标要求差别较大。除二氧化碳外,畜类中的猪和牛对舍内的空气质量指标要求大致相同。在温热环境方面,牛适宜养殖在11～17 ℃的温度下,同时需要增加通风量以实现舍内外通风换气。原因在于牛作为大型反刍动物,所产生的有害气体较多,需要更多的通风量以提高舍内空气质量。在光环境指标的照度方面,雏禽舍及猪舍需要较高的照度,尤其是冬季,舍内仍需要使用保暖灯等来维持照度与温度。

此外,对于不同生产阶段的畜禽来说,养殖环境质量标准也不尽相同。在温热环境指标方面,雏禽在生长过程中需要做好保暖,以防止低温带来的负面影响。而成禽则对养殖舍内的温度适应度较高,因此可以适当增加通风以改善舍内空气质量。在空气质量指标方面,雏禽对硫化氢和氨气的浓度更为敏感,养殖过程中应将成禽和雏禽分隔开来,并按照养殖标准做好相应的调控。

2. 不同区域畜禽养殖环境质量标准

不同种类与生长周期的畜禽养殖环境质量标准不同,我国南、北方地区由于在社会发展以及气候环境等方面有着较大差异,不同地区或区域通常会结合自身的气候环境、养殖模式等特点提出更加适宜当地畜禽养殖发展的质量标准。例如,北方气候较为干燥,冬季气温较低,降雨较少;而南方气候较为湿润,夏季常处于高温高湿的环境下,降雨较多。因此,在养殖模式方面,北方集约化程度更高,为防寒保温,畜禽舍建筑结构以封闭式或半封闭式为主,采用中低棚结构进行养殖;畜禽舍内通风方式常以负压通风(机械通风)为主,机械化、自动化程度更高。而南方的集约化程度相对较低,养殖方式以散养、笼养、地养居多,畜禽舍建筑结构以开放式或半开放式为主,注重通风和降温,实行高棚养殖,畜禽舍内通风方式以正压通风(自然通风)为主,机械化、自动化程度较低。

以北京市生猪养殖为例,该区域养殖场舍内环境质量标准如表 5-1-2 所示。

表 5-1-2　北京市生猪养殖场舍内环境质量标准

指标	参数	仔猪舍	成猪舍
温热环境指标	温度/℃	24~32	15~27
	湿度/(%)	40~80	40~80
	风速/(m/s)	0~0.6	0~1.5
空气质量指标	氨气浓度/(mg/m³)	20	20
	硫化氢浓度/(mg/m³)	8	8
	二氧化碳浓度/(mg/m³)	1500	1500
	PM_{10} 浓度/(mg/m³)	1	1
	TSP 浓度/(mg/m³)	2.5	2.5
光环境指标	照度/lx	50~75	50~150

注:表格中数值为日均值。

南方地区相对来说标准文件较少,各地多以国家标准文件中的养殖环境质量标准为主,部分指标存在上下浮动的范围,以广东省的猪舍为例,其环境质量标准如表 5-1-3 所示。

表 5-1-3　广东省生猪养殖场舍内环境质量标准

指标	参数	仔猪舍	成猪舍
温热环境指标	温度/(℃)	16~35	10~27
	湿度/(%)	50~90	50~95
	风速/(m/s)	0~0.5	0.1~1.0
空气质量指标	氨气浓度/(mg/m³)	20	25
	二氧化碳浓度/(mg/m³)	4000	4000
光环境指标	照度/lx	40~50	40~50

注:表格中数值为日均值。

5.1.3　畜禽健康养殖环境综合评估方法

畜禽养殖环境对畜禽生产及健康起着至关重要的作用。各环境指标相互影响、相互制约，形成一个复杂的非线性畜禽养殖系统。当前，研究者们基于畜禽舍温热环境评估指数，进一步提出了多维度畜禽健康养殖环境综合评估方法。这对于指导畜禽舍管理和环境调控策略、保障畜禽健康生产和提高福利状况具有重要意义。

1. 畜禽舍温热环境评估指数

常见的温热环境综合评估通常采用两个或多个温热环境指标进行综合计算，得出单个指标数据来代表不同温热环境对畜禽的综合影响。对温热环境综合评估的研究主要从两个方面进行：畜禽的热应激以及冷应激。温湿指数(temperature-humidity index,THI)是使用较为广泛的热应激评价指数，该指标基于温度与湿度，作为评价环境温热舒适度的综合指标，在评估畜禽热应激中应用较多。此外一些基于 THI 的修正指数也相继被提出，例如湿度权重较大的 THI 公式更适用于潮湿地区，湿度权重较小的 THI 公式更适用于干旱地区。除此之外，研究者们致力于研究更多适合不同地区以及结合其他温热环境指标的新指数，新指数的研究一般以奶牛舍、肉牛舍等为畜禽舍的典型。等温指数(equivalent temperature index,ETI)是利用由大量实验数据得到的回归公式，实现综合计算温度、湿度和风速来评估不同温热状态下奶牛热应激程度的另一种常见的指标。有效温度(effective temperature,ET)是基于人类卫生学中"实感温度"并利用不同系数修正得到的不同畜种的综合评价温热环境的指标。有研究者在热应激指数研究中提出，热应激指数设计应包含更多的环境参数，这些参数应体现出一定的换热机理，在构建特定气候类型指数的同时，还应适当考虑指数在其他环境下的适应性，指数要有适用信息和阈值并能够对阈值进行动态调整。此外，指数的构建应综合考虑动物因素和环境因素，同时还应考虑与动物热平衡原理相结合[1]。

对于冷应激的评估也有较多经典且有效的指数，例如风冷指数(wind chill index,WCI)是将温度和风速相结合用以评估寒冷程度的综合指标。风寒温度(wind chill temperature,WCT)基于温度和风速，用于评估人类与家畜对寒冷条件的忍受度。有学者根据 WCT 将冷应激程度具体划分为多个等级：WCT>−10 ℃为无应激，−25 ℃＜WCT≤−10 ℃为轻度应激，−45 ℃＜WCT≤−25 ℃为中度应激，−59 ℃＜WCT≤−45 ℃为高度应激，WCT≤−59 ℃为极度应激。温度、湿度与风速是环境和动物之间热交换的主要驱动力,但 Webster 等利用物理模型进行的研究表明,太阳辐射(主要表现为光照强度)同样对寒冷环境中奶牛的热平衡十分重要[2]。研究表明将光照从每天不到 12 h(短日光周期)增加到每天 16~18 h(长日光周期)可提高每头奶牛平均产奶量 2.5 kg/d[3]。因此,Mader 等将温度、湿度、风速与太阳光照时间相结合,构建了综合气候指数(comprehensive climatic index,CCI)。当 CCI<0 时,家畜开始出现冷应激反应,−10<CCI≤0 时为轻度应激,−20<CCI≤−10 时为中度应激,−30<CCI≤−20 时为高度应激,−40<CCI≤−30 时为极端应激,CCI≤−40 时为危险应激[4]。

现有常用的基于温热环境的冷/热应激指数如表 5-1-4 所示。

表 5-1-4 基于温热环境的冷/热应激指数

指数	提出者	参数	冷/热应激
温湿指数(THI)	Thom[5],1959	温度、湿度	通用
黑球温度指数 (black globe humidity index,BGHI)	Buffington 等[6],1981	温度、湿度、光照强度	热应激
等温指数(ETI)	Baeta 等[7],1987	温度、湿度、风速	热应激
有效温度(ET)	Yamamoto 等[8],1989	温度、湿度、风速	热应激
风寒温度(WCT)	Tew 等[9],2002	温度、风速	冷应激
风冷指数(WCI)	Tucker 等[10],2007	温度、风速	冷应激
综合气候指数(CCI)	Mader 等[4],2010	温度、湿度、风速、光照强度	通用

此外,在大型畜禽舍中,控制舍内环境是提高畜禽生产力的关键因素,为探究畜禽舍内温度分布以及流场规律,需要获得畜禽舍内多监测点的连续数据[11]。为了克服现场实验的局限性,一些研究者尝试利用 CFD 技术对不同种类畜禽舍的通风系统与热环境质量进行评估与优化研究。王校帅等采用 CFD 技术对母猪舍内的空气质量进行模拟计算,主要模拟了猪舍的温度场和气流场,以此为依据对猪舍内热环境进行评估,并对舍内环境进行了优化[12]。余超等使用 CFD 技术对中国东南沿海地区冬季与夏季不同通风模式下的兔舍进行热环境评估,选取温度、湿度和风速作为实验热环境因素,得到了合理的兔舍热环境评估模型[13]。Seo 等在商业猪舍内使用 CFD 技术模拟了一个完整的商业猪舍温热环境,用以改善冬季猪舍内部环境条件[14]。Norton 等使用 CFD 技术构建仿真模型,以研究畜舍在不同通风模式和温度下的舒适程度,并提出了"最低舒适温度"的热舒适度指数[15]。

2. 畜禽舍多维度养殖环境综合评估

温热环境是影响畜禽健康养殖的直接环境参数,但无法充分反映畜禽与环境的换热机理。随着数字化技术的应用,多参数获取技术得到了根本性改变,有必要提出更加精细的指数评估模型以满足提高家畜生产性能、实现福利化养殖的需要。如空气质量指标、畜禽生理指标以及行为指标都与畜禽的生产、生长发育等密切相关。高浓度污染物会对畜禽生长产生不利影响,增加患病率及死亡率,直接降低畜禽福利水平及养殖场经济效益。此外,动物生理指标以及行为指标能够直接反映畜禽自身的健康程度。因此,如何从多维度整体分析,进而对畜禽健康养殖环境进行综合评估,最终达到改善畜禽养殖环境的目标已经成为当前研究的热点。

杜欣怡等在基于雷达图的蛋鸡舍综合环境舒适度评价研究中使用模糊数学的方法将温热环境和空气质量指标统一纳入评价指标体系,将舍内温度、湿度、二氧化碳浓度、氨气浓度、风速等关键环境参数进行归一化处理并建立基于多元环境参数的鸡舍综合舒适度评价指数(comprehensive environmental index,CEI)[16]。赵晓旭等以密闭式鸡舍环境参数系统为背景,综合考虑环境因素(温湿度、氨气与二氧化碳浓度以及风速)指标,通过对数据进行处理并进行主成分分析进而计算综合得分,构建出鸡舍环境综合评估模型[17]。周可嘉采用均匀采样法,在对现代超大规模蛋鸡舍冬、春两季环境参数控制综合评价研究中以鸡舍内二氧化碳浓度、氧气浓度、氨气浓度、颗粒物浓度、风速及温度作为实验环境因素,通过主成分分析法得出冬、春季超大规模鸡舍的环境综合评价指数[18]。Fernández等建立了基于大数据的肉鸡舍模型,用摄像机监测肉鸡活动,同时监测了舍内通风率与颗粒物浓度,并联合上述三种数据使用动态线性回归模型对鸡舍内实时颗粒物浓度进行评估及预测[19]。Wen等在鸡舍环境因素与生产性能的研究中,运用灰色关联分析法筛选出影响鸡舍环境评价的主要因素,使环境因素综合指数在计算时的权重更加合理,并通过层次分析法构建评价指标体系和评价模型,以此来对鸡舍内环境状况进行综合评估,为获得更加精准的家禽生产指标及鸡舍环境控制优化提供了技术支持[20]。

另外,研究者针对监测畜禽生理指标从而获取养殖环境信息,提出了基于喘息行为的喘息分数以及基于呼吸频率的呼吸频率指数(respiratory rate index,RRI),用于评估动物热应激程度。RRI是热应激最敏感的生理指标之一,正常情况下奶牛的RRI范围是 $26 \sim 59$ 次/分,当奶牛处于热应激时,它们可能会开始流口水、喘气或伸出舌头、张开嘴呼吸,RRI 和喘息特征目前已经成为判断奶牛是否处于热应激的外部特征[21]。此外,动物卫生专业人员和乳制品生产商将奶牛行为模式的变化作为识别奶牛是否健康的重要指标[22]。在炎热的条件下,奶牛将花费更多的时间站立并减少活动量,增加与空气接触的身体表面积以加速机体散热。甄龙等将水料比作为偏热环境肉鸡热舒适度评价指标,研究了肉鸡采食量、饮水量对其冷/热应激程度的影响,并通过实验验证了该指标可以作为肉鸡的养殖环境综合评估指标,证明了畜禽行为可以作为冷/热应激评估的有效指标[23]。Becker 等采用温湿指数、呼吸频率、喘息频率、躺卧时间、躺卧次数、体细胞评分以及身体卫生状况等多种因素,建立了热应激评分系统来评估奶牛热应激的严重程度,评分等级为 1~4,其中 1 为无热应激,2 为轻度热应激,3 为重度热应激,4 为奄奄一息[24]。上述畜禽冷/热应激指标包含了空气质量指标、畜禽生理指标以及行为指标,与单独使用温热环境指标相比,增加多类型空气质量指标及畜禽个体指标可使畜禽个体或群体的冷/热应激评估模型更加精准。

5.2 畜禽养殖环境智能感知技术与装备

5.2.1 基于标量数据传感器的养殖环境感知

标量数据传感器是指能感受声、光、热、电等被测量的信息,并将上述信息变换为电信号或其他所需形式的标量数据信息输出,以满足信息的传输、处理、存储、显示、记录和控制等要求的监测装置。常见的标量数据传感器按照感知方式的不同,可分为电化学传感器、光学传感器、电学传感器、催化燃烧式传感器、激光式传感器以及红外气体传感器等。标量传感器的基本原理如图 5-2-1 所示。

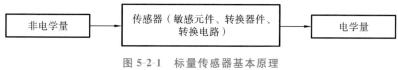

图 5-2-1　标量传感器基本原理

1. 电化学传感器

电化学传感器是基于待测物的电化学性质并将待测物化学量转变成电学量而进行信息检测的一种传感器。常用的电化学传感器为气体传感器,包括氨气传感器、硫化氢传感器以及二氧化碳传感器等。电化学传感器通过与被测气体发生反应并产生与气体浓度成正比的电信号来工作。氨气传感器通常利用氧化还原反应并通过监视工作电极,根据电流生成比例判断氨气浓度,以模拟信号方式输出并通过 A/D 转换生成可识别的数字信号。硫化氢传感器则常由发生氧化反应的工作电极、发生还原反应的对向电极及用来监视和平衡持续电压的参照电极组成,通过连续反应产生的电流比例关系确定硫化氢气体浓度。二氧化碳传感器通常内含热敏电阻的混合式二氧化碳敏感元件,当该元件暴露在空气中时,发生化学反应并产生电动势,之后根据两个电极之间产生的电动势值来测量二氧化碳浓度。

2. 光学传感器

光学传感器是利用光敏元件将光信号转换为电信号的传感器,其主要利用光敏电阻受光线强度影响而阻值发生变化的原理发送光线强度的模拟信号。光敏电阻又叫光感电阻,工作原理基于内光电效应,是一种利用半导体的光电效应制成的电阻器。光敏电阻受到光照射时,电阻值会发生变化,直接把光信号转换成电信号输出。常用的光学传感器为光照传感器,其能够将光照强度值转换为电压值,专门用于检测光照强度。

3. 电学传感器

电学传感器是非电量电测技术中应用范围较广的一种传感器,为温湿度传感器,其通过内部包含的温敏元件和湿敏元件将环境中的温度和湿度转变成与之相对应的数字信号,实现对温湿度的感知。常用的有电阻式传感器、电容式传感器等。电阻式传感器基本原理是将被测物理量的变化转换成电阻值的变化,再经相应的测量电路显示或记录被测量值的变化;电容式传感器利用改变电容的几何尺寸或改变介质的性质和含量来使电容量发生变化的原理制成。

4. 催化燃烧式传感器

催化燃烧式传感器主要是用来检测可燃气体浓度的传感器,其通过催化燃烧的原理来测量气体浓度。当可燃气体扩散到传感器的催化燃烧室时,燃烧室传感器元件上的催化剂使可燃气体进行无焰燃烧,燃烧带来的温度变化使感应电阻阻值发生变化,进而产生微小的电压差信号,此信号与可燃气体浓度成正比,从而达到检测可燃气体浓度的目的。催化燃烧式传感器是对甲烷气体浓度进行检测的一个重要器件。甲烷气体会在这类传感器检测器件表面及催化剂的作用下燃烧,载体温度升高使得其内部电阻也相应升高,从而输出一个与甲烷浓度成正比的电信号,实现甲烷浓度的测量。

5. 激光式传感器

激光式传感器的核心是以激光散射原理为基础的激光测量技术,其最为广泛的应用是颗粒物测量。激光照射空气中悬浮颗粒时产生散射,该类传感器将散射光收集到特定的角度,经过运算处理得到散射光随时间变化的曲线,进而利用米氏理论的算法,通过微处理器计算得到等效粒径和单位体积内不同颗粒大小的颗粒数,并输出粉尘浓度。

6. 红外气体传感器

红外气体传感器主要利用不同元素对某个特定波长光的吸收原理来检测气体浓度。该类型传感器通常采用广谱光源,光线穿过光路中的被测气体,透过窄带滤波片,到达红外探测器。通过测量进入红外传感器的红外光的强度,可判断被测气体的浓度。常见的红外气体传感器有二氧化碳传感器、红外甲烷传感器等。

5.2.2 基于视听场景的养殖环境感知

除了利用上述传感器实现对温热环境、空气质量以及光环境的直接监测来感知畜禽舍养殖环境,还可以通过分析畜禽动物对舍内环境条件做出的反应来间接评估当前养殖环境的质量。例如,在不同环境温度下,生猪、家禽会出现不同程度的扎堆或聚集等现象,奶牛和家禽的叫声也会发生改变。畜禽的这些活动规律、行为模式以及声音状态的变化等,可以借助音视频传感器进行非接触式的监测,并通过音视频智能解析技术进行分析,即可间接感知和评估当前的环境状况。

在利用视觉场景进行养殖环境感知方面,国内外各个研究团队都有不同的进展,最常用的方法是利用计算机视觉技术对畜禽舍监控视频进行目标检测,通过监测畜禽的行为指标从而判断出其是否处于冷、热应激状态。Tsai 等提出使用一种有效且可靠的方法来监测奶牛的行为和周围环境,主要通过在视频流上使用卷积神经网络监测奶牛头部是否处于饮水槽上方,进而记录和分析饮水行为数据和环境条件来评估养殖环境,从而更好地判断奶牛是否处于热应激状态。研究结果表明,奶牛每日饮水总时长和饮水次数与温湿度指数高度相关,验证了视觉环境评估的可行性,该方法可为奶牛养殖环境评估提供一种新的技术支撑[25]。该实验中的奶牛场视觉模块安装方式如图 5-2-2 所示。

谢涛等使用快速 SSD 目标检测方法,在准确定位场景图像中生猪目标的基础上,利用生猪质心点进行聚类并分析生猪聚集情况,通过聚散堆数和离群生

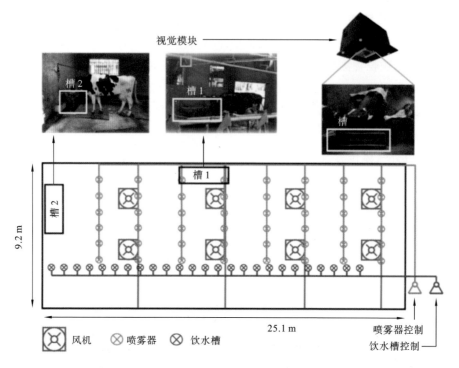

图 5-2-2　视觉模块实验设置和安装图

猪个数来判别生猪对当前环境的适应程度[26]。猪群不同聚散程度如图 5-2-3 所示。

　　此外,刘烨虹等使用机器视觉技术分析不同环境温度下鸡群的分布情况,构建鸡群分布指数与环境温度之间的关系模型,以判别鸡群的热舒适度[27]。Del 等构建基于 Hausdorff 距离度量的活动指数来检测不同热环境条件下家禽的不安状态,从而实现利用视觉场景自动评估环境的热舒适度[28]。Nasirahmadi 等基于生猪活动场景图像,使用 Delaunay 三角剖分法来检测温度变化导致的生猪卧姿和位置的变化,以评估猪舍内的热环境[29]。

　　在利用听觉场景进行养殖环境感知方面,Du 等通过监测鸡舍的鸡群声音信号来研究特定发声信号与热舒适指数的相关性[30]。赵晓洋通过功率谱密度(power spectral density,PSD)分析奶牛叫声来定性揭示不同热应激状态下奶牛的声音差异,同时在研究奶牛叫声与牛舍热环境之间相关性的基础上,又对不同空气质量环境下的仔猪和仔鸡叫声进行分析,结果表明对动物叫声的智能分析可以辅助畜禽舍内环境舒适度评估[31]。

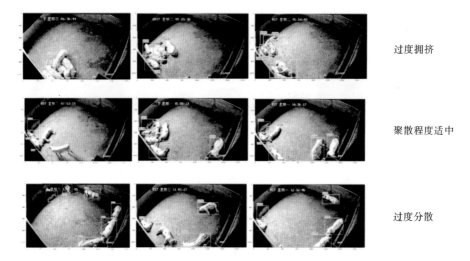

过度拥挤

聚散程度适中

过度分散

图 5-2-3　猪群不同聚散程度示例

5.2.3　养殖环境智能感知装备及其作业模式

对于畜禽舍单一环境指标监测来说,研究者通常会根据相应畜禽舍的特点来选择不同规格的传感器进行监测。当前,为了较为全面地监测畜禽舍内的温热、气体以及光照环境,越来越多的智能化养殖环境感知装备常针对不同养殖模式和不同畜禽舍有选择性地集成不同标量数据传感器,同时感知多种不同的养殖环境指标。感知装备根据作业模式的不同,可以大致分为固定式环境感知装备和移动式环境感知装备。

1. 固定式环境感知装备与作业模式

固定式环境感知装备主要利用模块化集成的思想,将多个环境传感器、微处理器、数据传输及存储单元封装在一起,组成智能化的多参数养殖环境感知装备,通过将其固定在舍内合适位置进行多维度环境参数感知。

为实时监测牛舍内的环境情况,东北农业大学研究团队研制了畜禽舍环境多源在线感知装备,可同时监测舍内温度、湿度、光照强度、粉尘浓度,以及氨气、二氧化碳、硫化氢浓度等环境参数,借助无线网络传输技术,将多个环境参数上传至上位机,实现养殖环境的远程在线感知。其实物图以及牛场应用图如图5-2-4所示。

北京农业信息技术研究中心、华中农业大学和河北农业大学等研究团队根据多类型畜禽舍以及用户对环境监测的需求,采用多种无线网络组网方式,研

图 5-2-4　多源在线感知装备及其牛场应用场景

制了不同组合的环境监测设备,实现了复杂养殖环境条件下远距离环境信息的感知[32]。相关的固定式环境感知装备实物及其现场应用场景如图 5-2-5 所示。

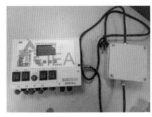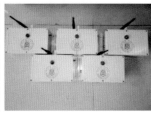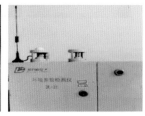

图 5-2-5　固定式环境感知装备及其现场应用场景

邹兵等在奶牛场环境远程监控系统中使用温湿度和气体浓度传感器获取养殖环境的温湿度以及空气质量参数[33]。传感器现场应用场景如图 5-2-6 所示。

图 5-2-6　传感器现场应用场景

考虑到畜禽舍内不同位置的环境参数会有所差异,不同规模的养殖舍内需要监测的点位数量也有所不同。舍内多种环境参数的有效精准感知,还受到固定式环境感知装备的部署位置、部署数量等作业模式的影响。Zheng 等在商业笼养鸡舍对空气温度、二氧化碳浓度与氨气浓度等环境参数在鸡笼内和走廊进行数据监测[34]。周景文等认为由于猪舍内有毒气体浓度传感器的测量精度受气体密度的影响,氨气和硫化氢浓度传感器应安装在猪舍上部位置,二氧化碳浓度传感器应安装在下部位置[35]。杜欣怡等提出鸡舍环境参数传感器安装及分布需综合考虑鸡舍结构、湿帘、风机位置及鸡舍养殖模式等多种因素。由于蛋鸡舍内粉尘浓度较高等环境因素可能对传感器产生不良影响,为便于安装与维护,应将氨气浓度传感器安装在氨气浓度较高的风机附近,风速传感器应安装于鸡舍前端离风机最近的位置。此外,对于比较重要的环境参数如温湿度和二氧化碳浓度,应在舍内多处布点监测,其余传感器应接近舍内的中心位置,以利于更加准确地反映出舍内真实的环境状态。鸡舍环境参数传感器部署模式的横截面和纵截面图分别如图 5-2-7 和图 5-2-8 所示。

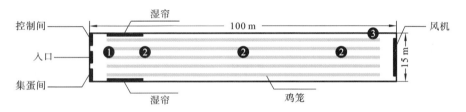

图 5-2-7　鸡舍环境参数传感器部署模式横截面图[16]

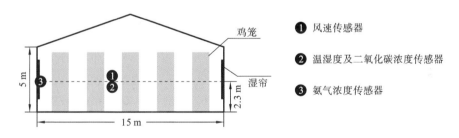

图 5-2-8　鸡舍环境参数传感器部署模式纵截面图

匡伟等在层叠式笼养蛋鸡舍环境质量与产蛋性能监测的研究中使用的布点位置如图 5-2-9 所示,从进风口到出风口,在左、中、右三条过道中共设置 12 个监测点,监测点离地面 1.5 m。A 点数值由 $A_左$、$A_中$、$A_右$三点值平均求得。12 个监测点将整栋鸡舍平均划分为 3 个区域:前端(H_1)、中部(H_2)、后端(H_3)。每个区域饲养的鸡数量相等,每个区域的环境质量数值由其周边 6 个监测点监测数值平均求得[36]。

此外,在固定式环境感知装备的部署中,除了需要考虑传感器本身的部署

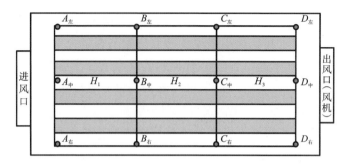

图 5-2-9　鸡舍内环境参数监测点布置图

等作业模式外,还需要考虑数据传输和定位基站的部署。对于猪舍来说,研究表明数据传输或定位基站应部署为最优的等边三角形或者次优的直角三角形形式,同时应避免墙角位置的反射和干扰,基站高度建议与集成传感器最高高度保持一致。

2. 移动式环境感知装备与作业模式

为了避免固定式环境感知装备在畜禽舍的部署位置及部署数量对环境参数感知精度的影响,智慧畜牧养殖领域的研究人员开始致力于研发移动式环境感知装备,通过将模块化封装的多参数环境感知装备、数据传输及存储单元与移动式作业平台进行集成,形成可在舍内自由或自主移动的环境参数智能感知装备。

(1)国家农业智能装备工程技术研究中心研发了一种履带式的车辆机器人,用以监测畜禽舍环境并对畜禽舍环境进行消毒,该履带式机器人系统主要由自动导航车、消毒剂喷洒单元、信息监控单元和智能控制器单元四部分组成。其中,自动导航车用于搭载机器人,使其按照既定路线在畜禽舍内巡逻,信息监控单元包括车载全景摄像头、有害气体粉尘检测仪、车载无线路由器和液流传感器,负责反馈畜禽舍实时环境信息和机器人状态数据;智能控制器单元包括机器人主控制器、计算机和移动交互终端,负责用户远程控制操作指令[37]。该履带式机器人整体结构如图 5-2-10 所示。

(2)法国 Cholet 公司开发了一种模块化的 Octopus Poultry Safe(OPS)机器人,该机器人在没有人工干预的情况下,可对禽舍环境进行感知并进行消毒。图 5-2-11 展示了 OPS 机器人工作场景①。

---

① 资料来源:http://octopusrobots.com/en/home/.

图 5-2-10　履带式机器人

（3）西班牙 Faromatics 公司研发了屋顶悬挂机器人 ChickenBoy，该机器人能够通过多个传感器持续检查肉鸡的健康和福利状况、空气质量状况以及设备运行情况[1]，其工作场景如图 5-2-12 所示。

图 5-2-11　OPS 机器人　　　　图 5-2-12　ChickenBoy 机器人

（4）华中农业大学团队利用印制电路板（printed circuit board，PCB）技术将多个环境参数传感器集成制作成一体化的感知模块，整体安装于可通过折叠升降调节高度的运动部件上，电路板及各传感器可独立拆卸与安装，方便维护和更换[38]。车体前端安装带图传功能的摄像头和远程红外测温装置以方便对畜禽状态进行监控。图像数据通过机载 SD 卡暂存后转移至计算机，其余检测

---

① 资料来源：https://www.robotsscience.com/agricultural/chicken-boy-robot-broiler-puppet-for-poultry-farms/.

数据通过 UART、IIC 或模拟量输出等方式传递给主控 STM32 芯片,芯片对数据进行处理后通过 WiFi 模块上传至阿里云物联网(IoT)平台。用户可通过遥控器操控移动式智能环境参数监控平台对可折叠升降机构进行移动或调节,以改变检测模块的高度,实现对畜禽舍内全范围环境因子数据实时采集并对畜禽状态进行监控。该移动式环境感知装备结构如图 5-2-13 所示,车体传动部件和驱动模块整体置于平台内部,上覆铝合金板,可独立运动的检测监控模块安装在铝板上。该移动式环境感知装备中的环境参数监测子系统能够感知舍内空气的湿度、温度,二氧化碳、硫化氢、氨气及颗粒悬浮物的浓度等环境参数。

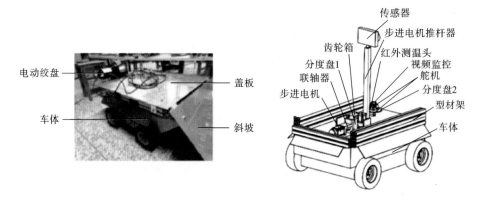

图 5-2-13   移动式环境感知装备结构图

5.3   畜禽养殖环境数据网络传输技术与策略

5.3.1   环境数据网络传输共性技术

在利用环境感知传感器和智能感知装备检测到养殖环境指标后,需要借助网络传输技术,将检测到的环境指标数据传输到上位机或远程服务器端进行显示、统计与分析,并将计算出的调控指令传输到环境设施控制端,以实现养殖舍内环境指标的实时监测与智能调控。按照数据传输距离和网络覆盖范围来划分,应用在当前畜禽舍环境监控系统中的常见网络传输技术主要包括局域网传输技术和广域网传输技术。

1. 局域网传输技术

畜禽舍环境数据通信应用中使用较为广泛的局域网传输技术主要包括 RS-

485 总线、CAN 总线等有线传输技术和 ZigBee、WiFi 及蓝牙等无线传输技术。

（1）RS-485 总线采用平衡发送和差分接收，是工业控制领域应用最为广泛的现场总线技术，其组网结构简单可靠，具有良好的抑制共模干扰的能力。

（2）CAN 总线是另一种有效支持分布式控制或实时控制的串行通信技术，具有通信速率快、性价比高以及使用线束少等诸多特点，相较于 RS-485 总线，CAN 总线网络各节点之间的数据通信实时性强，且 CAN 协议废除了站地址编码，主要对通信数据进行编码，该方法可使不同的节点同时接收相同的数据。上述特点使得在由 CAN 总线构成的网络中，各节点之间的数据通信实时性强，并且容易构成冗余结构，最终提高系统的可靠性和灵活性。尽管 RS-485 总线和 CAN 总线等有线数据传输模式具有数据传输稳定可靠的优点，但考虑到无线传输方式布点和组网更加灵活等优势，当前对无线局域网传输技术的研究和应用也逐渐增多。

（3）ZigBee 技术是一种经典的近距离、低功耗及低成本的无线网络技术，主要用于近距离无线传输，适合用于自动控制和远程控制领域，可以方便地嵌入各种现场设备。基于 ZigBee 协议的无线传输层网络拓扑结构的网络节点分为两类：采集节点和汇聚节点。采集节点将所采集到的数据发送至汇聚节点，由汇聚节点转发至管控云平台。搭建 ZigBee 网络时，常见的拓扑网络结构通常可以分为三类：星型结构、树型结构以及网状结构。星型结构是一种类似于集中式通信的网络结构，在星型结构中所有采集节点都只能与汇聚节点进行通信，任意两个节点之间的通信都需要经过汇聚节点。树型结构的主要特点是：所有节点都只能与它直接相连的父节点进行通信。网状结构与树型结构的网络构建过程基本相似，但网状结构具有更加灵活的信息路由规则。相对于树型结构，网状结构中存在路由节点，其可以用来转发数据，而不需要通过它们的父节点进行通信。图 5-3-1 给出了经典的基于 ZigBee 网络的畜禽舍养殖环境监控系统整体方案，其整体结构由养殖场内 ZigBee 无线传感器网络、RT5350 嵌入式网关、WiFi 无线路由器和上位机监控中心四部分组成。

（4）WiFi 是一种基于 IEEE 802.11 标准的无线局域网技术，其主要由无线接入点和无线网卡组成。WiFi 信号的覆盖距离能达到 100 m 左右，但其信号穿墙能力很弱。同时，数据的传输速率较高，能达到 11～54 Mbit/s。鉴于 WiFi 网络的技术特性以及养殖场环境复杂等特点，WiFi 技术通常与其他无线传输技术相结合，以完成监测数据向云端或者云服务器的远程传输。

（5）蓝牙技术是一种开放的无线数据通信技术，其基于低成本的近距离无

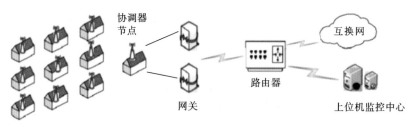

图 5-3-1　基于 ZigBee 网络的畜禽舍养殖环境监控系统结构图

线连接,为固定和移动设备建立通信环境。最初蓝牙技术用于代替 RS-232 串口,让短距离范围内的设备能够互相通信,实现协调工作。随着技术的发展,相继推出了蓝牙 2.0、蓝牙 3.0、蓝牙 4.0 和蓝牙 5.0,传输速率也逐渐提高。蓝牙技术在拥有高传输速率的基础上能与 WiFi 结合,对室内的设备进行定位。然而,由于蓝牙技术的有效通信距离较短,因此其在应用于畜禽养殖作业时一般作为小范围数据传输方案。

2. 广域网传输技术

广域网传输技术是在传输距离较长的前提下发展的相关网络传输技术的集合,在畜禽养殖领域应用较多的广域网传输技术有 LoRa、NB-IoT、SigFox、GPRS 以及 4G/5G 等技术。

(1) LoRa 是一种搭载新型调制与解调方案的低功耗远距离扩频无线数据通信技术,用来满足物联网能源效率和可伸缩性的通信要求[39]。相对于以往的频移键控与启闭键控的调制技术,LoRa 主要特点在于延续线性调频,用变化的脉冲在线性时间上增加频率编码完成拓频,能显著增大通信距离,容易消除频偏,减小多普勒效应的负面影响。LoRa 的出现有效地解决了传统无线通信中功耗与通信距离之间的固有矛盾,提高了对传输中干扰的抵抗能力的同时增加了链路稳定性,其在灵敏度方面也有着明显优势,可以有效应对养殖场障碍物多、干扰强的复杂情况并实现远距离通信。经典的 LoRa 网络架构主要由 4 个部分组成,包括终端节点设备、网关、网络服务器及应用软件。终端节点设备与网关之间通过 LoRa 组网,实现远距离数据传输。LoRa 星型网络的拓扑结构如图 5-3-2 所示。

(2) NB-IoT 是一种支持低功耗设备在广域网进行数据传输的蜂窝数据连接技术,也称低功耗广域网(low-power wide-area network,LPWAN)[40]。NB-IoT 整体的网络架构主要分为 5 部分:终端、无线网侧、核心网侧、物联网支撑平

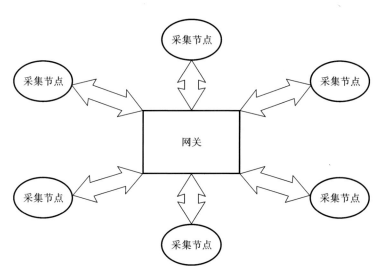

图 5-3-2　LoRa 星型网络拓扑结构

台以及 NB-IoT 应用服务器。NB-IoT 技术最主要的特点就是传输距离远,具有超强的覆盖能力和超低的功耗,同时具有超大连接的特性。因此,NB-IoT 技术广泛应用于智慧农林业以及畜牧业等领域,其拓扑结构如图 5-3-3 所示。

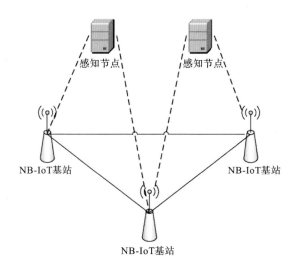

图 5-3-3　NB-IoT 拓扑结构

（3）SigFox 技术由法国知名物联网公司 SigFox 开发,该公司在全球部署低功耗局域网提供物联网连接服务,用户设备集成支持 SigFox 协议的射频模块或芯片,开通连接服务后,即可连接到 SigFox 网络。SigFox 通过使用超窄带(ultra-narrow band,UNB)技术进行远距离通信,不容易受到噪声的影响和干扰,但 UNB 技术也具有数据传输速率不高的缺点,SigFox 的数据传输速率仅在 100 bit/s 左右。SigFox 技术的优点为低功耗、简单易用、低成本,以及可以与其他无线网络技术互补使用。

(4) GPRS 即通用分组无线业务,是欧洲电信协会全球移动通信系统网络上开通的一种新的分组数据传输技术,采用分组的方式传输数据,并提供端到端的、广域的无线 IP 连接。GPRS 采用信道捆绑和增强数据速率改进技术来实现高速接入,它可以在 8 个信道中实现捆绑,每个信道的传输速率约为 14 kbit/s,在这种情况下,8 个信道同时进行数据传输,GPRS 最高速率可达 115 kbit/s。

(5) 4G 也称第四代移动通信技术,是基于 IP 协议的高速蜂窝移动通信技术。4G 技术在 3G 技术的基础上进行更新,从速率、灵活性和智能性等方面进行了增强,数据传输速率从 2 Mbit/s 提升到 100 Mbit/s,可以实现高质量的数据传输。5G 也称第五代移动通信技术,是全新一代的蜂窝移动通信技术,较 4G 有较大的性能提升,可以提供 10 Gbit/s 的数据传输速率,同时具有延时短、可靠性高、频谱利用率高和网络耗能低等特性。5G 技术为现代畜禽养殖大数据的实时获取提供了信息传输保障。

5.3.2 环境数据网络传输优化策略

无线传感技术通过自组网和自动中继实现低功耗、远距离及多路径选择的数据传输方式,使其在畜禽舍环境智能监控中获得广泛应用。然而,在传统的无线传输过程中,节点间的调制方式与通信速率是固定的,使得其难以兼顾网络吞吐量与节点覆盖范围要求。随着网络通信速率的增加,中继节点可接入的终端数量不断增多,数据传输量也不断提升。而过高的通信速率会造成码间干扰,从而使得中继节点的信号覆盖范围缩小,丢包率升高。为解决上述问题,在此介绍面向畜禽舍的环境数据传输优化策略,以确保畜禽舍环境数据的可靠、高效传输。

1. 基于数据融合算法的数据传输优化策略

影响畜禽舍环境质量的因素多种多样,需要借助不同的环境传感器对畜禽舍内各环境参数指标进行感知,同时需要对传感器进行多测点分布式部署或者移动式作业。对于这种复杂的多传感器数据传输方式,可以借助数据融合算法对数据处理后再进行传输,能有效增强网络传输的可靠性,有效降低传感器测量误差,从而提高数据利用率。邵林等提出了一种面向养殖环境监测的多传感器数据融合策略[41],其算法结构如图 5-3-4 所示。

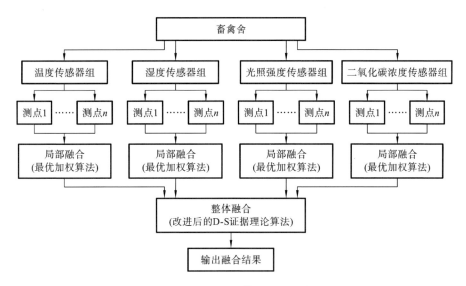

图 5-3-4　数据融合算法结构示意图

段青玲等提出了一种基于改进型支持度函数的畜禽养殖物联网数据融合方法[42],该方法数据融合流程如图 5-3-5 所示。首先采用基于滑动窗口的回归预测方法对物联网传感器采集到的原始数据进行一致性检测,剔除异常数据;然后为了提高数据融合准确度,利用基于支持度函数的加权融合算法对同类型传感器数据进行融合处理;最后根据制定的畜禽养殖物联网感知设备编码规则和数据转换等标准,对多源异构感知数据进行统一描述,提供标准数据组织格式,为后续数据分析和服务提供技术支撑。

Zhu 等提出了一种基于无线传感器网络的时空相关数据融合策略,在簇头用预测值替换实际值以减少簇内的数据流量,从而降低网络功耗,有效延长了网络寿命,该方法可为多源数据融合提供依据[43]。

2. 基于移动协调节点路由算法的数据传输优化策略

在对畜禽养殖环境信息进行监测和传输的过程中,无线传感器网络的节点通常由干电池供电,干电池能量有限,且通常更换不便。因此,如何对节点能量进行合理利用变得尤为重要。为了改善网络节点的能量消耗问题,研究者对无线传感器网络中的路由算法进行了研究与改进。

卢耀提出了一种基于移动协调节点的路由算法,以期减少数据传输过程中

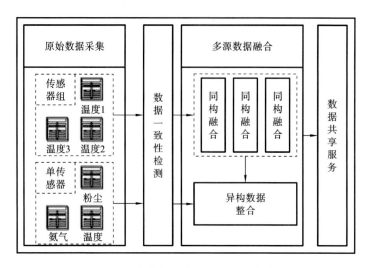

图 5-3-5　畜禽养殖物联网数据融合流程

的能量消耗[44]。在该算法中,移动协调节点沿着预先设定的轨迹在网络中移动,通过分簇算法将网络分成若干簇,簇头收集簇内成员节点上的数据,然后通过多跳方式将这些数据传送至协调节点。该算法沿用低功耗自适应集簇分层型协议算法中的"分轮"策略,其基本流程如图 5-3-6 所示。与传统网络传输策略相比,该方法在一定程度上均衡并降低了无线传感器网络的能量消耗,从而延长了网络节点的使用寿命,有效提高了畜禽舍环境数据监测与传输的实用性和可靠性。

　　Zhu 等提出了一种带有移动协调器的聚类路由算法[45],通过将协调节点和现场控制器安装在带电池的巡逻车上,以克服能源短缺的问题。算法中无线网络的运行周期分为聚类阶段和数据传输阶段。在聚类阶段,通过能量的最佳阈值选择簇头,并在附近构建无线网络;在数据传输阶段,协调节点随着巡逻车的移动而移动,协调节点与附近的簇头节点进行通信。在该算法中,移动接收器沿预定轨迹移动,成员节点收集环境数据,并将数据传输到簇头,最终簇头等待接收器靠近,并将数据发送到移动接收器。

　　Abdelhakim 等引入了移动协调无线传感器网络,其主要特点是通过主动网络部署和拓扑设计,可将任何传感器到移动接入点的跳数限制在预先指定的数量内。与传统的传感器网络相比,通过研究最小化传感器到移动接入点的平均跳数的最佳拓扑,能够实现以较高的吞吐量和较低的延迟遍历网络,避免由移动接入点的物理速度的限制以及网络路径的长度导致的数据传输问题[46]。

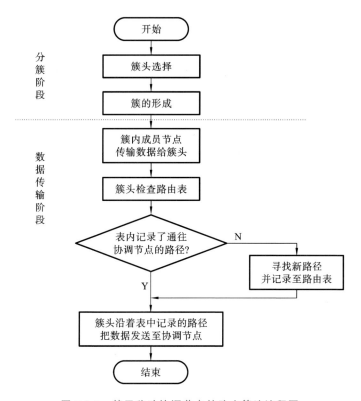

图 5-3-6　基于移动协调节点的路由算法流程图

整个网络结构如图 5-3-7 所示。

3. 基于速率自适应算法的数据传输优化策略

　　针对养殖环境监测应用周期长、覆盖面积大等特点,张铮等设计了一种低成本的双信道 LoRa 网关,并提出了一种新颖的速率自适应的双信道同步调度无线通信策略[47]。该策略充分利用 LoRa 技术多扩频因子、多数据速率的特点,对网关不同距离范围内的终端节点自动分配不同的扩频因子以确保网络连通性。同时,通过 MAC 层同步调度,不仅可以保证监测网络大面积覆盖,大大降低无线信道碰撞的概率,提高终端节点的平均网络寿命,而且进一步兼顾了紧急数据实时上传的需求。

　　为克服恶劣的水下环境条件,解决延迟/中断等网络问题,Guo 等[48]提出了一种用于水下传感网络的自适应路由协议,该协议首先为数据包分配优先级,并结合消息冗余和资源再分配两种方式,优化普通数据包及紧急数据包的传输速率,最终进行多组模拟实验以评估模型性能。结果表明,该模型在数据包的

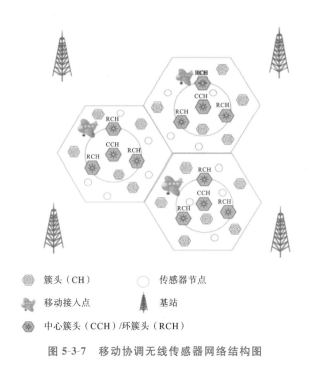

簇头（CH）　　　　　○ 传感器节点

移动接入点　　　　　▲ 基站

中心簇头（CCH）/环簇头（RCH）

图 5-3-7　移动协调无线传感器网络结构图

传输速率、端到端延迟时间和能耗之间实现了良好的性能权衡，可满足多类型数据监测及网络传输应用需求。

4. 基于粒子群优化算法的数据传输优化策略

无线传感器网络的覆盖范围和连通性是网络节点部署需要考虑的两个关键问题。针对传统无线传感器网络覆盖率低、连通性差的问题，Wang 提出一种基于粒子群优化的奶牛养殖无线传感器网络设计方法[49]。该方法能够快速有效地实现无线传感器网络布局的全局优化，克服固定传感器节点对布局优化的影响，最终提高了无线传感器网络的有效覆盖率。同时，粒子群优化算法可以有效地找到网络中可以添加的最优节点，通过添加少量节点将网络连接成整体，使网络更加稳定且高效。

5.4　畜禽养殖环境智能调控技术与装备

5.4.1　畜禽养殖环境调控理论

实现畜禽舍养殖环境的精准调控是有效提高畜禽动物的生长与繁殖能力、

提升动物养殖福利水平的重要手段,更是有效防控畜禽重大疫病发生、传播和流行的关键所在,其核心要素为环境调控理论研究。现有畜禽舍环境调控理论普遍基于温度、湿度或气体浓度进行单因素负反馈控制,但养殖舍内温度、湿度、风速及空气质量等环境因子耦合作用显著,单因素控制难以满足畜禽舍复杂环境调控需求,而综合多环境因素的调控模型已广泛应用于畜禽舍环境调控系统。

1. 基于单因素的环境负反馈调控理论

早期的畜禽舍环境调控系统普遍基于单一环境因素的负反馈控制理论,通过在众多环境因素中选取关键因素作为环境控制模型的控制对象,常借助 PID (proportional-integral-derivative,比例-积分-微分)控制算法或专家控制系统等方式达到对环境调控的目的。

1)PID 控制

传统 PID 算法作为经典的反馈控制方法,是一种依据控制系统设定值和实际输出值的偏差的线性控制算法。PID 工作原理如图 5-4-1 所示,通过监测实时误差和误差变化率,运用比例、积分以及微分三个参数调节输出量。传统 PID 控制算法应对输入偏差可维持在合理适应性区间,且响应十分迅速。但畜禽舍环境中单一因素常与其他因素相互耦合,在实际控制环境中存在多种控制干扰因素,传统 PID 控制算法难以应对干扰因素的影响,会出现误差过大、调控周期变长及调控系统不稳定等问题。

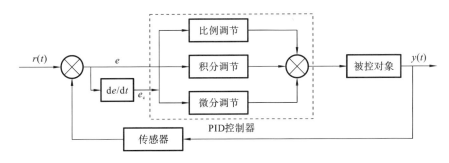

图 5-4-1　传统 PID 控制原理框图

当前,在实际养殖环境中逐渐开始采用自适应模糊 PID 控制策略。自适应模糊 PID 控制是一种将模糊控制与传统 PID 控制相结合的复合型控制算法,旨在利用模糊控制规则优化 PID 参数,具体以误差和误差变化率作为输入,利用模糊规则表确定 PID 三个参数与误差和误差变化率之间的模糊关系,进而根据模糊控制原理对三个参数进行在线修改以满足误差和误差变化率对控制参数的不同要求,从而使被控制对象有良好的动、静态性能。自适应模糊 PID 控制原理框图如图 5-4-2 所示。

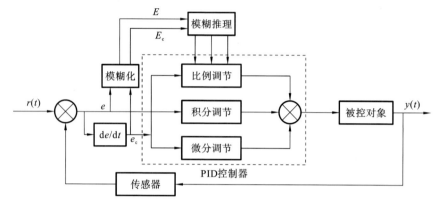

图 5-4-2　自适应模糊 PID 控制原理框图

　　梁天航以猪舍内温度为调控对象,提出了一种基于模糊 PID 控制的猪舍温度调控模型,将系统设定温度值与实测温度值的差作为输入温度误差,将温度差变化率作为近两次温度差的差值。该方法经过模糊推理输出 PID 控制器的三个参数,进而根据 PID 控制器的输出控制量以及当前温度误差决定猪舍内加热电阻和风机的开启数量,最终达到对舍内温度的调控[50]。陈勇等提出了一种改进的变论域模糊 PID 控制策略,该策略引入变论域理论对种猪舍温度进行调控,有效提高了控制精度[51]。

2)专家控制系统

专家控制系统将专家思想与控制理论相结合,能够在未知环境下模拟专家智能,实现对控制对象或过程的有效调控。专家控制系统的结构如图 5-4-3 所示。

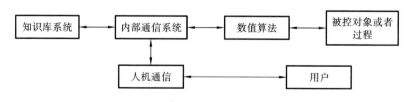

图 5-4-3　专家控制系统结构图

　　具体而言,在畜禽舍环境调控系统设计中,专家控制系统首先根据相关领域的专家所推出的环境调控理论建立一个知识库,并制定一系列的通用规则,然后给予计算机解决实际问题所需的推理、演绎、判断和决策的能力。该系统通过对不同阶段养殖环境状态进行分析,并将当前观测到的养殖环境状态与专家库进行比对,然后根据专家知识库信息对养殖环境某一因素进行调控。许世林提出了一种基于专家系统的鸡舍光照调控系统,该系统通过引入专家系统进行光照控制,仿效专家经验实现了对鸡舍灯光的智能调控[52]。Liu 等提出了基于专家系统的大型发酵床猪舍环境监控系统,该系统对环境设施(电动铝合金百叶窗、风扇等)进行自动控制,实现了对猪舍环境最适温度的调控[53]。

2. 基于多环境因素的耦合调控理论

在实际养殖环境中,影响畜禽生长和健康的舍内环境因素众多,各环境因素之间相互作用,导致畜禽舍环境本身是一个非线性、时变和滞后的复杂系统。单一指标控制难以满足畜禽舍内复杂环境的调控需求。为此,现有研究逐渐考虑基于多环境因素的耦合调控理论和模型,具体包括基于模糊控制、迭代学习控制、神经网络控制以及计算流体力学等的多因素耦合调控方法。

1) 模糊控制

模糊控制是以模糊集合论、模糊语言变量及模糊逻辑推理为基础的计算机智能控制理论。模糊控制的基本原理如下:被控制量的精确值由采样监测获得,通过将该值与给定值进行比较得到误差信号,该信号经 A/D 转换作为模糊控制器的输入量。根据模糊规则和输入量,由模糊控制器生成控制量,再经过 D/A 转换,对执行机构进行控制。其中模糊控制器是模糊控制系统的核心,其智能程度决定了模糊控制系统性能的优劣。模糊控制器的基本结构包括模糊推理、知识库、输入量精确化以及输入量模糊化四个模块。模糊控制规则作为模糊控制器的核心,其正确与否直接影响控制器的性能。模糊控制规则建立在语言变量的基础上,其主要来源包括基于专家经验、实际操作、模糊模型及模糊控制的自学习。模糊控制通过模拟人类思维中的模糊推理导出控制量,是一种考虑多环境因素的有效集成智能控制方式,其在畜禽舍环境控制中有着广泛应用。李顾等提出了一种基于多因素模糊控制理论的猪舍小气候环境调控系统,其控制原理框图如图 5-4-4 所示。

该系统构建了两个模糊控制器:将设定的温、湿度经过模糊化后得到温度偏差 E_1、温度偏差变化率 E_{c1}、湿度偏差 E_2 以及湿度偏差变化率 E_{c2},将其作为输入量,以风机开启数 U_1 及湿帘开启数 U_2 为输出量。为使猪舍小气候环境控制系统能够一年四季通用,该系统设置了温度、湿度曲线,并将这两条

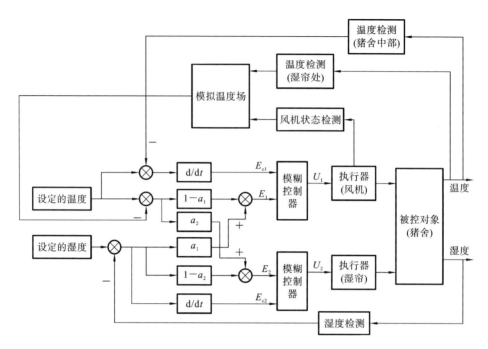

图 5-4-4　猪舍多因素模糊控制原理框图

曲线加入控制算法,随时调节控制系统中的参数,实现温湿度解耦,从而使猪舍小气候环境常年都能稳定在猪只适宜的范围内[54]。Mushtaq 等基于模糊控制技术设计了模糊逻辑控制器,通过监测养殖环境中的关键因素(温度、湿度),实现了对养殖环境设施(喷水器、排气扇、自动卷帘)的精准调控,使畜禽舍达到动物生长、生产的最佳环境[55]。Caglayan 等提出一种基于模糊逻辑规则的畜禽舍环境控制解决方法,该方法采用的模糊推理系统(fuzzy inference system,FIS)实现了整个畜禽舍的环境调控,其结构如图 5-4-5 所示。该系统的编辑器定义了模糊基类,两个输入量是温度和相对湿度,一个输出量是风扇速度。为了控制畜禽舍内部温度与湿度,模糊控制器在每个采样周期后连续读取内部温度,通过连续地推理与调控实现稳定的畜禽舍气候调节[56]。

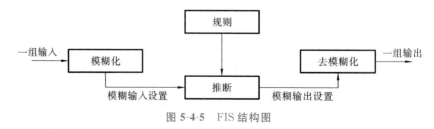

图 5-4-5　FIS 结构图

2）迭代学习控制

迭代学习控制能够针对具有重复操作特征的被控对象,重复进行输出和期望之间的误差调整,可以看作是一种使被控对象的状态与期望状态一致的学习过程,该方法具有学习和存储记忆的特性。经典的迭代学习控制使用基于压缩映射的理论,它是针对非线性系统提出的一种控制方法。图 5-4-6 为典型的迭代学习控制器结构,u_n、y_n 表示的是第 n 次迭代的输入、输出,y_d 是系统期望输出,e_{n-1} 为第 $n-1$ 次的输出误差,通过输出误差和实际输出计算得到学习率从而完成迭代学习。

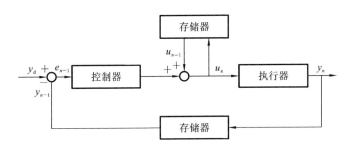

图 5-4-6 典型迭代学习控制器结构图

迭代学习算法在控制过程中不需要考虑系统的结构模型,但是为了控制系统能够达到更好的控制效果也需要了解系统模型的结构。畜禽养殖环境控制系统可以在固定时间区间对光照强度、温度和湿度进行调节,并且光照强度、温度和湿度的期望输出以及初始状态不变,因此迭代学习算法也适用于畜禽类养殖环境控制系统之中。张岩等人提出了一种基于迭代学习算法的畜禽类养殖环境调控方法,该方法将畜禽舍中具有强耦合性的三个环境参数(温度、湿度及光照强度)作为被控对象,通过风机、湿帘等环境控制设备对被控对象进行调整,采用迭代学习算法中开闭环 PID 型学习率在任意初始值条件下对三个被控对象进行迭代学习。同时利用当前的输出误差及上一次的输出误差作为当前的控制输入,对温度、湿度和光照强度的控制量进行学习,并且记录最优控制以达到预期控制,最终实现较为精准的畜禽舍环境控制[57]。

3）神经网络控制

神经网络具有强大的复杂非线性系统建模能力,近年来被越来越多地应用到畜禽养殖环境调控过程中,并出现了多种具有不同特点的环境多因素耦合关系建模和调控策略,具体包括经典 BP 神经网络、自适应神经模糊推理系统(adaptive neuro-fuzzy inference system，ANFIS）、LSTM 网络、Elman 神经网络等。

（1）BP 神经网络。

BP 神经网络是在多层前馈神经网络的基础上建立的,由输入层、隐藏层及输出层三部分构成,其学习过程主要包括信息的前向传递和误差的反向传播,经典 BP 神经网络结构如图 5-4-7 所示。郭彬彬等通过 BP 神经网络建立了一种鹅舍养殖环境温湿度智能调控模型,该模型根据鹅舍内、外的温湿度变化特点,结合养殖人员的多年养殖经验,利用 BP 神经网络建立鹅舍内侧窗、风机及水泵的不同运行状态,构建出三层神经网络模型。结果表明,该研究所提出的控制方案可替代人工经验控制方案,最终实现舍内环境的智能控制[58]。

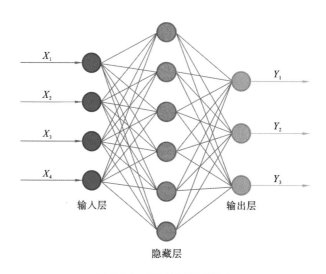

图 5-4-7　BP 神经网络结构

（2）自适应神经模糊推理系统。

自适应神经模糊推理系统又称基于网络的自适应模糊推理系统,其融合了神经网络的学习机制和模糊系统的语言推理能力等优点,属于神经模糊系统中的一种。同其他神经模糊系统相比,ANFIS 具有便捷高效的特点。ANFIS 模型是基于 T-S 推理构建的,其通过反向传播算法调整前提和结论参数,利用神经网络机制对输入和输出数据进行自动处理、判断和决策,图 5-4-8 给出了一个典型的五层 ANFIS 模型。Xie 等以环境温度、相对湿度、猪的活动量及通风效率为输入,利用图 5-4-8 所示的 ANFIS 模型对影响猪舍氨气浓度的多因素耦合

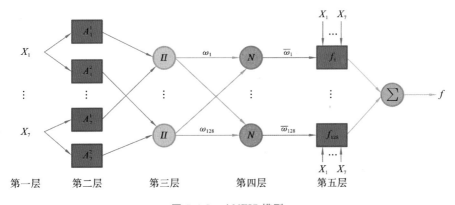

图 5-4-8　ANFIS 模型

关系进行建模,以实现对猪舍氨气浓度的预测和多环境因子的综合调控[59]。

(3) LSTM 网络。

环境因子是一种具有时变和滞后特性的数据,为综合考虑不同时刻环境数据的动态变化特性,现有研究开始引入 LSTM 网络对畜禽舍环境多因素耦合关系进行建模。冀荣华等提出了基于 LSTM 的 Seq2Seq 长毛兔兔舍环境多参数关联序列预测模型。该模型的预测原理如图 5-4-9 所示,使用双层 LSTM 作为 Seq2Seq 结构的编码器和解码器,以提高环境参数预测模型的表征能力及预测精度。Seq2Seq 结构不仅能够有效提取兔舍环境参数序列自身的时间相关性,还能够挖掘参数间的耦合关系;模型输入为兔舍环境参数(温度、相对湿度及二氧化碳浓度)时间序列数据,输出为待预测的兔舍环境参数时间序列数据。该模型相对于传统的时间序列预测模型,可进一步提取关联时间序列的耦合关

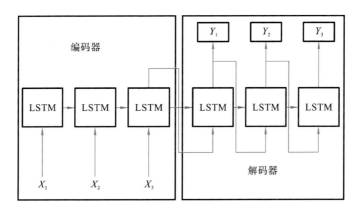

图 5-4-9　基于 LSTM 的 Seq2Seq 模型的预测原理图

系、挖掘数据间的波动相关性,并提升了数据参数的预测性能[60]。

(4) Elman 神经网络。

Elman 神经网络模型在前馈网络的隐藏层中增加了一个承接层,作为延迟算子,以达到记忆的目的,从而使系统具有适应时变特性的能力,可以直接反映系统的动态特性。猪舍内各环境因素之间相互耦合,而这种自带反馈性能的网络可增强对猪舍内多环境因子的信息处理能力。Elman 神经网络一般分为四层:输入层、隐藏层(中间层)、承接层和输出层,网络结构如图 5-4-10 所示。Shen 等提出了一种将经验模态分解(empirical mode decomposition,EMD)和 Elman 神经网络相结合的氨气浓度预测方法。以猪舍内氨气浓度为研究对象,选取猪舍内环境参数(二氧化碳浓度、温度、湿度、光照强度)作为预测氨气浓度的主要因素。首先对环境参数和氨气浓度数据集进行经验模态分解,再使用 Elman 神经网络对各对应分量分别进行预测,并对整体的预测结果进行重构。结果表示氨气浓度预测值与实际值的拟合度较好,预测误差可满足要求。该方法可有效解决猪舍内氨气浓度在寒冷地区因通风带来的外部环境干扰情况下预测精度不高的问题,提高了预测结果的准确性与稳定性[61]。

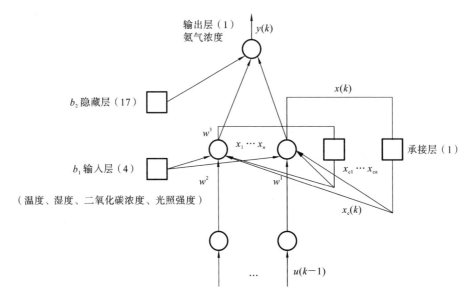

图 5-4-10　Elman 神经网络结构图

4) 计算流体力学

为了更加全面地分析畜禽舍环境中多因素间的耦合特性,基于 CFD 的数值模拟方法已被用于模拟研究畜禽舍温度、湿度、空气流场,以确定畜禽舍气流的运动规律以及温度、湿度分布状况,最终为畜禽舍结构优化设计和环境调控提供参考。经典 CFD 数值模拟流程如图 5-4-11 所示,舍内 CFD 模拟结果如图 5-4-12 所示。

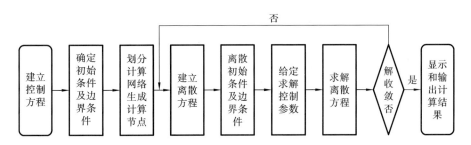

图 5-4-11 经典 CFD 数值模拟流程图

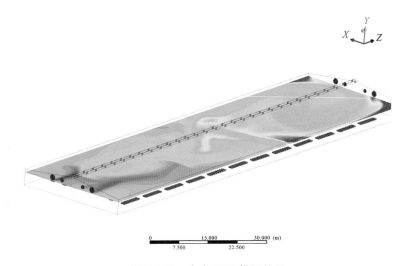

图 5-4-12 舍内 CFD 模拟结果

辛宜聪通过对楼房猪舍和传统平层猪舍外氨气扩散情况进行 CFD 模拟,探究了两种不同养殖模式下舍外氨气扩散的规律,分析了风向、风速和排放源浓度对氨气浓度分布以及扩散距离的影响,为今后楼房猪舍的选址、管理以及排放浓度控制等提供了参考[62]。Kim 等利用 CFD 技术对仔猪舍环境系统进行建模,根据仔猪舍的外部气候和通风类型计算其小气候环境状况并将猪舍环境保持在最佳水平[63]。Lee 等通过对鸭舍内部环境和外部的野外环境进行实验监控,并在温度和湿度受控的室内进行试验,计算出鸭舍垃圾的蒸发量,并将这些数据纳入建筑能量模型,最终建立了鸭舍 CFD 动态能量模型,并对机械通风鸭舍内的温度和湿度环境进行实时定量分析。通过现场测量可发现,空气温度和相对湿度数据与模拟数据误差较小,表明该研究所构建的 CFD 模型及确定的边界条件具有较好的可靠性和合理性[64]。

5.4.2 养殖环境调控设备

畜禽舍环境调控对象主要包括温热环境、空气质量及光照环境三类因素,因此畜禽舍内环境调控装备也主要为温热环境调控、空气质量调控和光照环境调控等设备[65]。

1. 温热环境调控设备

1)湿帘

畜禽舍内,常用湿帘对环境湿度进行调控。湿帘作为增湿的重要介质,具有吸水、耐水、扩散速度快以及效能持久等特点。与此同时,湿帘还具有通风透气和耐腐蚀等特性,对舍内空气中的污尘具有极好的过滤作用,是无毒无味、洁净增湿、给氧降温的环保材料,所以也用作空气净化和过滤的调控介质。图 5-4-13 所示为养殖场湿帘安装示例。

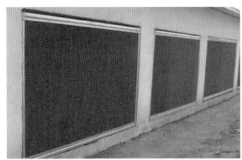

图 5-4-13 湿帘安装示例

2)湿帘冷风机

湿帘冷风机也被称为蒸发式降温换气机组,其主要依赖于液态水的蒸发效果,以水作为介质,把经过了多重加工黏合成型的具有高蒸发效率和高防腐性能的化合物充分湿透,当有干热空气通过这个化合物时,里面存储的水会吸收空气中绝大部分的热量,从而让经过这个装置的空气变成湿润、凉爽的空气。该设备适用于敞开式或者半封闭式的环境,自然风被吸入后通过降温装置降温,从而输出凉风。图 5-4-14 所示为养殖场湿帘冷风机安装示例。

图 5-4-14　湿帘冷风机安装示例

3)喷淋装置

喷淋装置依靠喷头、钻孔水管喷水淋湿畜禽体,畜禽体体表的水分蒸发从而带走热量,达到缓解畜禽热应激的目的。这种方法降温比较直接,效果较为显著,对喷淋的水滴也无特殊要求,自来水水压便可以满足喷水所需要的压力。由于喷淋装置的投资和运行费用都比较低,因此喷淋装置在众多畜禽养殖舍中得到广泛的应用,图 5-4-15 所示为喷淋装置示例。

图 5-4-15　喷淋装置示例

4)热风机

图 5-4-16 为热风机示例,养殖环境温度低于畜禽所适应的温度会造成冷应激,影响动物的健康状况,进而影响养殖场的经济效益。通常牛、猪、羊舍等面

积较大,传统的局部升温装置效率低下,达不到提高舍内适宜温度的要求。因此,大型规模化养殖场通常采用大型热风机对整个养殖环境进行补温。

图 5-4-16　热风机示例

5) 保温灯

图 5-4-17 为保温灯示例,相对于畜禽舍中的成年个体,未成年个体对环境温度有着更高的需求。针对这种情况,常见的环境控制方法是将畜禽舍的大环境温度维持在一定的舒适温度区,同时提供局部热源满足未成年个体对高温的需求。而保温灯作为一种低成本的辐射加热设备,在规模化畜禽舍特别是在犊牛岛、保育猪舍中应用广泛。

图 5-4-17　保温灯示例

2. 空气质量调控设备

通风状态是关系到畜禽能否健康生长的一个十分重要的因素。通风设备可以确保畜禽舍内的最佳通风量的需求,同时,也可以将畜禽舍内的环境温度、湿度控制在适宜的水平。此外通风设备还能够为畜禽提供氧气和新鲜空气,排除畜禽舍内过量的二氧化碳、粉尘等不利于畜禽生长的因素。

　　风机是机械通风系统中最重要的设备,在畜禽舍内主要有正压通风与负压通风两种系统。畜禽舍多采用负压通风系统,风机组启动后,把电能转化为机械能使风机高速运转,并利用空气对流、负压换气的原理,将养殖场内停滞不动的热空气、浑浊气体、有害气体等在很短的时间内迅速排出舍外。同时把外界的新鲜空气带进养殖舍内,从而实现养殖舍的循环通风和舍内外的空气交换,达到通风换气的目的。图 5-4-18 为负压风机示例。

图 5-4-18　负压风机示例

　　正压风机又称为正压通风系统,该风机将舍外空气强制送入舍内,在舍内形成正压,迫使舍内空气通过排气口流出,实现通风换气。其优点是可以方便地对进入舍内的新鲜空气进行加热、冷却和过滤等预处理。缺点是由于形成正压,舍内潮湿空气会进入墙体和天花板,易在屋角形成气流死角。图 5-4-19 为正压风机示例。

图 5-4-19　正压风机示例

3. 光照调控设备

　　光照同样会对养殖场内畜禽产生影响,适宜的光照对畜禽的生理机能有很大的改善作用,但如果对光照控制不好反而会造成畜禽损伤。在猪舍中,强烈的阳光会破坏猪的组织细胞,使其皮肤受到损伤,影响猪自身的体热调节,甚至还会对猪的眼睛有伤害作用。在猪舍中一般采用卷帘布对光照进行调节,通过调节卷帘布的覆盖范围从而实现对光照环境的调节。此外,不同的畜禽物种对日光的反应不同,需要采用合适的遮阳网以调整畜禽机体的光照需求。遮阳网不仅能起到遮阳作用还可以达到一定的降温效果。冬季夜晚关闭遮阳网,就像在畜禽舍外铺设了一层保温被,可以有效减少畜禽舍内外的热交换。图5-4-20(a)所示为卷帘,图5-4-20(b)为遮阳网。

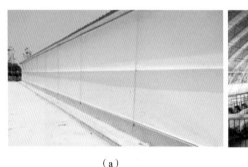

（a）　　　　　　　　　　　　　　　　（b）

图 5-4-20　卷帘与遮阳网

5.4.3　畜禽养殖环境智能调控系统

养殖环境智能调控系统主要是通过传感器获取畜禽舍内温度、湿度、光照强度以及有害气体浓度等相关环境参数,并结合不同的网络传输策略将其传输到系统的控制中心,经过分析处理后发出相应的环境调控操作指令,进而下发给各环境参数控制的终端控制节点,使其控制相应的环境调控设备,实现养殖环境的远程调控。利用养殖环境智能调控系统可实现对畜禽养殖环境的自动化调控,克服传统人工监测控制的滞后性、误差大等弊端,从而为畜禽养殖提供绿色、健康的养殖环境。当前畜禽养殖环境智能调控系统主要可以分为三种:集中式环境调控系统、分布式环境调控系统以及网络式环境调控系统。

1. 集中式环境调控系统

集中式环境调控系统主要是通过多种传感器(二氧化碳浓度传感器、氨气浓度传感器、温湿度传感器等)接收相应环境参数,集中输送到统一的单片机、IPC(智能控制系统)中进行环境调控设备(如通风设备、加热设备、降温设备等)的精准控制。曹彦博等在鸡舍环境调控中,通过安装在鸡舍中的多种传感器采集环境参数,并将相应的环境参数上传至核心单片机内,而后通过 GPRS 无线传输模块上传至上位机。上位机利用不同的传感器数据和不同的调节参数对数据进行融合处理,最后下发相应的环境调控指令,通过控制器来启动或者停止相应的环境调节设备,以实现对整个鸡舍养殖环境的精准调控。此外,这种单片机控制系统也会配备一些辅助控制设备,通过人工调控以实现通风、降温及加热等环境调控设备的有效控制[66],图 5-4-21 所示为集中式环境调控系统结构图。

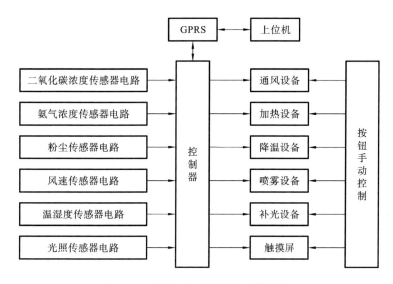

图 5-4-21　集中式环境调控系统结构图

2. 分布式环境调控系统

集中式环境调控系统利用控制器直接与控制设备相连,并对畜禽舍环境进行调控。以这种方式开发的环境调控系统,其所有的性能都集中于单片机的主控板。单片机系统一旦出现故障,整个系统就会失控。而分布式环境调控系统是基于 PLC、总线控制等方式,将整个控制系统分成多个部分,每个部分均可以独立完成数据的采集、控制、传输,参数的设定和报警等功能,并通过特定的方式把各个部分组合在一起。各部分之间通过现场总线技术实现相互通信,共同完成调控任务。关铭洁等提出了基于 PLC 和力控组态软件的猪舍环境调控系统,如图 5-4-22 所示。整个调控系统被划分为上位机监控管理软件、下位机控制系统两个部分。上位机的监控管理软件主要包含人机交互界面、数据传输等;下位机控制系统包含现场控制器,各式各样的环境监测传感器,通风、降温、加热等环境调控执行机构,以及 PLC 的控制算法和上位机的数据通信程序等[67]。

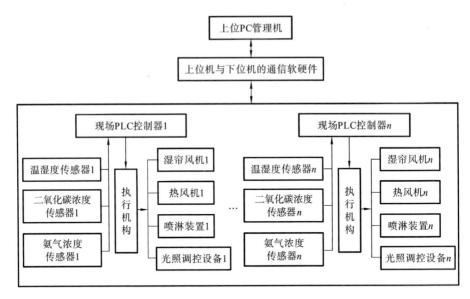

图 5-4-22　分布式环境调控系统结构图

3. 网络式环境调控系统

　　虽然分布式环境调控系统已经在实际养殖环境中得到了广泛应用,但该系统存在接线烦琐、受地理条件限制等问题。而网络式环境调控系统则是把各个需要调控的因素当成一个节点,利用无线通信技术(ZigBee 技术、蓝牙技术、WiFi 技术及移动通信技术等)对整个畜禽舍环境内的参数进行实时采集与远程调控。采用无线通信技术后不再需要布线,只要在无线通信覆盖的范围内即可随意布置与灵活组网,同时也解决了升级难题。所以现在越来越多的研究者开始采用网络的方式去设计畜禽舍养殖环境调控系统。张宇等提出了一种基于 ZigBee 无线传感器网络技术的畜禽舍养殖环境调控系统。该系统包括感知层、传输层和应用层。其中感知层负责对环境参数进行采集,传输层借助 ZigBee 技术和无线互联网技术完成设备的组网与数据通信,应用层主要通过后台服务器算法完成对数据的分析处理和系统客户端的数据显示与实时调控,该系统的结构如图 5-4-23 所示[68]。

　　该畜禽舍养殖环境智能调控系统通过传感器获取养殖环境中的温度、湿度、光照强度以及气体(二氧化碳、氨气、硫化氢等)浓度等环境信息,并借助 ZigBee 无线传感网络将监测信息传递给主控节点,主控节点可以实现一定范围内的舍间通信,并定时将监测数据发送至远程服务器,服务器采用智能算法对

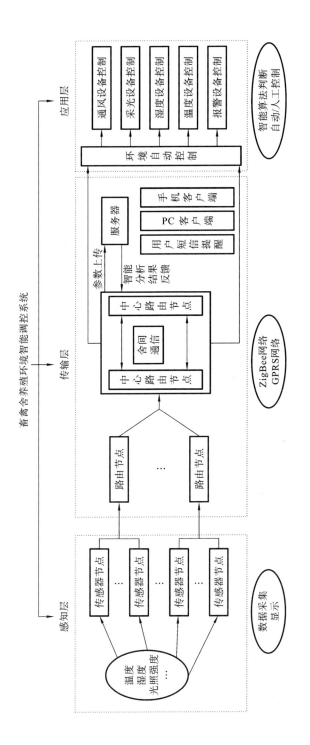

图 5-4-23 网络式环境调控系统结构示意图

监测数据进行综合分析,完成温湿度联动,兼顾气体浓度的非线性算法处理,并向控制终端发送指令,控制终端根据接收指令实现对风机、湿帘及卷帘等环境调控设备的自动控制。

5.5 畜禽养殖环境信息智能管控典型案例

5.5.1 家畜养殖环境感知与管控系统应用案例

1. 畜舍环境智能感知与管控系统应用案例一

温氏集团在国内畜牧企业中较早地全面应用了物联网技术,并推出了具有物联网特征的智能环控系统以实现对畜舍环境的智能感知与精准调控,并借此形成了特色鲜明的基于物联网技术的养猪管理模式[69]。温氏集团智能养殖环控系统的总体结构见图 5-5-1[70]。该系统采用三层架构,第一层为信息采集与设备控制层,部署在养殖舍现场,包括安装在养殖舍的视频摄像设备、环境传感器、智能控制器模块、喂料装置、料塔装置和环保设备。第二层为中间控制服务层,包括中间件服务器、预警与监控模块,部署在养殖场工作室。第三层为中心数据服务层,部署在集团数据中心,包含中央数据库以及基础数据管理、远程监控、智能手机应用、数据分析以及异常事件日志等应用模块。

信息采集与设备控制层主要功能为采集养殖栏舍的视频信号与环境数据,并按养殖规范要求驱动栏舍环控、环保、自动喂料及自动送料塔等设备运作。温氏集团智能养殖环控系统通过安装在栏舍的各种环境传感器对养殖过程中的环境参数进行定时检测,以期科学地控制养殖环境,从而改善空气质量。自动化设备主要有风机、水帘、喷淋装置、光照设备和料塔等。该系统通过采用无线网络通信技术,对栏舍内各种自动化设备进行远程调控,最终实现真正的自动化和智能化。控制设备与传感器分布如图 5-5-2 所示。

智能养殖环控系统采用先进的环境监控技术对环境参数进行精确测量,并实现环境控制设备的远程调控,达到为猪生长提供一个适宜外部环境的目的。同时,该系统还可以实现定时自动操作,如自动喂料、自动清粪等。将精细化控制和重复单一的工作尽可能交给控制系统,解决了管理执行力低下、执行效果不理想等问题,该系统智能化环境控制示意图如图 5-5-3 所示。

中间控制服务层的主要功能是将信息采集与设备控制层的信息通过局域网传递给中间件服务器,实现设备预警与生产监控等功能。该层主要依靠计算

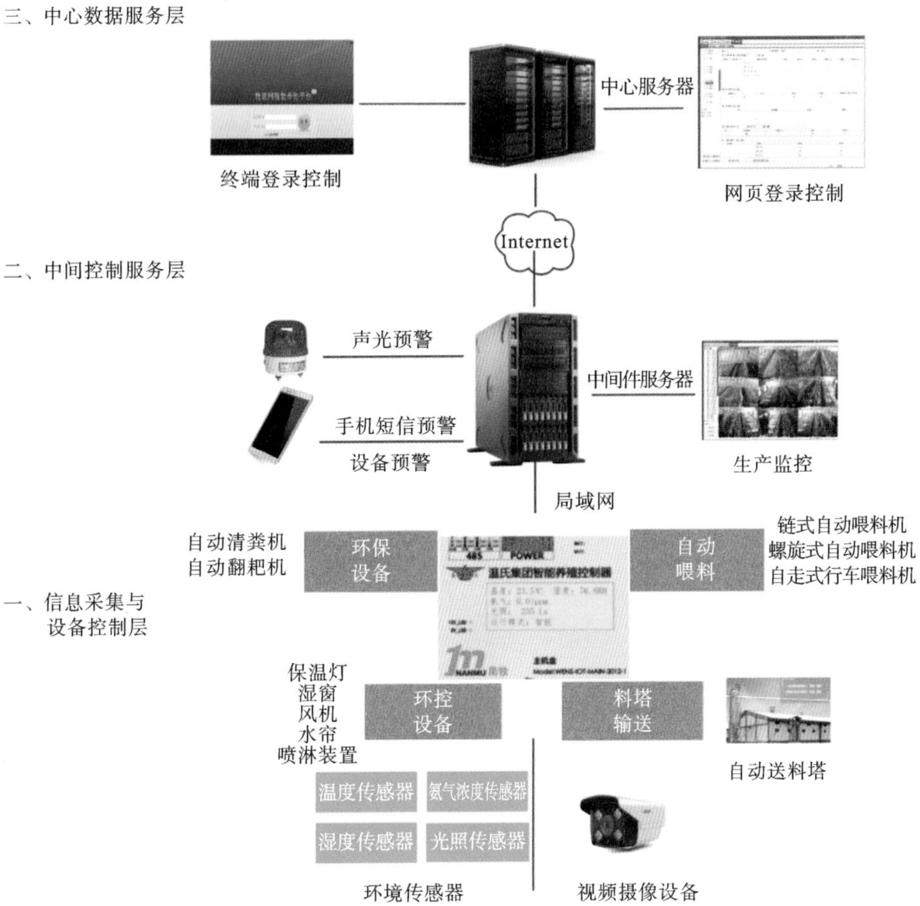

三、中心数据服务层

终端登录控制　　　　　　　　中心服务器　　　　　　网页登录控制

Internet

二、中间控制服务层

声光预警

手机短信预警

设备预警

中间件服务器

生产监控

局域网

一、信息采集与
设备控制层

自动清粪机
自动翻耙机

环保
设备

自动
喂料

链式自动喂料机
螺旋式自动喂料机
自走式行车喂料机

保温灯
湿窗
风机
水帘
喷淋装置

环控
设备

料塔
输送

自动送料塔

温度传感器　氨气浓度传感器

湿度传感器　光照传感器

环境传感器　　　视频摄像设备

图 5-5-1　温氏集团智能养殖环控系统总体结构

机系统中的监控软件,实时监控栏舍的视频信号、环境数据以及设备运转状态,对现场环境、设备运行异常等情况进行预警,并提供远程应急控制功能。设备预警功能主要根据设定的参数指标和采集的环境数据,在环境或设备运行出现异常时,进行现场声光预警,并能向相关饲养员、管理人员发送短信预警,准确定位预警地点并确定预警原因。生产监控功能主要提供实时的高清监控画面,通过视频画面反映各个设备的真实运行状态,管理人员还可以借此观察动物的生长情况,更好地开展畜舍的养殖管理工作。如图 5-5-4 所示,监控页面左侧为养殖舍列表,其中提供了轮巡间隔功能,能够对监控页面进行自动化调整,右侧则为具体养殖舍监控画面。

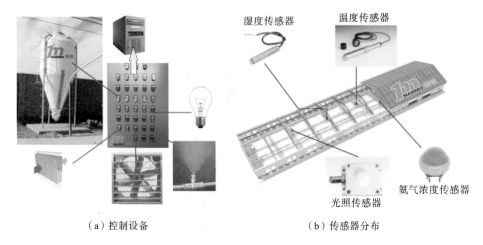

（a）控制设备　　　　　　　　　　　（b）传感器分布

图 5-5-2　控制设备与传感器分布示意图

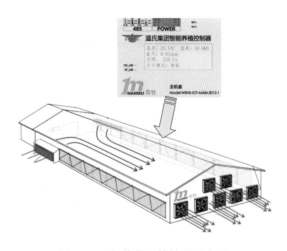

图 5-5-3　智能化环境控制示意图

中心数据服务层主要借助物联网监控中心的 DLP 大屏幕,以便管理层通过该屏幕实时监控物联网系统中每个养殖场的现场工作状态。同时,各级管理人员也可以使用计算机或者智能手机,远程查看养殖场每个栏舍的实时状态、控制信息以及各种类型的环境数据,并浏览由系统自动检测的异常事件记录信息等。该层的中间服务器同时可将数据上传至温氏集团数据中心的中心服务器,场部监控室可通过计算机端实时监控环境指标,并将各项指标及监控画面上传至集团中央监控室进行操作分析。同时,移动终端可同步实现对养殖场的实时监控,养殖场监控中心示意图如图 5-5-5 所示。

图 5-5-4　养殖舍监控示意图

集团中央监控室

场部监控室

移动终端监控

Internet

图 5-5-5　养殖场监控中心示意图

2. 畜舍环境智能感知与管控系统应用案例二

东北农业大学研究团队开发了一套基于 LoRa 无线网络的牛舍环境智能管控系统,实现了对牛舍养殖环境的实时监测与智能控制,以达到预防疫病、提高畜产品品质与产量的目的[71]。该智能管控系统主要结构分为三层:感知层、网络层以及应用层,其总体架构如图 5-5-6 所示。

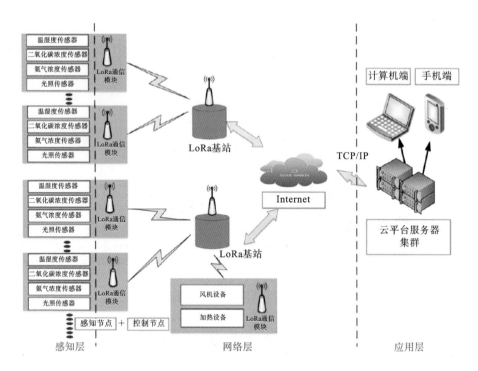

图 5-5-6　网络式牛舍环境智能管控系统

感知层由多种类型的传感器以及 STM32 微处理器模块组成。各类环境传感器用来监测牛舍内的温度、湿度、二氧化碳浓度、氨气浓度以及光照强度等重要环境参数。STM32 微处理器驱动感知节点进行数据采集,并将采集到的数据发送至 LoRa 基站。感知节点设计框图和实物图如图 5-5-7 所示。

网络层主要实现数据在畜舍和服务器之间的传递。其中,LoRa 基站作为一个透明传输的中间站,分别连接感知节点、控制节点以及云平台服务器。一方面,牛舍内所有的感知节点通过 LoRa 无线通信技术首先与 LoRa 基站连接,并将采集到的环境数据上传至 LoRa 基站;另一方面,LoRa 基站通过 TCP/IP 通信协议将所有环境数据打包处理后上传至云服务器,并接收来自服务器的控制指令。网络层整体结构如图 5-5-8 所示。

应用层主要包括后台服务器的系统软件。应用层中的屏幕不仅可以直观显示出牛舍环境内采集的数据,也可以采用图、表等多种方式将数据进行展示。同时,云平台服务器可对环境数据进行智能控制算法分析,并通过 LoRa 基站将环境调控指令发送至控制节点,以实现对牛舍中的风机以及加热器等设备的

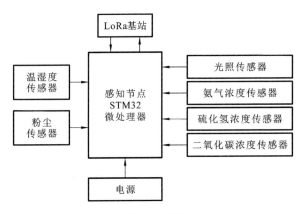

（a）感知节点设计框图

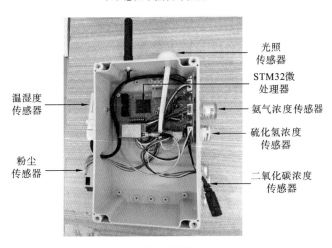

（b）感知节点实物图

图 5-5-7　环境感知节点

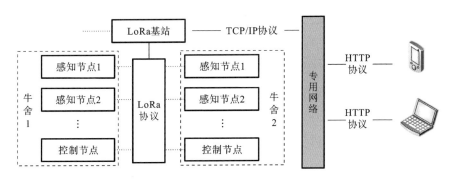

图 5-5-8　网络层整体结构

远程调控。应用层利用物联网技术，建立了一个可视化的云平台，云平台内部根据养殖场用户的操作传递信息，以达到创建设备、控制设备信息等目的。当LoRa 基站向云端发出上行数据时，云端根据实际协议与模块建立 Socket 通信，接收数据后将其存储到 MySQL 数据库，之后便可发送下行数据。云平台系统架构主要由前端 UI、显示层、业务层、数据库等模块组成，云平台系统架构如图 5-5-9 所示。

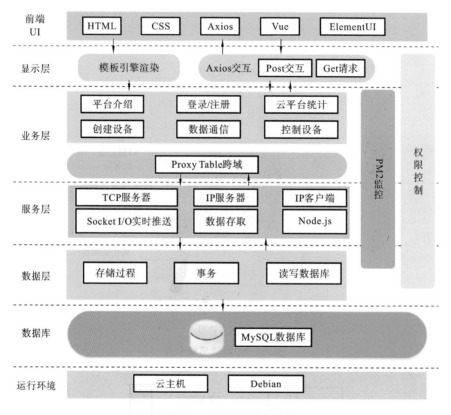

图 5-5-9　云平台系统架构图

该平台可同时在计算机端及手机端对数据进行展示。计算机端方便养牛场管理人员查看数据并对风机、加热设备等进行人工操作，而手机拥有移动性，能更好地辅助工作人员进行实地操作。该平台环境监控界面如图 5-5-10 所示。

5.5.2　家禽养殖环境感知与管控系统应用案例

中山市农业科技推广中心研发了一种鸡舍生产环境监控系统[72]，并应用在

图 5-5-10　畜禽舍养殖环境在线感知与智能管控云服务平台

中山市白鹤咀种鸡场。该系统主要包括生产环境参数的采集和生产设备的控制两个子系统。生产环境参数采集子系统实现对室内环境参数(温度,湿度,光照强度,氨气、二氧化碳、硫化氢浓度等),室外气象监测站信息,全数字高清监控视频,设备状态监控信息,停电或供电故障监控信息等信息的采集。采集到的鸡舍生产环境信息被上传至服务器,并进行存储、分析与可视化展示。系统根据采集的生产环境信息分析结果自动生成决策信息,通过 PLC 自动化控制系统实现风机、水帘、喷淋、保温设备等的联动调控。该系统可根据气候变化而转换控制模式,从而为鸡的成长提供科学合理的温湿度环境、气体浓度范围和照明时间。该系统整体拓扑架构如图 5-5-11 所示。

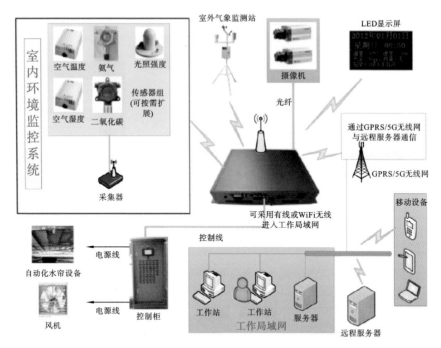

图 5-5-11   鸡舍生产环境监控系统拓扑图

  为了便于管理,该系统基于 SOA 架构开发了一套鸡舍生产管理云平台,该平台同时支持计算机端和手机端,将采集到的环境信息进行数据显示和处理,并根据数据挖掘技术发现数据中潜在的养殖规则,实现数据可视化展示和设备的远程控制。系统支持远程监测鸡舍内外的相关物理参数,该监测数据可与鸡舍的风机、水帘、喷淋等设备进行联动。通过云平台实现舍内设备的远程控制,控制方式有 3 种:① 根据鸡舍外的环境参数,手动远程打开鸡舍内的控制设备;② 设置时间段定时开关鸡舍内的控制设备;③ 设置温湿度等参数的临界值,达到临界值即自动打开或关闭鸡舍内的控制设备。

  该系统可以实时存储和显示所有鸡舍的环境数据、视频数据和操作信息,具体包括时间、舍内温湿度、光照强度、氨气及二氧化碳浓度等指标数据,以及舍外温湿度、风向、风速及降雨量等指标数据,并以图表的形式进行统计分析。该平台同时提供数据统计分析和查询功能,结合生产实际进行经验总结和科学验证,对提升养殖水平效果显著,系统界面如图 5-5-12 所示。

  云平台还提供监控视频远程观看和控制功能,包括视频回放、录制、拍照、定位以及云平台控制等,如图 5-5-13 所示。同时,该平台部署大容量硬盘 NVR进行循环录制,实现了定时拍照存储,为科学生产和产品溯源提供素材保证。

图 5-5-12 统计分析和查询界面

图 5-5-13 全数字高清视频监控系统

5.6 畜禽养殖环境数据感知与调控技术发展趋势

畜禽养殖环境智能感知与调控是实现畜禽现代化、设施化养殖的重要前提，也是保障高产畜禽品种发挥遗传潜力和生产效率的重要前提。基于先进传感器、物联网和人工智能技术，建立集饲养环境监测、控制设备管理于一体的畜禽高效安全养殖信息监控系统,可实现规模畜禽健康养殖过程的智能化管理,也是提升生产效率、实现节本增效,促进现代畜禽养殖业向信息化与智能化方向发展的重要途径。但不同地区、畜种、养殖规模和生产环节智能化水平发展不平衡,当前还需进一步提升畜禽养殖环境智能感知与调控相关的技术、装备及系统的普适性、可靠性与实用性,同时降低成本以实现大规模的普及应用。具体主要表现为以下几点:

(1)在畜禽养殖环境感知设备方面:与国际先进的物联网传感器技术相比,我国的物联网传感器存在设备体积大、功耗高、感知数据精度低以及设备在恶劣养殖环境下不稳定等问题。环境参数感知集成设备产品类型少,能选用的产品价格高,大范围的应用对于畜禽养殖企业确有困难。畜禽业感知技术及装备研发应重点发展高灵敏度、高适应性及高可靠性传感器,并向嵌入式、微型化、模块化、智能化、集成化与网络化方向发展,提高畜禽养殖中的数字补偿技术、网络化技术及智能化技术,提高相关技术装备的环境适应能力与精度。

(2)在无线网络传输技术方面:畜禽业养殖环境的自身特点和传感器低功耗的技术需求给无线网络数据传输提出了更高的要求。网络传输的不稳定性给后端数据处理和智能分析带来了一定的困难。未来仍需进一步探索无线移动互联与网络数据库的集成应用,尤其是构建基于传感器与移动通信技术融合的养殖环境监测及控制信号传输的物联网解决方案。

(3)在养殖环境精准调控理论方面:当前对畜禽生产过程中的知识模型及精准控制技术等的相关研究还远远不够,无法得到养殖过程中实际环境调控问题的最优解,当前养殖行业普遍采用的仍是时序控制、单一指标控制模式,难以实现精准的按需控制和多指标控制,不能为养殖人员、管理者提供智能决策和在线指导。因此,借助深度学习、知识图谱等新一代算法模型建立舍饲环境物联网智能控制系统,提升环境控制实时性与准确度,开展舍饲环境因子解耦策略与智能调控技术研究,实现风机、水帘、补温设备等的远程智能精准联动控制,才能使畜禽养殖环境智能控制更加精细化。

(4)在养殖环境大数据服务方面:畜禽养殖环境监控设备的应用能够获得大规模的养殖环境数据,但这些实时的养殖数据并没有得到充分利用。借助大数据分析技术实现养殖环境数据的深入挖掘,对构建环境多因素协同的畜禽养殖健康调控与疾病预警体系至关重要。此外,为及时、准确掌握我国畜禽业发展状况,通过建立包括畜禽养殖环境数据在内的畜禽养殖行业大数据智慧云服务平台,可以实现区域级或跨地域的畜禽多维度养殖数据的数字化监测与智能化分析,进一步为政府部门和行业企业等制定相应决策提供强有力的数据支撑。

我国畜禽养殖行业智能化需求日趋强烈,传感器国产化、通信低成本化、信息处理智能化和养殖环境数据服务化是畜禽养殖现代化的必然发展趋势,未来畜禽养殖环境监测与调控的研究重点应放在形成"全面感知—可靠传输—智能分析—自动控制—数据服务"的一体化解决方案上,以提高畜禽养殖数字化与现代化水平。

本章小结

畜禽养殖环境管控智能化是中国畜禽养殖行业发展所需迈出的重要一步,本章主要对当前畜禽养殖环境智能管控的技术研究与装备应用现状进行介绍,阐述了对畜禽养殖健康影响较大的多种环境因素,调研了从数据感知到环境调控等各环节的重要技术、理论及装备,并对当前典型畜禽养殖环境智能管控案例进行了介绍与分析。此外,为了畜禽养殖环境智能管控领域的进一步发展,本章在结尾还对当前养殖环境感知设备、数据传输技术、环境精准调控理论以及环境大数据服务等方面做了总结与展望。

本章参考文献

[1] 严格齐,李浩,施正香,等. 奶牛热应激指数的研究现状及问题分析[J]. 农业工程学报,2019,35(23):226-233.

[2] WEBSTER A J. Prediction of heat losses from cattle exposed to cold outdoor environments[J]. Journal of Applied Physiology,1971,30(5):684-690.

[3] DAHI G E,BUCHANAN B A,TUCKER H A. Photoperiodic effects on dairy cattle:A review[J]. Journal of Dairy Science. 2020,83(4):885-893.

[4] MADER T L,JOHNSON L J,GAUGHAN J B. A comprehensive index for assessing environmental stress in animals[J]. Journal of Animal Science,2010,88(6):2153-2165.

[5] THOM E C. The discomfort index[J]. Weatherwise,1959,12(2):57-61.

[6] BUFFINGTON D E, COLLAZO-AROCHO A, CANTON G H, et al. Black globe-humidity index (BGHI) as comfort equation for dairy cows [J]. Transactions of the ASAE, 1981, 24(3): 711-714.

[7] BAETA F C, MEADOR N F, SHANKLIN M D, et al. Equivalent temperature index at temperatures above the thermoneutral for lactating dairy cows[C]. Proceeding of the Meeting of the American Society of Agricultural Engineers, Baltimore: 1987, 21.

[8] YAMAMOTO A, YAMAMOTO S, YAMAGISHI N, et al. Effects of environmental temperature and air movement on thermoregulatory responses of lactating cows: An assessment of air movement in terms of effective temperature[J]. Japanese Journal of Zootechnical Science, 1989, 60(8): 728-733.

[9] TEW M A, BATTEL G, NELSON C A. Implementation of a new wind chill temperature index by the National Weather Service[C]//International Conference on Interactive Information and Processing Systems (IIPS) for Meteorology, Oceanography, and Hydrology, 2002, 18: 203-205.

[10] TUCKER C B, ROGERS A R, VERKERK G A, et al. Effects of shelter and body condition on the behaviour and physiology of dairy cattle in winter[J]. Applied Animal Behaviour Science, 2007, 105(1-3): 1-13.

[11] 吴捷刚. 基于 CFD 的秋季蛋鸡舍环境评估与优化研究[D]. 杭州：浙江大学，2021.

[12] 王校帅. 基于 CFD 的畜禽舍热环境模拟及优化研究[D]. 杭州：浙江大学，2014.

[13] 余超. 基于 CFD 技术的兔舍热环境评估[D]. 福州：福建农林大学，2019.

[14] SEO I, LEE I, MOON O, et al. Modelling of internal environmental conditions in a full-scale commercial pig house containing animals[J]. Biosystems Engineering, 2012, 111(1): 91-106.

[15] NORTON T, GRANT J, FALLON R, et al. Assessing the ventilation effectiveness of naturally ventilated livestock buildings under wind dominated conditions using computational fluid dynamics[J]. Biosystems Engineering, 2009, 103(1): 78-99.

[16] 杜欣怡，滕光辉，杜晓冬，等.基于雷达图的蛋鸡舍综合环境舒适度评价及应用[J].农业工程学报，2020，36(15)：202-209.

[17] 赵晓旭，赵庆，刘亭婷，等.密闭式鸡舍环境参数主成分线性加权综合评估模型[J]. 中国家禽，2011，33(22)：31-34.

[18] 周可嘉. 现代化超大规模蛋鸡舍冬春季环境参数控制综合评价研究[D].咸阳：西北农林科技大学，2014.

[19] FERNÁNDEZ A P，DEMMERS T G M，TONG Q，et al. Real-time modelling of indoor particulate matter concentration in poultry houses using broiler activity and ventilation rate[J]. Biosystems Engineering，2019，187：214-225.

[20] WEN P，LI L，XUE H，et al. Comprehensive evaluation method of the poultry house indoor environment based on gray relation analysis and analytic hierarchy process[J]. Poultry Science，2022，101(2)：101587.

[21] TRESOLD G，SCHUTZ K E，TUCKER C B. Cooling cows with sprinklers：Timing strategy affects physiological responses to heat load[J]. Journal of Dairy Science，2018，101(12)：11237-11246.

[22] MATTACHINI G，RIVA E，BISAGLIA C，et al. Methodology for quantifying the behavioral activity of dairy cows in freestall barns[J]. Journal of Animal Science，2013，91(10)：4899-4907.

[23] 甄龙，张少帅，石玉祥，等.水料比作为偏热环境肉鸡热舒适评价指标的研究[J]. 动物营养学报，2015，27(6)：1750-1758.

[24] BECKER C A，AGHALARI A，MARUFUZZAMAN M，et al. Predicting dairy cattle heat stress using machine learning techniques[J]. Journal of Dairy Science，2021，104(1)：501-524.

[25] TSAI Y C，HSU J T，DING S T，et al. Assessment of dairy cow heat stress by monitoring drinking behaviour using an embedded imaging system[J]. Biosystems Engineering，2020，199：97-108.

[26] 谢涛，王芳，田建艳，等. 基于快速 SSD 的猪群舒适度监测[J]. 畜牧与兽医，2019，51(12)：40-45.

[27] 刘烨虹，刘修林，侯若羿，等. 基于机器视觉的鸡群热舒适度判别方法研究[J]. 黑龙江畜牧兽医，2018(19)：11-14.

[28] DEL VALLE J E，PEREIRA D F，NETO M M，et al. Unrest index for

estimating thermal comfort of poultry birds (Gallus gallus domesticus) using computer vision techniques[J]. Biosystems Engineering，2021，206：123-134.

[29] NASIRAHMADI A，HENSL O，EDWARDS S A，et al. A new approach for categorizing pig lying behaviour based on a Delaunay triangulation method[J]. Animal，2017，11(1)：131-139.

[30] DU X D，CARPENTIER L，TENG G H，et al. Assessment of laying hens' thermal comfort using sound technology[J]. Sensors，2020，20(2)：473.

[31] 赵晓洋. 基于动物发声分析的畜禽舍环境评估[D]. 杭州：浙江大学，2019.

[32] 李保明，王阳，郑炜超，等. 畜禽养殖智能装备与信息化技术研究进展[J]. 华南农业大学学报，2021，42(6)：18-26.

[33] 邹兵，杜松怀，施正香，等. 基于以太网和移动平台的奶牛场环境远程监控系统[J]. 农业机械学报，2016，47(11)：301-306,315.

[34] ZHENG W，XIONG Y，GATES R S，et al. Air temperature, carbon dioxide, and ammonia assessment inside a commercial cage layer barn with manure-drying tunnels[J]. Poultry Science，2020，99(8)：3885-3896.

[35] 周景文，李临生，李慧霞，等. 基于 ZigBee 无线传感网络的猪舍监控系统[J]. 太原科技大学学报，2018，39(1)：18-25.

[36] 匡伟，刘黑头，姚远，等. 层叠式笼养蛋鸡舍环境质量与产蛋性能监测与分析[J]. 中国家禽，2017，39(1)：64-65.

[37] FENG Q C，WANG X. Design of disinfection robot for livestock breeding[J]. Procedia Computer Science，2020，166：310-314.

[38] 龙长江，谭鹤群，朱明，等. 畜禽舍移动式智能监测平台研制[J]. 农业工程学报，2021，37(7)：68-75.

[39] 李帅，李丽华，邢雅周，等. 基于 LoRa 的养鸡场有害气体监测系统设计[J]. 中国家禽，2020，42(9)：68-73.

[40] 张晗芬. 基于 NB-IoT 技术的养殖场环境监控系统设计[D]. 杭州：浙江工业大学，2020.

[41] 邵林，刘淑霞，霍晓静，等. 数据融合算法在畜禽舍环境监测系统中的应用[J]. 农机化研究，2013，35(8)：162-165,169.

[42] 段青玲，肖晓琰，刘怡然，等. 基于改进型支持度函数的畜禽养殖物联网

数据融合方法[J]. 农业工程学报，2017，33(S1)：239-245.

[43] ZHU H J，MIAO Y S，WU H R. WSN spatio-temporal correlation data fusion method for dairy cow[J]. International Journal of Online Engineering，2017，13(12):26-36.

[44] 卢耀. 基于移动协调节点路由算法的养猪场环境监控系统[D]. 镇江：江苏大学，2016.

[45] ZHU W，BIAN Z，LU Y. Environmental control system for pig farm based on mobile coordinator routing algorithm[J]. PRECISION LIVE-STOCK FARMING'19，851.

[46] ABDELHAKIM M，LIANG Y，LI T. Mobile coordinated wireless sensor network：An energy efficient scheme for real-time transmissions[J]. IEEE Journal on Selected Areas in Communications，2016，34(5)：1663-1675.

[47] 张铮，曹守启，朱建平，等. 面向大面积渔业环境监测的长距离低功耗 LoRa 传感器网络[J]. 农业工程学报，2019，35(1)：164-171.

[48] GUO Z，PENG Z，WANG B，et al. Adaptive routing in underwater delay tolerant sensor networks[DB/OL]. [2024-07-17]. https://www.researchgate.net/publication/265634747_Adaptive_Routing_in_Underwater_Delay_Tolerant_Sensor_Networks.

[49] WANG Y M. Optimization of wireless sensor network for dairy cow breeding based on particle swarm optimization[C]// 2020 International Conference on Intelligent Transportation，Big Data & Smart City (ICITBS). 2020：524-527.

[50] 梁天航. 基于 ZigBee 和 3G 技术的猪舍环境监控系统的研究[D]. 长春：吉林农业大学，2017.

[51] 陈勇，许亮，于海阔，等. 基于单片机的温度控制系统的设计[J]. 计算机测量与控制，2016，24(2)：77-79.

[52] 许世林. 鸡舍灯光控制系统：CN107222966A[P]，2017-09-29.

[53] LIU B Y，ZHENG H，LIN Y Z，et al. Design of environmental monitoring and control system for large-scale pig house with fermentation bed [J]. Agricultural Science & Technology，2015，16(2):391-399.

[54] 李顺，窦轩，王志鹏，等. 基于 CFD 的猪舍小气候环境模糊控制系统[J].

家畜生态学报，2017，38(5)：54-59.

[55] MUSHTAQ Z，YAQUB A，JABBAR M，et al. Environment control system for livestock sheds using fuzzy logic technique[C]//2016 3rd International Conference on Information Science and Control Engineering (ICISCE). IEEE，2016：963-967.

[56] CAGLAYAN N，ERTEKINB C. Intelligent control based fuzzy logic for climate control of livestock buildings[C]//CIGR-AgEng Conference，Aarhus，2016：1-6.

[57] 张岩. 基于迭代学习算法的禽类养殖环境控制技术研究[D]. 哈尔滨：哈尔滨理工大学，2019.

[58] 郭彬彬，孙爱东，丁为民，等. 种鹅舍环境智能监控系统的研制和试验[J]. 农业工程学报，2017，33(9)：180-186.

[59] XIE Q J，NI J Q，SU Z B. A prediction model of ammonia emission from a fattening pig room based on the indoor concentration using adaptive neuro fuzzy inference system[J]. Journal of Hazardous Materials，2017，325：301-309.

[60] 冀荣华，史珊弋，赵迎迎，等. 基于 LSTM-Seq2Seq 的兔舍环境多参数预测[J]. 农业机械学报，2021，52(S1)：396-401，409.

[61] SHEN W，FU X，WANG R，et al. A prediction model of NH_3 concentration for swine house in cold region based on empirical mode decomposition and Elman neural network[J]. Information Processing in Agriculture，2019，6(2)：297-305.

[62] 辛宜聪. 基于 CFD 模拟的楼房猪舍内外氨气分布规律研究[D]. 杭州：浙江大学，2021.

[63] KIM R W，KIM J G，LEE I B，et al. Development of a VR simulator for educating CFD-computed internal environment of piglet house[J]. Biosystems Engineering，2019，188：243-264.

[64] LEE S Y，LEE I B，KIM R W，et al. Dynamic energy modelling for analysis of the thermal and hygroscopic environment in a mechanically ventilated duck house[J]. Biosystems Engineering，2020，200：431-449.

[65] 杨飞云，曾雅琼，冯泽猛，等. 畜禽养殖环境调控与智能养殖装备技术研究进展[J]. 中国科学院院刊，2019，34(2)：163-173.

[66] 曹彦博. 基于单片机的鸡舍智能环境控制系统的设计[D]. 济南：山东农业大学，2017.

[67] 关铭洁. 基于 PLC 和力控的猪舍环境监控系统的设计[D]. 哈尔滨：东北农业大学，2014.

[68] 张宇，沈维政，张译元. 畜禽舍养殖环境智能调控系统应用研究[C]// 熊本海，王文杰，宋维平. 中国畜牧兽医学会信息技术分会第十届学术研讨会论文集，北京：中国农业大学出版社，2015：66-70.

[69] 温氏食品集团股份有限公司. 物联网技术在养猪业的应用[DB/OL].（2017-11-17）. https://www.doc88.com/p-9912811296032.html? r=1.

[70] 黄松德，温尚海，徐国茂，等. 温氏集团物联网智能养殖控制系统的研发与应用[C]// 中国农学会. 2013 中国农业产业化年会暨中国农业企业家论坛论文集. 2013：127-133.

[71] 付晓. 北方寒地密闭猪舍环境优化控制方法研究[D]. 哈尔滨：东北农业大学，2020.

[72] 张伟杰，唐观怿，黄家怿. 基于物联网的养鸡环境监控与管理系统[J]. 现代农业装备，2017(5)：61-65.

第 6 章
畜禽精准饲喂技术与装备

传统的畜禽粗放饲喂方式易产生畜禽营养不均衡、饲料浪费等问题,且需要较大强度的人工劳作。随着信息技术和装备的发展,以节省饲料和人工成本、促进畜禽营养均衡、保障畜产品品质及安全等为目标的精准饲喂技术和装备逐步得到应用和推广。本章重点阐述畜禽智慧养殖领域的精准饲喂技术与装备的最新进展,并展望其未来发展。

6.1 畜禽日粮营养配方优化技术

不同品种、不同生长阶段的畜禽需要不同营养水平的饲料,日粮营养配方的优化成为决定生产水平、产品质量及养殖效益的因素之一。随着我国饲料数据库的建立和健全,各种饲料资源得到了有效利用,饲养成本有所降低,饲料营养价值的利用更加充分。同时,大数据、云计算等信息技术也应用于畜禽营养配方优化,促进畜禽饲喂技术的数字化发展。

6.1.1 饲料配方系统基础模型

首先介绍数学规划基础模型构造中经常使用的几个关键术语及其定义[1]。

(1) 决策变量(decision-making variable)。在决策者控制之下,同时又决定着问题解的变量称为决策变量,也称控制变量或结构变量。通常表示为 $x_j(j=1,2,\cdots,n)$ 或表示为向量 $\boldsymbol{X}=(x_1,x_2,\cdots,x_n)$。

(2) 理想目标(objective)。理想目标由决策变量的数学函数表达。理想目标函数通常用来反映决策者的某种愿望,如利润最大或成本最小等等。理想目标函数的右端项(right hand side,RHS)没有规定,两类最典型的目标函数形式为:$\max f(x)$($\max$ 是 maximize 的缩写,代表最大化)和 $\min f(x)$($\min$ 是 minimize 的缩写,代表最小化)。

(3) 期望值(aspiration level)。期望值是理想、满意的或可接受的一个特定值,它可以用来度量理想目标的达到程度,也称目标值或指标值。期望值一般放在数学关系式(方程或不等式)的右端,故也称右端项。

(4) 现实目标(goal)。配上某一指标值(或期望值)的理想目标称为现实目标,如希望至少获得的利润 x,或通货膨胀率减小 y。根据具体情况,现实目标的数学表达式可以取如下三种形式中的任一种:

$$\begin{cases} f(x) \leqslant b \\ f(x) \geqslant b \\ f(x) = b \end{cases}$$

三种形式的右端项为常数 b,为期望值。理想目标与现实目标的关系是:理想目标和某一指标值相配合(也就是配上右端项 RHS),这样构成的决策变量的数学函数式称为现实目标。

(5) 约束(constraint)。当一个现实目标函数必须满足,即在数学上不得违反时,可称为绝对现实目标,或称为刚性约束或硬约束。在线性规划(linear programming,LP)法中的约束指的就是绝对现实目标,故 LP 法中“约束”为“刚性约束”或“硬约束”的简称。在多目标规划(multiple goal programming,MGP)法中除硬约束(绝对现实目标)之外的现实目标有时也可称为弹性约束或软约束,其关系式在数学上并非严格地不许违反。即在 MGP 法中又将现实目标区分为刚性约束和弹性约束。因此现实目标函数概念的灵活性较大。

建立待决策问题的基础数学模型是用数学规划法求解问题的最初阶段和关键所在。在这一阶段,我们必须选择并在数学上定义最恰当的表达问题的决策变量、理想目标。这些理想目标或现实目标一般来源于决策者的希望、有限的资源、任何其他加在决策变量选择上明显的或隐含的约束。

建立基础数学模型主要包含确定决策变量、恰当地表达所有理想目标和(或)现实目标、从现实目标中分离出硬约束三个步骤。在遵循上述步骤建立基础数学模型之后,可以将其转换为传统单目标的 LP 模型或多目标的 MGP 模型。建立基础数学模型的目的是尽可能按照决策者的理解去反映问题。任务是求 $\boldsymbol{X} = (x_1, x_2, \cdots, x_n)$,使模型的理想目标达到极大或极小,同时满足模型的现实目标和硬约束的要求,其数学表达式为

理想目标

$$\max a_{r1}x_1 + a_{r2}x_2 + \cdots + a_{rn}x_n \quad (r = 1, 2, \cdots, R) \tag{6-1-1}$$

$$\min a_{s1}x_1 + a_{s2}x_2 + \cdots + a_{sn}x_n \quad (s = 1, 2, \cdots, S) \tag{6-1-2}$$

现实目标

$$a_{t1}x_1 + a_{t2}x_2 + \cdots + a_{tn}x_n(*)b_t \quad (t=1, 2, \cdots, T) \qquad (6\text{-}1\text{-}3)$$

硬约束

$$x_1, x_2, \cdots, x_n \geq 0 \qquad (6\text{-}1\text{-}4)$$

关系式(6-1-3)中的星号"$*$"可为"$\leq$""$=$""$\geq$"之一种,式(6-1-4)一般称为非负条件。

6.1.2 配方与营养问题定义

动物饲料配方(feed formulation)问题与人类食谱问题(diet problem)是一致的,即组合或混合几种饲料原料,生产出一种产品,在满足一定规格要求(限制条件)的基础上使总成本最小。下面引出配方问题基础数学模型。某鸡场欲用 n 种原料(例如玉米、豆饼、小麦麸等)配制一批配合饲料。要求这批配合饲料必须含有 m 种营养成分(例如代谢能、粗蛋白、钙、磷等),并要求营养成分的含量不低于 $b_i(i=1,2,\cdots,m)$。已知营养成分在每单位原料中的含量为 $a_{ij}(i=1,2,\cdots,m;j=1,2,\cdots,n)$,每单位原料的价格为 c_j,试问在保证营养要求的条件下,应采用何种配方才能使这批配合饲料的成本最低?

1. 决策变量的确定

该问题是确定原料在所采用的配合饲料中的用量比例(设为 x_j),因此决策变量为 x_j。

2. 理想目标和现实目标的表达

对这个问题我们希望达到的目标如下:

(1) 配合饲料的成本最低(成本目标);

(2) 配合饲料中营养成分的总含量 $\geq b_i$(养分目标);

(3) n 种饲料原料的质量总和等于某固定数值(配比目标);

(4) 对某些原料用量有上下限要求(限量目标);

(5) 所有变量的值必须是非负的(非负条件)。

对配合饲料成本的要求(成本目标)构成一个理想目标(没有右端项),它可以写成 $\min \sum_{j=1}^{n} c_j x_j$。对配合饲料中营养成分含量的要求(养分目标)构成了 m 个现实目标(含 $\leq$,$=$,$\geq$):

$$\sum_{j=1}^{n} a_{ij}x_j \geq (\leq \text{或} =)b_i \quad (i=1, 2, \cdots, m)$$

对原料总质量的要求(配比目标)构成的现实目标是 $\sum_{j=1}^{n} x_j = 1$,这里右端项可以是小于 1 的某个数值。非负约束条件是 $x_j \geqslant 0$，其中 $j \in [1, n]$ 且 j 为整数。这里未涉及限量目标，因此这个问题的基础数学模型可以归纳如下：

$$\min \sum_{j=1}^{n} c_j x_j \tag{6-1-5}$$

$$\sum_{j=1}^{n} a_{ij} x_j \geqslant (\leqslant \text{ 或 } =) b_i \quad (i = 1, 2, \cdots, m) \tag{6-1-6}$$

$$\sum_{j=1}^{n} x_j = 1 \tag{6-1-7}$$

$$x_j \geqslant 0 \quad (j = 1, 2, \cdots, n) \tag{6-1-8}$$

式中包括了一个理想目标和数个现实目标。上述理想目标及现实目标的函数形式都是线性的，其中有关数 $(a_{ij}、b_i、c_j)$ 都是确定性的常数项，而决策变量的取值无疑是连续的，因此配方问题的基础数学模型是一个线性的数学决策模型。另需说明的是，对营养成分的约束关系也可能是"≤"或"="形式，而对于原料的用量 x_j 可能存在上界或下界的要求（限量要求），这是在构成实际配方模型时需要进一步加以考虑的。

3. 绝对现实目标的确定

式（6-1-3）属于绝对现实目标，是硬约束。而式（6-1-4）属于非负条件，由于在有关优化算法中已将非负条件看作优化的前提，因此不再将其归纳在硬约束之列。至于对原料用量上下限所提出的现实目标，因其有基于饲料理化、营养、毒理学等诸方面的考虑，一般也作为硬约束来看待。上文我们基于建立基础数学模型的三个步骤构造了配方问题的线性模型，遗憾的是，虽然基础数学模型能较真实地描述实际系统，但是我们还没有一个有效的方法来求解这样一种模型。这就是我们要把基础数学模型转换为线性规划或目标规划模型的原因。

6.1.3　线性规划模型与最低成本配方

传统的 LP 模型只允许（且必须）有一个理想目标，其他所有理想目标和现实目标必须看作刚性的硬约束（简称约束）——而不管它们实际上是否是硬约束。单目标的 LP 模型有着易于用有效的单纯形法求解的优点，但是有可能降低模型的真实性（有效性）。当约束条件数目较多时，约束条件之间彼此互不相容并导致模型无解的可能性也增大。用 LP 法求得的饲料配方即是所谓的最低成本配方。

1. 转换基础数学模型

由于前面构造的配方问题的基础数学模型恰好只有一个理想目标，因此可以很自然地将其转换成单目标的 LP 模型，即在满足由式（6-1-6）至式（6-1-8）组成约束集的条件下，求使式（6-1-1）中成本目标函数极小化的一组决策变量值 $x_j(j=1, 2, \cdots, n)$。因此，这是一个求条件极值的问题。用数学符号可简单地表述如下：

$$\min \sum_{j=1}^{n} c_j x_j \qquad (6\text{-}1\text{-}9)$$

$$\text{s. t.} \quad \sum_{j=1}^{n} a_{ij} x_j (*) b_i \quad (i=1, 2, \cdots, m) \qquad (6\text{-}1\text{-}10)$$

$$\sum_{j=1}^{n} x_j = 1 \qquad (6\text{-}1\text{-}11)$$

$$x_j \geqslant 0 \quad (j=1,2,\cdots,n) \qquad (6\text{-}1\text{-}12)$$

"s. t."为"subject to"的缩写，意即"受约束于"。请注意式（6-1-10）与式（6-1-6）在约束条件的关系符上的不同，"$*$"可为"$\geqslant$""$\leqslant$"或"$=$"之一种。这里仍未涉及有关原料用量（x_j）上下限的约束条件。

2. LP 模型的求解

在建立了配方问题的 LP 模型后，下一步便需针对该模型求得决策变量的一组最优解，求解 LP 模型时通常使用丹齐格创立的单纯形法，或基于单纯形法的某些改进算法。单纯形法之后提出的多项式时间算法，也可用来求解一些较为特殊的 LP 问题。由于配方模型中涉及的变量数及约束条件数并不很大，故采用简单有效的单纯形法并借助计算机技术，即可很好地解决问题。

LP 问题由决策变量、约束条件及目标达成函数三个要素组成，而约束条件左端及目标达成函数皆是决策变量的线性函数。如将式（6-1-10）、式（6-1-11）以及原料 x_j 上下限等约束条件统一处置，则配方问题的 LP 模型一般可以写成以下形式：

$$\min \sum_{j=1}^{n} c_j x_j \qquad (6\text{-}1\text{-}13)$$

$$\text{s. t.} \quad \sum_{j=1}^{n} a_{ij} x_j (*) b_i \quad (i=1, 2, \cdots, m) \qquad (6\text{-}1\text{-}14)$$

$$x_j \geqslant 0 \quad (j=1,2,\cdots,n) \qquad (6\text{-}1\text{-}15)$$

式中：b_j 已不仅仅代表营养成分的规格，也可代表原料的用量限制以及配比限制;a_{ij} 代表某营养成分在原料中的含量;决策变量的个数为 n,约束条件的个数为 m。

设 $\boldsymbol{X}=(x_1,x_2,\cdots,x_n)$ 满足所有的约束条件,于是 $\boldsymbol{X}$ 便是 LP 问题的一个可行解,所有可行解构成 LP 问题的可行解集。如用 n 个决策变量构成一个 n 维空间,于是 LP 问题的可行解集即构成 n 维空间中的一个可行域,而可行域中的任一点即对应一个可行解。可行域中使目标函数极值化(极小或极大)的点对应的可行解,即是最优解。由于可行域中包含无数个点(对应无数个可行解),因此如何从中迅速有效地挑选出对应最优解的某一点,便成为求解 LP 问题的决定性问题。

虽然从理论上说可采用枚举法来求解 LP 问题,但由于该方法计算量大,效率太低,因而实际上是行不通的。单纯形法巧妙地解决了在无数个点中系统地、定向地搜索最优解的问题,这种搜索保证以有限步骤收敛,并能检查出多最优解、无界解和不可行解等情形。任何只包含两个决策变量的 LP 问题可以用二维图形表示,每个约束条件和非负条件都形成一个半空间,将这两个决策变量的值限制在该半空间的诸点上。可行域是所有半空间公共点的面积,形成了一个凸多边形(凸集)。可行域的边界是由直线构成的,每条直线都对应一个取等式形式的约束条件或非负条件。这样的直线两两相交,其交点形成了凸多边形的顶点,或称作凸集的极点。

极点对应的可行解在代数上被称作基本可行解。那么如何求出 LP 问题的极点(或基本可行解呢)? 首先需要采取一定手段将式(6-1-13)式(6-1-15)表示的 LP 问题转化成标准形,即将约束条件式(6-1-14)中的不等式关系全部转化成等式,随后便可以借助解线性方程组的线性代数这一基本工具来求极点解。可以通过在模型中引入非负辅助变量的方法来实现从一般形向标准形的转化。有几种途径可以实现这一转化:一种是引入松弛变量和人工变量两个辅助变量;还有一种是只简单引入一个松弛变量。我们这里只简介后一种转化方法。

对式(6-1-1)至式(6-1-4)中的每个约束条件都引入一个非负松弛变量,并令

$$\sum_{j=1}^{n}a_{ij}x_j+d_ix_{n+i}=b_i \quad (i=1,2,\cdots,m) \qquad (6\text{-}1\text{-}16)$$

其中 x_{n+i} 是对约束条件引入的松弛变量,当"＊"为"$\leqslant$""$\geqslant$"或"＝"时,d_i 分别取 -1、1 和 0。采用矢量及矩阵记号,令 $\boldsymbol{X}^{\mathrm{T}}=\begin{bmatrix}x_1 & x_2 & \cdots & x_n & x_{n+1} & \cdots & x_{n+m}\end{bmatrix}$,$\boldsymbol{C}=\begin{bmatrix}c_1 & c_2 & \cdots & c_n & 0 & \cdots & 0\end{bmatrix}$,$\boldsymbol{b}^{\mathrm{T}}=\begin{bmatrix}b_1 & b_2 & \cdots & b_m\end{bmatrix}$。矩阵 $\boldsymbol{A}$ 为

$$A = \begin{bmatrix} a_{11} & \cdots & a_{1j} & \cdots & a_{1n} & d_1 & 0 & 0 & \cdots & \cdots & 0 \\ a_{21} & \cdots & a_{2j} & \cdots & a_{2n} & 0 & d_2 & 0 & \cdots & \cdots & 0 \\ \vdots & & \vdots & & \vdots & & 0 & d_3 & & \cdots & 0 \\ a_{i1} & \cdots & a_{ij} & \cdots & a_{in} & & & 0 & \cdots & \cdots & \vdots \\ \vdots & & \vdots & & \vdots & & & 0 & & & 0 \\ a_{m1} & \cdots & a_{mj} & \cdots & a_{mm} & 0 & 0 & 0 & \cdots & 0 & d_m \end{bmatrix}$$

于是式(6-1-13)至式(6-1-15)构成的 LP 标准形问题可记作：

$$\begin{cases} \min\ z = \boldsymbol{CZ} & (6\text{-}1\text{-}17) \\ \text{s. t.}\ \boldsymbol{AX} = \boldsymbol{b} & (6\text{-}1\text{-}18) \\ \boldsymbol{X} \geqslant 0 & (6\text{-}1\text{-}19) \end{cases}$$

式中：$\boldsymbol{X}$ 表示包含了 n 个决策变量及 m 个松弛变量的 $(n+m) \times 1$ 阶列向量；$\boldsymbol{C}$ 表示目标函数中 $\boldsymbol{X}$ 各分量的系数组成的 $1 \times (n+m)$ 阶行向量；$\boldsymbol{A}$ 表示转换成标准形后的约束条件集组成的 $m \times (n+m)$ 阶矩阵；$\boldsymbol{b}$ 表示约束条件右端项组成的 $m \times 1$ 阶列向量。

当用三辅助变量法时，该标准形问题同样可以化成式(6-1-17)～式(6-1-19)这样的矢量代数形式。在数学上，由式(6-1-18)构成的线性方程组 $\boldsymbol{AX} = \boldsymbol{b}$ 的基本可行解便对应着式(6-1-13)～式(6-1-15)表示的 LP 问题的凸集的极点，故也称为极点解或基本可行解。这样便将几何意义上的极点概念与线性方程组 $\boldsymbol{AX} = \boldsymbol{b}$ 的基本可行解联系在一起了。

对于 LP 问题，如果最优解存在的话，那么它必然在极点处产生。极点定理的重要性在于它把最优解存在的可能性局限在有限个极点上。可行解凸集的极点等价于线性方程组 $\boldsymbol{AX} = \boldsymbol{b}$ 基本可行解的解集，也就是说极点和基本可行解是等价对应的；因此通过比较各基本可行解对应目标函数值的大小，就可以确定最优解。丹齐格单纯形法对最优解的搜索并非仅依据极点定理，因为在中等和大规模问题中存在的极点个数相当多，还需对这些极点进行有效的、系统的搜索。单纯形法正好提供了符合实用要求的一种简便搜索方案。

单纯形法也称为"邻近极点法"，因其在搜索最优解时总是重复着从一个极点移向相邻的一个使目标函数值呈现最大改进的极点（邻近极点）的过程。解 LP 问题就意味着要确定凸集的极点以及在相邻极点之间的"移动"。

6.1.4 用 LP 求解配方问题案例分析

我们借助通用的求解线性规划的 LP 程序来配制 8～20 周生长猪全价配合

饲料配方。有关的技术数据(原料营养成分、价格、饲养标准)和约束条件(原料上下限量、营养指标限制关系)见表 6-1-1。配方结果及其营养成分达成情况见表 6-1-2。这里配比总和为 99.2%,留出约 1%部分添加复合预混料,包含保健促生长剂、维生素、微量元素及其他非营养性物质等。表 6-1-1 所示的为式(6-1-16)～式(6-1-19)所示的线性规划配方模型的基础数据和约束条件。凡是数据为零的项目所对应的单元格均为空单元格。

表 6-1-1　生长猪(8～20 周)饲料配方的基础数据和约束条件

序号	技术项目	单位	玉米	小麦	大豆粕	氢钙	石粉	鱼粉	食盐	蛋氨酸	赖氨酸	玉米油	预混料	填充料	标准	达成
1	DM	%	88	87	89	98	97	90	98	99.8	0	99	92	99	88	88.6
2	DE	MJ/kg	14.43	14.18	14.27			12.55				36.61			13.60	13.60
3	ME	MJ/kg	13.60	13.22	12.43			10.54				35.15			12.34	12.55
4	CP	%	8.0	13.9	44.0	0.1	0	60.2			0				19.5	19.5
5	EE	%	3.6	1.7	1.9			4.9			98					2.87
6	CF	%	1.6	1.9	5.2			0.5								2.63
7	NFE	%	71.5	67.6	31.8			11.6								54.15
8	Ash	%	1.4	1.9	6.1			12.8	0.2							3.03
9	Ca	%	0.02	0.17	0.33	23.2	35	4.04							0.74	0.74
10	P	%	0.27	0.41	0.62	16.5		2.9							0.58	0.59
11	AP	%	0.12	0.13	0.18	16.5		2.9							0.36	0.36
12	NaCl	%						3.0	99							0.22
13	LYS	%	0.22	0.3	2.66			4.72			78				1.22	1.22
14	MET+CYS	%	0.34	0.49	1.3			2.16		99					0.69	0.69
15	MET	%	0.16	0.25	0.62			1.64		99					0.32	0.36
16	THR	%	0.27	0.33	1.92			2.57							0.79	0.82
17	TRP	%	0.06	0.15	0.64			0.7							0.22	0.25
18	LEU	%	0.23	0.44	1.8			2.68							0.67	0.76
19	ILE	%	0.85	0.8	3.26			4.8							1.19	1.64
20	ARG	%	0.35	0.58	3.19			3.57							0.49	1.29
21	VAL	%	0.35	0.56	1.99			3.17							0.84	0.91
22	HIS	%	0.19	0.27	1.09			1.71							0.38	0.49
23	PHE	%	0.37	0.58	2.23			2.35							0.73	0.98
24	PHE+TYR	%	0.74	1.16	4.46			4.7							1.13	1.95

续表

序号	技术项目	单位	玉米	小麦	大豆粕	氢钙	石粉	鱼粉	食盐	蛋氨酸	赖氨酸	玉米油	预混料	填充料	标准	达成
25	Fe 铁	mg/kg	37	88	185			80							105	83.22
26	Zn 锌	mg/kg	19.4	29.7	46.4			80							110	28.26
27	Mn 锰	mg/kg	6.2	45.9	28			10							40	13.56
28	Cu 铜	mg/kg	3.3	7.9	24			8							6	9.78
29	I 碘	mg/kg	0.12												0.14	0.07
30	Se 硒	mg/kg	0.03	0.05	0.06			1.5							0.3	0.07
31	Co 钴	mg/kg													0	0
32	Na 钠	%	0.2	0.06	0.03			0.97	39.7						0.15	0.21
33	Cl 氯	%	0.04	0.07	0.05			0.61	60.3						0.15	0.15
34	K 钾	%	0.3	0.5	1.72			1.1							0.26	0.75
35	Mg 镁	%	0.12	0.11	0.28			0.16							0.04	0.16
36	VA	IU/kg													2200	0
37	VD3	IU/kg	0	0	0			0							220	0
38	VE	mg/kg	22.3	13	3.1			7							16	14.66
39	VK	mg/kg													0.5	0
40	VB1	mg/kg	2.6	4.6	4.6			0.5							1.5	3.09
41	VB2	mg/kg	1.1	1.3	3			4.9							3.5	1.72
42	泛酸	mg/kg	3.9	11.9	16.4			9							10	7.87
43	烟酸	mg/kg	21.2	51	30.7			55							15	24.35
44	生物素	mg/kg						104							0.05	2.08
45	胆碱	mg/kg	627	1040	2858			3056							500	1348.69
46	叶酸	mg/kg	0.08	0.11	0.33			0.2							0.3	0.16
47	吡哆醇	mg/kg	0.12	0.36	0.81			0.3							1.5	0.34
48	VB12	mg/kg	10.11	3.7	6.1			4							0.02	8.09
49	亚油酸	%	2.23	0.59	0.51			0.12							0.1	1.5
50	小麦	%		1											2	
51	鱼粉	%						1							2	
52	预混料	%											1		1	
53	价格	元/千克	2.0	1.9	3.2	2.3	0.3	10.5	1.0	22	18	6	13	0.2	100	

表 6-1-1 中的技术数据描述如下:第 1 行为表头,其第 4～15 列是选用的参与日粮计算的原料名称,尽量做了简化。其中,"氢钙"即磷酸氢钙;"预混料"即复合预混料;还特别增加了一种"填充料",这是一种不含任何养分的原料,在满足各种养分浓度需求的前提下,如果 100% 的用料空间中还有剩余空间,则可以使用"填充料",既降低成本,又不破坏日粮间的养分平衡。"标准"列的内容指

示的是营养需要量,配制猪的日粮配方时,选用的是所需养分的浓度需要量,而不是每日的绝对需要量(如 MJ/d,g/d)。该配方优化参考的标准是 NY/T 65—2004,但实际计算目标值可以自行根据现实情况调整,例如,本次优化将 CP(蛋白质)指标从标准建议的 19% 调整到 19.5%,而且对应的日粮的氨基酸的需要量也按蛋白质的提升比例上调了。第 2 列"技术项目",既包括了参与优化的营养成分项目,或者是不参与优化但参与诊断计算的营养成分项目,又包括了对用量有限制的原料,技术项目中部分项的含义:DM 干物质,DE 消化能,ME 代谢能,CP 粗蛋白质,EE 粗脂肪,CF 粗纤维,NFE 无氮浸出物,Ash 粗灰分,Ca 钙,P 磷,AP 有效磷,NaCl 食盐,LYS 赖氨酸,MET 蛋氨酸,CYS 胱氨酸,THR 苏氨酸,TRP 色氨酸,LEU 亮氨酸,ILE 异亮氨酸,ARG 精氨酸,VAL 缬氨酸,HIS 组氨酸,PHE 苯丙氨酸,TYR 酪氨酸。其中,从第 2 行~第 17 行往往是可以选择的约束项,即参与计算的项目。但不一定每次都选定全部约束项参与优化。一般而言,并不是选定参与优化的项目越多越好。受原料的组成、价格、营养需要量等多种因素的影响,有时无论怎样配合原料的组成种类,都很难达成一个约束指标,使得配方异常甚至无解。因此,优化配方的条件设计还需要人脑、经验及人脑与电脑的结合,达成某种程度上的妥协,去优化配方。

最后一行为选用原料的价格指数,即式(6-1-17)所示的目标函数,即成本最小化的多元线性方程的系数 c_1, c_2, …, c_{12}。最后一列是配方模型有最优解(如表 6-1-2 所示的配方)后的日粮配方的全部养分的诊断结果。本实例从第 1 行到第 24 行所示的养分指标都达成或超过。从第 25 行到第 49 行所示的微量元素及维生素的要求,一般依靠大宗原料本身是满足不了的,需要通过复合预混料中包含的微量元素添加剂及维生素原料添加剂满足。因为本"预混料"中包含的养分含量并没有输入进去,故诊断结果显示不满足,而实际上是满足的。

表 6-1-2　配方模型参数与设定条件的最优配方

饲料名称	原料价格 /(元/千克)	用量下限 /(%)	用量上限 /(%)	最优配比 /(%)	每批配料 质量/kg
玉米(普通 2 级)	2.0			60.94	304.7
小麦	1.9		≤	2.00	10.0
大豆粕	3.2			29.86	149.3
磷酸氢钙	2.3			1.05	5.25

续表

饲料名称	原料价格 /(元/千克)	用量下限 /(%)	用量上限 /(%)	最优配比 /(%)	每批配料 质量/kg
石粉	0.3			0.90	4.5
鱼粉(CP60.2%)	10.5	≥		2.00	10.0
食盐	1.0			0.16	0.8
蛋氨酸	22.0			0.032	0.16
赖氨酸	18.0			0.207	1.035
玉米油	6.0			0	0
复合预混料	13.0	≥		1.00	5
填充料	0.2			1.85	9.25
合计(元/1000 千克)	2628.69*			100	500

* 所示最优配方生产 1000 kg 对应的原料成本。

6.1.5 影子价格及配方结果的灵敏度分析

从企业管理角度讲,求出最优成本配方只是解决经营决策问题的第一步,上面叙述的 LP 问题的最优解和目标函数的最优值,是在假定目标函数中原料价格系数(c_j)及约束条件中左侧原料营养成分含量系数(a_{ij})和右端项养分指标值(b_i)确定不变的前提下求得的。由于原料价格在未来的时间里不可能一成不变,那么当构成配方的某一原料的价格改变时,饲料配方是否需要重新计算(即最优解是否改变)? 如果约束条件右端项并非不可改变,那么当改变某一营养指标值或某一原料用量限制时,配方成本将如何变化? 是否需要更改饲料原料采购计划,是否需要更换原料? 这些都是决策者在未来的经营活动中急需了解的问题。因此,求出最优解仅仅是决策过程的开始。

LP 法中的对偶概念及灵敏度分析理论可以在一定程度上对这些问题做出比较合理和满意的解答。影子价格(shadow price)是灵敏度分析的一种形式,是线性规划对偶问题最优解,在经济上则表示改变某一约束条件的右端项时对目标函数值(如配方成本)的影响。通过对现有 LP 问题中各参数进行灵敏度分析,决策者可以做到心中有数、遇事不乱,既可以在一些不可控参数(如原料价格)发生变化时,决策是否应该重算配方和更换原料,也可以适当地改变一些可控参数(如营养成分规格和原料用量限制),将准确地把握客观局势和发挥主观能动性相结合,保证所生产的配合饲料始终保持最低成本,提高企业效益。

1. 影子价格

1)对偶解

根据线性规划中的对偶理论(dual theory),每一个 LP 问题都存在一个对偶问题。简单地说,原问题中的 n 个变量对应对偶问题的 n 个约束,原问题中的 m 个约束对应对偶问题的 m 个对偶变量,对偶问题中对偶目标函数中各变量的系数便是原问题各约束的右端项。当原问题目标函数达最优或变量达最优解时,对偶问题目标函数也达最优,对偶变量也达最优解(对偶解)。对偶最优解有着重要的经济学意义,它表示改变原问题中某一约束条件的右端项时对其目标函数值(如配方成本)的影响,因此特称为"影子价格",也称"边际效益"或"边际投入"等。影子价格为决策者采取主动措施来降低饲料成本或适当提高某养分达成规格提供了重要的线索和参考依据。

在用单纯形法求出原 LP 问题最优解的同时,便也确定了对偶解。设式(6-1-13)~式(6-1-15)表示的 LP 问题有最优解 $\boldsymbol{X}_B$,$\boldsymbol{X}_B$ 对应的目标函数中的系数向量为 $\boldsymbol{C}_B$,其最优基为 $\boldsymbol{B}$,目标函数的最优值为 $\boldsymbol{Z}$,可知有 $\boldsymbol{X}_B = \boldsymbol{B}^{-1}b$,$Z = \boldsymbol{C}_B\boldsymbol{X}_B$,检验数 $r_j \geqslant 0$。根据对偶理论,该问题相应对偶最优解为 $\boldsymbol{u}$,应有 $\boldsymbol{u} = \boldsymbol{C}_B\boldsymbol{B}^{-1}$,利用该式便可计算出与每一个约束条件对应的影子价格。

2)影子价格的有效区间分析——变右端项技术

前面提到某右端项 b_i 所对应的影子价格,只有当 b_i 的变化幅度限制在某一范围内时才有效。当变化某右端项 b_i 时要维持其影子价格(即对偶最优解)不变,需要 $\boldsymbol{B}$ 保持其最优基的地位,这是因为 $\boldsymbol{u} = \boldsymbol{C}_B\boldsymbol{B}^{-1}$。那么在现有最优解条件下,$b_i$ 在怎样的范围内变化时,其最优基 $\boldsymbol{B}$ 的地位不受影响呢?

考虑右端列向量 $\boldsymbol{b} = (b_1, b_2, \cdots, b_i, \cdots, b_m)$ 中某个 b_s 发生变化而其他 b_i 均不变的情况。设 b_s 变作 b_s',并有 $b_s' = b_s + \Delta b_s$。于是 $\boldsymbol{b}' = \boldsymbol{b} + \Delta b_s \boldsymbol{e}_s$,$\boldsymbol{e}_s$ 为 $m \times 1$ 阶列向量,并有 $\boldsymbol{e}_s = (0, \cdots, 0, 1, 0, \cdots, 0)^T$,其中除第 s 行元素取 1 外,其他元素皆为零。b_s(或 $\boldsymbol{b}'$)的变化只影响单纯形表 $T(\boldsymbol{B})$ 中的 $\boldsymbol{X}_B$ 和 $\boldsymbol{Z}$ 值,对 y_j 及 r_j 并无影响。设 b_s 变作 $\boldsymbol{b}'$ 时,$\boldsymbol{X}_B$ 和 z 值分别变作 $\boldsymbol{X}_B'$ 和 z'。为保证 $\boldsymbol{B}$ 的最优基地位,要求 $\boldsymbol{X}_B' \geqslant \boldsymbol{0}$,即

$$\boldsymbol{X}_B' = \boldsymbol{B}^{-1}\boldsymbol{b}' = \boldsymbol{B}^{-1}(\boldsymbol{b} + \Delta b_s \boldsymbol{e}_s) = \boldsymbol{X}_B + \Delta b_s \boldsymbol{B}^{-1}\boldsymbol{e}_s \geqslant \boldsymbol{0}$$

若令 $\boldsymbol{B}^{-1} = (w_{ij})_{m \times m} = (\boldsymbol{w}_1, \boldsymbol{w}_2, \cdots, \boldsymbol{w}_m)$,则上式中 $\boldsymbol{B}^{-1}\boldsymbol{e}_s = \boldsymbol{w}_s = (w_{1s}, w_{2s}, \cdots, w_{ms})^T$,故 $\boldsymbol{X}_{B'} = \boldsymbol{X}_B + \Delta b_s \boldsymbol{w}_s \geqslant \boldsymbol{0}$,有 $\Delta b_s \boldsymbol{w}_s \geqslant -\boldsymbol{X}_B$,于是保证最优基 $\boldsymbol{B}$ 不变的 Δb_s 变化范围的下限为

$$\Delta b_{s1} = \max\left\{-\infty, -\frac{x_{Bi}}{w_{is}}\,\middle|\, w_{is}>0, 1\leqslant i\leqslant m\right\}$$

上限为

$$\Delta b_{s2} = \max\left\{-\infty, \frac{x_{Bi}}{w_{is}}\,\middle|\, w_{is}<0, 1\leqslant i\leqslant m\right\}$$

于是 $\Delta b_{s1} \leqslant \Delta b_s \leqslant \Delta b_{s2}$。当 b_s 在上述范围内发生改变时可保证模型的最优基一直是 $\boldsymbol{B}$，但由于 b 发生了变化，这时需对最优解 $\boldsymbol{X}'_B$ 及最优值 z' 重新加以计算。当 b_s 变化超过上述范围时，则最优基发生变化，需重新求规划模型的解。

3）影子价格在配方问题中的意义

影子价格指出了某一约束条件的右端项在一定范围内发生变化（其他约束条件右端项均维持不变）时，该右端项值一个单位的变化量对饲料配方成本的影响。

4）原料价格的灵敏度区间分析——变成本技术

当配方中某一种原料的价格发生变化时，现行最低成本配方是否要重新计算？是否要更换原料？对原料价格变化的灵敏度分析可以回答此问题。

以下考虑在现有最优解条件下，c_j 在怎样的范围内变化时，其最优基 $\boldsymbol{B}$ 的地位不受影响。

考虑行向量 $\boldsymbol{C}=(c_1, c_2, \cdots, c_j, \cdots, c_{n+m})$ 中某个 c_s 发生变化而其他 c_j 均不变的情况。设 c_s 变作 c'_s，并有 $c'_s = c_s + \Delta c_s$，c_s 的变化只会影响到单纯形表 $T(\boldsymbol{B})$ 中的检验数行向量 $\boldsymbol{r}$ 和 z 值，对 y_j 及 $\boldsymbol{X}_B$ 并无影响。设 c_s 变作 c'_s 时，$\boldsymbol{r}$ 和 z 分别变作 $\boldsymbol{r}'$ 和 z'。为保证 $\boldsymbol{B}$ 的最优基地位，要求 $\boldsymbol{r}' \geqslant \boldsymbol{0}$。根据所变系数 c_s 对应的是基变量还是非基变量，情况会有所不同。下面分两种情况来讨论。

（1）改变非基变量的系数。

非基变量自然在现行最优解下取 0 值。将某一非基变量的目标函数系数 c_s 变成 c'_s 后，由于这时 $\boldsymbol{C}_B$ 没有改变，新检验数 r'_j 中仅有 r'_s 与原检验数 r_s 不同，故要求 $\boldsymbol{r}' \geqslant \boldsymbol{0}$ 便相当于要求 $r'_s \geqslant 0$。由于：

$$r'_s = c'_s - z'_s = c'_s - \boldsymbol{C}_{B'}(\boldsymbol{B}')^{-1}a_s = c'_s - \boldsymbol{C}_B \boldsymbol{B}^{-1}a_s = (c_s+\Delta c_s) - z_s = \Delta c_s + r_s \geqslant 0$$

于是有 $-r_s \leqslant \Delta c_s$，或 $z_s \leqslant c'_s$，这便是保证最优解不变时该原料价格的浮动区间。当 c'_s 在该区间内变化时，目标函数最优值 z（即配方成本）不变。

（2）改变基变量的系数。

若将现行最优解下某一基变量的目标函数 c_s 系数改变为 c'_s，这时 $\boldsymbol{C}_B$ 也随之改变为 $\boldsymbol{C}'_{B'}$，并有：$\boldsymbol{C}_{B'} = \boldsymbol{C}_B + \Delta c_s e_s$，其中，$e_s$ 为 $1 \times m$ 阶行向量，并有 $e_s=(0, \cdots, 0, 1, 0, \cdots, 0)$，其中，除第 s 列元素取 1 外，其他元素皆为 0。因此这将使每

个非基变量对应的检验数 r'_j 都在原有的基础上发生改变,并有:

$$r'_j = c_j - \boldsymbol{C}'_B \boldsymbol{B}^{-1} a_j = c_j - (\boldsymbol{C}_B + \Delta c_s \boldsymbol{e}_s) \boldsymbol{B}^{-1} a_j = r_j - \Delta c_s \boldsymbol{e}_s \boldsymbol{y}_j = r_j - \Delta c_s y_{sj}$$

由于每个基变量对应的检验数皆为零,故要求 $r' \geqslant \boldsymbol{0}$ 便相当于下式成立:

$$\max\left\{-\infty, -\frac{r_i}{y_{si}} \mid y_{si} < 0\right\} \leqslant \Delta c_s \leqslant \min\left\{\frac{r_i}{y_{si}} \mid y_{si} > 0, +\infty\right\}$$

需要强调的是,这里 j 仅对应全部非基变量者。当 c'_s 在该区间内变化时,目标函数最优值 z' 也发生改变,并有:

$$z' = \boldsymbol{C}'_B \boldsymbol{X}_B = (\boldsymbol{C}_B + \Delta c_s \boldsymbol{e}_s) \boldsymbol{X}_B = \boldsymbol{C}_B \boldsymbol{X}_B + \Delta c_s \boldsymbol{e}_s \boldsymbol{X}_B = z + c_s \boldsymbol{X}_{BS}$$

2. 原料价格浮动区间在配方问题中的意义

我们仍结合前面 $8 \sim 20$ 周生长猪最低成本饲料配方的情形来加以分析说明。在保证最优基不变时各种原料价格有一定的浮动范围(未列出)。在已确定的约束集下,当某种原料如玉米的价格在 $0 \sim 11.79$ 元/千克的范围内单独发生改变时,饲料配方组成并不发生改变。有关原料价格浮动区间的影响因素及其在配方问题中的意义等方面的深入细致讨论请参见本章参考文献[2]。

3. 灵敏度分析的局限性

需要指出的是,我们并不能对最优解的灵敏度分析指望过多。由于上述分析在数学上只是求目标函数值针对某一参数的偏导数($\partial c/\partial b_i$,$\partial c/\partial c_j$),因此当现实问题中有两个以上参数(如两种原料价格)同时发生变化时,最明智的方法便是从头开始计算。另外,关于变右端项值的技术(即所谓影子价格)也需要考虑有关剂量-反应关系问题,如果我们无法判断增减某项养分指标会给动物生产带来什么样的影响,那么仅从降低成本方面考虑便极易导致配合饲料质量的下降。

6.1.6 饲料配方的目标规划模型

线性规划用在饲料配方问题上时,只能以配方成本最低为单一的优化目标,并以严格满足所有硬性约束条件为其先决条件,而每一约束条件都是平行关系且必须严格满足。一旦约束条件之间发生矛盾冲突,便会造成现有配方模型无解。当可用原料种类越少、约束条件数目越多时,出现无最优解的概率也就越大。在线性规划的概念框架下,我们只能修改该配方问题的基本模型,如再增加其他一些备选的原料、修改右端项,或去除对某营养指标的考虑,上述妥协措施往往令配方设计师最初的设想面目全非。

前已提及,在运筹学中还有比 LP 法更优越的方法——多目标规划法

（MGP法），简称目标规划法。MGP法是在LP法基础上发展起来的，可以完全包容和取代LP法。在MGP法中可以考虑现实问题中的多个目标，根据对各目标要求的轻重缓急，可以将它们自上而下进行优先级排序。上级目标优先满足，在保证不破坏满足所有上级目标的前提下，再设法满足下一级目标。如此下推，直至满足全部目标或卡在某一优先级上。可以将许多相容的目标安排在一个优先级上，对这些相同优先级上的目标还可以进一步赋予不同的权重，以便对它们的相对重要性加以区分。由上述可见，MGP法在概念体系上为人类处理现实生活中易引起相互冲突的多目标问题提供了可能性和更大的自由空间。MGP法求得的是问题的所谓"满意解"，而不像LP法那样必须严格满足各项硬约束（绝对现实目标）。对于LP问题，可以将其看成目标规划中的一种特殊情况：将LP问题中的所有硬约束以相同权重放在第一优先级上首先满足，并对配方成本目标函数（理想目标）给定一个非常小的达不到的期望值，使其转化成现实目标后放在第二优先级上最后满足。

1. 目标规划概念简介

这里简单介绍一下目标规划中用到的几个关键性概念。

1）目标偏差变量及其极小化要求

与LP法相似，在MGP法中同样要将各个现实目标关系式中的全部关系转化成等式关系，这是通过在关系式左侧引入正、负偏差变量来实现的。每个现实目标 $f_i(X)(*)b_i$ 都需转化为 $f_i(X)+\eta_i-\rho_i=b_i$，式中 η_i 为负偏差变量，ρ_i 则为正偏差变量。之后针对每一个现实目标的正、负偏差变量提出最小化需求。关系符（*）与偏差变量极小化要求之间的对应关系如表6-1-3所示。

表6-1-3　关系符与偏差变量极小化对应关系

关系符（*）	偏差变量极小化
$\geqslant$	η_i
$\leqslant$	ρ_i
$=$	$\eta_i+\rho_i$

由于 η_i、ρ_i 都是非负变量，并且有 $\eta_i \cdot \rho_i=0$（即 η_i 与 ρ_i 至少有一个为零），故满足现实目标中的"$\geqslant$"关系对应着使负偏差变量 η_i 极小（现实目标满足时有 $\eta_i=0$，$\rho_i\geqslant0$）；满足"$\leqslant$"关系对应着使正偏差变量 ρ_i 极小（现实目标满足时有 $\rho_i=0$，$\eta_i\geqslant0$）；满足"$=$"关系对应着使正、负偏差变量之和极小（现实目标满足时有 $\rho_i=0$，$\eta_i=0$）。

2）优先级

根据各现实目标的轻重缓急,可以给它们赋予不同的优先级。在进行目标规划优化计算时,首先要满足高优先级的诸目标,随后在保证不破坏高优先级的前提下满足次一级的诸目标,直至目标全部满足或满足到某一优先级时停止。可以把一个或几个现实目标分配在同一个优先级内,但这些优先级必须保证是彼此相容的。

3）权重

对于处在同一个优先级里的各目标,还可以进一步视其重要程度加以区分,这可以通过对这些目标赋予不同的权重来实现。具有较大权重的目标将被优先满足且满足得更好(即目标达成值更接近期望值)。需要指出的是,优先级与权重的概念虽然给决策过程提供了更大的灵活性,但对建模人员的要求也更高,建模人员必须权衡利弊、反复推敲,方可驾驭全局并进而取得比较满意的结果。

4）目标达成函数

对用现实目标表达式描述的多目标模型,若给出任意一个解 X,那么如何评定这个解的好坏呢?对这个问题的回答完全取决于人们对多目标达成程度的度量。有几种度量和评价目标达成度的方法,如使加权的目标偏差之和达到极小;使目标偏差的多项式值达到极小;使最大(最坏)目标偏差达到极小;由高至低地按字典序极小化一组有序(优先序)目标偏差变量。这里介绍的是在饲料配方问题中常采用的、对有序的一组目标偏差函数加以字典序极小化来度量达到目标的程度。

达成函数(或达成向量)是由目标偏差变量所组成的有序函数,其中,在某一特定优先级中,可以对每个目标加权。整个达成函数可写成如下形式:

$$a = (a_1, a_2, \cdots, a_k, \cdots, a_K)$$

其中: a 为寻求字典序极小化达成向量; k 为优先级别(或序号), $k = 1, 2, \cdots, K$; a_k 为处于 k 优先级上的诸偏差变量之加权和。其中 a_1 是所有硬约束偏差变量的函数。

2. 转换基础数学模型

1）一般目标规划模型

把基础数学模型转换成线性 MGP 模型需遵守以下规定:将期望值与所有的理想目标联系起来,以便转换成现实目标;所有硬约束放在第一优先级,然后将所余下的目标按其重要性划分优先级;除了第一优先级(一组硬约束)之外,其他各优先级内的目标是相容(可用同一量纲度量)的或者通过加权变成相容。在基础模型之上进一步构建各目标规划模型的步骤,归纳如下:

(1) 对每一个理想目标确定期望值,并转换成现实目标;

(2) 对每一个现实目标都加上正负偏差变量;

(3) 确定哪些现实目标属于硬约束;

(4) 将目标按其重要性划分优先级,对所有硬约束给予第一优先级;

(5) 同一优先级中各目标可进一步区分重要性而给予适宜权重;

(6) 建立达成函数。

完成这些步骤之后,就建立了具有如下一般形式的 MGP 模型:

求 $\boldsymbol{X} = (x_1, x_2, \cdots, x_i, \cdots, x_m)$,使

$$\text{lexmin } a = \{g_1(\boldsymbol{\eta}, \boldsymbol{\rho}), g_2(\boldsymbol{\eta}, \boldsymbol{\rho}), \cdots, g_k(\boldsymbol{\eta}, \boldsymbol{\rho}), \cdots, g_K(\boldsymbol{\eta}, \boldsymbol{\rho})\} \quad (6\text{-}1\text{-}20)$$

$$\text{s. t. } f_i(\boldsymbol{X}) + \eta_i - \rho_i = b_i \quad (i = 1, 2, \cdots, m) \quad (6\text{-}1\text{-}21)$$

$$\boldsymbol{X}, \boldsymbol{\eta}, \boldsymbol{\rho} \geqslant 0 \quad (6\text{-}1\text{-}22)$$

其中"lexmin"表示字典序极小化之意;$\boldsymbol{\eta} = (\eta_1, \eta_2, \cdots, \eta_i, \cdots, \eta_k)$,$\boldsymbol{\rho} = (\rho_1, \rho_2, \cdots, \rho_i, \cdots, \rho_m)$;$f_i(\boldsymbol{X})$ 是 $\boldsymbol{X}$ 的线性函数,有 $f_i(\boldsymbol{X}) = \sum\limits_{j=1}^{n} c_{ij} x_j$,而 $g_k(\boldsymbol{\eta}, \boldsymbol{\rho})$ 代表 a_k 是 $\boldsymbol{\eta}$ 与 $\boldsymbol{\rho}$ 各分量的线性函数。

2) 配方问题的目标规划模型

对于目标规划的研究领域而言,饲料配方问题是相对简单的类问题。结合上面的介绍,这里简单介绍将已建配方问题基础数学模型转化为目标规划模型的一些关键的处理方法及其分析思路。

(1) 理想目标的转换。

在由式(6-1-13)至式(6-1-15)表示的配方问题的基础数学模型中包含成本目标、养分目标、限量目标及配比目标等四类目标。其中养分目标和限量目标可能不止一个。在基础数学模型中只存在一个理想目标——最小成本目标,其余皆属于现实目标。给最小成本目标配上相应的关系符(最小化问题为"≤")和适当的期望值,便可将其转化为现实目标。如前所述,当用目标规划法求对应 LP 问题的解时,则需给成本目标函数指定一个实际无法实现的很小的期望值。

(2) 安排目标优先级及权重。

国内外一些文献资料有关配方 MGP 模型内各类目标优先级及权重的处理情况归纳于表 6-1-4。许万根把所有目标都放在同一个优先级上,只是通过赋予不同的权重来调整其优先顺序[3]。若通过目标规划法求相应 LP 配方模型的

解,则将配比目标、限量目标和养分目标以相同权重放在第一优先级上首先满足,将成本目标放在第二优先级上最后满足即可。有关文献一般还对养分分类中诸目标进一步赋予不同的优先级或权重,以体现其重要程度的不同。林耀明等[4]在此依次派生出代谢能和粗蛋白、钙和磷、必需氨基酸和粗纤维三个优先级;许万根与苗泽荣认为应当给一些重要的或不易满足的养分指标(如第一限制性氨基酸)规定较高的权重。

表 6-1-4　各类目标优先级及权重排序

文献来源	优先级排序	权重排序
J.P. 伊格尼齐奥 (求 LP 解)[1]	配比目标,限量目标, 养分目标＞成本目标	同优先级内各目标等权重
林耀明等[4]	限量目标＞配比目标＞ 养分目标＞成本目标	未考虑权重 (即同级目标等权重)
熊本海与苗泽荣[5]	配比目标＞限量目标＞ 养分目标＞成本目标	同优先级内各目标等权重
许万根与苗泽荣	未考虑优先级 (即各类目标等优先级)	配比目标＞成本目标＞ 限量目标＞养分目标

本书认为将配比目标与限量目标排在前面的优先级是比较合理的。因为在对配方基础数学模型的讨论中已确认配比目标属于硬约束(第一优先级)。至于限量目标,由于一般是配方设计者根据某种原因提出的并且不希望被破坏,因此也应当优先加以考虑。至于各养分目标的重要性当如何进一步予以区分,以及其效果如何,还有待深入探讨。从以上阐述可以看到,MGP 法在增大决策过程灵活性的同时,也加大了模型的复杂程度,对配方人员的要求进一步提高。

3）目标规划模型的求解

求解字典序极小化 MGP 模型的方法,主要有较早出现的序贯式算法,以及后来出现的多阶段算法两种。通常人们喜欢采用更为有效的多阶段算法。这两种方法都是在求解 LP 模型的单纯形法的基础上提出来的,如序贯式算法的核心是根据优先级把多目标规划模型分解为一系列的单目标模型,然后依次用传统的单纯形算法求解;多阶段算法是由求解 LP 模型的二阶段单纯形法稍加修改而来的,故也被称作改进单纯形法。由于这种亲缘关系的存在及行文篇幅所限,这里不再介绍 MGP 模型的详细求解过程及算法。

单目标 LP 法和字典序 MGP 法在求解方面的根本不同之处在于:LP 法只

是寻找一个点(即极点),在这点上求得单目标极小值或极大值;而 MGP 法则寻求一个区域,这个区域提供了相互矛盾的目标集的折中方案。由于字典序MGP 法搜寻一个折中的求解空间,这个空间通常随着对优先级目标一级级地搜索而逐渐缩小;当求解空间只剩一点时,求解过程便结束。

目前我国已有求解配方线性目标规划问题的商用计算机软件包;用高级语言自行编制也不困难,可参见伊格尼齐奥[1]、徐志良等编著的有关书籍。另外,对 MGP 模型的最优解,也可以进行与对 LP 模型相似的对偶分析和灵敏度分析,具体细节请参见伊格尼齐奥的著作。

本节最后需要指出的是,上述讨论的饲料配方数学规划模型只局限于确定性的、仅考虑成本最低的线性模型。除此以外,还有非线性规划模型、模糊规划模型、以最大效益为优化目标的模型等。这些模型或因其自身发展尚未完善,或因与现实条件不甚相符而未得到广泛的普及和应用。另外特别需要注意的是,所有有关配方问题的数学规划模型只是为饲料配方模型的求解决策提供了一种辅助数学工具,而真正决定一个配方是否养分合理、经济实用的因素则在于建立模型过程中所做出的种种权衡考虑。目前国内外学者已开始着手将建模过程中有关原料用量上下限、原料之间的配伍禁忌、原料选择等方面分散零碎的知识以"知识库"的形式收集组装起来,供配方过程使用。可以认为,饲料配方技术目前处在"边缘学科"的地位,由于建模过程具有较大的经验性和随意性,尚带有较浓厚的"艺术"色彩。另外,由于从事营养及饲料工作的人员往往对运筹学理论不甚熟悉,在概念理解和公式推导上常出现一些谬误并存在一定程度的混乱,对运筹学中许多方法的挖掘运用也显得力不从心,有待于今后进一步地提高完善。

6.1.7 移动 APP 饲料配方系统的开发与应用

可以利用智能手机作为载体开发饲料配方系统,但手机的显示界面不像PC 尺寸大,一屏显示的信息有限,不方便通过键盘与鼠标的协作来编辑处理数据,这些都决定了手机饲料配方系统的功能设计要专业化,数据的修改要人性化,尽量避免在手机上进行复杂操作,因此系统要高度人性化及便捷化。为此,编者及其团队也试着在安卓手机端开发了针对不同畜禽的专门的饲料配方系统(见图 6-1-1),开发的平台、语言及数据库如下:Windows Server 2008 Enterprise Edition 作为开发平台,开发工具包括 jdk1.7.0_07、Android-sdk 及 Eclipse for android 等,移动端数据库采用轻便型 SQLite3 数据库,而数据库管理工具采用 Navicat for SQLite enterprise,编程语言采用 Java 语言。"畜禽饲料配方安卓版"系统实现的功能如图 6-1-1 所示。

图 6-1-1 基于安卓平台开发的畜禽饲料配方系统(猪、奶牛、肉牛、牦牛及肉鸡)

每一个系统具有的功能模块如下:"系统原料"即系统提供的常用饲料原料库,其数据是可以修改的,也可追加或删除,一般情况下不会删除,需要几次确认后才可删除。"配方原料"是指设计配方时使用的原料临时库,一般只有几种或十几种原料或记录,最多的记录不超过 24 种,否则形成配方模型时,系数矩阵太大,寄存器处理不了。实际上参与优化计算的原料很少超过 20 种。"参数设置"用来确定哪些营养指标参与优化计算,哪些指标参与优化后的养分诊断,便于数据处理的便捷化。"配方需要量"是营养需要量数据库,也就是将各国或机构发布的畜禽的营养需要量在此模块下进行管理及数据维护。"配方模型"是指按线性规划算法或目标规划算法,根据"配方原料"及选定的"配方需要量",在"参数设置"的驱动下,有序产生一个用来优化配方的系数矩阵临时数据,该临时数据一般取自"系统原料"库,所有的数据在生成配方模型前是可以编辑修改的,但要求设计的数据修改功能要人性化,否则不好操作。就如同表 6-1-1,数据库的字段数及记录数不是固定的,是根据用户的不同原料选择、部分原料用量的限制及优化项目确定的。"模型编辑"指在"配方模型"的操作后,可对模型中的每个数据再行审定,或者下一次在不经过模型生成的情况下,直接进行模型编辑后进入"配方计算"。"配方编辑"是对理论上的配方即原料比进行适当微调,特别地,可直接输入自定义的比例,对现有的配方的养分做全面诊断。

系统运行的界面较多,这里仅提供 4 组界面反映 APP 应用的情形。图 6-1-2 至图 6-1-5 为猪饲料配方系统的饲料数据库及数据编辑界面。

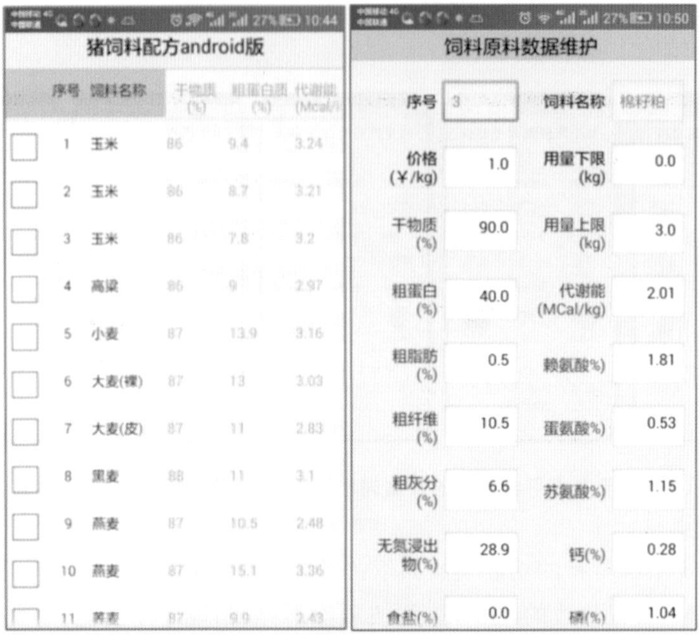

图 6-1-2　饲料数据库及数据编辑界面

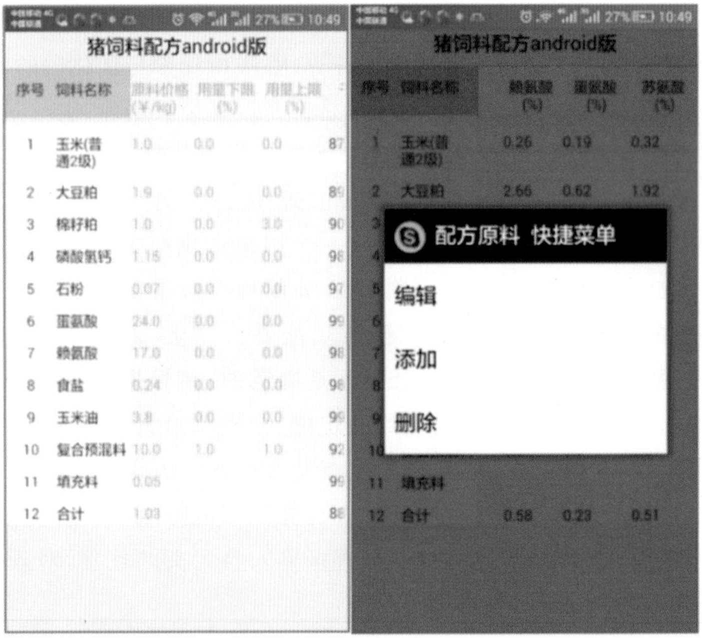

图 6-1-3　配方数据编辑界面

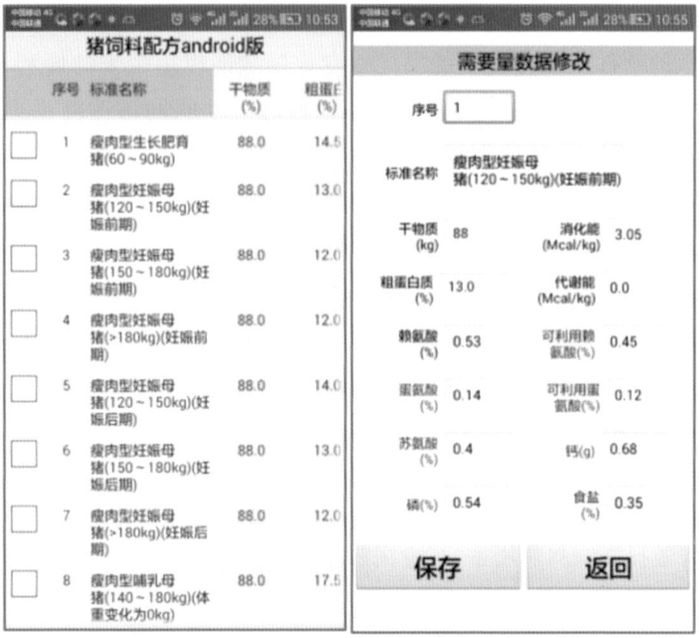

图 6-1-4　营养需要量数据管理与维护

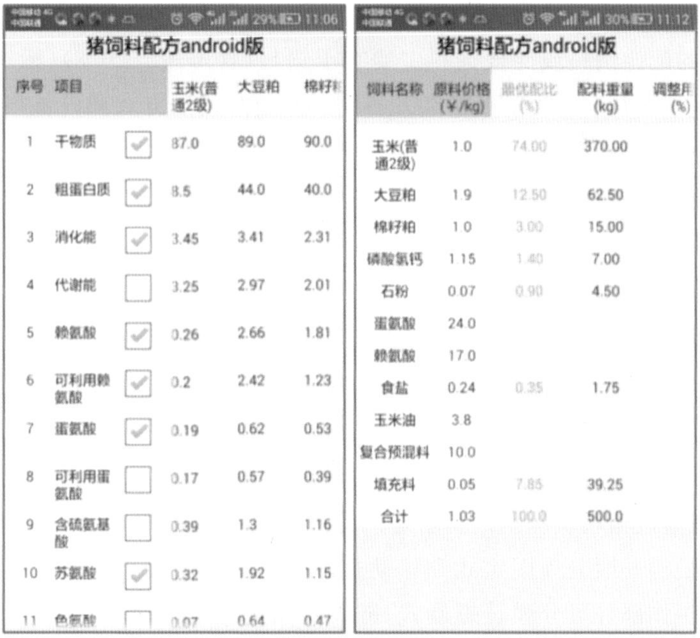

图 6-1-5　配方模型生产与配方计算

总之,畜禽饲料配方系统 APP 的开发与应用,将配方优化系统便捷化了,是信息技术的软件及硬件技术的发展给专业领域的应用带来的便利,具有广阔的应用空间。下一步主要的发展目标是如何通过互联网快速同步更新本机的基础数据,包括饲料原料数据库及营养需要量数据库,以及如何进一步优化功能模块,从应用者的角度出发,拓展新的优化及计算功能。例如,如何开展批量配方的协同优化,参数线性规划的计算模块的开发,以及将饲料基础养分的预测模型嵌入系统中,使得系统具有从已有基础数据派生其他养分的功能,这些都是 AI 技术可支撑改善的方向。

6.2　精准饲喂技术

畜禽精准饲喂技术,即根据畜禽的品种、体重、生理阶段等实现个性化饲喂,不仅能够有效提高饲料利用率、减少饲料浪费、提高生产率进而节约生产成本、提高经济效益,在保障畜禽产品安全、降低环境污染等方面也发挥了重要作用。

6.2.1　畜禽饲喂方式

畜禽养殖过程中动物喂饲一般占养殖场工作量的 30%～40%,目前畜禽养殖场使用的配合饲料或混合饲料主要有干饲料(含水量＜20%)、稀饲料(含水量＞70%)和湿饲料(含水量为 30%～60%)三种,饲喂方式和设备根据饲料的类型相应地分为干饲料饲喂、湿饲料饲喂和稀饲料饲喂技术与设备三类[6]。为提高动物养殖过程的饲喂效率,需要根据不同动物类型和养殖工艺选择适合的饲喂技术与设备。

1. 干饲料饲喂技术与设备

干饲料喂饲技术与设备主要用于配合饲料,特别是颗粒饲料的喂饲。干饲料饲喂技术工艺成熟,配套设备简单,特别适用于不限量的自由采食,是目前规模化家禽和生猪养殖场采用的主要饲喂方式。干饲料喂饲系统主要由贮料塔、输料机构和喂料机构三个部分组成。贮料塔用来贮存饲料,通常设置在畜禽舍外部,饲料通过输料机构从贮料塔运入畜禽舍,并通过喂料机构进行喂料。

喂料机构一般分为固定式和移动式两类。固定式喂料机构按照输送饲料所采用的工作部件可分弹簧螺旋式、链板式和索盘式三种,按照输送饲料的方式又可分为配料管管内输送和料槽内输送两种。在配料管管内输送饲料的弹簧螺旋式、链板式和索盘式喂料机可用于各种畜禽的饲喂,而在料槽内输送饲料的喂料机一般只有链板式和索盘式两种,通常仅用于家禽饲喂。移动式喂料机构常用于鸡舍和猪舍。工作时喂料机移到输料机的出料口下方,由输料机将饲料从贮料塔送入小车的料箱,小车定期沿鸡笼或猪栏移动,将饲料分配到料槽进行喂饲。料箱出料口上套有喂料调节器,通过上下移动改变出料口底距饲槽底的间隙,以调节配料量。

2. 湿饲料饲喂技术与设备

湿饲料饲喂技术与设备主要应用于牛羊的喂饲,通常采用低水分青贮饲料、粉状精料和预混料,将其混合成湿度在 50% 左右的全混合日粮(total mixed ration,TMR)进行牛羊的饲喂[7]。湿饲料饲喂技术和设备主要有:输送带式喂料系统、穿梭式喂料系统、螺旋搅龙式喂料系统和移动式喂料系统。

1)输送带式喂料系统

输送带式喂料系统由输送带和在输送带上做往复运动的刮板组成。刮板由电机通过绞盘和钢索带动,工作时,从饲料场输送到料斗的饲料由水平输送带向前输送,在遇到刮板时饲料即被刮向下方料槽。

2)穿梭式喂料系统

穿梭式喂料系统包含一个沿料槽上方轨道做往复运动的链板式输送器,输送器长度为料槽长度的 1/2,输送器的料斗设在料槽全长的中心处。饲料场送来的饲料经穿梭式喂料斗不断落在输送器上,输送器在输送饲料的同时沿着轨道向着左方移动,故输送器上的饲料不断地卸在右半段的下方料槽中,待输送器到达料槽的尽头时,通过返回行程开关,输送器自动做反向运动,同时输送带本身反转,开始对左半段料槽分配饲料。

3)螺旋搅龙式喂料系统

螺旋搅龙式喂料系统通常作为牛羊运动场的一种饲料分配设备使用。喂料系统沿料槽推送和分配饲料,直至料槽最远端装满后由末端的压力开关关闭电机,停止供料。螺旋输送器两侧装有防止牛羊触碰螺旋叶片的垂直护板,螺旋输送器和护板用螺杆安装在料槽的框架上,转动框架上的螺杆可使螺旋输送器与护板一同升降,以调整护板与料槽底的间隙,从而改变饲喂量。

4)移动式喂料系统

移动式喂料系统通常直接将饲料运到牛羊舍进行分配,主要有悬挂式喂料车和自走式喂料车,奶牛场和肉牛场用的喂料车内还装有电子计量器、混合器和饲料分配器等设备,卸料时通过液压控制的插门控制喂料量。

3. 稀饲料饲喂技术与设备

稀饲料喂饲技术与设备通常用于配合饲料加水形成的稀饲料,用温热的稀饲料饲喂动物能提高饲料转化率,目前大多应用于母猪的限量饲喂。稀饲料通常用水或液体饲料与粉碎的饲料混合制成,并通过泵和管道系统抽送到各个猪栏,粉碎饲料与水的质量比通常控制在 1∶(2.5~5)之间,此外,该设备系统也可对生猪提供饮水。稀饲料饲喂设备系统由中心混合装置、泵站、环形管道(或分支管道系统)、计量阀门或分支管路装置的计量头、自动分配的电子开关装置、水箱和饲料输送器组成。

6.2.2　精准下料装置及控制器

畜禽养殖场对智能化、自动化设备的需求增加,对畜禽饲喂设备系统提出了更高的要求,需要根据畜禽品种、体重、生理阶段、身体状态、营养需求等的不同,使用不同的饲料类型和饲料数量,以满足动物生长的需求。精准饲喂不仅大大提高了饲料的利用率,也有效提高了养殖场的经济效益。

随着自动化饲料配置系统、电子自动称量系统、微型计算机和电子识别系统等高新技术的应用,国内外的精准饲养的自动化水平大大提高。在饲料配比方面,张国华等人采用精准饲养技术来评估生长育肥猪的赖氨酸需要量;高振江等人提出"全混合日粮+精饲料精确饲喂"的模式。在自动饲养控制方面,悬挂式饲喂系统、自走式饲喂系统和在位饲喂系统等自动化饲喂设备的研究发展成熟:熊本海等人在 2013 年以妊娠母猪为对象,设计妊娠母猪自动饲喂机电控制系统,随后在 2014 年以哺乳母猪为对象,设计哺乳母猪自动饲喂控制智能系统,又在 2017 年设计新型哺乳母猪精准下料控制系统[8];高振江等人以计算机为信息管理平台,运用无线通信技术、射频识别技术及单片机等,设计根据奶牛个体生理特征信息进行精确投料的控制系统;蒙贺伟等人设计双模自走式奶牛精确饲喂装备,显著提高了奶牛产奶量。

随着我国劳动力成本提升,国内很多规模化牛场对自动化的需求越来越迫切,饲喂环节已基本采用机械设备,但是饲喂的精准化不仅限于机械化,还包括自动化、智能化,信息技术的发展为此提供了技术支持。针对目前的精准饲喂情况,应研发畜禽自动饲喂与精准饲养技术,根据畜禽生产阶段与个体差异实现精准投喂,快速准确调整日粮供应,实时获得饲料效率和营养水平等参数,减少饲料浪费和污染,运用计算机仿真与数学模型运算等方法,实现个体差异与群体水平生产性能信息的建立[9]。

与传统饲喂技术和设备系统相比,精准饲喂设备的研究更多集中在精准下料装置及控制器方面。目前主要的下料装置有量杯式精准下料装置、拨片式精准下料装置以及螺旋式精准下料装置,控制器主要采用容积定量控制、时间定量控制和称重定量控制方式。

1. 量杯式精准下料装置

量杯式精准下料装置是目前中大型养猪企业使用的一种机械饲喂系统,主要用于种猪等的定量饲喂设备的下料[10],其结构如图 6-2-1 所示。

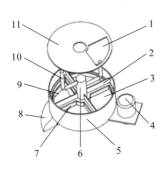

图 6-2-1　量杯式精准下料装置

1—进料口;2—拨片;3—送料单元;4—下料电机;5—量杯壳体;

6—转轴;7—送料转轮;8—下料通道;9—下料口;10—搅动杆;11—下料挡板

量杯式精准下料装置设置在开放式圆锥形料仓的底部,由下料挡板、送料转轮、量杯壳体、下料电机等组成。下料挡板是一个中间开孔的圆板,上面镂空,有 90°扇形的进料口。量杯壳体是一个上端敞开、下端中心开孔的圆柱形外壳,下端镂空,有 90°扇形的下料口。进料口与下料口大小相同,角度间隔 90°。送料转轮是由圆环外壳、十字形叶片以及被叶片分隔成的 90°扇形送料单元组成的机构,中间的转轴上固定有 4 个十字交叉的拨片和 2 根非对称设置的搅动杆。下料挡板与送料转轮同轴安装在量杯壳体内,下料挡板安装在量杯壳体的顶部,送料转轮在量杯壳体内部,下料挡板及送料转轮的外径相同,并与量杯壳体的内径相配合。转轴由上至下依次贯穿下料挡板、送料转轮及量杯壳体的中心孔,下端从量杯壳体底部的中心孔伸出,并通过连接其上的传动皮带来驱动下料电机。

2. 拨片式精准下料装置

拨片式精准下料装置主要用于保育及育肥猪用湿饲料饲喂系统的下料[11]。它设置于储料桶的第一下料口处,在下料机构的下方设有食槽,下料机构转动轴的底端连接推料装置,转动轴的顶端与电机的输出轴联动。当电机接收到触碰下料的信号进行转动时,将带动转动轴转动并联动固定在转动轴上的饲料拨片。而下料挡板固定在储料桶内,下料挡板上设有使转动轴穿过的通孔。如图

6-2-2 所示,拨片式精准下料机构设置有 3 个固定片,固定片与储料桶呈三角固定,更加稳固牢靠;固定片与下料挡板边缘、储料桶的挡料口内壁形成 3 个第二下料口,而下料挡板的直径大于或等于第一下料口的内径,使储料桶上的饲料会直接落到下料挡板上,饲料拨片的转动使下料挡板上端面的饲料由 3 个第二下料口推出而落入底部食槽,挡料口限制饲料落入食槽的范围,避免在拨料的过程中饲料撒落造成浪费,同时也限制了第二下料口的大小,使下料量更加精准,其中下料挡板固定在储料桶上,不随转动轴的转动而转动,拨片与下料挡板互相平行,比传统的扇叶型饲料拨片更加节约空间,结合下料挡板的结构能实现同样的效果。

3. 螺旋式精准下料装置

目前,螺旋式精准下料装置大量应用于保育猪和母猪饲喂站系统中,同时奶牛场也广泛采用该装置进行 TMR 饲料的饲喂[12]。饲喂系统先将饲料通过料线输送到存料缓冲斗内,再通过螺旋搅龙输送到猪的食料槽中,通过控制螺旋搅龙的运行时间来控制饲料的喂给量。如图 6-2-3 所示,螺旋式精准下料装置放置在圆锥形料桶的底端,由下料电机、螺旋联轴器、下料螺旋、螺旋量杯等部件构成。对于密度均匀的颗粒状饲料,螺旋式精准下料装置的普适性最好,下料精度最高。下料电机在接收到下料信号时,将带动螺旋联轴器运动,每次固定角度固定圈数,带动下料螺旋中固定体积的饲料经由螺旋量杯落入下料底盘内,完成下料动作,从而保证饲料供给的确定性和准确度。

此外,中国农业科学院北京畜牧兽医研究所与河南南商农牧科技股份有限公司(以下简称南商农科)联合研制了部分专利技术智能饲喂设备[8]。针对育肥

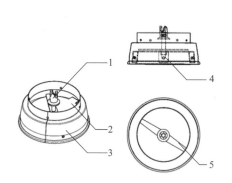

图 6-2-2　拨片式精准下料机构

1—驱动轴;2—下料挡板;3—挡料口;4—固定片;5—拨片

图 6-2-3　螺旋式精准
下料装置

猪精准饲喂设备创新了组件式安装、电动式入口门,必要时通过后猪拱前猪的非物理损伤模式提高设备的饲喂效率,精准下料装置及控制器将接近传感器与下料系统相结合,有效避免产生剩余料,提高实际喂料数据的可靠性;针对产床母猪饲喂系统,完全改变传统的螺旋供料方式,采用电动推杆产生的改变容积的方式下料,避免产生剩余料与料仓结拱现象,根据体重或日粮的变化分几级调整水和干饲料的比例,满足干物质采食或养分摄入量的动态变化需求;针对产床奶牛饲喂系统,集成了电子标识、采食时间点记录、传感器称重自动记录,为研究奶牛个体的采食频率、自由采食量或采食量精准控制提供了智能化方法。

6.3 畜禽精准饲喂装备典型案例

6.3.1 生猪精准饲喂技术与装备

养猪产业包括种猪的饲养及商品猪的饲养。种猪的主要养殖设备包括种猪性能测定站、繁殖母猪饲喂设备等。商品猪的饲养一般指仔猪断奶后用于育肥目的的猪的全饲养过程阶段,其养殖设备主要包括保育猪及生长育肥猪的饲喂设备等。

1. 种猪性能测定站

种猪性能测定站主要用于自动测定种猪的生长性能,通过动态测定待测猪只个体的体重变化及采食量,计算猪只不同生理生长阶段的饲料转化效率,以评价测定种猪的生长性能即料肉比。随着物联网感知技术的发展,设备中负责数据采集与数据挖掘分析的嵌入式模块快速发展,且越来越完善,为种猪生产性能测定与分析提供了有效的工具。在国际上,典型的有荷兰 Nedap 公司生产的用于测定猪只生长速度(即日增重)和饲料转化率(即料肉比)的产品,其最大的优势是可搜集大群饲养中的个体猪只信息及数据,从而筛选出最好的用于繁育仔猪的种猪(见图 6-3-1(a))。丹麦的 Bopil 公司也研制了更加符合动物习性的种猪行为测定系统,该系统在养猪场安装场景如图 6-3-1(b)所示,该系统增加了现场自动采集的数据及数据的可视化分析模块。美国 Osborne 公司也有类似的产品 FIRE,其结构外观如图 6-3-1(c)所示。其护栏可以限制抢食,减少霸王猪个体对其他个体生长的影响。此外经多年改进的 WinFIRE 管理软件,使得数据采集、保存、备份简单而安全,提供生长性能测定所必需的记录和报告,实用有效。

（a）荷兰Nedap公司的产品　　（b）丹麦Bopil公司的产品　　（c）美国Osborne公司的产品

图 6-3-1　国际上典型的种猪性能测定装置

图 6-3-2　国内典型的种猪
性能测定装置

在国内,最早开展该类设备研发的是京鹏环宇,其研发了 Compident 种猪性能测定站即 MLP 系统[13],其结构外观如图 6-3-2 所示。MLP 系统一次可测定的猪只数量为 12～15 头,重点测量单个识别猪只的入栏重量、中间饲料消耗及出栏重量,如果入栏及出栏的重量是某一天的数据,其差值就是日增重,加上从记录的数据中获得期间消耗的饲料(采食量),由此可计算出料肉比。

2. 妊娠母猪电子饲喂站

1）传统型妊娠母猪电子饲喂站

妊娠母猪是指配种后到产崽之前的母猪,母猪妊娠期平均为 114 天[14]。对其饲喂的传统方式是限位栏饲喂,这种方式的优点一是防止胚胎附植前流产,二是有利于妊娠前期限制饲料喂量。但是它的缺点是导致母猪缺乏运动,容易引起体质退化,同时限位栏硬件也可能对母猪身体造成伤害。随着电子标识及自动控制技术的发展,尤其在欧美倡导的动物福利理念与实践倡导下,群养妊娠母猪电子饲喂站(electronic sow feeding,ESF)应运而生。其饲喂的原理是数十头妊娠母猪饲喂在一个圈栏内,共用一台母猪电子饲喂站[15]。电子饲喂站系统的耳标识别及嵌入式控制系统,可以按每头母猪的采食曲线或妊娠日龄,控制其每天甚至每次的采食量,并自动获取采食量数据,反过来可依据已发生的采食量,调控后续的采食量。长期的饲喂数据及效果表明,采用 ESF 的优点不仅是提高动物福利,更主要是减少母猪肢体疾病、减少应激、改善体况、产仔健康,并提高母猪生产寿命[16]。

在国际上,研究时间较长且市场占有率较高的 ESF 有荷兰 Nedap 公司生产的 VELOS 牌 ESF[17],德国 Bigdutchman 公司的 ESF,法国 Acemo 公司的 ESF,奥地利 Schauer 公司的 ESF,美国 Osborne 公司生产的 TEAM 牌 ESF,以及英国 MPS 公司生产的 ESF 等。不同品牌的 ESF 的研发与更新换代的时间从 20 多年到 40 多年不等,但从不同的方面推动了母猪智能饲喂设备研究理念及技术的创新。这些 ESF 的外观结构如图 6-3-3 所示。

  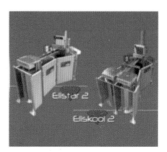

（a）荷兰Nedap公司的ESF　　（b）德国Bigdutchman公司的ESF　　（c）法国Acemo公司的ESF

（d）奥地利Schauer公司的ESF　　（e）美国Osborne公司的ESF　　（f）英国MPS公司的ESF

图 6-3-3　国际上典型的妊娠母猪电子饲喂站

图 6-3-3(a)所示为 Nedap 公司生产的 ESF,理论上一台饲喂站可饲喂45～50 头母猪,进入的猪只采食到它应食入的饲料后,系统会自动停止下料。如果采食完的猪只在规定的时间内不离开饲喂站,进入门也会打开让后续猪只进入,去驱赶前序猪只离开。这种比较传统的饲喂站往往需要 5～7 天的饲喂过程的调教训练,然后正式进入限定位置的饲喂区域,启动电子自动饲喂及数据采集。

图 6-3-3(c)是法国 Acemo 公司生产的 ESF,其中,Elistar 2 饲喂站针对单一静态猪群,Eliskool 2 饲喂站针对动态猪群。Eliskool 2 饲喂站对单一类型的猪群进行单独的饲喂与管理,而 Eliskool 2 饲喂站则对不同类型的混合猪群进

行饲喂管理。Eliskool 2 饲喂站的特点是配合了分离大门后，可实现对动态混合猪群的良好管理。但猪只的体型大小及重量达到饲喂设备规定的目标时，在同一软件的控制下，静态与动态的管理模块可相互结合，实现对目标猪群的精细化饲喂管理。Eliskool 2 饲喂站可实现 40~120 头小母猪及经产大母猪的饲喂管理，设备拥有 2 个入口及 2 个出口，可以将同一圈里的小母猪及大母猪分离开来，大小猪群分离在 2 个隔开的圈内饲养，共用一个饲喂站，饲喂站两侧各自有进口及出口，中间的隔板是可移动的，可有效提高设备的饲喂效率。一般地，需要将 Eliskool 1 与 Eliskool 2 搭配使用。

奥地利 Schauer 推出的 ESF 属于坚固紧凑的产品，其结构外观如图 6-3-3(d)所示。该饲喂站适合用于 20~60 头的母猪群养饲喂。它采用不同于电动门或机械联锁互动门的气动入口门，气动入口门能有效地防止一头以上的母猪占用进料站。

英国 MPS 公司研制的 ESF 如图 6-3-3(f)所示，具有对多达 10000 头母猪的管理能力，通过上位机可控制多达 64 个饲喂站的饲喂曲线数据，以匹配每头母猪妊娠期不同阶段的采食量控制。通过自动母猪选择程序，该 ESF 可分配 3 种不同的饲料类型，通过嵌入式控制系统，详细记录饲喂数量和采食时长，包括每日采食量不足的猪只编号。

图 6-3-3 所示 6 种饲喂站都可称为传统型饲喂站，这类饲喂站总体结构大同小异，由进入通道、采食区域及离开通道三部分组成。经过多年的使用，这类饲喂站在功能上经过不断的优化与提升，实现了按个体的精准饲喂与控制，但存在的问题也是非常明显的：首先是饲喂的猪只数量较多，基本在 40 头以上，限制了每头母猪每天的采食次数，一般不超过 2 次，且大多数母猪在妊娠早期预设的采食量可一次完成，很难做到少吃多餐，否则一台设备饲喂不了过多的猪只；二是猪只为进食而争抢设备的情况难以避免，带来的应激与损伤是一直困扰设备结构设计的问题；三是设备工作频繁，工作时间长，进出下料等工序工作次数多，设备出问题的概率较大；四是第一次通过设备饲喂猪只前，必须要对猪只进行采食训练，增加了额外的工作量等。

国内母猪饲喂站的研究方兴未艾，走过了从模仿到自主创新的阶段，但大规模应用尚需时日。由中国农业科学院北京畜牧兽医研究所联合南商农科，在执行"十二五"国家 863 数字畜牧业课题、"十三五"智能农机装备重大专项项目"信息感知与动物精细养殖管控机理研究(2016YFD0700200)"及"设施畜禽养殖智能化精细生产管理技术与装备研发(2017YFD0701604)"过程中，从第 1 代模仿研究开始,不断总结经验与教训,直到创新出图 6-3-4 所示的具有自主知识产权的第 4 代 ESF,前后获得各项专利技术 20 余项。其主要技术参数如表 6-3-1 所示。

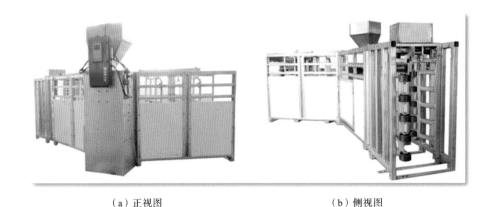

| （a）正视图 | （b）侧视图 |

图 6-3-4　第 4 代 ESF

表 6-3-1　妊娠母猪电子饲喂站达到的性能指标

项目	技术要求
功率(电源:直流 24 V)/W	≤100
下料量误差(每圈 120 g)/g	±5
采食剩余料误差/(g/d)	≤50
射频识别最大感应距离/cm	≥10
温度适应性/℃	−10～50,工作正常
相对湿度适应性/(%)	15～80,工作正常
电源适应性(电源:直流 24 V)/V	电压偏差±2 V 时工作正常
最大饲养的怀孕母猪数量/头	≤45

　　与本项目前 3 代产品及国际同类型产品相比,图 6-3-4 所示 ESF 在以下几个方面进行了大的改进,并取得较好的效果:① 在入口处增加了电动控制装置,当前面进入的猪只在饲喂站驻留的时间超过预设的最长时间时,电动控制装置强行打开入口门,让后面的猪只进入,由后面的猪只驱赶前面的猪只离开,提高设备的利用率;② 解决了长期困扰饲喂站的剩余料问题,通过在食槽右侧上方设置距离传感器,监测猪采食行为,采用渐进式下料方式,可控制每头猪采食误差小于 50 g/d;③ 整体设备采用构件化设计,将构成设备的每个部件尽量构件化与标准化,其优点一是提高设备工业化生产的效率,减少生产成本,二是便于

批量设备的高效运输,降低单位运输成本,三是便于设备的安装与维护,便于部件的更换,有利于设备的推广应用。

2)改进型妊娠母猪饲喂站

如前所述,传统型母猪 ESF 在多年的使用中,开启了母猪精准饲喂的先河,引领了智能养猪技术的发展,但也确实存在因设备饲喂的猪只头数较多,猪只之间的相互影响甚至撕咬较多,设备与猪圈的协同难度较大,设备一旦出了故障维修较为麻烦,需要专门训猪而增加了额外的工作量等问题。因此,改进型的 ESF 就应运而生了。加拿大 JYGA 公司生产的图 6-3-5 所示的 Gestal 3G 型设备填补了改进型 ESF 的空白。

每台 Gestal 3G ESF 可饲喂的头数为 15～20,设备进出口及通道高度融合,占地面积小,可依据圈栏面积大小配备不同数量的 ESF,更便于 ESF 与猪栏、料线的融合化设计。图 6-3-5(a)展示了单台饲喂站的结构图;图 6-3-5(b)则是 6-3-5(a)示意图的实体化,猪只进入时拱下门前端,门在自重的作用下开启,门的远端倾斜向下,但不会影响猪只采食。猪采食时,门与猪背并不接触,猪是自由的,而在地上有凸起的直杆,用于阻止猪只躺下影响其他猪只进入。对于这种直进直出的方式,不需要前期训练,猪就能适应设备。图 6-3-5(c)所示为两台组合在一起的结构状态,与单台相比可以更节省材料和使用的空间,而图 6-3-5(d)展示了 ESF 与供料控制器完美结合在一起的效果。图6-3-5(e)给出了这种组合 ESF 饲喂的局部应用场景。在这个区域内所饲喂的猪只共同使用 3 台并联的饲喂器采食,可以有 3 头妊娠母猪同时采食,既可缩短猪只的采食总时间和等待的时间,又可减轻设备的运行负荷,降低设备的故障率,特别是猪只间发生撕咬的频率明显减少。图 6-3-5(f)给出了一个饲喂车间的整体布局效果。

新型直列式自由进出的 ESF 与传统的 ESF 相比,其主要优点体现在以下几个方面:① 安装简便;② 栏体无气动装置,无电动机械装置;③ 饲喂器采用无线通信技术;④ 不用训猪;⑤ 可以一组多套,母猪之间竞争减少;⑥ 使用灵活,每个自由进出栏管理15～20 头母猪;⑦ 不同的设备与猪舍的融合一体化设计,能够用于管理各种规模的母猪群。

与加拿大 JYGA 公司研发的 Gestal 3G 型号产品类似,国内也有多家设备生产企业学习并自主研发改进的轻便型 ESF。最具代表性且已经投入生产应用的产品有成都肇元科技有限公司(以下简称肇元科技)研制的 SF-1000 型小群散养智能母猪电子饲喂站,其外观如图 6-3-6 所示。SF-1000 可满足 16～22 头猪的饲喂要求,该产品在实际应用中特别增加设备的物联网功能,实现数据

（a）ESF结构图　　　　　　　　　　　　（b）ESF三联式实物图

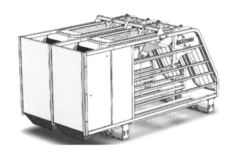

（c）二联式模拟效果图　　　　　　　　（d）带料线的二联式模拟效果图

（e）ESF实际应用局部场景　　　　　　　　（f）ESF布局效果

图 6-3-5　加拿大 JYGA 公司生产的 Gestal 3G 型 ESF

采集与控制功能,既有下位机的现场控制,也有上位机的移动远程 APP 系统的
应用。尤其在进入门的结构设计上创新明显,该设备后门是常开的,母猪可以
无障碍直抵料槽,料槽上方的读卡器感应到耳标即猪只入位后,电动关门系统
自动关下后门,完全做到了不用训猪。

　　图 6-3-7(a)为 SF-1000 设备在现场安装的状态,安装的位置要便于现场操作
人员对控制面板的操作,一般而言,设备的纵向与人行通道是垂直的。图 6-3-7

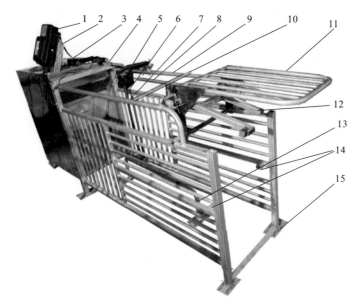

图 6-3-6　肇元科技自主研制的 SF-1000 型小群散养智能母猪电子饲喂站基本架构与部件

1—智能控制器；2—电磁水阀；3—下料机总成；4—电动关门系统；5—弹簧；

6—无前门立轴总成；7—左护栏；8—前后门连杆；9—右护栏；10—上固定杆；

11—后内门；12—后外门；13—防躺卧杆；14—后内门锁块；15—下固定杆

(b)为实际运行的场景，不同圈栏之间是通过护栏隔开的，增加了猪只间的交流，满足猪只的福利要求。图 6-3-7(c)为连接在 ESF 上适当位置的下位机嵌入式控制面板，面板左侧从上到下有 5 个功能键，即"电源""读卡""电机""水阀""电门"。右上部为系统的液晶显示屏，依据选择的功能键显示不同的数据或状态信息，右中部是菜单设计的调整按钮，右下部是数字数据键等，以进行现场的各种控制尤其饲喂量的现场调整等。特别地，本设备研发了上位机移动 APP 远程控制及数据在线采集与分析系统，其界面如图 6-3-7(d)所示，通过 APP 移动端的数据，可以不受时空限制地浏览所有设备的运行状态。其次可在线观测每头猪的采食量数据，通过实际采食数据与理论采食量的对比分析，可迅速发现采食量不足甚至不进食、采食量总是达到或超过预计量的猪只个体，为下一步进行参数的重新设置和对猪只的异常情况诊断提供采食量数据的参考依据。实际上采食量也能间接反映猪只的健康状态。图 6-3-7(e)为更大区域的安装应用场景。

除肇元科技有限公司研制的小群散养 ESF 外，国内南商农科、郑州九川自动化设备有限公司、扬州牧新自动化设备有限公司等设备企业也生产类似的

（a）设备安装状态　　　　　　　　（b）饲喂状态

（c）下位机控制面板　　（d）上位机APP　　　　（e）饲喂站批量应用场景
　　　　　　　　　　　系统界面

图 6-3-7　SF-1000 实际应用场景与配套系统

ESF，结构上各有特点，限于篇幅不做一一介绍。这里仅介绍由中国农业科学院北京畜牧兽医研究所和南商农科研制的同类产品——SLEFS 1.0 型妊娠母猪散养饲喂站。其外观如图 6-3-8 所示。该系统的主要特点是将图 6-3-5 所示传统型饲喂系统中的下料控制技术移植到本系统中，解决了剩余料的问题；其次，在下料量的控制上，下位机中嵌入了中国农业科学院北京畜牧兽医研究所

（a）前视图　　　　　　　（b）后视图　　　　　　　（c）应用场景

图 6-3-8　南商农科与中国农业科学院北京畜牧兽医研究所研制的 SLEFS 1.0 型 ESF

智慧畜牧业创新团队提供的、针对日粮主要消化能及蛋白水平即养分浓度的母猪采食量模型，可按妊娠日龄的变化做到按个体、按天精细自动调整理论采食量来控制实际下料量。在实际工作过程中，下料量的精准控制还受控于下料机构即下料刷电机转动半圈或一圈的下料精度。

3. 哺乳母猪智能饲喂系统

随着现代养殖效率的提升，设施养殖场的母猪哺乳期已缩短到 21 天左右，在此阶段的饲喂目标是使母猪采食量最大化，有研究表明，每增加 1 kg 母猪采食量，可提高产仔率 8%，缩短断奶到发情间隔 1.8 天，而且还影响下一胎次的母猪生产成绩。为此，围绕哺乳母猪的饲喂精准控制智能设备的研究非常活跃，随着物联网技术及养猪理念的提升，智能饲喂技术也在不断进步[18,19]。

1）国际哺乳母猪智能饲喂系统代表产品

在国际哺乳母猪智能饲喂领域最完善的产品依然是图 6-3-9 所示的加拿大 JYGA 公司生产的 Gestal 品牌的系列产品，包括 Gestal QUATTRO、Gestal SOLO 及 Gestal F2 不同性能及不同时期的产品。

图 6-3-9(a)所示的 QUATTRO 的特点是可促进母猪的采食量，减少饲料浪费，使用定制的加热曲线和温度探头，在提高母猪产仔性能的同时可减少用电需求，每个喂料器都兼容 WiFi，快速将数据传送到平板电脑或手机端，帮助工作人员掌握母猪分娩信息和改进对舍内分娩母猪的监测。QUATTRO 使用两种供料线，根据每头母猪的规定需要定制多种日粮即改变最终供给的日粮的养分浓度，使分娩母猪一日四餐的营养供应个性化。SOLO 及 Gestal F2 饲喂器均具有每日每次、连续及精确饲喂的性能，能促进哺乳母猪的采食量及泌乳量，改善仔猪断奶重量。此外，上位机出现故障也不影响每台饲喂站的独立运行。与 QUATTRO 比较，SOLO 及 Gestal F2 不具备接受来自两条供料线的饲料的功能，因而不会改变日粮的养分浓度，但可控制采食量。

(a) QUATTRO   (b) SOLO   (c) Gestal F2

图 6-3-9　JYGA 公司的 Gestal 品牌的哺乳母猪饲喂装置

2）国内哺乳母猪智能饲喂系统代表产品

在我国,南商农科与中国农业科学院北京畜牧兽医研究所在执行国家智能农机装备项目过程中,在消化吸收国内外同类产品的特点及自身前期研究的第1、2代产品[20]的基础上,创新突破了下料方式,开发了一种下料精准、无饲料残留、操作维护方便、性能稳定、成本低廉且控制便利的新一代哺乳母猪智能饲喂系统[8],采用上下移动的电动推杆与堵料上、下球的联动,精准控制下料量,并较好解决剩余料的问题。其结构示意、安装现场如图 6-3-10 所示。

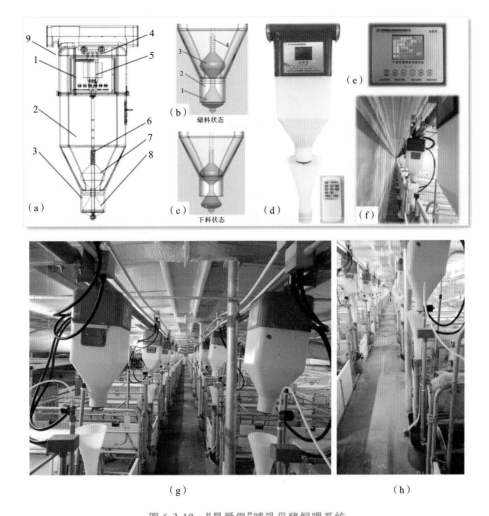

图 6-3-10 "易爱堡"哺乳母猪饲喂系统

1—控制面板;2—储料仓;3—定量仓;4—推杆固定板;5—电动推杆;
6—缓冲弹簧;7—堵料上球;8—堵料下球;9—供料管与储料仓的接口处

图 6-3-10(a)是设备的整体结构设计,设备主要由控制面板、储料仓、定量仓、推杆固定板、电动推杆、缓冲弹簧、堵料上球、堵料下球、供料系统组成。供料系统与下料装置通过储料仓的上部分连为一体,电动推杆部件与控制面板的里外融合构成储料仓的上部分,储料仓主体(圆柱部分及倒锥体部分)与定量仓部分通过电动推杆的工作协同下料。

图 6-3-10(b)和 6-3-10(c)反映了精准下料与控制的原理。推杆向下运动,堵料上球封堵料仓而堵料下球脱离料仓进行定量下料动作;推杆向上运动,堵料上球脱离料仓而堵料下球封堵料仓进行定量储料动作。这种下料方式通过电动推杆与堵料上、下球的联动,完成定量下料,就饲喂装置的定量仓而言,其既能实现无残留,又能搅动储料仓上部分的饲料,避免结拱。通过现场采集数据去评定影响结果表明,当电动推杆速率为 60 mm/s,且电源输出电压为 11.5 V 时,下料的稳定性最好,且推杆不会卡死。

图 6-3-10(d)是以整体设计为基础研发出的实物产品,且带有遥控器,可对下位机内的下料参数进行控制。图 6-3-10(e)则是放大后的控制面板,既可显示设备的运行状态,也能现场手动修改饲喂参数,包括每天的饲喂次数,饲喂时间点及时长,以及每一次下料量占当天饲喂量的比例等,且每次下料的数据可缓存在下位机的数据寄存器中。一般情况下,在下位机缓存的数据推出之前其都会在同步的上位机的数据服务器中保存,为对整个猪群的采食量状态进行分析提供数据源。

图 6-3-10(f)、(g)、(h)是批量饲喂器现场安装的状态,通过供料料线将单个设备串联起来,且料线与每个饲喂器的连接处有一个内部的阀门,阀门打开时,料线在重力的作用下向饲喂器的料仓供料,根据供料时间及采食量数据的计算结果,控制阀门的开闭,始终保证储料仓中有足够的饲料。因水拌料饲喂效果不断得到认可,并可减少仓内部不断产生的灰尘,目前出现了水拌料的需求,因此,在上述设备上增加图 6-3-11 所示的供水线,满足干湿比可调的需求。

此外,肇元科技同样研制了图 6-3-12 所示的新一代哺乳母猪粥料饲喂系统,特别增加按哺乳日龄的自动下料、APP 控制下料,以及通过料位探针控制料槽剩余料的饲喂控制系统。

图 6-3-12(a)为饲喂控制器的结构部分,包括定量杯料斗、手动控制器、电动下料机、电磁水阀、下水管、水拌料位探针、料槽及猪栏。图 6-3-12(b)为饲喂系统的饲喂场景。图 6-3-12(c)为局部的料位探针显示。系统的主要特色在于下料控制系统与料位的联动,根据料位控制下料与否,解决余料发生问题。与 Nedap

图 6-3-11　带供水线的哺乳母猪饲喂车间

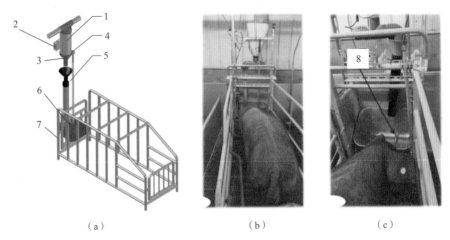

（a）　　　　　　　　　　（b）　　　　　　　　　　（c）

图 6-3-12　哺乳母猪智能粥料饲喂控制器

1—定量杯料斗；2—手动控制器；3—电动下料机；

4—电磁水阀；5—下水管；6—料槽；7—猪栏；8—水拌料位探针

和 JYGA 的产品比较,该饲喂系统用湿拌料来饲喂哺乳母猪,改善了适口性,降低了产房粉尘。泌乳期间母猪特别易于口渴,吃湿拌料约能提高 20% 以上采食量。

与 JYGA 的产品比较,该系统缺乏"电磁触动圈"这一物理硬件,靠不锈钢探针探测水料高度从而触发补料,这对实现哺乳母猪精准饲喂具有迭代的意义。每天一般按 4 餐饲喂,每餐饲喂当日总量 25%,每顿保证有 2 h 以上有效采食时间,每顿分成多份 150 g 料和 220 g 水投放。如果剩余料在料槽停留时间过长,控制器上面的余料灯会闪烁,提醒饲养员来检查余料是否变质。系统在满足猪只个性化饲喂、哺乳母猪最大采食量需求的同时,最小化了料槽余料,基本上无饲料浪费。上述的饲喂控制是通过图 6-3-13 所示的下位机饲喂控制盒实现的。

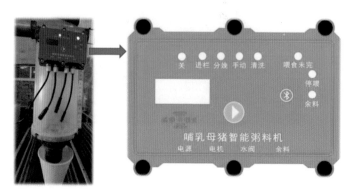

图 6-3-13　哺乳母猪智能粥料机面板控制盒

图 6-3-13 所示控制盒实现电源、电机、余料探针、水阀插座外接。在整个产房饲喂阶段,饲养员只需在赶入母猪当日按动 ▶ 按钮,使"进栏"指示灯亮,在母猪分娩当日按动 ▶ 按钮,使"分娩"指示灯亮,在待产 7 天到分娩后 21 天的产床阶段饲喂全部可做到无人值守。哺乳母猪智能粥料机初始设置默认一日 4 餐,饲喂时段见表 6-3-2。

表 6-3-2　哺乳母猪 4 餐饲喂的时段与饲喂量控制

餐次	每餐起止时间	有效采食时间/h	每餐采食占比/(%)	备注
1	3:00—6:00	3	25	
2	9:00—12:00	3	25	9:00 前停 2 h
3	16:00—19:00	3	25	12:00 后停 4 h
4	22:00—24:00	2	25	

上述饲喂控制参数的设定与修改通过上位 PC 端或图 6-3-14 所示的移动APP 完成。

如图 6-3-14(a)所示,饲喂参数可设定,也可根据饲喂的哺乳母猪的个体体况调整。每日计划饲喂量与实际下料量(已投量)可随时查看,还具有其他功能如报警功能等。图 6-3-14(b)所示为按哺乳日龄设定的每日饲喂量,可根据猪只胎次、品种、饲喂日粮的养分浓度及母猪抚养的仔猪数调整。图 6-3-14(c)所示为饲喂时间段的设定,以满足不同的饲养或营养专家对哺乳母猪饲喂节律的

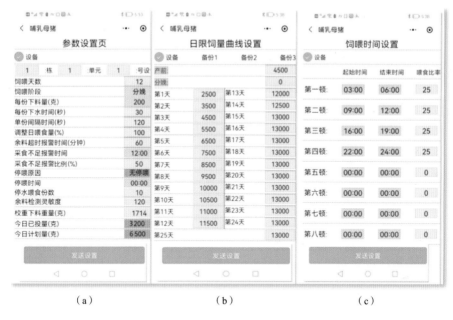

（a）　　　　　　　（b）　　　　　　　（c）

图 6-3-14　哺乳母猪智能粥料机移动控制 APP 界面

理解,最理想的做法是以采食量的最大化及哺乳母猪的泌乳性能和断奶性能数据为依据。

对下料量总量的计算可以用固定的表格进行,也可以根据以哺乳日龄作为变量产生的采食量曲线实现动态控制。总结目前大多数哺乳饲喂设备的饲喂量,按胎次及日龄推荐的哺乳母猪(1～21 d)采食量曲线模型如下。

第 1 胎哺乳母猪采食量曲线:

$$y=-0.0151x^2+0.5385x+1.6389 \tag{6-3-1}$$

第 2 胎哺乳母猪采食量曲线:

$$y=-0.015x^2+0.5784x+1.8729 \tag{6-3-2}$$

第 3 胎及以上哺乳母猪采食量曲线:

$$y=-0.0162x^2+0.5768x+2.4573 \tag{6-3-3}$$

式中:x 为哺乳日龄,分娩当日假定为零,分娩后的第 1 天为 1,依次类推;y 为当日的理论饲喂量,单位为 g/d。

4. 保育猪及生长育肥猪智能饲喂设备

1）保育猪粥料机饲喂设备

与种猪母猪的精准饲喂控制的要求及技术实现的难度比较,保育猪及育肥猪的饲喂控制相对容易些,但控制的工艺、料盘料位的探测及与下料机构的联动控制、干料与水的比例控制、设备的稳定性、设备与猪圈的融合、饲喂数据的自动采集等方面也存在很多关键技术与工艺,需要在实践中去不断摸索及完善。为此,国内外围绕该技术设备开展了长期的研究,也产生了不少优秀的产品[21],主要产品包括肇元科技的粥料机、南商农科的粥料机等,并且这些产品已经投入实际应用。

肇元科技于 2012 年就研制了我国第 1 代单探针式粥料机,如图 6-3-15 所示。养殖场试用后发现其存在的主要问题是,由于猪视力不好,两侧机架下方是猪最不愿意去吃的"死角",探针和料盘之间常有猪吃不净的一小块湿料,引发导通电路故障,导致系统不下料,需饲养员经常清理。此外,料盘里一个点的探针获取的粥料高度不能准确代表整盘情况,有时下料过多造成浪费,有时下料不足,致使整圈猪单日采食量不足。肇元科技第 2 代保育猪及肥育猪智能粥料机采用无线电探测料位,投放猪场试用后发现,超声波传感器工作一段时间后性能开始不稳定,经常误判料位;第 3 代改用激光探测料位,投入猪场试用一段时间后发现,激光传感器在猪场可靠性也不佳。养殖场实地使用结果证明,用无线传感器测料位的粥料机都没能通过猪场可靠性测验。最后发明了第 4 代"四极法猪用智能粥料机",经过在实验猪场的测试,突破了在实验猪场 1 年用不坏的记录,最后的定型的产品 PSF-2001 结构如图 6-3-16 所示。

 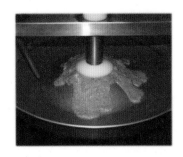

图 6-3-15　肇元科技第 1 代保育猪粥料机

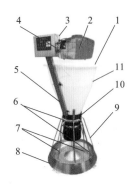

图 6-3-16　四极法猪用智能粥料机结构

1—盖子;2—电机;3—智能控制器;

4—电磁水阀;5—支承架;6—不锈钢水管;

7—不锈钢电极(含 4 个对应分布的探针);

8—不锈钢料盘;9—隔离条;10—保护套;11—料仓

图 6-3-16 所示的粥料机主要构成部件包括:盖子、电机、智能控制器、电磁

水阀、支承架、不锈钢水管、不锈钢电极(含 4 个对应分布的探针)、不锈钢料盘、隔离条、保护套、料仓等 11 个主要部件。肇元科技的第 4 代粥料机的饲喂效果是明显的:① 料盘在 360°圆周上被隔成 8 个采食位,料盘深度为 105 mm,自动投粥料的上限位高度不超过盘壁 1/3,猪在采食中无法把饲料拱出来,带走粥料的唯一可能是猪退出料位时;② 弱猪在强猪全部离开后才敢来采食,料位在盘中低于下限位会智能补料,保障了每一头弱猪能够得到最大化采食量,可改进膘情的均匀度;③ 喂粥料减小了猪群呼吸道疾病的患病率,同时,饲料的消化吸收率、料肉率比干料好。图 6-3-16 中的智能控制器 3 是设备的核心部件。控制器提供丰富的设置与控制功能,例如,按控制面板上的"功能"键至"料量(秒)"灯亮,可设置每份下料的时间,按"确认"保存设置;再按"功能"键至"水量(秒)"灯亮,可设置每份下料量配水时间,按"确认"保存设置。特别地,只有在设定的饲喂时段才保持料盘有粥料喂猪,其他时段不供料,根据猪只数量合理设定饲喂时段,防止料盘余料过多导致猪进食变质粥料。

如果将保育猪粥料机用作断奶后的保育猪饲喂设备,则机器的尺寸不宜过大,因猪的体型较小,肇元科技的第 4 代粥料机的主体尺寸为长 65 cm、宽 55 cm、高 130 cm。而每台设备喂养的猪的头数与设备摆放的位置有关,如图 6-3-17 所示,一般情况下,当粥料机置于整猪圈中间时,最大可饲喂的数量达 40~60 头,如果置于连接的 2 个猪圈的中间,则每个栏可饲喂 20~30 头。保育猪粥料机的拓展应用表现在放大设备的尺寸到长 82 cm、宽 75 cm、高 150 cm,设备就适合用于 30~60 kg 中大猪的饲喂,设备的外形与图 6-3-16 所示的一样,但饲喂猪只的数量随猪只体型的增大而减少,料仓的容积相应增加不少。

南商农科也自主研制了同类型的产品,其第 1 代产品如图6-3-18(a)所示。

(a)两圈中间饲喂　　　　(b)圈栏中间饲喂　　　　(c)猪舍饲喂全景

图 6-3-17　粥料机的饲喂布局

图 6-3-18(b)所示的第 3 代产品在外观设计及设备的结实耐用性方面做了重大改进,并提供两种饲喂模式:手动饲喂模式,可实现干湿比例可调及空料时间可调;自动饲喂模式,可根据猪只数量、日龄等参数,生成饲喂曲线自动进行饲喂。第 3 代产品通过了国家机械工业畜牧机械产品质量监督检测中心的检测,产品型号及名称为 SPDWEFS 3.0 仔猪干湿饲喂器,通过检测号为 MJ-B1-2019-009。如图 6-3-18(c)所示,第 3 代产品广泛投入了应用,丰富了保育猪粥料饲喂设备的多样性。

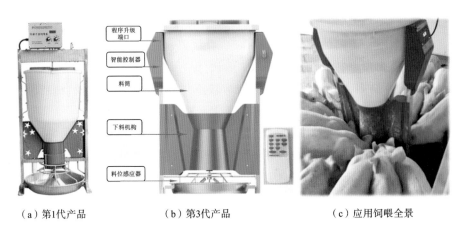

（a）第1代产品　　　　　（b）第3代产品　　　　　（c）应用饲喂全景

图 6-3-18　南商农科保育猪粥料机

2）生长育肥猪精准饲喂系统

商品猪到了 30 kg 或 70 日龄以后,就进入生长育肥猪阶段,从饲喂上并不限制采食量,但从精细化管理的角度上,应该动态获得每个个体的采食量。通过分析采食量的数据,可以了解猪只个体的体况,便于对采食量不佳的猪只重点关注,也可以在猪只出栏后计算个体及群体的料肉比,为下一批猪只的营养调控提供数据依据。因此,研发生长育肥猪的饲喂控制系统也逐步成为养猪企业或经营者关注的问题,也可为从事营养精准研究提供技术平台。图 6-3-19 所示的是南商农科研制的育肥猪饲喂站(FPEFS 1.0),该饲喂站同样通过了国家机械工业畜牧机械产品质量监督检测中心的检测,通过检测号为 MJ-B1-2019-007。

图 6-3-19 所示的育肥猪饲喂站主要包括仓体、报警灯、智能控制系统、进水管、固定栏片、活动栏片及遥控器。在仓体内既有料仓,也有下料控制机构,形成一套育肥猪精准饲喂管理系统,可实现育肥猪的定量饲喂,在定量饲喂的基

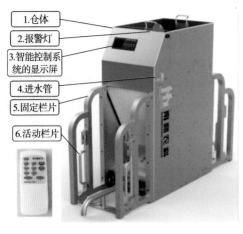

1. 仓体
2. 报警灯
3. 智能控制系统的显示屏
4. 进水管
5. 固定栏片
6. 活动栏片

（a）样机 　　　　　　　　　　　　　　（b）饲喂场景

图 6-3-19　南商农科育肥猪饲喂站

础上猪只自由采食。该饲喂站的主要功能包括：① 猪只个体识别，采食数据可自动记录；② 可两头猪同时采食；③ 网络化采集数据，统一管理；④ 进口通道宽窄可调节，避免多猪抢食；⑤ 可实现数据化管理。

该饲喂站的下料方式不同于 ESF，采用拨轮定容下料，下料精度达到±2%，要低于 ESF。进入的猪只通过触碰杆控料，避免饲料堆积，减少浪费。其次，水和料一起下，湿料更可口，可保证精确饲喂并大大降低了饲料浪费，用最小的饲料成本获得最大的生产性能。上位机系统在收集采食量、采食时间、采食次数等数据基础上，可为制订合理的育肥猪饲喂方案提供依据，及时判断猪只的健康，为科学化、数据化对大规模猪群进行管理提供了硬件保障。

6.3.2　蛋鸡精准饲喂技术与装备

精准饲喂技术是现代养鸡精细化、精益化管理的体现，是高产蛋鸡和鸡农增收节支的需求，是现代"无抗养殖"的保障，是国家低碳环保、节能减排战略的要求。依据鸡群情况调整营养配方实施精准喂养，有助于蛋重的控制和蛋壳质量的提升，有助于减少鸡群死亡率和发病率（脱肛、脂肪肝等），有助于降低生产成本（饲料成本和排风耗电成本），有助于减少大气和鸡舍内氨、氮的排放量；有助于缓解蛋白资源严重匮乏的困窘。蛋鸡饲养模式大多为笼养，主要的精准饲喂装备有行车式、链条式、管道式和螺旋式几种。

1. 行车式

行车式饲喂系统与装备上料均匀，有利于保证雏鸡均匀采食，进而提高鸡只的体重均匀度。匀料器可翻料,确保饲料没有堆积或"旧"料。此外,料箱和食槽分离或者用塑料件连接,可有效避免食槽的磨损,V形食槽可避免"槽边料",防止饲料积存发霉影响鸡只健康。每栋鸡舍外安装一座料塔,经过搅龙输送机将饲料由料塔传送到鸡舍内给料行车,经给料行车将饲料分布在各架鸡笼的料槽中,供鸡只自由采食。

行车式饲喂系统根据料箱的配置不同可分为龙门式和跨笼料箱式两种。龙门式行车饲喂机的料筒设在鸡笼顶部,料箱的容积要满足每次该列鸡笼所有鸡的采食量需求,料箱底部装有搅龙,当驱动部件工作时,搅龙随之转动,将饲料推送出料箱,沿滑管均匀流至食槽。跨笼料箱式行车喂料机根据鸡笼形式有不同的配置,但每列食槽上都跨坐一个矩形小料箱,料箱下部呈斜锥状,锥形扁口坐在食槽中,当驱动部件运转带动跨笼箱沿鸡笼移动时,饲料便沿锥面下滑落在食槽中,完成喂料作业。行车式喂料机主要由驱动部件(牵引件)、料箱、落料管等组成。行车式喂料机根据动力配置不同可分为牵引式和自走式。牵引式的结构特点是,牵引驱动部件安装于行车轨道一端,电机减速器通过驱动轮、钢丝绳牵引着料箱沿轨道运行来完成喂料作业。如图 6-3-20 所示,自走式的结构特点是牵引驱动部件与顶料箱安装在一起,直接以链轮驱动料箱沿轨道运行,从而完成喂料作业。

图 6-3-20　自走式行车喂料系统

2. 链条式

德国的 Big Dutchman 公司在 1938 年推出了世界上第一套自动链条式喂料系统[36],并不断改进以适应当今现代化家禽生产的要求。该系统可满足笼养的种鸡、刚出生的小鸡和产蛋鸡的饲喂需求,还可以饲喂地面饲养的肉种鸡。图 6-3-21(a)所示的是 Big Dutchman 公司研发的链条式家禽喂料系统的实用场景。

在国内,青岛百辰牧业有限公司(以下简称百辰牧业)研发了一款链条式家禽饲喂设备,如图 6-3-21(b)所示,其进料输送速度达到了 36 m/min,每小时可输送 2.0 t 的饲料,能够保证系统均匀且快速输送饲料。高刚度 90°铸铁角支架具有良好的耐腐蚀性和耐磨性。热镀锌钢料斗带回馈轮可防止进料溢出;料斗

（a）德国Big Dutchman公司研发的链条式
家禽喂料系统

（b）百辰牧业研发的链条式家禽饲喂设备

图 6-3-21　链条式家禽喂料设备

尺寸可定制,饲料线高度可根据家禽日龄调整。

3. 管道式

图 6-3-22 所示的是德国 Big Dutchman 公司研发的 Augermatic 饲喂设备,该设备是一种管道式家禽饲喂设备。设备提供了各种喂料盘,通过 AugerMatic 输送系统来填充饲料。该设备既可以满足日龄家禽的需求,也可满足较重鸡的需求,保证家禽方便地获取饲料和避免饲料浪费。

图 6-3-22　德国 Big Dutchman 公司研发的管道式家禽饲喂设备

4. 螺旋式

图 6-3-23 所示的是德国 Schulz 公司研制的螺旋式家禽饲喂设备,该设备

主要由筒仓和运输系统组成。筒仓结构采用四种不同直径的钢板或玻璃钢 (GRP),容积范围为 4~50 m³,主要采用气动或机械灌装的方式,可以设置为低速模式来满足家禽的采食需求,运输系统主要由 V 带和驱动电机驱动。

图 6-3-23　德国 Schulz 公司研制的螺旋式家禽饲喂设备

6.3.3　肉鸡精准饲喂技术与设备

德国 Big Dutchman 公司研发的 ReproMatic 是一款结合了链式和盘式饲喂系统特点的肉鸡饲喂设备,其整体结构如图 6-3-24 所示。该设备采用带链条的开放式进料通道组成的高容量输送系统,可保证每个饲料锅都能及时提供饲料,每个饲料锅均有 16 个喂食窗口,为每只肉鸡提供足够的采食空间。由于链式驱动装置与进料斗分离,因此喂料系统可以很容易地适应任何鸡舍情况。该设备的最高链速达到了 36 m/min,输送能力达到 2 t/h;电机输出功率具体取决

图 6-3-24　德国 Big Dutchman 公司研发的 ReproMatic 肉鸡饲喂设备

于链长,分为 1.1/1.5/2.2 kW 几种;系统具有高抗拉强度,能保证通道内的链条运行平稳。

图 6-3-25 所示的是德国 Big Dutchman 公司研发的 MaleChain 饲喂设备,这是一款专为肉种鸡设计的链式饲喂系统。在肉种鸡管理中,种鸡分开饲喂是保证高受胎率和良好雏鸡品质的重要前提。种鸡必须与母鸡分开饲喂,这样才能提供正确数量的特殊混合饲料。MaleChain 饲喂设备由一个完整的链环组成,只需一个食槽。通过优化设计新的角和槽,饲喂设备可以有效节省空间,通过 Challenger 饲喂链输送饲料。

图 6-3-25　德国 Big Dutchman 公司研发的 MaleChain 肉种鸡饲喂设备

在国内,青岛兴仪电子设备有限责任公司(以下简称青岛兴仪)研制了图 6-3-26 所示的家禽饲喂设备,分为 EI-WL2/X 肉鸡饲喂系统和 EI-WL1/X 种鸡饲喂设备。设备主要由喂料槽、喂料管、喂料盘、悬挂机构、防栖息线、喂料控制模块等组成。

图 6-3-26　青岛兴仪研制的家禽饲喂设备

6.3.4 奶牛(犊牛)精准饲喂技术与设备

1. 奶牛精准饲喂技术与设备

目前国内外奶牛饲喂方式已逐渐从传统饲喂发展至全日粮混合饲喂。TMR 是一种营养相对均衡的日粮,是按照一定的配方比例,将青贮、精饲料、干草及饲料添加剂等充分搅拌、混合制成的,饲喂环节主要采用 TMR 设备,包括固定式搅拌机、牵引式搅拌车和自走式搅拌车。但在实际饲喂过程中,TMR 饲喂技术常常需要操作员驾驶车辆在牛舍进行粗放式布料,造成饲喂效率低、饲料浪费严重、投料过程易产生人为误差等问题。国际上研发的自动化奶牛饲喂设备主要包括悬挂轨道饲喂系统、自走式饲喂机器人、在位饲喂系统和传送带式饲喂系统等。悬挂轨道饲喂系统是一种通过悬臂梁滑动行走的饲喂系统,以 TMR Robot 和 Triomatic 为代表,可以避免搅拌车驶入牛舍带来的废气和噪声问题。自走式饲喂机器人是一种在地面沿设定路线自动行走的饲喂系统,以 Vector、Triomatic 为代表。在位饲喂系统是一种在牛栏口单独安装饲喂装置的饲喂系统,该系统不仅可以用于牛舍,也可以用作挤奶厅挤奶位补饲系统,以 Dairymaster 挤奶厅定位补饲系统为代表。传送带式饲喂系统主要由横纵向饲料输送带和饲料分拨器构成,其工作原理相对自走式饲喂机器人简单,以芬兰 Beltfeeder 为代表。

荷兰 Lely 公司研制的 Juno 自动推料机器人安装有超声波感应器,可以感知与牛栏的距离并按预设的距离行进推料。牛场可以通过软件自由预设该距离,例如距离牛栏从远至近逐渐推料。其底部内置的电感式器件可保证其准确按照预设路线行进。推料机器人无论白天还是夜间均可准时按照预设时间点为牛只推送饲料,有利于增进牛只采食量,尤其是粗饲料进食量,从而提高产奶量和品质。推料机器人并不具备投料机器人存储日粮配方和自动取料、混料和投料的多种功能,但其是投料机器人的得力搭档,可以简洁低能耗地完成全天多次后续推料工作,两者结合使用可构建起智能化牛场自动饲喂系统。

图 6-3-27(a)所示的是奥地利 Schauer 公司生产的 Compident 奶牛精准饲喂站,该饲喂站采用气动入口门设计,每台饲喂站可饲喂 50 头奶牛,在饲喂站里可以模块化集成 6 种不同精饲料原料分配器。与饲喂站配套的 TOPO 饲料管理程序可以在一个奶牛综合生产周期内,实现精饲料配方和饲喂量的灵活调整,方便料仓的管理。该饲喂站还可以根据每头奶牛的生产阶段和泌乳曲线分别计算和提供其所需的采食量,实现生产周期内 TMR 饲喂效果的最优化。图

6-3-27(b)展示的是由荷兰 Hokofarm 集团研制的奶牛精准饲喂与计量装置,该饲喂装置同样具有坚固的气动门,配备电子耳标识读系统,可以实现奶牛采食次数、采食时间及采食量自动控制和记录,适用于研究牛只个体的采食规律。

(a)奥地利Schauer奶牛精准饲喂站

(b)荷兰Hokofarm奶牛饲喂装置

(c)荷兰Triomatic轮式饲喂机器人

(d)荷兰Triomatic悬挂式饲喂机器人

(e)美国GEA传送带式饲喂系统

(f)荷兰Lely公司Juno推料机器人

图 6-3-27　国际上典型的奶牛精准饲喂装备

显然,图 6-3-27(a)的个体饲喂站适合于为奶牛精准提供精料补充料,但无法控制和记录每头牛粗饲料采食量。图 6-3-27(b)的精准饲喂装置更适用于牛群青粗饲料或 TMR,可在牛舍中成排安装,并能同时精准控制和记录多头奶牛个体全天采食量,其软件管理系统可以为奶牛分组,通过 RFID 耳标可控制每个料槽允许访问的奶牛个体,便于开展比较不同饲料营养价值的科学实验[22]。

在国内,最新开发的产品则是图 6-3-28 所示的由中国农业科学院北京畜牧兽医研究所与南商农科联合开发的奶牛个体精准饲喂系统。

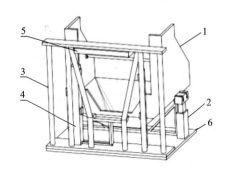

（a）奶牛饲喂装置结构简图　　　　（b）奶牛饲喂装置安装使用现场

图 6-3-28　国内典型的奶牛个体精准饲喂系统

1—料斗；2—支撑座；3—栏杆；4—阻挡单元；5—阅读天线；6—地面

该系统是一种集自动识别、饲喂、数据自动采集、数据分析与处理于一体的奶牛饲喂自动机电控制系统,包括机械装置、电子识别系统、料槽称重系统、中央控制系统、现场数据存储电路及远程数据提取与分析系统等几部分。其中,机械装置包括料斗、支撑座、栏杆和阻挡单元等;电子识别系统包括阅读天线及控制料门启闭的气动装置;料槽称重系统除支撑座外,还有嵌入的质量传感器及线路;中央控制系统包括微处理器、看门狗复位电路、读卡器电路、称重数据采集电路、数据通信电路、数据收发器电路及外围驱动与稳压电路等;现场数据存储电路接收来自各个饲喂系统的中央控制系统发送的采食行为数据,预设可存储记录为 14000 条;远程数据提取与分析系统实时管理采食行为数据,并提供多功能的数据挖掘分析。系统测试结果表明,对牛只低频 RFID(134 kHz)电子耳标的识读率为 100%,料槽称重系统的计量范围为 0.01～200 kg,最低称量精度 10 g,实际称量相对误差≤0.15%,同时满足奶牛对最大采食量及精准饲喂对计量的需求。该系统能较好地实现奶牛个体的精细化饲喂,为研究奶牛的采食行为特点提供了在线、智能化的自动数据采集与分析平台。

2. 犊牛精准饲喂技术与装备

对于规模化养殖企业来说,选择犊牛精准饲喂不仅可以有效降低管理成本,提高犊牛采食量,还能减少人为情绪对犊牛带来的不良影响。图 6-3-29 所示的是德国 Holm & Laue 公司研发的犊牛自动饲喂系统 H&L CalfExpert,该

图 6-3-29　CalfExpert 犊牛自动饲喂系统

系统由 1 台主机和 1 至 4 台饲喂站组成,主机配有代乳粉料仓(或鲜奶盛放装置)以及添加剂存储仓。当犊牛进入饲喂站时,饲喂站内置的犊牛识别系统会自动识读犊牛耳标,并将犊牛的成长信息反馈到饲喂主机,主机自动检索犊牛适配的饲喂曲线,根据犊牛日龄冲配代乳粉或适量的牛奶,可使每头犊牛吃到的都是根据其自身的饲喂曲线单独配置的配方奶,以此达到精准饲喂的效果。该系统拥有现沏现喂、全自动清洗、一牛一洗等众多优势。

1）现沏现喂

现沏现喂是这款犊牛饲喂系统独一无二的优势,每头犊牛每次吃的奶,都是现场沏配的,不到 4 s 的时间就能实现从犊牛信息访问到精准配方出奶,让犊牛吃到新鲜的奶。相较于提前沏配,现沏现喂可避免微生物滋生和能量损失。

2）独立饲料配方

根据犊牛日龄个体化定制独立配方,支持 8 种不同的饲喂曲线。CalfExpert 自动饲喂系统的自动化数据管理功能能够实现个性化精准饲喂。所有的饲喂组均能独立设置曲线与参数,曲线可设置 16 个拐点,用于设置每日饲喂量、每日访问饲喂量、鲜奶比例、鲜奶强化浓度、补充剂等。

3）奶嘴自动清洗

CalfExpert 犊牛自动饲喂系统奶嘴自动清洗方式如图 6-3-30 所示,饲喂结束后系统自动对奶嘴和地板进行清洁,可去除 80% 的细菌,降低 95% 的交叉感染概率。

4）管路自动清洗

每次采食后,系统自动冲洗全部输奶管路,每日 1～2 次使用酸碱清洗剂进行清洗,并冲洗犊牛吃奶时流下的唾液等,以减少蚊蝇滋生,最大程度保证设备卫生。

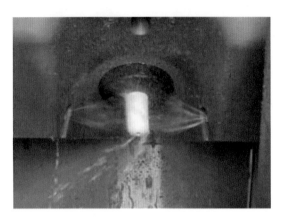

图 6-3-30　CalfExpert 犊牛自动饲喂系统奶嘴自动清洗

5）智能报警

系统可监控犊牛喝奶量、喝奶速度、中断次数、体重变化等参数，并及时发出警报。

6）软件管理

系统内置管理软件 CalfGuide，可在移动终端上查看数据，并进行远程管理。管理者可以随时随地全面管理监控所有牛场的犊牛，第一时间通过手机看到每个牧场中每头犊牛的详细饲喂情况，包括犊牛的采食量、采食的次数，及时获取每头犊牛的各种饲喂信息，防范各种大事件的发生。

CalfExpert 自动饲喂系统可以根据牧场需求进行更多功能的升级，图 6-3-31

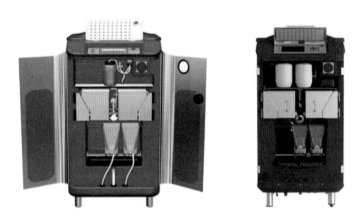

图 6-3-31　CalfExpert 自动饲喂系统可选配置

是系统可选的升级配置,可从多个方面保证犊牛的"饮食起居"。目前,京鹏环宇已与德国 Holm & Laue 公司达成了 CalfExpert 系列产品的独家战略合作。

图 6-3-32 是北京国科诚泰农牧设备有限公司研发的 9SR60 型犊牛全自动饲喂设备。该设备可以为单头单栏饲喂或分群饲喂的犊牛提供牛奶;定时搅拌防止牛奶被煮开;配备加热器,可让犊牛喝上合适温度的奶;利用操作按钮可方便地设置所需奶量;利用手持式加奶枪可自由设置所需的饲喂量;可以提供各种容量,清洗方便。

图 6-3-32 9SR60 型犊牛全自动饲喂设备

6.3.5 肉牛精准饲喂技术与装备

饲喂的方式、时间、频率,以及饲料的类型等,直接影响肉牛的生长和健康状况,反映在实际生产运营中,直接关系到肉牛增重、饲料消耗以及肉料比。为了实现肉牛精准饲喂与高效养殖,京鹏环宇与战略合作伙伴芬兰 Pellon 集团研发了传送带式肉牛精准饲喂系统,该系统借助自动化、智能化、信息化、数据化技术手段,提升养殖效益,实现高效养殖。

如图 6-3-33 所示,传送带式肉牛精准饲喂系统由投料装置、配料填料装置、饲养管理控制系统等组成。系统用固定的饲料搅拌装置搅拌好青贮料,搅拌好的饲料通过传送带式自动饲喂系统上的滑动犁装置在传送带上前后运动,滑动犁由饲养管理控制系统控制,可自动转换方向,将传送带上运送的饲料推下传送带均匀撒在饲喂面上。系统自带的图表软件管理控制系统可以实现全自动控制,按照每头牛或每组牛所需的饲料量制订饲喂计划,饲喂曲线可以帮助管理者按照每头牛的生长周期自动调整饲喂量,有助于根据牛群需要进行单独的饲料搅拌。系统还能将投料位置控制在 10 cm 的误差范围内,实现牛只或牛群的精准投喂。

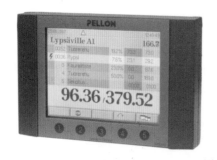
（a）系统管理界面

（b）系统传送装置

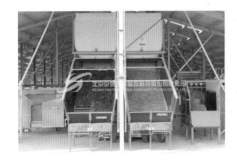
（c）系统填料装置

（d）系统应用现场

图 6-3-33　传送带式肉牛精准饲喂系统

1）满足能量需求、激发生长潜力

饲料的基本功能,在于满足动物的营养和能量需求。特制饲料使动物消耗最少的饲料,获得最佳增重。该系统能够根据不同牛群的营养需要和推荐的饲喂曲线进行饲料成分配比设置,可以根据生长潜力调整曲线,根据繁殖育种剩余饲料采食量(residual feed intake, RFI)值分群饲喂,并设置特制日粮,在饲料配方中进行饲料优化。

2）确保饲料质量

为了能够最大限度保障饲料的饲喂效果,该系统具有以下功能:① 封闭式厨房,草料"悬空"输送,从饲料厨房到饲喂面,输送过程没有任何污染源,饲喂面更清洁,减少外部细菌污染机会;② 多次饲喂,饲料新鲜,不会不受控制地发酵变质;③ 饲料和饲料添加剂可以精确添加;④ 牛舍门关闭,没有车辆和人员在牛舍之间进出,也没有鸟、鼠或其他不需要的生物进入,减少病原和细菌带入。

3）精准饲喂，饲料的利用率高

该系统可以根据日龄需要配置营养均衡的饲料，不会造成饲料的浪费和变质，饲料利用率更高。还可以使用食品工业产品，从多种角度，实现饲料利用的最大化，显著降低饲料支出成本。

4）更便捷的饮水管理

该系统可以在饲料中加水，以提升饲料适口性，通过饮水接头减少水的消耗，利用加水混合搅拌，减少粉尘，优化牛场人员工作环境和牛群生活环境。

5）满足动物行为和福利

该系统每日饲喂次数可根据需要多达 12 次，多次饲喂将让肉牛更有积极性和活力，降低动物的攻击性，肉牛可以拥有自己的行为节奏。安静、平和、无噪声的舍内传送带式自动饲喂系统可以让牛轻松自然地采食，尤其是在寒冷的地区，冬季使用传送带式自动饲喂系统，可以避免 TMR 车饲喂时频繁开启牛舍大门造成温度骤降对牛只的影响，同时还可以避免 TMR 车饲喂时引起的牛的应激反应。

6.3.6　肉羊精准饲喂技术与装备

科学饲养管理是发展现代化规模养羊业的重要保证，如果饲养管理不当，高产性能的优良品种也无法表现出好的生产潜力和优势，甚至会使优良品种退化，造成个体健康程度下降，体重衰退，以至丧失生产能力。图 6-3-34 所示为北京国科诚泰农牧设备有限公司研制的羊用饲喂机器人，该机器人可以根据不同羔羊的需要制定个性化的断奶曲线，提供更多的断奶奶嘴来满足多只羔羊同时饲喂的需要。机器人提供的奶水浓度保持一致，有利于保证奶质稳定。系统实

（a）机器人设计概念图　　　（b）现场应用场景　　　（c）机器人管理界面

图 6-3-34　羊用饲喂机器人设计、应用及管理界面

时检测羊只的各项健康指标,提供持续规律的喂养,提高肉羊的日增重。

京鹏环宇推出的全自动空中带式饲喂系统、全自动地面带式饲喂系统、机器人智能饲喂系统,让羊在恰当阶段能采食适量且营养均衡的饲料,进而获得最高增重、最佳饲料报酬,使羊场获取现代化规模养殖的最大利润。

1. 全自动空中带式饲喂系统

京鹏环宇推出的全自动空中带式饲喂系统符合羊的采食习惯与生理特点,真正意义上实现了羊群的全自动饲喂。系统中各饲料组分别由填料单元和精料塔放入固定式饲料搅拌装置,搅拌好的饲料由饲料传送带均匀投放在饲喂面上,完成饲喂作业。系统中各组成部分的工作均由图标式饲喂管理系统自动化控制。该系统主要由模块式填料装置、饲料搅拌装置、饲料传送带和图表式饲喂管理系统等组成。

1)模块式填料装置

模块式填料装置如图 6-3-35 所示,装置安装于饲料厨房内部,主要用于为饲料搅拌装置提供青贮料、干草料等大宗饲料,养殖户可以根据需求选取不同容量的填料单元。

2)饲料搅拌装置

饲料搅拌装置如图 6-3-36 所示,一般安装于饲料厨房内部,可以切碎并搅拌不同类型的饲料原料,可通过调整铰刀的数量来控制饲料的切碎程度,系统配有自动称量装置,为添加的每一种饲料原料自动称重。

图 6-3-35　模块式填料装置　　　　图 6-3-36　饲料搅拌装置

3)饲料传送带

如图 6-3-37 所示,系统配置有三种传送带,提升传送带用于将搅拌好的饲料从搅拌装置传送到运输传送带;运输传送带用于将搅拌好的饲料传送到羊舍入口处;饲喂传送带用于羊舍内部饲料的传送与投放,该传送带上配有重量传感器,可以测量传送带上饲料的重量。饲喂传送带上滑动犁装置运动的速度和方向独立于传送带而受饲喂管理系统控制,从而保证在传送带上指定的位置完成饲料投放。

（a）提升传送带　　　　　（b）运输传送带　　　　　（c）饲喂传送带

图 6-3-37　饲料传送带

2. 全自动地面带式饲喂系统

图 6-3-38 所示的全自动地面带式饲喂系统适合所有羊场使用,该系统通过传送带把饲料传送到羊只面前完成饲喂。系统根据需求设置饲料传送带投放饲料的速度,保证羊群采食的舒适性。全自动地面带式饲喂系统的饲料输送范围为 16~100 m;电机规格为 50/60 Hz,2.2 kW,380 V;每米可饲喂 6 只羊;传送带宽为 620 mm,由 PVC 材料制成;传送带系统自动化运行,通过交流器调节其速度,配有安全停止开关接触器。

图 6-3-38　全自动地面带式饲喂系统　　　　图 6-3-39　羊场机器人智能饲喂系统

3. 机器人智能饲喂系统

对于中小型羊场来说,图 6-3-39 所示的机器人智能饲喂系统是一种性价比较好的选择,该系统具有以下优点:首先是系统能实现全自动智能饲喂;其次,系统内部结构更为精密,配方更为多元化和精细化,可以根据需要为单独的羊只专门配制饲料;最后,系统占地面积小,使用方便灵活,适用于各阶段羊群。

6.4 畜禽精准饲喂技术与装备发展趋势

精准饲喂技术是动物个体识别、多源数据评测和智能化监控的集成运用,结合动物营养知识、生理信息、生物安全及管理水平,借助大数据智能化算法精准测定动物不同生长阶段的饲料用量,并调节饲喂器自动设定饲料投喂次数和数量,从而达到定时、定位、定量的精准饲喂,满足不同品种、不同生长阶段下动物在不同环境下的动态化营养生理需求。精准饲喂不仅可解决人工饲喂劳动强度大、工作效率低等问题,而且能满足畜禽不同生长阶段的营养需求,提高畜禽健康水平和生产效率。综合利用机电系统、无线网络技术、数据库技术、Android 技术等智能化技术手段,研发畜禽用电子饲喂站和智能化饲喂机等基于信息感知、具有物联网特征的畜禽智能饲喂系统,可实现畜禽精细化、定时定量、均衡营养饲喂,提高饲喂效率和饲料利用率。

我国目前在精准饲喂的日粮配置、不同生理阶段日粮营养需求模型、畜禽养殖环境与个体信息数据的精准采集、畜禽养殖数据库的建立与应用等方面缺少产业化研究开发,影响了饲喂装备技术的智能化开发应用。此外,为了进一步开发精准饲喂系统,需要提高对动物代谢过程的理解,目前精准饲喂技术和设备的应用大多基于数学模型,特别是每日饲料需求量。但是,动物个体能够根据可用氨基酸水平调节生长,导致不同营养水平,氨基酸利用效率不同,动物对摄入相同量的氨基酸的反应也不同。研发精准饲喂技术需要开发动物营养模型,以更精确地估计个体的实时营养需求。

本章小结

本章 6.1 节介绍畜禽精准饲喂的核心技术——日粮营养配方技术的数学基础,后续章节针对畜禽精准饲喂的技术和装备进行系统阐述。首先围绕畜禽饲料的形态分类,对饲喂装备下料、计量和控制器等核心技术进行总结。然后按照畜(禽)种类别,分生猪、奶牛、肉牛、肉羊、蛋鸡及肉鸡等部分,对国际与国内主流的技术装备进行详尽的图文介绍,对京鹏畜牧、南商农科、肇元科技和青岛兴仪等生产企业在精准饲喂设备和系统方面取得的进展和突破进行产品推介和技术分析。最后对精准饲喂技术和装备的发展趋势进行分析和预测。

饲料配方的实质是资源最优配置的运筹学问题,不同饲料原料的最优组合,既要满足动物生长发育繁殖所需的能量、蛋白质及微量元素的需求,又要满足成本需求、原料成分等限制因素。饲料配方可用线性或非线性决策模型来定量描述,对模型求解可实现最优配置,即得到配方的最低成本或配方的最大收益。线性决策模型包括线性规划模型以及在此基础上发展起来的多目标线性规划模型,线性规划模型随着其他应用数学分支的发展和实际配方设计的需要,又派生出随机非线性规划模型、模糊线性规划模型和灰色线性规划模型等。随着计算机技术以及动物营养科学的发展,中国饲料数据库持续保持更新,将在畜牧养殖中发挥巨大作用。

精准饲喂系统在发达国家使用较为广泛,其有利于提高养殖效率、降低人工成本、优化畜禽生产效率,有利于疾病的防范、控制和治疗,促进畜禽养殖技术的专业化和自动化。我国使用智能化精准饲喂系统的养殖场起步较晚,起步阶段大型养殖场多从国外引进精准饲喂系统。国内生产厂家对精准饲喂系统原创技术研究和产出不足,国产设备的结构处于跟踪模仿阶段,与国际主要产品相比有不少的差距,不过越来越多的设备生产厂家进入研发阶段,不断革新开发适合中国畜禽养殖场的精准饲喂系统,但在获取的饲养信息的有效性和准确度有待加强、饲喂设备智能化程度有待提高,尤其国产装备系统与国外先进厂家相比,存在技术和成本劣势,应用中还需要大量的研究和验证。设备制造企业与养殖企业和科研院所应加强融合,针对关键的技术进行联合攻关,进一步研发出成本合理、精准、高效、智能的饲喂系统。

本章参考文献

[1] 伊格尼齐奥. 单目标和多目标系统线性规划[M]. 闵仲求,李毅华,谭讳,译. 上海:同济大学出版社,1986.

[2] 熊本海,侯水生,陈继兰. 灵敏度分析在优化饲料配方方面的应用[J]. 饲料工业,1994,15(10):32-36.

[3] 许万根. 以可消化氨基酸为基础应用目标规划饲料配方程序配制蛋鸡日粮的研究[D]. 北京:北京农业大学,1990.

[4] 林耀明,麦先齐,郭志芬. 目标规划在饲料配方中的应用[J]. 饲料工业,1991,12(1):22-28.

[5] 熊本海,苗泽荣. 线性规划和目标规划技术在优化饲料配方上的比较研究

[J]. 饲料工业，1992，13(1)：21-25.

[6] 孟蕊，崔晓东，余礼根，等. 畜禽精准饲喂管理技术发展现状与展望[J]. 家畜生态学报，2021，42(2)：1-7.

[7] 牧场降本增效利器——国科蓝海 TMR 精准饲喂系统[J]. 农业工程技术，2018，38(15)：48-51.

[8] 熊本海，杨亮，郑姗姗，等. 哺乳母猪精准饲喂下料控制系统的设计与试验[J]. 农业工程学报，2017，33(20)：177-182.

[9] 熊本海，杨亮，郑姗姗. 我国畜牧业信息化与智能装备技术应用研究进展[J]. 中国农业信息，2018，30(1)：17-34.

[10] 甘玲，黄瑞森，罗乔军. 母猪精准饲喂器机械结构及控制系统的设计[J]. 中国农机化学报，2018，39(4)：41-43,99.

[11] 耿玮，钟日开，罗土玉. 精准猪用饲喂器下料机构的介绍[J]. 现代农业装备，2018(5)：38-40,55.

[12] 周良埔. 9WAFM-11 型奶牛自动精准饲喂系统[J]. 湖北农机化，2004(1)：45.

[13] 熊本海，蒋林树，杨亮，等. 种猪生产性能测定系统开发与性能测试[J]. 农业工程学，2017，33(9)：174-179.

[14] 郭彦存. 如何提高母猪年生产力[J]. 现代农业，2018，507(9)：68-69.

[15] 费玉杰. 智能饲喂系统设计及投料控制算法的研究[D]. 哈尔滨：哈尔滨工程大学，2015.

[16] 杨亮，曹沛，王海峰，等. 妊娠母猪自动饲喂机电控制系统的优化设计与试验[J]. 农业工程学报，2013，29(21)：66-71.

[17] 叶娜，黄川. 荷兰 Velos 智能化母猪饲养管理系统在国内猪场的应用[J]. 养猪，2009(2)：41-42.

[18] 刘素梅，田席荣，张谦，等. 智能化饲喂系统对妊娠母猪繁殖性能的影响[J]. 畜牧与兽医，2016，369(4)：71-72.

[19] 李修松. 母猪饲养的革命——智能化母猪饲喂系统在现代化猪场的应用[J]. 猪业观察，2014(8)：60-64.

[20] 熊本海，杨亮，曹沛，等. 哺乳母猪自动饲喂机电控制系统的优化设计及试验[J]. 农业工程学报，2014，30(20)：28-33.

[21] BAKER G，类维青，刘增素. 仔猪自动化粥料饲喂系统[J]. 养猪，2015(1)：24.

[22] CHAPINAL N，VEIRA D M，WEARY D M，et al. Technical note：
Validation of a system for monitoring individual feeding and drinking be-
havior and intake in group-housed cattle[J]. Journal of Dairy Science，
2007，90 (12)：5732-5736.

第7章
畜禽养殖作业智能装备

随着我国科学技术水平的提高,畜禽养殖业在养殖方式上也发生了重大的变化,逐步向规模化和智能化方向发展。畜禽养殖作业智能装备作为一种多领域技术融合成果,可提高养殖效率,减少人畜接触,促进畜禽养殖模式转型升级。本章将围绕畜禽养殖作业智能装备进行梳理,阐述当前畜禽养殖作业智能装备分类与共性基础技术,分析与归纳当前典型的固定式养殖作业智能装备与畜禽养殖作业机器人,并总结畜禽养殖作业智能装备的未来发展方向。

7.1 畜禽养殖作业智能装备分类

畜禽养殖作业智能装备按照实际的应用场景分为固定式与移动式。固定式养殖作业智能装备主要应用于畜禽配合意愿度较低(例如公猪精液采集、奶牛挤奶)、需时刻关注畜禽个体(例如母猪分娩自动监测、畜禽个体福利)、畜禽特殊信息采集(例如畜禽体重称量、畜禽自动分群)等特定场景,以上场景一般需要智能装备做到"单线程"的服务,即由于数据或样品采集方式以及养殖模式等限制,固定式养殖作业智能装备需要在某个时间节点对单个畜禽个体进行处理。而移动式养殖作业机器人大多应用于"多线程"的场景,即智能装备可以同时用于多个畜禽个体处理,仅空间位置的变换就可以触发更多的畜禽处理任务,该应用场景主要有养殖环境及畜禽健康巡检、畜禽舍消毒、畜禽粪污清理及清洗等。

7.1.1 固定式养殖作业智能装备

固定式养殖作业智能装备的使用场景较为特殊,一般在某个时间节点使用时仅针对单个畜禽个体,需要畜禽移动到养殖装备的位置进行使用。典型的固定式养殖装备有畜禽自动分群装备、公猪采精智能装备、自动挤奶装备、母猪分娩自动监测与预警装备、畜禽福利装备等。

1. 畜禽自动分群装备

畜禽自动分群装备可以实现按照畜禽体重,对猪、牛、羊的分群喂养。其主要目的是做到牲畜的同期出栏,降低养殖成本,提高养殖场效益。例如在按照畜禽体重信息分群中,畜禽自动分群装备使用 RFID 技术,利用电子耳标识读器,自动识别佩戴电子耳标的畜禽身份,将身份、体重信息上传并存储至云端服务器,并自动开启相应通道实现分群。畜禽自动分群装备的分群依据可以进一步拓展到健康状态、繁殖性能等,这需要检测算法的进一步支持,实现多维度的畜禽分群。

2. 公猪采精智能装备

母猪本交配种的生猪养殖效率较低,而人工采集公猪精液进行配种可以极大提升养殖效率。目前国内市场上的公猪采精智能装备主要是半自动装备,即借助信息素诱导公猪爬跨假母猪台,采集人员使用收集器皿进行采集,并在采集精液后予以公猪富含蛋白质的食物进行补充,形成一定的激励机制,提高公猪的配合意愿。目前公猪采精智能装备往全自动的方向发展,即对假母猪台进行自动采集装置的补充,例如增添气囊和振动马达等配件辅助采集精液[1],减少人工参与以及降低精液污染的风险。

3. 自动挤奶装备

为了提升挤奶效率以及减少乳品污染,需要使用自动化装备进行挤奶。目前固定式的自动挤奶装备主要分为提桶式、管道式、挤奶间式 3 种[2]。提桶式挤奶设备是将挤奶器和手提奶桶组装在一起,挤下的牛奶直接流入奶桶,主要用于拴养牛舍。管道式挤奶设备则将挤下的牛奶通过牛奶管道送到牛奶间,可减少污染并减轻劳动强度,适用于中型奶牛场的拴养牛舍。鱼骨式、转台式和坑道式挤奶机都属于挤奶间式的挤奶机,奶牛从固定的通道进入挤奶间进行挤奶,挤下的牛奶通过管道进入牛奶间进行冷却贮藏,其设备利用率较高,挤奶间内还设有喂精料的装置,这种形式的挤奶机适用于大中型奶牛场。

4. 母猪分娩自动监测与预警装备

养猪场为了提高初生仔猪活仔率和生猪养殖效率,需要对母猪分娩环节进行监测及处理。母猪分娩自动监测与预警装备可以避免费时费力的人为监视,主要采用两种方法:基于穿戴式传感器的方法和基于计算机视觉的方法。基于穿戴式传感器方法可将分娩感应装置放入临产母猪的产道内[3],在母猪分娩开始时被顶出产道,并以无线方式发送检测信号通知猪场工作人员。基于计算机视觉的方法主要是利用监测设备对母猪分娩状态以及初生仔猪进行目标监测,实现对母猪分娩自动监测与预警。该方法人工干预少、无接触,母猪无应激,是未来母猪分娩自动监测与预警装备发展的重要方向。

5. 畜禽福利装备

畜禽福利装备可以缓解养殖过程中畜禽的生理或心理不适,进而提升生产效率,主要装备有奶牛修蹄机、洗羊药浴机、奶牛挠痒机等。利用修蹄机对奶牛修蹄能有效防治奶牛蹄病,保护奶牛健康。洗羊药浴机对羊进行药浴的目的是预防和治疗羊体外寄生虫,如羊虱、蜱、疥癣等。奶牛挠痒机可以帮助奶牛创造舒适的心境,以此增加奶牛的采食量,从而提高奶牛的产奶量。这些畜禽福利养殖装备可以针对特定应用场景,改善畜禽生存状态,提高畜禽福利,并且减少人工劳作,是现代养殖业愈发重视的环节。

7.1.2 移动式养殖作业机器人

移动式养殖作业机器人主要用于流动式作业,需养殖作业机器人自主到达畜禽位置处进行任务处理。由于人力成本占比日渐提高,养殖作业环境较为恶劣,以及人工作业易导致畜禽传染疾病传播,因此需要移动式养殖作业机器人进行"多线程"任务处理来取代人工作业。典型的畜禽养殖作业机器人有养殖环境及畜禽健康巡检机器人、智能赶猪机器人、家畜精准饲喂机器人、畜禽舍消毒机器人、生猪免疫自动注射机器人、清粪与清洗机器人、病死畜禽巡查捡拾机器人、放牧机器人等。

1. 养殖环境及畜禽健康巡检机器人

为了减少人为因素对养殖作业的影响,且某些养殖环境较差,不宜人工巡检及监视畜禽健康状况,可用养殖环境及畜禽健康巡检机器人[4],该类机器人身上装有红外摄像仪、温湿度传感器等设备,自动完成数据收集,可以通过音频分析和视频分析,全方位实现环境及畜禽健康感知。巡检机器人基于轨道运行或基于机器视觉自动路径规划完成巡检任务。巡检机器人运用人工智能技术,结合物联网、大数据分析,从声音、姿态、体温、运动量、成长环境等多个方面对畜禽养殖进行全流程监控,实现养殖自动化、无人化管理。

2. 智能赶猪机器人

赶猪适用于待产母猪转移分娩舍、生猪体重地磅测量等情形,智能赶猪机器人结合可移动装置,利用机器视觉技术完成对目标猪只的跟踪,以及到达目标地点的路径规划,实时更新当前赶猪路线。赶猪的主要手段有机械旋转拍打[5]、声音刺激[6],甚至电流刺激[7]。相比于传统的人工赶猪方式,智能赶猪机器人可避免工作人员疲惫、猪只因热应激导致的呼吸不畅而死亡,还可降低人员进出猪舍带来的生物安全风险。

3. 家畜精准饲喂机器人

家畜精准饲喂机器人目前主要分为轨道式与轮式两种。轮式饲喂机器人主要应用于牛、羊等群养家畜饲喂,该类机器人可以将畜牧围栏外侧的草料等饲料推到家畜更加容易采食的位置。轨道式机器人主要悬挂于畜牧围栏上方,用于对牛、羊等群养家畜均匀投放饲料;但在定位栏饲喂模式下,饲喂机器人则精准移动到每个栏位前,针对每个个体投放精确的饲料量。家畜精准饲喂机器人可以不间断地工作,保障家畜的饲料营养供给,不仅避免了人工饲喂给家畜带来的局促紧张感,而且也有效避免了家畜之间的争斗抢食行为。

4. 畜禽舍消毒机器人

畜禽舍消毒作业要求严格,且消毒作业时环境较为恶劣,不宜人工长期作业。畜禽舍消毒机器人[8]的工作原理是以机器人为载体,通过其内部安装的消毒系统产生消毒液,并利用机器人喷射系统将消毒液雾化喷出,使消毒液快速扩散于室内空间。消毒机器人能够根据已设定的路线,高效、自动、精准地对室内外进行消毒防疫,提高消毒的均匀性和增大覆盖面积,能够高效率、无死角杀灭畜禽舍内和空气中的致病微生物,进而实现高效养殖、智能养殖。

5. 生猪免疫自动注射机器人

对生猪进行人工免疫注射时,生猪极易产生应激,且采用人工注射时,人自身消毒烦琐、人力成本较高,所以人工注射作业不适合长期大批量采用。生猪免疫自动注射机器人通过高压水柱将疫苗的药液注射到生猪肌肉中,实现无针注射,避免了生猪的应激。生猪免疫自动注射机器人可以借助电子耳标识别猪只身份,结合云端数据辨别当前猪只是否需要注射疫苗,利用机器视觉技术判别猪只侧身与臀部,驱动机械臂实现疫苗注射。该类机器人作业有着注射时间短、注射剂量控制精度高、注射深度精准可调等优点。

6. 清粪与清洗机器人

畜禽养殖过程中的粪污,如果得不到及时清理与清洗,易造成病菌滋生,不利于畜禽健康,且人工清理成本过高,故采用清粪与清洗机器人[9]清理。这种智能服务机器人能够凭借人工智能、自动导航技术及可移动装置,自动完成畜禽舍内地面废弃物的清理与清洗工作,如毛发、灰尘、饲料残渣、粪便等。该机器人首先借助刮铲与刷扫设备将目标区域的废弃物清理进收纳区域,或直接清理进漏缝地板下的粪沟,然后再对地面进行清洗。该机器人在作业过程中能合理规避畜禽养殖场大型障碍物,具有噪声低、成本低和清扫效率高等优点。

7. 病死畜禽巡查捡拾机器人

病死畜禽应快速捡拾出养殖区域,避免引发传染疾病而造成更大损失,但畜禽病死概率偏低,人工巡查过于浪费人力,因而将病死畜禽巡查捡拾机器人应用于畜禽养殖可降低人力成本。对于较大的牲畜一般仅进行巡查,对于较小的家禽可以做到巡查并捡拾[10]。利用可移动装置完成对禽舍的巡查,借助安装在移动装置上的可见光摄像及红外摄像设备,利用模式识别与人工智能技术对畜禽的实时体温进行巡查,一旦发现畜禽的体温异常即通过物联网将异常信息与栏位位置发送给管理人员。如果家禽已经死亡,则移动机器人接近死亡家禽,驱动执行抓取机构完成对死亡家禽的捡拾,减少潜在的病害对其他正常家禽的影响。

8. 放牧机器人

人工放牧养殖效率低下,且放牧时突发极端天气会危及牧民生命安全,使用放牧机器人可以解放人力。当前放牧机器人主要分为穿戴式[11]、履带式以及轮式[12]。其中穿戴式放牧机器人用于单只牲畜,而履带式以及轮式机器人可用于整个牧群。放牧机器人装有全球定位系统,结合计算机视觉技术可对牧群位置实时检测,做到牧群位置的自动追踪,适用于复杂地形的放牧。放牧机器人通过温度传感器,结合计算机视觉技术对当前牛羊的行走姿态进行判别,预防及提醒牧民牛羊的生病或受伤情况。此外,放牧机器人还可以对牧场的草地状况进行评估,可自动寻找最佳的放牧地点,实现良好的生态效益。

7.2 畜禽养殖作业智能装备共性基础技术

畜禽养殖作业智能装备涉及的基础技术主要包括机器人自主移动平台技术、作业目标识别与定位技术、自主导航与避障技术,以及执行机构控制等方面,可从硬件平台与算法技术两方面入手,将军工业等领域的先进经验应用到畜禽养殖方面,有效提升畜禽养殖作业效率与智能化水平。

7.2.1 机器人自主移动平台

机器人自主移动平台是一种集环境感知、动态决策与规划、行为控制与执行等多功能于一体的综合系统。作为传感器技术、信息处理技术、电子工程、计算机工程、自动控制工程以及人工智能等多学科的综合研究成果,机器人自主移动平台不仅在工业、医疗、服务等行业中得到广泛的应用,在农业等领域也正在进行探索式研究。有关机器人自主移动平台的研究可分为执行设备与规划方法两部分,前者包括不同类型的移动平台设备与传动结构等机械部分,后者则包括依赖于环境信息的自主导航、自主行走与自主避障技术。

1. 移动平台分类

机器人移动平台有多种分类方式,按工作环境可分为室内机器人与室外机器人,按移动方式可分为轮式机器人、履带式机器人和吊轨式机器人等。

1)轮式机器人

轮式机器人是最常见的移动平台,具有自重轻、承载大、机构简单、控制相对方便、行走速度快、机动灵活、工作效率高等优点。轮式机器人的分类依据主要是车轮的数目,可分为单轮机器人、双轮机器人、三轮及四轮机器人,这种分类的基础是车轮数目与机器人控制方式间的关联性[13]。

轮式机器人中最常见的就是三轮及四轮机器人,与单轮、双轮机器人相比,三轮、四轮机器人具有很高的平衡性,其转向结构主要包括:阿克曼转向结构、滑动转向结构、全轮转向结构、轴-关节式转向结构及车体-关节式转向结构[14]。由于对精准控制的需求,轮式机器人一般使用前 3 种转向结构。国内松灵机器人有限公司开发的 Ranger Mini① 是一款全向型移动机器人平台,如图 7-2-1 所示,基于四轮四转运动控制理论,采用驱动转向以替换独立驱动模组设计,确保机动性与灵活性间的平衡。

图 7-2-1　Ranger Mini 机器人

2)履带式机器人

履带式机器人具有接地比压小,在松软的地面上附着性能和通过性能好,

---

① 资料来源:https://www.agilex.ai/chassis/6。

爬楼梯、越障平稳性高，自复位能力良好等特点，由于转向半径小，可以实现原地转向[15]。带有履带臂的机器人可像腿式机器人一样行走，与结构自由度太多的腿式机器人相比，履带机器人能够很好地适应地面变化，控制较为简单，应用限制也较少[16]。

由美国 iRobot 公司研制的 PackBot 机器人[17]前后两端安装有鳍状肢结构分布的多段履带，可以辅助翻爬跨越障碍物。高新技术企业麦斯威自动化科技有限公司针对履带式机器人进行了多角度研究，研发了针对不同需求的多尺寸移动平台，其中 MSW-L600 小型履带式移动底盘（见图 7-2-2）具有小巧、载重较大、越障能力较强等特点，适用于多种养殖环境。

图 7-2-2　MSW-L600 小型履带式移动底盘

3）吊轨式机器人

吊轨式机器人由于其在建筑内上方运动的特殊性，可满足不同应用环境的需求，运行稳定、安全可靠。在大型养殖场等室内场景下，可实现数字化管控、无人化值守等功能，并配合用户要求进行图像检测多种附加功能的集成，降低人工成本的同时，大大提升了运维的频率和效率。

吊轨式机器人主要适用于巡检路线固定、地面环境复杂难以通行的情况。日本关西电力株式会社和日本 Hibot 公司共同研制出了名为 Explainer 的巡检机器人，可通过两个移动单元在导轨上滚动前进，并可以实现升降、旋转、跨越障碍物。发源地智能科技有限公司研发的 FYD-LZN/DM 轨道扫描车如图 7-2-3 所示，该设备包含驱动模块、云台摄像头等多种部件，在室内环境中可实现精准无人化巡检。

2. 自主导航与自主行走技术

自主导航与自主行走是移动机器人应具备的基本功能，是移动机器人区别

图 7-2-3　FYD-LZN/DM 轨道扫描车

于固定式机器人的关键之一,也是反映移动机器人实现智能化及完全自主工作的关键技术之一[18]。目前主要的几种移动机器人导航方式有磁导航、惯性导航、视觉导航等。根据室内需求,移动机器人发展出同步定位与地图绘制(simultaneous localization and mapping,SLAM)技术;根据室外情况,形成根据北斗卫星导航系统、伽利略定位系统(GALILEO)、全球定位系统(GPS)及格洛纳斯导航卫星系统(GLONASS)等导航系统的自身定位与地图绘制技术[19]。

　　磁导航是一种固定式的导航方式,这种导航方式要在机器人运行路径上埋入磁条,使其周围产生磁场。机器人通过装载的磁传感器检测磁场强度,控制其沿磁条路径移动。这种导航方式目前在多个领域中的应用都已成熟,可靠性非常高,但也存在成本高、改造和维护非常困难、无法避障等缺点[20]。

　　惯性导航是一种基于机器人在地图中的相对信息进行导航的方式,其原理是通过陀螺仪等传感器检测移动机器人的方位角并根据从某一参考点出发测定的行驶距离来确定当前位置,从而控制移动机器人的运动方向和行驶距离实现自主导航[21]。惯性导航系统的优点是不需要外部参考,但会有与时间相关的累计漂移误差,不适合长时间的精确定位[22]。

　　计算机视觉具有信息量丰富、智能化水平高等优点,近年来广泛应用于移动机器人的自主导航。通过计算机视觉技术,可以对工作环境内的障碍物、路标进行探测及识别。这种导航方式具有信号探测范围广、获取信息完整等优点,是移动机器人导航的一个主要发展方向[23]。视觉导航中存在图像处理方法计算量大且实时性较差等问题,一般会将其与其他导航方式结合使用[24-26],以提高效率。

在室内,利用 SLAM 技术可进行机器人的定位和地图构建,主要用于解决移动机器人在未知环境中运行时即时定位与地图构建的问题[27],适用于猪场、鸡场等室内养殖环境。图 7-2-4 为 SLAM 与各领域的关系。

基于激光雷达的 SLAM(Lidar SLAM)采用 2D 或 3D 激光雷达(也称单线或多线激光雷达),其优点是测量精确度高,能够比较精准地提供角度和距离信息,可以达到小于 1°的角度精度以及厘米级别的测距精度,扫描范围广。视觉 SLAM 使用的传感器目前主要有单目相机、双目相机、RGB-D 相机三种,其中 RGB-D 相机的深度信息可以通过多种技术捕捉,如结构光技术(Kinect v1 相机)、双目红外技术和结构光技术(Intel RealSense R200 相机),以及时间飞行技术(Kinect v2)相机。对于用户来说,RGB-D 相机能提供 RGB 图像和深度图像。通过上述传感器与机器人自身方位信息可进行地图构建,效果如图 7-2-5 所示。

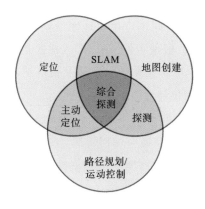

图 7-2-4　SLAM 与各领域的关系

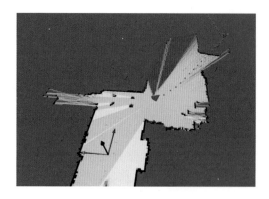

图 7-2-5　栅格地图示例

室外导航系统以北斗卫星导航系统为例,这是中国正在实施的自主发展、独立运行的全球卫星导航系统,如图 7-2-6 所示,由空间段、地面段和用户段三部分组成,可向全球用户提供高质量的定位、导航和授时服务[28]。这种室外导航模式适用于奶牛、羊等需要大块放牧地的养殖品种。

3. 自主避障技术

自主避障技术是在机器人运行环境中通过搭载的传感器感知、检测、识别障碍物,从而修改局部路径进行自适应路径调整的一种方法。在环境中精准检测障碍物的尺寸、形状和位置等特征信息,需要依赖传感器技术。机器人避障需使用的设备有激光雷达、深度相机、超声波传感器、红外收发器等,如图 7-2-7

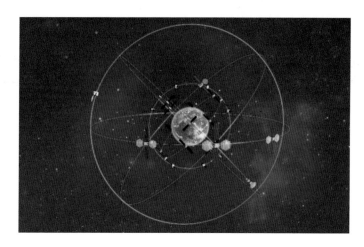

图 7-2-6　北斗卫星导航系统示意图

所示。由于环境复杂且难以规整的特殊性,在农业领域应用较多的是激光雷达、深度相机和 RGB 相机(双目视觉技术)[29]。

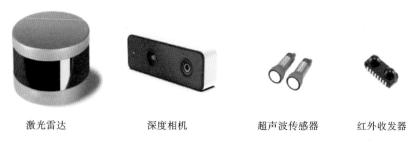

激光雷达　　　　　深度相机　　　　超声波传感器　　　红外收发器

图 7-2-7　常见避障设备

　　激光雷达是一种主动式的现代光学遥感技术,是传统雷达技术与现代激光技术的融合,具有角分辨率高、距离分辨率高、速度分辨率高、测速范围广、能够获取目标的多种图像、抗干扰能力强等优点[30],其工作原理如图 7-2-8 所示。

　　双目视觉方法运用了人眼估计距离的原理,即同一个物体在两个镜头画面中的坐标稍有不同,经过转换即可得到障碍物的距离[31],示意图如图 7-2-9 所示。这种方法的缺点在于技术难度较高,且距离估计的误差随距离变大而呈指数型增长,需要配合矫正算法进行应用性调整。

　　超声波是一种频率高于 20 kHz 的声波,利用其遇到障碍物会反射的特点,根据发射超声波到接收到反射回来的超声波的时间差可计算出测量距离,即传

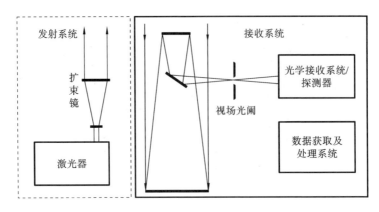

图 7-2-8　激光雷达工作原理

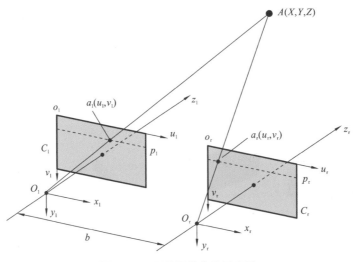

图 7-2-9　双目视觉方法示意图

感器与障碍物间实际距离[32]，从而实现避障，示意图如图 7-2-10 所示。该方法技术成熟，成本低，但作用距离近（常用的中低端超声波传感器作用距离不超过10 m），且对反射面有一定要求。

　　本节对机器人自主移动平台涉及的相关技术进行分类介绍，与成熟、先进的军工领域技术相比，这些技术在畜禽养殖作业智能装备上的研究仍有较大的发展空间。当前的畜禽养殖机器人存在运行模式单一、难以适应不同作业环境等问题，未来将通过贴合实际需求的机器人平台类型设计、多传感器融合等方式进行优化。

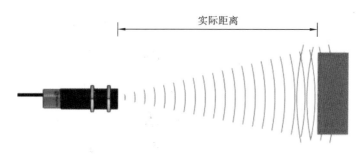

图 7-2-10　超声波避障示意图

7.2.2　作业目标识别与定位技术

1. 目标识别

目标识别是指通过计算机视觉、图像处理、模式识别、机器学习和深度学习等方法对目标进行分类与检测,其主要是通过提取图像特征作为关键信息,把进入系统的信息与存储的关键信息进行匹配或者分类,最后得出识别结果[33]。

近年来,深度学习在目标识别领域取得了突破性的进展,而卷积神经网络则是目标检测任务中的研究热点之一。2012 年,Krizhevsky 等将 CNN 模型应用于 ImageNet 大规模视觉识别挑战赛的图像分类问题,很好地降低了分类的错误率。以此为开端,CNN 模型在国际上引起了高度重视,也推动了目标视觉检测的研究进展[34],YOLO 等[35,36]目标检测算法应运而生。

基于视觉的目标识别在移动机器人领域有很大的应用空间,以移动机器人为平台,实现了基于不同识别算法的运动目标识别系统。在养殖领域中,丁静等[37]对比分析了多种基于深度学习的目标检测算法,实现群养环境下腹泻仔猪的检测;沈明霞等[38]利用深层卷积神经网络对初生仔猪进行识别,效果如图 7-2-11 所示;Wang 等[39]将目标检测算法运用到群养鸡的健康关联上,通过识别异常粪便来进行健康评估。

2. 目标定位

目标定位指的是通过回归或者其他方法对目标的位置以及范围进行计算确认,输出的可以是物体的中心、矩形包围圈、闭合边界等。常见的定位技术有激光雷达定位、视觉定位。

激光雷达通过发射激光束并接收反射波的方式实现目标位置的探测[40],获得的点云数据中可解析出三维坐标、颜色、反射强度等信息。激光雷达具有测量精度高、响应速度快、抗干扰能力强等优点,但由于点云数据存在无序性、稀

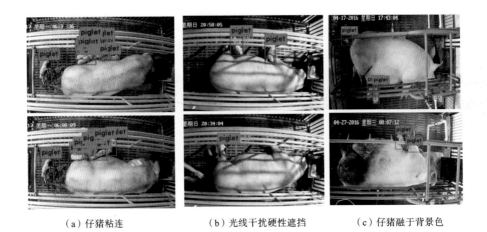

（a）仔猪粘连   （b）光线干扰硬性遮挡   （c）仔猪融于背景色

图 7-2-11   仔猪识别模型对不同场景下的仔猪目标识别结果

疏性、采集质量不高等缺点，它的发展较为缓慢。

　　基于双目视觉的目标定位是根据平行的两部相机的相对位置，计算得到两像素点与空间点的几何关系，从而求解得到目标的空间位置。在双目视觉定位中，图像纹理特征、深度特征等多特征融合是处理三维信息的有效途径[41]。

　　在养殖环境中图像数据能提供较为丰富的有效信息，而在双目视觉定位中最核心的问题就是特征点匹配问题，王硕[42]对畜禽目标双目视觉定位系统进行设计，通过深层卷积神经网络进行目标检测，再根据空间点双目视觉定位原理进行匹配点定位，并使用重心法定位畜禽目标，其网络结构图如图 7-2-12所示。

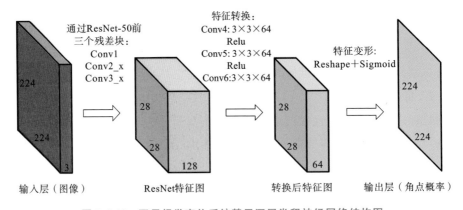

图 7-2-12   双目视觉定位系统基于深层卷积神经网络结构图

目标识别与定位是智能装备的重要环节之一,目前在畜禽养殖领域中已经实现了猪、鸡、牛、羊等多种动物的目标识别与图像上的相对定位,未来的发展趋势之一是将目标检测与定位技术与智能装备相结合,形成识别—决策—执行的闭环流程,实现如死鸡检测与抓取等畜禽养殖作业智能化功能。

7.2.3 执行机构控制

机器人通常由执行机构、驱动系统、控制系统和传感系统四部分组成。执行机构是机器人赖以完成工作任务的实体,通常由一系列连杆、关节或其他形式构件组成。对于执行机构的控制,通常是通过发送命令使其自主移动,这可以分为关节部分的伺服电机驱动与作业路径规划两部分。

1. 关节和伺服电机驱动

机器人关节是保持机器人各个运动部件之间发生相对运动的机构。关节数量与机器人的灵活度息息相关,当关节自由度大于操作自由度时,多余的自由度可用来改善机器人的灵活性、运动学和动力学性能,同时也需要更加缜密的操作[43]。关节之中,单独驱动的为主动关节,反之为从动关节。机器人关节的驱动是由电机完成的,作为机器人运动控制的最底层,伺服驱动的目的是改善驱动器的动态特性,提高伺服和抗干扰性能。

伺服电机可以控制速度,位置精度非常高,可以将电压信号转化为转矩和转速以驱动控制对象。伺服电机转子的转速受输入信号控制,并能快速反应。在自动控制系统中,它们作为执行元件使用,具有机电时间常数小、线性度高等特性,可把所收到的电信号转换成电机轴上的角位移或角速度输出。常用伺服电机的控制方式主要有开环控制、半闭环控制、闭环控制三种,其中闭环系统具有位置(或速度)反馈环节,开环系统没有位置(或速度)反馈环节。不同伺服电机的对比如表 7-2-1 所示。

表 7-2-1　不同伺服电机对比

电机类型	主要特点	构造与工作原理	控制方式
直流伺服电机	只需接通直流电即可工作,控制简单;启动转矩大,重量轻,转速和转矩容易控制;需要定时维护和更换电刷;使用寿命短、噪声大	由永磁体定子、线圈转子、电刷和换向器构成。通过电刷和换向器使电流方向不断随着转子的转动角度而改变,实现连续旋转运动	转速控制采用电压控制方式,因为控制电压与电机转速成正比

续表

电机类型	主要特点	构造与工作原理	控制方式
交流伺服电机	没有电刷和换向器,不需维护,也没有产生火花的危险,驱动电路复杂,价格高	按结构分为同步电机和异步电机,由永磁体构成转子的为同步电机,由电梯绕组构成转子的为异步电机。无刷直流电机的结构与同步电机相同,特性与直流电机相同	转矩控制采用电流控制方式,因为控制电流与电机转矩成正比。分为电压控制和频率控制两种方式。异步电机通常采用电压控制方式
步进电机	直接用数字信号进行控制,与计算机的接口连接比较容易。没有电刷,维护方便、寿命长。启动、停止、正转、反转容易控制。步进电机的缺点是能量转换效率低、易失步等	按产生转矩的方式可分为永磁体(PM)式、可变磁阻(VR)式、混合(HB)式。PM式产生的转矩较小,多用于计算机外围设备和办公设备;VR式能产生中等转矩;而HB式能够产生较大转矩,因此应用最广	单向励磁:精度高,但容易失步。双向励磁:输出转矩大,转子过冲小,是常用的方式,但效率低。单-双相励磁:分辨率高,运转平稳

2. 作业路径规划

路径规划是研究移动机器人最重要的技术,一般,路径规划被定义为在所处环境中选择出从起始点到终点的最好或最坏的无碰撞的路径[44]。从研究的环境来看,路径规划可分为全局规划或局部规划。根据路径规划分类的研究,全局路径规划在于全面解决环境的规划问题,局部路径规划则针对部分路径的最优规划问题,比如动态避障。

1) 全局路径规划算法

(1) A*算法。

A*算法是一种多次迭代寻找最优路径的启发式算法,每次路径寻找后都会根据启发式算法选择一个最短的路径作为移动机器人的路径,并通过这种方法不断进行探索,直到达到停止要求[45]。

(2) D*算法。

作为A*算法的改进算法,D*算法用于解决动态环境下的路径规划问题。

该方法不需要预先探明地图,而是随着环境信息的感知来进行路径的搜索,在环境变化时只需修改部分节点的权值来找到最短路径从而提高效率。此算法存在转折次数多、路径不平滑、路径距离障碍物较近、智能设备安全性较低等问题[46]。

（3）智能优化算法。

智能优化算法包括人工神经网络、遗传算法、模糊控制算法、粒子群优化算法、蚁群算法等。以蚁群算法为例,这是一种通过模仿蚂蚁的社会分工与协作觅食而设计的寻优算法,包括局部信息素更新与全局信息素更新两部分,具有鲁棒性好、环境自适应强等优点[47]。

常用的全局路径规划算法对比如表 7-2-2 所示。

表 7-2-2　全局路径规划算法对比

分类	主要原理	优点	缺点
Dijkstra 算法	广度优先的最短路径搜索算法,以起点为中心向外层扩展,直到延伸到终点	可得到任意两个节点之间的最短路径	遍历节点多,效率不高
A* 算法	在估价函数中引入启发信息	能找到最短路径;搜索空间较小;效率较高	路径平滑性差;环境规模大时,运算时间长,实时性差
D* 算法	长度优先的动态逆向扇形搜索算法	计算量小;实现简单	路径平滑性差;路径安全性较低;只适合动态规划
遗传算法	通过选择、交叉、变异等遗传操作,体现优胜劣汰	搜索空间大,时间及空间复杂度较低	运算速度慢;存储空间比较大;易陷入局部最优
模糊控制算法	将模糊控制的鲁棒性与"感知-动作"相结合	不需要准确的环境建模,通过查表即可完成路径规划;实时性好	需要利用专家经验设置隶属函数以及模糊控制规则;输入量增多时,推理规则或模糊表会急剧膨胀
人工神经网络	将环境地图预先映射成神经元网络,通过大量训练得到最优路径	非线性映射能力强,学习能力强,泛化能力好,并行处理性好	结构比较复杂;训练时间长;收敛速度慢;无法保证收敛到最优解
粒子群优化算法	受鸟群觅食行为启发而提出的优化算法	实现简单;早期收敛速度快;参数少	存在局部最优解;后期收敛速度慢

分类	主要原理	优点	缺点
蚁群算法	模拟自然界蚂蚁觅食行为而提出的智能优化算法	信息正反馈;分布式计算;鲁棒性强;全局寻优能力强;易与其他智能方法相结合	易陷入局部最优;收敛速度慢;多样性与收敛速度存在矛盾

2）局部路径规划及算法

（1）模拟退火算法。

模拟退火算法可以在发生突变事件时有效进行随机搜索,它具有简单有效、需要控制的数据量较少等特点,但同时存在出现故障的概率高、发生速度慢等问题。通过模拟退火算法进行局部路径规划,可以简单地促使路径脱离原始路径,发现新的跳跃目标点,最终找到最优路径。

（2）人工势场法。

人工势场法是将机器人所在环境的路径规划设置成人造受力场,通过目标点对机器人产生的"引力"以及障碍物产生的"斥力"来确定机器人的运动输出,并根据各种环境下的合力来调整机器人的输出的路径规划方法。这种方式的优点是结构简单,便于底层的实时控制,规划出来的路径一般比较平滑并且安全,但仍存在易陷入局部最优和易在狭窄通道中动荡的缺点。

（3）行为分解法。

行为分解法是一种经典的局部路径规划方法,通过将机器人行进任务分解为多个相对独立的行为单元来设计具有多行为的机器人体系结构,这里的任务包括目标跟踪、静态避障、动态避障及陷阱逃离等。通过行为单元的相互协调来形成符合当前环境的局部路径规划[48],但当工作环境复杂或具有大量不同类型的行为指令时容易出现冲突,需要嵌入智能化的决策模块进行协助。

7.3 典型的固定式养殖作业智能装备

养殖作业智能装备能够减少人工作业方式在养殖过程中的实施不便、效率不高和处理方式差异等问题。以作业时设备主体是否发生移动作为评价指标,可以将养殖作业智能装备分为移动式和固定式两种。本节主要围绕固定式养殖作业智能装备进行介绍,并根据作业类型将典型的智能装备划分为畜禽自动分群装备、公猪采精智能装备、自动挤奶装备、母猪分娩自动监测与预警装备和畜禽福利装备。

7.3.1 畜禽自动分群装备

畜禽自动分群是对畜禽群体中不同状态的个体进行分离与聚类,采用个性化养殖以提升生产效率,属于精准养殖方式之一。但大规模养殖场内畜禽数量数以万计,传统人工分群方式效率低且不及时,同时会给养殖人员带来工作压力,因此畜禽自动分群装备的应用具有重要意义。畜禽自动分群装备主要包括通道式[49,50]、饲喂站式[51]等,集成了机械、电气自动控制、气动系统等专业领域知识[52],自动化程度高、实用性强,通常拥有身份识别、自动称重、自动分群等多种功能,能够极大提高分群效率,减少人畜伤害[53]。典型的自动分群装置[54]如图 7-3-1 所示。

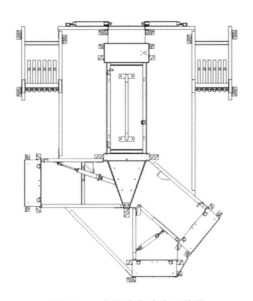

图 7-3-1　育肥猪自动分群装置

该分群装置包括进口通道和 3 个出口,出口侧通过受控分离门选择性地与3 个出口的其中一个连通,出口与采食区连接。进口通道设有受控入口门、位置传感器、电子秤、RFID 身份识别卡,这些设备分别与智能控制器连接。不同的猪从不同出口进入相应的采食区,达到分群饲养的目的。

根据分群过程中采用的主要技术,畜禽自动分群装备主要分为传感器式和机器视觉式两种。

1）传感器式畜禽自动分群装备

传感器式畜禽自动分群装备通常以体重作为畜禽分群的主要指标[55]。有研究人员[56]在猪只的分离巷道处配以地磅，结合电子耳标对猪个体进行识别，将不同体重区间的猪只进行分群。显然，肉羊的养殖分群也能以相似方法进行[57]。通道分群装备的示意图如图 7-3-2 所示。

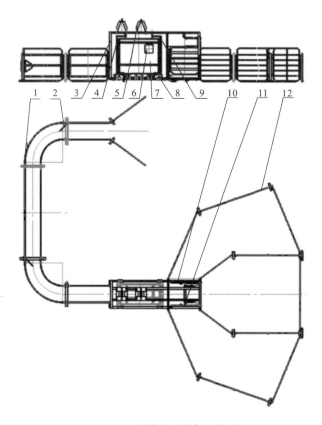

图 7-3-2　通道分群装备示意图

1—分栏通道;2—止退器;3—机架;4—入口门;5—电控箱;6—耳标扫描器;

7—称重箱;8—称重传感器;9—出口门;10—分群门Ⅰ;11—分群门Ⅱ;12—分群栏

　　该装备主要由分栏通道、止退器、机架、入口门、电控箱、耳标扫描器、称重箱、称重传感器、出口门、分群门Ⅰ、分群门Ⅱ、分群栏、气泵(无油静音空气压缩机)、三联件、气管、气缸、控制阀等机构组成。其工作原理为:需称重分群牲畜由入口门进入待分群栏,逐只进入分群通道,该分群通道只允许单只牲畜通过,向前行走牲畜在止退器的控制下,不会后退,一直沿圆形通道设定方向行进至称重箱旁,入口门自动打开,单只牲畜进入箱内,入口门在 1 s 内自动快速关闭,牲畜在箱体内完成称重,称重模块将数据传输至终端显示器,同时箱体侧壁耳标扫描器扫描耳标,其身份信息也同时被传输至终端显示器,待称重数值稳定后,在显示器上显示牲畜个体信息、重量、应进入的分群门,同时打开出口门及应进入的分群门。通过上述作业过程,可将待分群牲畜分成不同的重量等级,也可根据生产实际要求设定,将分好等级的牲畜进一步细化重量等级分群。在分群的同时,牲畜的个体信息存储到数据库,为后续分群养殖策略规划提供数据支撑。也可通过改装电子饲喂站来实现分群饲喂,如京鹏环宇利用电子饲喂站采集母猪的个体生长信息,并将其分配至特定采食区域,满足母猪不同生长状态下的个性化饲喂需求。实际生产应用如图 7-3-3 所示。

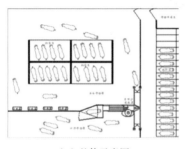

（a）整体示意图　　　　　　　　　　　　（b）群养母猪应用

图 7-3-3　电子饲喂站分群饲喂

2）机器视觉式畜禽自动分群装备

如果畜禽生产环境恶劣,装备的性能与寿命将受到严重影响。随着计算机技术的发展,机器视觉等方法以其无接触、高效率和低成本等优点受到养殖领域研究人员的广泛关注。中国农业大学开发了一套基于机器视觉技术的育肥猪分群系统[58],从猪只图像中提取体尺、背部面积等信息,并将其作为特征输入卷积神经网络,实现端到端的猪只体重估测。以整个猪群前一天的所有猪只体重数据从小到大排列后取整的第 30% 位置的数值作为分群基准质量,在每次喂食前按照猪只的长势快慢进行分群,以期控制育肥猪的体重差异,同时减轻饲养员的劳动强度,避免在调整猪栏过程中引起猪只的应激反应。这种方法为提高规模化养殖场的自动化水平提供了参考。主要原理示意图如图 7-3-4 所示。

畜禽分栏作为养殖过程中的重要环节,对畜禽出栏状态具有重要影响,直接影响到养殖的收益。除上述装备的研发外,也有大量学者对已有的装备进行

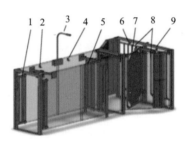

（a）分群系统结构

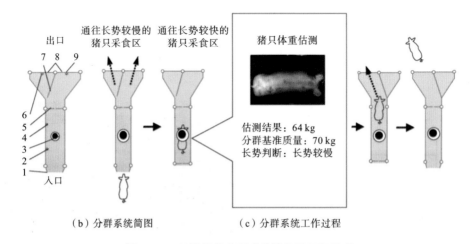

（b）分群系统简图　　　　　（c）分群系统工作过程

图 7-3-4　机器视觉分群系统结构及运行原理

1—气动门；2,4,6,9—光电传感器；3—相机；5—气动门；7—分选门；8—单向门

改良[59]，或对畜禽的关键表征[60]进行无接触研究，这些研究均为畜禽自动分群研究提供了技术基础。机器视觉等人工智能技术的应用虽然使得畜禽自动分群装备更加智能，但目前相关模型的测试多为实验条件，在实际生产中的效果还需进一步测试，如何提升系统检测的准确率与鲁棒性将会是研究热点之一。

7.3.2　公猪采精智能装备

猪的人工授精是繁殖技术的重大革新，采用人工授精方式，一头种猪可解决 100～150 头母猪的配种问题，是本交方式的 10 倍[61]，极大提升了生猪养殖的效率。采精[62]是授精的基础环节，采集精液的数量和质量将会直接影响到母猪的受胎效果和产仔数量。

法国卡苏公司研发的 Collectis 智能公猪采精系统，能够实现自动化采精，从而减少采精过程中的细菌污染及降低个体损伤概率，设备如图 7-3-5 所示。

采用该设备进行采精时,需要饲养员将公猪赶至采精装备上,利用限位栏固定公猪,并为公猪阴茎装备专用采精器,通过采精器自动按摩猪只,利用与采精器连通的采精杯收集公猪精液,实现自动化精液采集。该采精装备目前已被全球20 多个国家的 65 个授精中心所使用,通过设备采集的精液细菌含量是人工采集的 1/10,极大提升了生产效益[63]。

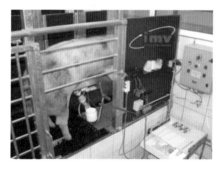

图 7-3-5   法国卡苏公司 Collectis
智能采精设备

受不同国情影响,国内在自动化采精技术研究方面与国外存在一定差距。然而,一些学者和企业已经进行了相关探索。相关公司对采精装置的外观设计进行优化,并从母猪体征、环境温度、信息素和声音等多个角度进行调整,以实现了更加适合公猪采精的智能化采精设备。国内智能采精装备实物图如图 7-3-6 所示。

(a)智能采精装备   (b)使用示意图

图 7-3-6   国内智能采精装备

随着人工授精技术的成熟以及国内养殖技术的发展,我国公猪采精自动化程度和采精装备性能都有了很大提高,全自动与半自动采精机械装备总量持续增长。未来,随着采精器械成本的降低,机械化、智能化程度将进一步提高。

7.3.3   自动挤奶装备

挤奶是家畜养殖中获取畜产品的关键环节,挤奶技术对鲜乳产量、家畜健康等具有重要影响。对于规模化养殖场,挤奶装备是奶牛场鲜乳质量和乳房炎控制的关键点之一[64]。提升奶牛养殖智能化水平,实现无人化挤奶作业,是保证奶牛健康和有效控制牛奶品质、安全、卫生,以及提高产奶量、扩大饲养规模和大幅度节省劳动力的重要技术措施[65]。

自动挤奶装备由控制器、真空系统、液体储存系统、挤奶杯以及多种传感器等部分组成,主要功能包括管道自动清洗、自动挤奶、自动按摩、自动告警提示以及挤奶杯自动脱落等[66]。当前,全自动智能挤奶装备研制生产技术主要被欧美西方发达国家所掌握[67]。以挤奶机器人为代表的全自动无人化挤奶设备迅猛发展,已形成 Lely、DeLaval、Boumatic、GEA、Fullwood Packo 和 Boumatic 等挤奶机器人知名品牌。

图 7-3-7 所示为 DeLaval 公司的一款全自动挤奶装备,该设备遵循标准化挤奶流程,可实现仿生脉动式挤奶,减少乳品和奶牛的细菌感染,保证乳品的质量安全。

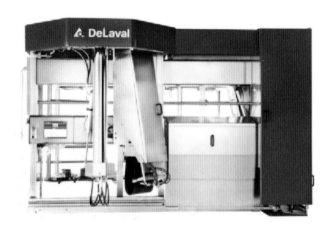

图 7-3-7　DeLaval 全自动挤奶装备

为进一步提升挤奶效率,国外相关企业在单体装备的基础上,设计出了不同规格的挤奶厅,能够同时实现多头奶牛自动化挤奶。挤奶厅根据奶牛挤奶的数量从小到大分为鱼骨式挤奶厅、并列式挤奶厅、转盘式挤奶厅等。挤奶厅主要由软件和硬件系统组成。软件系统主要包含云管理平台以及奶厅信息系统,主要功能包括发情监测、牛群性能趋势预测、健康监测、奶牛定位、反刍监测等,可以传输保存奶牛各项数据,有利于数字化智能管理。硬件系统包括奶牛项圈、识别器、挤奶杯组、电子脉冲器、集成乳罐总成等,主要配合软件实现以上功能。不同规格挤奶厅图片如图 7-3-8 所示。

国内对全自动挤奶机器人的研究起步较晚,受材质、工艺水平及设计施工

（a）鱼骨式挤奶厅

（b）并列式挤奶厅

（c）转盘式挤奶厅

图 7-3-8 不同规格挤奶厅

等能力的限制,当前我国全自动挤奶装备的设计生产水平较国外有一定差距[68],国内部分企业引入国外先进生产线,如湖南犇牧牧业有限公司引入瑞典 DeLaval 先进挤奶设备,通过真空管道实现科技挤奶,避免与外界空气接触,鲜奶挤出后迅速降温到 2～4 ℃,再进入全冷链运奶车,恒温 4 ℃直达工厂喷雾成粉,全程保障鲜奶安全无污染。国内研究人员对挤奶自动装备的研究也在不断继续,相关企业对自动挤奶系统也进行了研发。例如,京鹏环宇研发的挤奶厅,能够配备自动放牛栏、自动药浴系统等先进设备,且具有低故障率、低维护费用等优点。挤奶厅如图 7-3-9、图 7-3-10 所示。

（a）

（b）

图 7-3-9 京鹏环宇转盘式挤奶厅

（a）

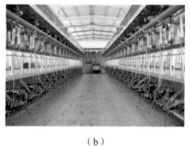
（b）

图 7-3-10 京鹏环宇并列式挤奶厅

近年来,随着我国乳制品产业的不断发展,挤奶装备应用日益广泛,但目前都存在着性能不稳定、耗时较长、套杯准确率偏低等问题。

挤奶装备自动奶杯套杯技术是智能挤奶机器人国产化必须突破的关键技术,其核心技术是乳头识别与定位,通过视觉传感技术识别出奶牛站立位置和乳头分布位置,再利用智能控制系统控制机构完成相应挤奶动作。李小明等[69]提出了基于双目立体视觉的挤奶机自动奶杯套杯方法,设计了基于双目立体视觉的自动奶杯套杯实验装置,以滑台模组为三维运动基础构件,采用双目立体视觉技术进行仿真乳头的识别与定位,依据双目立体视觉系统对仿真乳头末端的识别和定位结果,控制滑台模组的空间运动。通过相机标定、图像分割、立体匹配、三维重建等实验过程,实现了自动奶杯套杯实验装置对仿真乳头的自动套杯。

得益于相关学者的不断研究与多年的技术发展,国内养殖业挤奶自动化程度和挤奶装置的质量水平都有了很大提高,2021年规模化牧场的挤奶自动化程度提升显著,养殖业的挤奶技术正朝着智能化、信息化、数字化方向升级。一些乳企已经使用挤奶机器人,实现挤奶过程智能优化控制,进一步提高了挤奶准确度、产量,保障了生牛乳的安全、卫生。未来,以智能制造为核心,乳制品全产业链向自动化、智能化、数字化的方向发展,这也让更高品质生牛乳生产成为现实,让所有人每天都能喝上安全、放心的奶制品。

7.3.4 母猪分娩自动监测与预警装备

母猪分娩是养殖过程中的关键环节,对分娩进行监测有利于及时发现分娩异常个体,进行人工干预,提升活仔率。传统母猪分娩监测一般采用人工监测方法,养殖人员对母猪的行为进行直接观察或者通过视频监控进行间接观察,但该方法费时费力。随着人工智能时代的到来,养殖理念发生根本性变化,生猪养殖技术正向规模化、集约化、自动化的方向发展。目前母猪分娩自动监测与预警方法主要包括传感器监测法和计算机视觉监测法。

传感器监测一般指利用穿戴式的加速度传感器、架设在猪舍的重力传感器、光电传感器、超声波传感器等对母猪分娩行为进行监测[70]。Traulsen等[71]通过使用加速度耳标传感器,能够监测到母猪在分娩前活动量增加,并提出两次分娩预警的必要性,即在产前 6~8 h 和 1~2 h 分别启动预警;张光跃等[72]设计了一种基于超声波传感器和无线传感网络的母猪产前监测系统,该系统通过采集母猪不同身体部位(头、背、尾等)的活动距离数据,采用 K 均值聚类算法对母猪行为进行分类,可以识别出筑巢、站立、侧卧等行为,准确率达

90.47%。传感器监测法虽然能够节省劳动力,但是穿戴式传感器通常会引起猪只的应激反应。

随着图像处理技术和机器学习算法的不断发展,已有不少学者将计算机视觉监测技术应用于母猪分娩行为研究。例如,江苏智慧牧业装备科技创新中心针对限位栏场景下的围产期、泌乳期母猪研发的产房管理系统,集母猪分娩时间预测、母猪分娩报警、母猪难产监测、母猪产程监测、初生仔猪自动化计数等多重功能于一体。该系统对母猪产前姿态的识别正确率不低于 90%,对初生仔猪目标的识别正确率不低于 90%,对分娩时间的预测误差不超过 6 h,对分娩时间的报警误差不超过 1 h。图 7-3-11 和图 7-3-12 分别为产房管理系统硬件与软件界面。

(a)分娩舍   (b)监控室

图 7-3-11　产房管理系统硬件

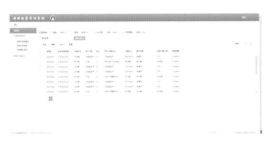 

(a)Web端界面   (b)APP端界面

图 7-3-12　产房管理系统软件界面

该系统有助于缓解养殖人员在母猪夜间分娩[73]时的工作压力。为了满足不同规模猪场的需求,江苏智慧牧业装备科技创新中心在进一步研究中设计了小牧瞳系列产品,相关实物如图 7-3-13 所示。

图 7-3-13　小牧瞳实物

小牧瞳不仅具备母猪产房管理系统的相关功能,并且采用边缘计算模式处理关键数据,以模块化设计实现即装即用,无须额外增加检测设备。小牧瞳包含云计算与本地计算两种模式,充分满足大、中、小型猪场的不同生产需求。自动化监测母猪分娩能够极大提升养殖效率和初生仔猪的成活率,从而为养殖农户或企业增加生产效益。但目前母猪分娩自动化监测装备多受环境、母猪个体以及系统硬件的制约,尚未广泛推广应用。以边缘计算为主的灵活部署模式将会是相关装备未来的发展方向之一。

7.3.5　畜禽福利装备

畜禽福利是一个宽泛的概念,目前还未有准确定义,其主要包括动物生理和精神两方面[74]。随着规模化、集约化养殖模式的推广,饲养规模和密度不断增加,畜禽生产效率提升的同时也产生了大量的畜禽福利问题,恶劣的生存条件会导致个体免疫力低下并影响畜禽产品的质量,严重时会危害动物与人类健康。针对相关问题,养殖人员会对畜禽提供相应福利,以期缓解畜禽的生理与精神不适,从而提升生产效率。

奶牛等大型家畜体重较大,蹄部极易出现损伤,如蹄壳损伤(蹄底出血、蹄底溃疡、趾尖溃疡、蹄底裂、白线病等)、感染损伤(趾间皮炎、腐蹄病等)以及其他损伤(趾间增生、鸡眼等)。这些蹄部疾病会带来产奶量的降低,个体生产年限的减少以及死亡等影响。因此,有效修蹄能够极大提升家畜的福利与经济效益。传统修蹄架主要由固定支架和束腰带组成,工人手持修蹄器进行修蹄,一定程度上避免了修蹄过程中家畜的不配合以及畜类伤人问题。丹麦的 KVK 公司研发的一款修蹄设备能够在 60 s 内自动固定一头奶牛,极大提高了修蹄效率。KVK 修蹄设备如图 7-3-14 所示。

该修蹄设备置于奶牛限位通道前,奶牛进入设备中并接触前端套索,束缚带会自动固定奶牛,接着设备底盘升高,后端固定夹会将悬空奶牛的蹄部固定,并旋转至合适位置方便修蹄人员操作。整个修蹄过程简单、快速,极大提升了工作效率。

除蹄部疾病之外,畜禽的皮肤疾病也是一大难点,尤其是皮肤毛发旺盛的家畜,如羊类等。对其进行药浴能够有效解决相关问题。羊类的药浴可以通过将其赶入充满药水的药浴池进行,如图 7-3-15 所示。

（a）奶牛进入设备

（b）设备固定奶牛

（c）工作人员修蹄

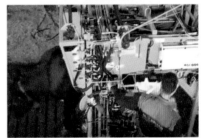
（d）释放奶牛

图 7-3-14　KVK 修蹄设备

（a）药浴池

（b）牲畜药浴

图 7-3-15　药浴池的使用

利用药浴池进行药浴虽然能在一定程度上预防和缓解家畜的皮肤问题，但混浴的药浴方式会造成交叉感染和药性流失等问题，因此，一些生产厂家研制出喷淋式药浴车，如图 7-3-16 所示。

喷淋式药浴车主要由淋浴管道、挡板以及汽车底盘等部分组成。使用时，将家畜赶至药浴车内，车辆上方的管道喷洒药水，以此完成对家畜的药浴。相比于混浴式药浴，喷淋式药浴更加卫生，降低了药浴过程中家畜二次感染的风险。

（a）药浴车   （b）药浴车的使用方式

图 7-3-16   药浴车的使用

畜禽福利设备能够为养殖对象提供舒适的生活环境,减小动物患病概率。除上述畜禽福利设备之外,未来的畜禽福利设备将围绕玩耍、社交等畜禽习性展开,设备更加多元化,更加符合畜禽的生长需求。

7.4   典型的畜禽养殖作业机器人

"十三五"以来,我国农业机械化迈入了向全程全面高质高效转型升级的发展时期,农业生产从主要依靠人力畜力转向主要依靠机械动力的新阶段。党中央国务院高度重视农业机械化发展,习近平总书记强调要大力推进农业机械化、智能化,给农业现代化插上科技的翅膀。畜禽养殖作业机器人集高产、高效、高准确率于一体,为养殖行业节省了大量劳动力,大大节省了成本支出。同时,机器人智能化还降低了养殖流程的复杂性,缩短养殖时间,从而提高产量。另外,畜禽养殖作业机器人还可以帮助养殖人员进行精细化的养殖管理,实现管理更加智能化、个性化、精细化[75]。

随着人工智能技术、智能传感技术和智能制造技术的日新月异,畜禽养殖作业机器人也越来越智能,越来越注重增加动物福利和减少环境污染。畜禽养殖作业机器人主要呈现 3 个特点。

（1）具有开放式的结构。具有开放式结构的畜禽养殖作业机器人可以使机器人具有更好的通用性。畜禽养殖作业机器人由机械、控制、传感器等部分组成,针对不同的畜禽舍,可增加或减少相应模块并实现一机多用,如增加传感器模块以接收更多传感器的数据,实现更多的功能。通过开发具有开放式结构的机器人,可以有效提高机器人使用率。

（2）具有简单化的操作界面。畜禽养殖作业机器人的使用者大多是养殖场的养殖人员,简单且可靠性高的人机交互方式能促进畜禽养殖作业机器人在养殖业中普及。

(3) 具有智能路径规划系统。现有的导航方式有激光雷达 SLAM 导航、磁感应导航、二维码导航等。智能路径规划系统可灵活运用以上导航方式,使畜禽养殖作业机器人无论在什么样的环境都可以使用。

7.4.1 养殖环境及畜禽健康巡检机器人

随着动物养殖规模的扩大,传统的人工巡检已经难以满足规模化养殖场的实际生产需求,自动化巡检机器人的使用不仅节约人工,还可实时监测环境以及畜禽生理健康状态,适合大范围推广使用。现在主流巡检机器人主要包括轮式巡检机器人和轨道式巡检机器人,主要应用场景为规模化猪只养殖场和禽类养殖场。

1. 猪场轨道式巡检机器人

猪场轨道式巡检机器人具备采集温湿度、光照强度、氨气浓度、二氧化碳浓度等多种养殖环境数据采集的功能;可对育肥猪及母猪进行体尺[76]、体温监测和数量盘点[77];并对猪只扎堆、争斗等异常行为进行报警。机器人主要由工字形轨道、动力装置、环境采集装置、数据采集摄像头和无线充电仓组成。轨道吊装在猪舍顶部,无线充电仓安装在轨道尽头,负责向机器人无线充电。动力装置包括可充电式电池、驱动电机及传动结构,负责控制机器人前进、后退等动作。环境采集装置内置于机器人内部,实时采集猪舍环境数据。数据采集摄像头可实时采集育肥猪或母猪的视频及热红外数据,云服务器负责分析这些数据并向管理人员发送相关信息。目前小龙潜行科技有限公司的守望者轨道式巡检机器人已经部署在国内多家养殖场,可实现育肥猪生长性能的追踪预警,如体重、均匀度、料肉比等,可帮助制订出栏计划,帮助做好后备培育猪的生长与饲喂管理[78]。守望者巡检机器人如图 7-4-1 所示。

2. 轨道式鸡场移动监测及环控机器人

轨道式鸡场移动监测及环控机器人可以在禽舍内部轨道上移动,监测禽舍的管理问题,包括检测健康问题、定位死亡禽只、检测垫料问题以及监测周边环境条件等。养殖户可以从云平台仪表盘中获取这些信息,通过这些信息了解动物的福利状况,从而改善动物福利,提高生产效率。垂直整合型的企业可以通过这些信息更好地监测动物的生长情况。兽医和咨询师可以借助这些数据更好地为畜禽养殖提供医疗和饲喂方案。研究人员和产品开发者可以通过这些数据在第三方的拓展模块中测试和开发新的传感器与算法。农场机器人和自

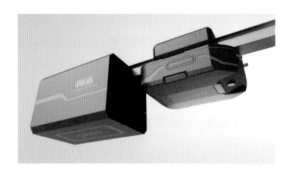

图 7-4-1 小龙潜行守望者巡检机器人

动化公司(Farm Robotics and Automation SL)的 Heiner Lehr 发明了一款可以悬挂在禽舍天花板上的机器人——ChickenBoy 吊顶自动机器人,这种机器人装有传感器,可以同时监测禽舍和鸡只的状况。它能提供精确的地图数据,更早地发现鸡只疾病,改善家禽健康状况从而提高鸡只的生产性能,降低鸡只死亡率。轨道式鸡场移动监测及环控机器人如图 7-4-2 所示。

图 7-4-2 轨道式鸡场移动监测及环控机器人

7.4.2 家畜精准饲喂机器人

精准饲喂机器人主要以移动式机器人为载体,内置储料、混料和下料等模块,代替人工为畜禽提供个性化饲喂策略,对动物的健康有积极影响。目前国外已有很多公司如瑞典的 DeLaval International AB、芬兰的 PELLON、荷兰的 Lely 等,已经研究出比较成熟的自动精确饲喂机器人产品。饲喂机器人主要应用于家畜养殖,应用对象一般为牛、羊和猪等。如荷兰 Lely 公司研制的投料机器人(见图 7-4-3),可以通过移动终端选择预存的日粮配方,下达配料任务后,机器人进入配料车间的特定位置,按顺序接收不同饲料原料。完成上料后,机器人按固定导航轨道进入畜禽舍进行行走式投料。也有公司针对犊牛研发专用的精准饲喂机器人，如荷兰 Sieplo 公司研发的新型智能饲喂机器人（见图7-4-4），能够为犊牛配比专业饲料，保障犊牛健康，减少用料浪费。

图7-4-3　荷兰 Lely 公司的投料机器人　图7-4-4　荷兰 Sieplo 公司的新型智能饲喂机器人

随着国内高新技术的不断发展，已有相关公司进行该装备的研发，如京鹏环宇设计的肉羊智能饲喂机器人（见图7-4-5），能够为机器人内置多元化的精细配料表，并根据不同羊的生长需求专门配制饲料，悬轨式设计能够适用于不同生长阶段的羊群。安徽永牧机械集团有限公司的犊牛自动饲喂机器人（见图7-4-6），能够沿预设轨道进行推料，推料距离能够根据不同环境进行修改。

图 7-4-5　京鹏环宇的肉羊智能　　图 7-4-6　安徽永牧机械集团有限公司的
　　　　　饲喂机器人　　　　　　　　　　　犊牛自动饲喂机器人

7.4.3　畜禽舍消毒机器人

随着畜禽养殖集约化程度的不断提升，密集化养殖的防疫安全问题也面临着巨大挑战。畜禽舍内，液体药剂喷洒消毒是最基础、最有效、最广泛的防疫措施。消毒液喷雾能够消灭外界环境中的病原体和有害物质，能够有效切断传播途径并阻止疫病的传播,降低有害物质的排放风险。对于预防、控制传染病,维持养殖环境安全来说,有效消毒是必要途径。畜禽舍内自动化消毒喷雾作业设备是目前养殖装备行业研究的热点,设备主要分为固定式和移动式两类。固定式喷雾设备一般安装在舍顶部,通过喷雾管道喷洒药剂,但是药液雾滴空间沉积均匀性比较差,不能满足器械的清洁性要求[79]。移动式喷雾设备主要通过移动平台在舍内移动喷雾,通用性比较强,但是作业效率比较低。近年来,随着养殖模式集约化和标准化程度的提高,研发和应用全自动移动式消毒机器人,可以有效促进养殖舍内的智能化高效管理。

1. 鸡舍防疫消毒机器人

图 7-4-7 为防疫消毒机器人的系统结构,主要由移动承载平台、药液喷洒部件、环境监测传感器以及控制器等部分构成。环境监测传感器包括有害气体传感器、温度传感器、湿度传感器、粉尘检测传感器和机载摄像机,用以实时探测养殖舍内不同空间位置的环境信息,为机器人喷雾或人工管理提供决策依据。药液喷洒部件包括消毒液喷嘴和免疫试剂喷嘴两种,以满足消毒液喷洒和免疫试剂喷洒的特定要求。移动承载平台用于承载机器人在畜禽舍内按既定路线导航移动。

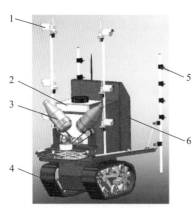

图 7-4-7 防疫消毒机器人系统

1—环境监测传感器;2—药液箱;

3—消毒液喷嘴;4—移动承载平台;

5—免疫试剂喷嘴;6—控制器

图 7-4-8 为防疫消毒机器人现场工作图,该机器人移动平台可满足养殖舍内笼架通道间的自动导航移动要求,移动速度在 0.1~0.5 m/s 范围内,移动轨迹偏差随着移动速度的增加而增大,最大偏移量为 50.8 mm。风助式喷嘴可同时实现药液的雾化和扩散,适用于 200~400 mL/min 流量药液的喷洒,形成的药液雾滴直径(DV0.9)为 51.82~137.23 μm,且随着药液流量增加而变大。喷嘴形成的雾滴沉积密度为每平方厘米 116~149 个,且随着喷雾距离增加而减小。

2. 猪舍防疫消毒机器人

现阶段养猪舍地板、栏架、天花板等的消毒工作基本由人工完成。操作人员频繁进出猪舍,会给猪场带来极高的生物安全风险。中沃智能装备有限公司研发的防疫消毒机器人可按照清洗轨迹程序自动消毒。不同类型的单元只需

图 7-4-8 防疫消毒机器人现场工作图

要编程一次,机器人便可按程序设定的运动轨迹重复运行。整个消毒程序数据储存在控制器中,并可追踪。消毒臂可全方位移动,并配备一个可 360°旋转的喷头。喷头有效工作范围可达 4.5～6 m。消毒过程完全由机器人操作,并可不间断连续工作 30～40 h。机器人使用直流 24 V 蓄电池供电,确保操作者和设备安全。图 7-4-9 为中沃智能猪舍防疫消毒机器人现场工作图。

图 7-4-9 中沃智能猪舍防疫消毒机器人

目前,畜禽舍防疫消毒机器人控制系统实验结果基本能满足畜禽舍防疫消毒工作需求,未来为了让畜禽舍防疫消毒机器人控制系统更充分地满足中小型畜禽养殖户的生产需求,对以下部分做了几点展望:

(1)在畜禽舍防疫消毒系统中加入定时器功能,用户启动防疫消毒控制系统之后,设定预定值,使机器人自动循环消毒,在完成消毒后关闭系统,从而减少消毒工作。

（2）在只能采集畜禽舍温度、湿度、PM2.5值的基础上，增加采集功能，比如光照强度、风强度等的采集功能，以进一步了解畜禽舍的环境状况，保证畜禽舍环境舒适。

（3）增加警报功能，比如在完成消毒工作、环境参数值超过合理值时，系统发出警报，以保障畜禽生产安全。

（4）优化畜禽舍自动饲养控制系统设计，实现畜禽防疫生产一体化，控制畜禽自动饲养和自动防疫消毒工作定时进行，降低人力物力的投入。

7.4.4 生猪免疫自动注射机器人

传统规模化猪场疾病以慢性猪瘟为主，常见的包括高致病性非洲猪瘟、猪蓝耳病、猪丹毒、沙门氏菌败血症等。虽然在现有猪瘟预防和控制措施中，猪场和养殖户都会采用接种防疫疫苗的方式来预防疫病，但地方接种疫苗种类繁多，疫苗质量难以得到全面保障。而规模化养殖场内生猪群体大，接种时间紧凑，任务重，易出现各种接种疫苗注射不规范或接种疫苗剂量不足等情况。面向大规模猪场的疫情与疾病防控需求，艾利特医疗科技有限公司机器人团队研发了一种利用猪喝水5～9 s时机进行疫苗注射的机器人，其整体结构如图7-4-10所示。

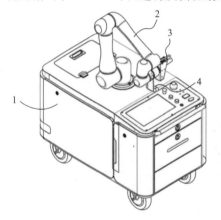

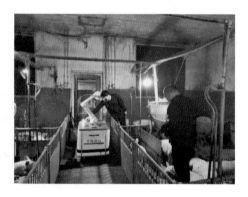

图 7-4-10　生猪免疫自动注射机器人　　图 7-4-11　生猪免疫自动注射机器人工作场景

1—轮式移动平台；2—六自由度协作机械臂；

3—无针头注射器；4—RGB-D相机

生猪免疫自动注射机器人在规模化生猪养殖现场落地测试的场景如图7-4-11所示，经过测试发现，机器人完成单头猪疫苗注射的时间为4 s。注射机器人可以实现整个猪场逐只全程身份与数据追溯，对于无人猪场的建设具有重要意义。

　　未来,大规模猪场必然会不断引进数字技术,实现生猪身份识别与全过程健康数据监管,同时引入智能化装备来实现更为可靠的疫苗输注,推进无人猪场的建设。随着以机器视觉为代表的人工智能技术在机器人中的应用,辅以先进的机器人自主导航系统,对猪场猪只进行 24 h 全天候不间断观察,以及实现猪只早期疫病检测及诊断已成为可能。因此,新型猪场疫病防护机器人的使用,必将使得病猪检测和隔离更为高效,为规模化猪场的疫病传染控制提供新的解决方法。

7.4.5　清粪与清洗机器人

　　随着畜牧业在国内的发展日益产业化和规模化,养殖场生物安全风险也相应提高。目前制约国内畜牧业发展的瓶颈是养殖场生物的疫病流行,规模化养殖导致疫病流行的风险进一步提升,如何有效防范生物安全风险成为畜牧业发展的重中之重。及时、高效地清除家畜粪便,保持对养殖场定期清洗可以有效破坏疫病细菌的生物膜,达到良好的防疫效果。保证栏舍清洁卫生是保证养殖场生物安全的基础。随着机器人技术的快速发展,清洁机器人开始逐渐用于养殖舍清洁。因此,迫切需要研究开发一款具有巡线导航、智能避障、防湿防腐等特点的高效率、高性价比的养殖场清洁机器人[80]。

　　SRone 智能化清洁机器人如图 7-4-12 所示,是由德国的 GEA 集团设计的

图 7-4-12　SRone 智能化清洁机器人

一款适用于地面环境为漏缝地板的智能化清洁机器人。它可以执行操作者下达给它的一些特定指令,具有极大的灵活性,并能根据所设路线清理许多死角,这样就能比较彻底地清扫滞留在地板上的畜禽废弃物。

7.4.6 病死畜禽巡查捡拾机器人

在畜禽养殖中,对畜禽舍的巡检工作是饲养人员重要的日常工作之一。巡检畜禽舍的重要性如下:通过巡检畜禽舍可及时发现畜禽群体的健康状况,捡拾死亡的畜禽个体,以便及早发现问题并采取相应措施。巡检工作对饲养人员的要求相对较高,要求饲养人员具备一定的专业知识,能够分辨出畜禽的健康和不健康状态。饲养人员在巡检不同的畜禽舍时容易造成交叉感染。为了解决这一问题,可利用病死畜禽巡查捡拾机器人实现对病死畜禽的智能识别与捡拾,从而在无人干预的情况下完成这些工作。目前国内外已开发出了病死家禽智能巡检机器人、病死家禽智能捡拾机器人、病猪智能巡检机器人。

1. 病死家禽智能巡检机器人

目前家禽养殖呈现高度集约化、规模化,饲养方式多为阶梯式或 H 型笼养,笼层可高达 5 层以上,单位面积饲养密度大幅提高的同时,也给鸡舍管理带来了诸多不便。针对规模化蛋鸡场叠层笼养模式下的日常巡检需求,研究开发基于机器人、人工智能等技术的智能巡检机器人代替人工巡检,对提高规模化鸡舍管理水平和生产效率具有重要意义。图 7-4-13 为福州木鸡郎智能科技有限公司研发的蛋禽养殖智能巡检机器人。该机器人以人工智能技术为核心,利用机器人、图像识别和物联网等技术,实现死鸡识别与定位、鸡群状态感知、舍内环境监测、设备异常定位预警、数据整合分析及远程控制等功能。

该巡检机器人系统由硬件平台与软件系统相结合而成,其整体架构可分为感知层、传输层和应用层。该系统通过整合物联网、云计算等先进技术,实现了传感器终端数据的采集、WiFi/5G/4G 无线网络的数据传输、云端的数据存储、PC 端及移动终端的实时显示预警,以及本地与远程控制功能。传感器终端配备了多种监测系统,主要用于获取蛋鸡的生理健康状态、舍内环境以及设备数据。巡检机器人采用双驱动移动平台和磁导航带进行循迹导航,以低速方式进行巡检。若发现巡检结果异常,系统会通过无线通信系统将异常结果传输至云服务器[81]。

2. 病死家禽智能捡拾机器人

在集约化大背景下的家禽养殖突显出两个核心问题。第一个是家禽舍

图 7-4-13　蛋禽养殖智能巡检机器人

的不健康环境。不健康的环境会导致家禽养殖抵抗力低、发病率高、死亡率增加,危害养鸡产业经济的健康发展。第二点是死鸡的及时处理。死鸡携带的病毒具有很强的传染性,容易引起鸡群的交叉感染,危害食品安全以及人体安全。图 7-4-14 为乔治亚理工学院的 Colin Usher 研发的可以在禽舍地板

图 7-4-14　Gohbot 智能捡拾机器人

上行走的机器人 Gohbot,这种机器人使用图像传感器进行导航,可以检测并捡起地板上的鸡蛋和死鸡[82]。

3. 病猪智能巡检机器人

猪肉在我国居民肉食结构中占 60% 左右,我国生猪存栏量已经占到全球的 58% 左右。近年来,生猪养殖场规模化经营凸显,如果养殖场内暴发传染性疾病,将直接影响养殖场的经济效益。而传染性疾病多在管理水平低、饲养环境恶劣的生猪养殖场传播与发生。图 7-4-15 为中国农业机械化科学研究院研发的一款病猪智能巡检机器人,其主要由热红外图像采集器、无线传感器网络模块、导航驱动系统等组成。该机器人搭载热红外图像采集器采集猪舍内生猪热红外图像,车载计算机利用基于改进 Otsu 算法的非接触式生猪体温检测方法分析数据,从而判断生猪的体温是否超过正常值,若超过正常值,系统则触发报警灯报警并停止运行。该病猪智能巡检机器人实现了非接触式自动监测生猪体温,能及时发现发热的病猪,进行发热疫情自动检测[86]。

图 7-4-15　病猪智能巡检机器人

为了更好地完成对畜禽舍的巡检任务,要求巡检装置能够搭载用于监测环境指标、畜禽行为、畜禽体温、畜禽声音等参数的多种监测系统,以全面了解畜禽舍的信息。现有的巡检装置结构简单、功能单一,只能针对性地对畜禽的某一类信息进行采集,获取的巡检信息不够全面,通用性较差,难以满足多样化的畜禽舍的巡检需求。未来的方向有如下几点:研制三维视觉传感器、六维力传感器和关节力矩传感器等传感器,大视场单线和多线激光雷达,智能听觉传感器以及高精度编码器等产品,满足机器人在畜禽舍的灵活运动与作业需求;研发具有高实时性、高可靠性、多处理器并行工作或多核处理器的控制器硬件系统,实现标准化、模块化、网络化;突破多关节高精度运动解算、运动控制及智能运动规划算法等技术,提升控制系统的智能化水平及安全性、可靠性和易用性;研制能够实现智能抓取、快速更换等功能的智能灵巧作业末端执行器,满足机器人对不同畜禽个体捡拾的需求。

7.4.7　放牧机器人

传统的人工放牧面临的牲畜管理方面的问题有:由于牧区广袤,牲畜会比较分散,甚至分散在视野之外,因此存在牲畜回栏困难,甚至牲畜丢失的问题;气候变化和自然灾害也给牧民的放牧活动带来了一定的影响,牧民需要及时转移牲畜,保障牲畜的安全和生存。在牲畜大规模转移或紧急避难时,需要精准地找到离群的牲畜,实时了解牲畜的转移方向。这就需要对牲畜进行较高精度的定位和实时的追踪。利用放牧机器人在很大程度上可避免牲畜丢失后无人知晓的情况,提高牧场人员的管理工作效率,有效降低牧场牲畜丢失的风险。目前典型的放牧机器人包括轮式放牧机器人、智能穿戴式放牧机器人等。

1. 轮式放牧机器人

轮式放牧机器人具备长途跋涉、导航、监控及引领畜禽和搬运物品等功能,主要由热红外传感器、视觉传感器、四轮驱动结构等组成。利用热红外传感器可实时对畜禽个体体温的检测,并根据温度变化来判断畜禽个体是否生病或受伤;利用视觉传感器探测畜禽个体所经之处草场的生长特点,智能挑选肥沃的水土;利用多智能体系协同控制,实现畜禽群体的合围控制;通过集成高精度卫星导航 GPS,可实现在多样化环境中自动化放牧。目前,澳大利亚野外机器人研发中心研发的放牧机器人,已实现在新南威尔士省的规模化农场应用,如图7-4-16 所示,该机器人可以放牧牛群,在沟渠、沼泽地和农场等典型的地形中可灵活行进,在平坦的地形上行走时速度可以达到 15～20 km/h。轮式放牧机器人可适用于复杂地形,能自行追踪牛羊等畜禽位置,在无人工持续关注的情况下进行工作,还具有作物检查和产量计算的能力[87]。

2. 智能穿戴式放牧机器人

智能穿戴式放牧机器人主要用于检测畜禽的运动、采食、反刍、排泄、群体交互等多种行为。其核心组成部分包括三维加速度传感器、微型摄像机、无线

图 7-4-16　放牧机器人

传输系统。在动作检测方面,放牧机器人通过将加速度传感器穿戴在动物身体的不同部位,如头部、脖颈、背部、四肢等部位,通过感知三维加速度数值的大小,来获取与其相对应的动作或姿态。利用加速度传感器,能够细粒度地判断出畜禽个体的行为特征,如站立、趴卧、行走等基本行为。微型摄像机用于实时采集牲畜牧食过程中的声音信号与视频信号。无线传输系统用于将多源数据传输至云服务器。

图 7-4-17　奶牛智能穿戴设备

　　日本 Farmnote 公司开发的一款用于奶牛的可穿戴设备 Farmnote Color,如图 7-4-17 所示。它可以实时收集每头奶牛的个体信息,收集到这些数据后就可以借助人工智能技术分析出奶牛是否出现生病、排卵或生产的情况,并将相应信息自动推送给养殖人员,以得到及时的处理。物联网在奶牛养殖中的应用,不仅能提高奶牛年产奶量,有效优化奶牛养殖管理模式,而且为奶牛的精细化养殖提供有力支持,为整个奶牛养殖产业的持续发展提供动力[88]。

中国每年生猪出栏量约为 7 亿头,但生猪个体数据的监测处于长期空缺的状态,不稳定的生产效益和不可控的疾病风险一直是养殖行业的两大痛点。通过传感器、物联网和人工智能技术建立的一整套生猪个体数据采集系统,用"智能大脑"代替人脑,全程关注养殖状态,自动统计生猪存栏数量,自动追踪生猪体型、体重和行为变化,可实现用更少的人和更少的料养出更好的猪的终极目标。通过母猪的行为分析及体温变化来监测母猪的繁殖状态和健康状态,对于及时发现母猪发情、返情、疾病预警,结合远程协作有着明确的应用意义。图 7-4-18 所示为猪只智能穿戴设备,该设备通过全天候监测猪只核心温度来判断母猪的发情时机和健康

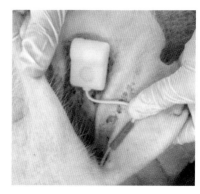

图 7-4-18　猪只智能穿戴设备

状态,从而为准确的配种时机和疾病预警提供一定的依据[89]。

　　虽然放牧机器人具有较好的应用前景,但目前市场上出现的放牧机器人,大部分仅限于放牧家畜的智能定位和产品溯源,仅能实现智慧放牧系统最初级的功能,缺乏关键的核心技术,如大数据、人工智能、专业知识的深度融合和专业决策,且智能放牧机器人的构建成本较高,物联网系统传输速度和稳定性不高。智能放牧机器人的关键在于将互联网、物联网、卫星定位技术等应用到畜牧业生产过程中,利用物联网技术,将畜禽位置、运动轨迹等信息通过检测设备与互联网连接起来,以实现智能化识别、定位、跟踪、监控和管理。未来,放牧机器人将实现远程放牧、全自动统计,实时掌握牧场信息,及时获取异常报警信息,同时进行决策控制。放牧机器人在国外已开始逐步应用于规模化农场,有效节省了放牧劳动力,通过集成先进的感应系统及定位系统,能自动检测畜禽的运动速度并驱赶其移动,实现高效的持续作业,国内尚未见相关报道。

7.5　畜禽养殖作业智能装备存在的问题和发展趋势

7.5.1　存在的问题

　　目前的畜禽养殖作业机器人可以基本实现对畜禽养殖的自动化管理,但仍然存在以下问题:

　　(1) 相较于工业机器人,面向于畜禽养殖作业机器人的算法更为复杂,相应

技术的开发周期长。

（2）畜禽养殖作业机器人结构复杂，使用环境恶劣，长时间使用极易出现故障。

（3）由于基础学科的创新能力不足，自动化和智能化等核心技术缺乏，因此机器人功能单一，智能化程度不高，不具备多场景的通用性。

（4）畜禽养殖作业机器人的研究正处于起步阶段，需要进行大量实验及创新，以至于生产成本较高，生产效率偏低。

（5）由于畜禽养殖机械设备和农业工艺机械设备在功能、结构以及应用环境等方面的复杂性，因此畜禽养殖和农业工艺与机械装备的结合不够紧密。

目前，畜禽养殖的集约化和规模化进程不断加快，随着人口呈稳定下降趋势，市场对畜禽产品的需求会随之减少，畜牧养殖业对于劳动力的需求也会随之减少。但由于畜禽舍环境复杂、工作重复单调等问题，市场对畜禽养殖作业机器人的需求将不减反增。

在畜禽个体识别、信息采集、行为分析、定位与机器人导航等前沿方向上，我们要以创新的理念进行新技术的研发，促进具有通用性的畜禽养殖作业机器人的开发。随着大数据、云计算、人工智能和深度学习等技术融入畜禽养殖业，畜禽养殖作业机器人将突破瓶颈，成为新一代智能畜牧机械并得以广泛应用。同时，深度学习、新材料、人机共融、触觉反馈等新技术在畜禽养殖作业机器人中的应用，值得全世界科研人员进行探索。深度学习技术可帮助提高机器人在禽舍内感知和决策能力。感知包括畜禽和环境的特征识别、定位和行为分析等；决策包括机器人运动路径规划、避障、姿态调整和作业次序规划等。触觉反馈技术能帮助增强畜禽养殖作业机器人的感知和执行能力，并提高机器人作业时的安全性和确定性。新材料用以提高畜禽机器人的执行能力。人机共融是畜禽养殖业未来发展的重要技术，机器人预测养殖人员的意图或需求并配合其完成工作，可提高养殖和生产效率。

移动式畜禽养殖作业机器人主要需要解决定位、规划、控制等问题，目前重点的研究领域包括畜禽舍环境感知与建模、定位与导航、环境理解、多机器人协同作业等。移动式畜禽养殖作业机器人将朝着以下趋势发展：新技术与机器人技术的加速融合，进一步推动产品的更新换代。移动式畜禽养殖作业机器人的自主性主要体现在"状态感知""实时决策""准确执行"这三个方面。农业物联网、人工智能、移动互联网等新一代信息技术与机器人技术相互结合，能够让设备高效交互，数据流动更加自由，并通过算法指挥硬件发挥最大效能；规模化集群作业成必然,更高效的多机协作方式成趋势,一部分新型的移动式畜禽养殖作业机器人将走向分布式和云端部署,并具有可靠冗余能力;可以支持在线的地图和策略更新,以适应畜禽舍的运行路线和调度策略;能够对具有 SLAM 绕行能力的移动机器人进行优化调度,高效、灵活地管理系统中的任务分配和管控;通过一定的标准化手段,管控好同一现场异构机器人系统之间的协调运行,以完成畜禽舍不同的作业任务。在技术进一步发展的基础上,未来移动式畜禽养殖作业机器人的应用场景进一步扩大,将逐渐深入畜禽产业的各个领域及环节。移动式畜禽养殖作业机器人技术还将与人工智能、移动互联网、大数据处理等技术加速融合,从而创造出新的技术产品和应用模式。

7.5.2　发展趋势

我国畜禽养殖装备正向精细化、信息化、智能化方向发展,规模化养殖场应提高养殖装备在养殖成本中的比重,降低人工成本比重,从而降低总的养殖成本,提高整体收益。畜禽养殖关键环节中实现"机器换人",可减少人为接触,减小疫病传播的概率,减少动物应激反应,有利于提高动物健康福利,提高畜禽养殖生产效率。通过对目前畜禽养殖装备以及智能化发展的总结,未来的研究重点主要有:

(1) 智能监测装备对养殖场大数据的获取与高效处理。现代规模化养殖场养殖数量巨大,对养殖数据量的获取和处理也是不容小觑的问题。首先,监测装备应能够有效克服粉尘、高温、高湿等环境因素对数据获取质量的干扰,一方面从监测装备本身进行改良,另一方面提升数据有效信息分析手段。再者,根据畜禽生长阶段的重要性判断是否需要对畜禽个体进行实时的信息监测。对于需要进行实时监测的生长阶段,应做到边缘计算或分布式计算,减少数据传输带宽以及中央服务器的处理压力;对于不需要实时监测的生长阶段,采用巡检方式,并实现巡检策略与发生事件需要实时监测概率的有效设置,避免无效巡检。

(2) 对畜禽个性化养殖与动物福利愈发重视。随着对福利化养殖的重视,例如欧盟已执行妊娠母猪必须群养的政策,我国可能也会在将来出台相关规定,基于此,畜禽电子饲喂系统有待进一步完善。对畜禽个体或小群体进行精准饲喂,根据饲喂装备获取的养殖参数,全方位宽领域地衡量生产性能,进而降低料肉比,提高生产力,提高养殖场经济效益。另外对于动物福利研究相对较少,缺乏动物福利措施的大量实验验证。至于动物福利是否有实际效用,需要将畜禽生长生产性能与福利程度相关联进行研究,否则无法引起养殖企业对动物福利的重视。

（3）智能环控装备与标准化养殖场的配合。由于国内不同地点的气候条件差异较大，标准化养殖场建设应当因地制宜，但目前标准化养殖场建设仅有基本要求，缺乏个性化和多样化的可执行性。所以环控装备的设计应与养殖场建设相配合，建立合理的理论仿真模型，用以指导养殖场的建设及环控装备的选型和安装，并能够对环控装备的运行策略予以合理配置，以减少人工参与和能源消耗。目前还缺乏环控装备改善适宜度与畜禽生长生产效率之间的研究。

（4）畜禽养殖机器人的进一步研制与落地。目前畜禽养殖机器人还处于初步阶段，动物健康福利与环境巡检方面还不完善。对于群养动物而言，巡检发现的异常无法准确对应猪只身份，也无法做到长期的目标跟踪，因此巡检任务执行得并不彻底；另外，在不同畜种、不同养殖模式、不同气候环境的情况下，进行清粪消毒等任务的机器人需要实现的功能并不一致，需要进行针对性的设计优化。

本章小结

本章首先对畜禽养殖作业智能装备的分类进行定义和介绍，对固定式养殖作业智能装备和移动式养殖作业机器人两种典型的装备进行简介。其次介绍了畜禽养殖作业智能装备的共性基础技术，主要包括机器人自主移动平台、作业目标识别与定位技术、路径规划与自主避障技术，以及执行机构控制等，从硬件平台与算法技术两方面入手，把工业等领域的先进经验应用到畜禽养殖方面。然后分别介绍了五种典型的固定式养殖作业智能装备的功能、原理和应用情况，包括畜禽自动分群装备、公猪采精智能装备、自动挤奶装备、母猪分娩自动监测与预警装备和畜禽福利装备。同时也分别介绍了七种典型的畜禽养殖作业机器人的功能、原理和应用情况，包括养殖环境及畜禽健康巡检机器人、家畜精准饲喂机器人、畜禽舍消毒机器人、生猪免疫自动注射机器人、清粪与清洗机器人、病死畜禽巡查捡拾机器人和放牧机器人。最后结合最新的研究进展和行业存在的问题，对畜禽养殖作业智能装备的发展趋势进行展望。

本章参考文献

[1] 高启山，王伟钦，吴建军，等. 一种公猪自动采精系统：CN201500208U
    [P]. 2010-06-09.

［2］张晓亮，肖建国，徐子晟，等. 当前我国挤奶机设备状况和使用情况分析［J］. 中国奶牛，2015(19)：33-36,37.

［3］陈广林，汪志强，薛江庭. 母猪分娩报警装置：CN202069608U［P］. 2011-12-14.

［4］戚帅华."洛阳智造"助推养殖业智慧转型［EB/OL］.（2021-01-07）. http://news. lyd. com. cn/system/2021/01/07/031923870. shtml.

［5］张玉良，李腾，刘闯，等. 一种赶猪机器人：CN214126509U［P］. 2021-09-07.

［6］薛云，陆雪林，沈富林，等. 一种赶猪装置：CN214546502U［P］. 2021-11-02.

［7］王丽霞. 一种新型电动赶猪器：CN211983244U［P］. 2020-11-24.

［8］温灏宇，宋贵兵，郝科阳，等. 智能机器人在蛋鸡养殖领域的应用及研究进展［J］. 中国家禽，2019，41(9)：53-57.

［9］钟日开，高彦玉，罗土玉，等. 一种养猪舍内智能清粪机器人：CN214902918U［P］. 2021-11-30.

［10］廖新炜，余立扬，王昊田，等. 一种病死鸡判定巡检机器人：CN113396840A［P］. 2021-09-17.

［11］FUTAHASHI R，YAYOTA M，HATAKEYAMA N，et al. Application of a wearable camera to analyze ingestive behavior of grazing cattle［J］. Journal of Integrated Field Science，2017 (14)：109.

［12］WALLACE N D，KONG H，HILL A J，et al. Energy aware mission planning for WMRs on uneven terrains［J］. IFAC-Papers OnLine，2019，52(30)：149-154.

［13］朱磊磊，陈军. 轮式移动机器人研究综述［J］. 机床与液压，2009，37(8)：242-247.

［14］熊光明，龚建伟，徐正飞，等. 轮式移动机器人滑动转向研究综述［J］. 机床与液压，2003(6)：9-12.

［15］樊正强，张青，邱权，等. 农业机器人移动平台行进方式综述［J］. 江苏农业科学，2018，46(22)：35-39.

［16］吉洋，霍光青. 履带式移动机器人研究现状［J］. 林业机械与木工设备，2012,40(10)：7-10.

［17］FOLKESSON J，CHRISTENSEN H. SIFT based graphical SLAM on a packbot[DB/OL].[2023-05-06]. https//www.csc.kth.se/~johnf/Coyote.pdf.

[18] 王仲民,刘继岩,岳宏. 移动机器人自主导航技术研究综述[J]. 天津职业技术师范学院学报,2004,14(4):11-15.

[19] 邓志,黎海超. 移动机器人的自动导航技术的研究综述[J]. 科技资讯,2016,14(33):142-144.

[20] 王荣本,储江伟,冯炎,等. 一种视觉导航的实用型 AGV 设计[J]. 机械工程学报,2002,38(11):135-138.

[21] 储江伟,郭克友,王荣本,等. 自动导向车导向技术分析与评价[J]. 起重运输机械,2002(11):1-5.

[22] 徐国华,谭民. 移动机器人的发展现状及其趋势[J]. 机器人技术与应用,2001(3):7-14.

[23] 卢韶芳,刘大维. 自主式移动机器人导航研究现状及其相关技术[J]. 农业机械学报,2002,33(2):112-116.

[24] 李旗,倪江南. 一种运用计算机视觉和光学导航技术的采摘机器人[J]. 电子世界,2021(22):52-53.

[25] 于坤林. 基于惯性导航与视觉导航组合的农业植保无人机自主飞行技术研究[J]. 软件,2021,42(9):55-57.

[26] 吴佳慧. 融合视觉和惯导的无人机导航技术研究[D]. 宜昌:三峡大学,2021.

[27] 权美香,朴松昊,李国. 视觉 SLAM 综述[J]. 智能系统学报,2016,11(6):768-776.

[28] 吴海玲,高丽峰,汪陶胜,等. 北斗卫星导航系统发展与应用[J]. 导航定位学报,2015(2):1-6.

[29] 张漫,季宇寒,李世超,等. 农业机械导航技术研究进展[J]. 农业机械学报,2020,51(4):1-18.

[30] 赵一鸣,李艳华,商雅楠,等. 激光雷达的应用及发展趋势[J]. 遥测遥控,2014,35(5):4-22.

[31] 王铮,赵晓,佘宏杰,等. 基于双目视觉的 AGV 障碍物检测与避障[J]. 计算机集成制造系统,2018,24(2):400-409.

[32] 任亚楠,贾瑞清,何金田,等. 基于超声波传感器的移动机器人避障系统研究[J]. 中国测试,2012,38(3):76-79.

[33] 李兆冬，陶进，安旭阳. 移动机器人目标识别与定位算法发展综述[J]. 车辆与动力技术，2020(1)：43-48.

[34] 张慧，王坤峰，王飞跃. 深度学习在目标视觉检测中的应用进展与展望[J]. 自动化学报，2017，43(8)：1289-1305.

[35] REDMON J，FARHADI A. YOLOv3：An incremental improvement[DB/OL]. [2023-05-06]. https://pjreddie. com/media/files/papers/YOLOv3. pdf.

[36] BOCHKOVSKIY A，WANG C Y，LIAO H Y M. YOLOv4：Optimal speed and accuracy of object detection[DB/OL]. [2023-05-06]. https://www. xueshufan. com/publication/3018757597.

[37] 丁静，沈明霞，刘龙申，等. 基于机器视觉的断奶仔猪腹泻自动识别方法[J]. 南京农业大学学报，2020，43(5)：969-978.

[38] 沈明霞，太猛，OKINDA C，等. 基于深层卷积神经网络的初生仔猪目标实时检测方法[J]. 农业机械学报，2019，50(8)：270-279.

[39] WANG J T，SHEN M X，LIU L S，et al. Recognition and classification of broiler droppings based on deep convolutional neural network[J]. Journal of Sensors，2019(1)：3823515.

[40] 陈慧岩，熊光明，龚建伟. 无人驾驶车辆理论与设计[M]. 北京：北京理工大学出版社，2008.

[41] 张守东，杨明，胡太. 基于多特征融合的显著性目标检测算法[J]. 计算机科学与探索，2019，13(5)：834-845.

[42] 王硕. 基于深度学习的异源图像匹配算法与畜禽目标双目视觉定位系统开发[D]. 天津：天津理工大学，2021.

[43] 计时鸣，黄希欢. 工业机器人技术的发展与应用综述[J]. 机电工程，2015，32(1)：1-13.

[44] 赵鑫. 移动机器人路径规划算法研究综述[J]. 电子元器件与信息技术，2021，5(7)：239-240.

[45] 王殿君. 基于改进 A* 算法的室内移动机器人路径规划[J]. 清华大学学报(自然科学版)，2012，52(8)：1085-1089.

[46] 张松灿. 基于蚁群算法的移动机器人路径规划研究[D]. 洛阳：河南科技大学，2021.

[47] DORIGO M，GAMBARDELLA L M. Ant colony system：A cooperative

learning approach to the traveling salesman problem[J]. IEEE Transactions on Evolutionary Computation,1997,1(1):53-66.

[48] 曲道奎,杜振军,徐殿国,等. 移动机器人路径规划方法研究[J]. 机器人,2008,30(2):97-101,106.

[49] 刘忠臣,曹沛,魏洪祥,等. 育肥猪群养自动分食系统及其分栏采食装置:CN201976564U[P]. 2011-09-21.

[50] 黄瑞森,钟伟朝,钟日开,等. 用于群猪饲养的个体猪的分栏装置:CN201499510U[P]. 2010-06-09.

[51] 胡天剑,李炳龙,贺成湖. 猪只同栏分离饲养系统:CN103125402A[P]. 2013-06-05.

[52] 杨建宁,武佩,张丽娜,等. 羊自动分栏系统及其开门机构的设计[J]. 中国农机化学报,2016,37(10):81-85.

[53] 陈海霞,吴健俊. 羊自动称重分群设备的研究[J]. 当代农机,2018(8):72-74.

[54] 秦兴,余利. 育肥猪分栏器:CN203233848U[P]. 2013-10-16.

[55] 杨秀丽,张铁民,邢航,等. 母猪大栏智能群养系统关键技术研究进展[J]. 西北农林科技大学学报(自然科学版),2016,44(4):24-32.

[56] 林宇洪,陈清耀,胡喜生,等. 复合型RFID动物耳标及追踪系统的设计[J]. 四川农业大学学报,2015,33(4):451-457.

[57] 周凤波. 9CF-300型羊自动称重分群设备使用方法[J]. 农村牧区机械化,2017(5):17-19.

[58] 张建龙,庄晏榕,周康,等. 基于机器视觉的育肥猪分群系统设计与试验[J]. 农业工程学报,2020,36(17):174-181.

[59] 刘忠臣,曹沛,魏洪祥,等. 家畜饲养用分栏采食装置及其双扇门电控门锁机构:CN103098717A[P]. 2013-05-15.

[60] 司永胜,安露露,刘刚,等. 基于Kinect相机的猪体理想姿态检测与体尺测量[J]. 农业机械学报,2019,50(1):58-65.

[61] 李友权. 猪人工授精技术的发展优势、存在问题及对策[J]. 河南畜牧兽医(综合版),2007,28(7):12-13.

[62] 陈学,贺成龙. 猪人工采精方法与步骤[J]. 养殖与饲料,2020(5):36-37.

[63] ANEAS S B, GARY B G, BOUVIER B P. Collectis® automated boar collection technology[J]. Theriogenology, 2008, 70(8): 1367-1373.

［64］李小明. 挤奶机的系统真空和自动脱杯阈值对奶牛乳房健康的影响［D］. 北京：中国农业大学，2017.

［65］杨圣虎. 挤奶机器人装备结构设计研究［D］. 哈尔滨：哈尔滨工程大学，2015.

［66］熊磊光，王建平. TCP/IP 协议在挤奶机自动控制系统中的应用［J］. 现代电子技术，2007(19)：127-130.

［67］刘俊杰，杨存志，杨旭，等. 智能挤奶机器人总体设计方案研究［J］. 农业科技与装备，2015(12)：16-19.

［68］王中华，田富洋，曹东，等. 奶牛乳头方位辨别装置：CN204929911U［P］. 2016-01-06.

［69］李小明，杨开锁，李军辉，等. 基于双目立体视觉的挤奶机自动奶杯套杯技术研究［J］. 中国奶牛，2020(12)：42-45.

［70］李芳. 加速度传感器在畜禽行为识别中的应用［J］. 农业与技术，2021，41(15)：133-135.

［71］TRAULSEN I，SCHEEL C，AUER W，et. al. Using acceleration data to automatically detect the onset of farrowing in sows［DB/OL］. https://mdpl-res. com/d_attachment/sensors/sensors-18-00170/article_deploy/sensors-18-00170. pdf？version=1515563016.

［72］张光跃，刘龙申，沈明霞，等. 基于超声波的母猪产前行为监测系统设计［J］. 中国农业大学学报，2017，22(8)：109-115.

［73］苏殿伟，刘玉香. 规模化养猪方式下母猪分娩行为观察［J］. 吉林畜牧兽医，2017，38(1)：25-26.

［74］RUSHEN J，BUTTERWORTH A，SWANSON J C. Animal behavior and well-being symposium：Farm animal welfare assurance：Science and application［J］. Journal of Animal Science，2011，89(4)：1219-1228.

［75］马为红，薛向龙，李奇峰，等. 智能养殖机器人技术与应用进展［J］. 中国农业信息，2021，33(3)：24-34.

［76］鞠铁柱，曾庆元，刘正旭，等. 基于机器视觉的生猪体尺测定方法及装置：CN113723260A［P］. 2021-11-30.

［77］胡云鸽，苍岩，乔玉龙. 基于改进实例分割算法的智能猪只盘点系统设计［J］. 农业工程学报，2020，36(19)：177-183.

［78］鞠铁柱，陈春雨，张兴福，等. 用于畜牧养殖的移动式信息采集装置：

CN209524248U[P]. 2019-10-22.

[79] 赵一广，杨亮，郑姗姗，等. 家畜智能养殖设备和饲喂技术应用研究现状
与发展趋势[J]. 中国农业文摘. 农业工程，2019，31(3)：26-31.

[80] 滕光辉. 畜禽设施精细养殖中信息感知与环境调控综述[J]. 智慧农业，
2019，1(3)：1-12.

[81] 陈平山. 中小规模养猪场非洲猪瘟防控策略[J]. 中国畜禽种业，2020，16
(12)：164-165.

[82] 鞠庆斌. 浅谈中小型养猪场非洲猪瘟的防控措施[J]. 吉林畜牧兽医，
2021，42(1)：25.

[83] 吕晓能，万珍平，麦焯伟，等. 养猪场栏位清洗机器人设计与研究[J]. 现
代农业装备，2021，42(4)：55-59.

[84] 郑炜超，邓森中，童勤，等. 家禽养殖智能装备与信息化技术研究进展[J].
山西农业大学学报(自然科学版),2022,42(06):2-11.

[85] 胡子康，姜来，王辉，等. 基于欠驱动原理死鸡捡拾末端执行器设计与仿
真分析[J]. 东北农业大学学报，2021,52(6)：77-86.

[86] 周丽萍. 生猪发热及蓝耳疫情检测方法与巡检消毒装备研究[D]. 北京：
中国农业机械化科学研究院，2016.

[87] 刘强德. 草食畜牧业的现状及智能化进程[J]. 畜牧产业，2020(8)：
36-46.

[88] 阴旭强. 基于深度学习的奶牛基本运动行为识别方法研究[D]. 咸阳：西
北农林科技大学，2021.

[89] 陈晨. 基于计算机视觉和深度学习的群养猪行为识别与分类算法研究
[D]. 镇江江苏大学，2020.

第8章
智慧养殖管控大数据平台

随着畜禽养殖业现代化水平的不断提高,养殖业的数据持续积累和扩展,智慧养殖管控大数据平台以大数据、物联网、云计算技术为手段,以提升畜禽养殖工作水平为目的,有效整合养殖生产、管理、经营、服务领域资源,面向政府、企业、养殖户、供应商等,构建物联网智能养殖体系和养殖产业链的各环节业务应用系统。智慧养殖管控大数据平台为政府指挥决策提供科学的数据支撑,为企业提供及时精准的生产管理,为产业发展提供优质高效的信息服务。

8.1 智慧养殖管控大数据平台体系结构

智慧养殖管控大数据平台是一个集数据采集、传输、存储、分析及应用等于一体的养殖数据服务平台,平台体系结构如图 8-1-1 所示,整个平台共分为五层,自下向上依次是:数据感知层、传输层、存储层、计算与分析层、应用层。各层之间的信息不是单向传递的,存在交互或控制。

8.1.1 数据感知层

在智慧养殖管控大数据平台中,数据感知层位于最底层,主要功能是识别物体、采集信息,解决人类世界和物理世界的数据获取问题。基于物联网技术的信息感知在智慧养殖领域已广泛应用,特别是物联网环境监测与管控技术,其他生理生长新型养殖物联网技术也不断涌现,为畜禽产业的转型升级提供新动力[1]。智慧养殖管控大数据平台的数据感知层通过应用物联网技术全面感知和采集养殖过程中的现场信息[2],主要包括养殖环境信息感知、畜禽身份感知和畜禽生长生理信息感知。

1. 养殖环境信息感知

养殖环境与畜禽生长息息相关,良好的养殖环境有利于养殖动物自身抵抗力的提高,减少疾病和异常,提高畜禽养殖的产量与质量,促进养殖动物福利发

畜禽智慧养殖技术与装备

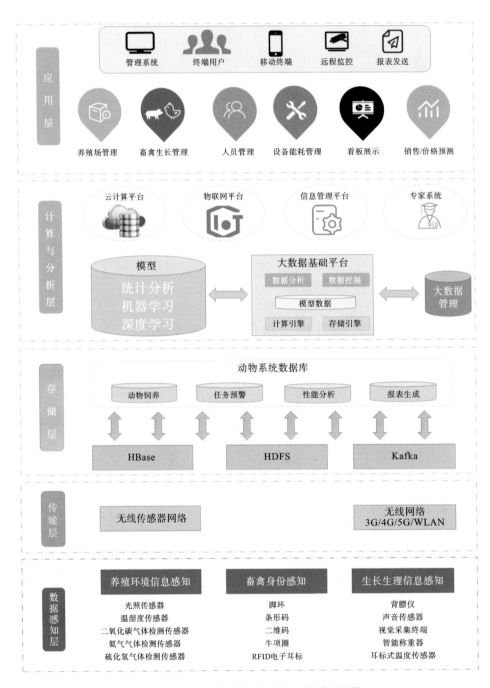

图 8-1-1 智慧养殖管控大数据平台体系结构

展。养殖环境信息的感知主要依赖各类传感器实现。传感器是物联网发展的根基,其智能化转型是提升畜禽业信息化与智能化的核心[3]。畜禽养殖业采用多点部署的方式安装各类传感器,持续监测养殖场环境的温度、湿度、光照强度、有害气体浓度等环境因子。同时,可利用物联网技术为养殖户实现风机、天窗、水帘、加暖设备等环控设备智能控制和设备运行状态的远程监控;对栏舍环境异常、设备运行异常、断电情况实现实时智能预警。

2. 畜禽身份感知

智慧养殖管控大数据平台利用多种载体来实现畜禽身份的识别,主要包括项圈、电子耳标和脚环等。这些载体使用 RFID、条形码和二维码等主要感知技术来实现畜禽身份信息的获取和识别。

RFID 射频识别技术是一种无线非接触式的自动识别技术,通过无线电信号实现对特定目标的识别,并读写相关数据。通过植入或佩戴 RFID 电子标签,每头动物获得唯一的身份标识,结合精准饲喂智能控制系统和视频监控等技术,平台可以实时监控畜禽个体的状况,实现畜禽档案管理、溯源、分组管理、生长状态和分布情况的数据汇总管理。

条形码技术利用多个反射率相差很大且宽度不等的空白和黑条,按照一定的编码规则排列成平行图案,以表达一组信息。通过在载体上粘贴或打印带有条形码的标签,并利用条形码识读器进行扫描,可以解码条形码,获取畜禽的身份信息。条形码技术应用广泛,具有成本低、易于识读和标签容量大的特点。

二维码技术类似于条形码技术,由黑白方块组成图形,充分利用横向和纵向的空间排序来记录数据符号信息。扫描二维码可以快速读取畜禽的身份信息。二维码技术提供了更强大的数据存储和识别能力,因此在养殖场等场景中得到广泛应用。

3. 畜禽生长生理信息感知

畜禽生长生理信息感知包括体尺、体重、背膘等生长指标及体温、声音、运动量、行为等生理指标的感知。通过视觉采集终端获取畜禽的 2D、3D 图像,结合图像处理、机器学习等算法可实现对体尺、体重、背膘等生长指标的估算;畜禽体温是反映动物健康水平的重要指标,其体温过高或过低均需要进行预警。畜禽体温自动化感知设备包括耳标式温度传感器、胶囊状植入式温度传感器及红外热成像设备。利用声音传感器及语音识别技术,可获取畜禽的声音,从中识别出异常声音如咳嗽等,实现健康监测。畜禽的运动行为数据包括畜禽的运动轨迹、活动频率和活动时长等数据。通过监测和分析畜禽的运动行为,可以评估其活动水平、生长状态和健康状况,以及对养殖环境和饲养方式的适应程度。畜禽行为的自动化感知主要采用的手段有传感器技术及计算机视觉技术等。

8.1.2 传输层

智慧养殖管控大数据平台的传输层是在不同组件、设备和系统之间进行数据传输和交换的层级。传输层起着连接和传递数据的作用,确保数据的快速、安全和可靠传输。传输层利用各种网络通信技术实现数据的传输,包括有线网络和无线网络。

1. 有线网络传输技术

(1)以太网(ethernet):以太网是一种常见的有线传输技术,通过使用网线将设备连接到局域网或互联网,实现数据的传输和通信。以太网提供高带宽和稳定的传输性能,适用于大规模数据的传输和实时监测。

(2)串行传输:串行传输是一种基于串行通信接口的传输技术,常见的有RS-232、RS-485 等标准。通过串行传输,设备可以与计算机或其他设备进行直接连接,进行数据的串行传输和通信。

有线传输技术提供稳定的可靠的数据传输性能,适用于需要长距离传输和实时通信的养殖环境。同时,这些有线传输技术也可以与其他无线传输技术结合使用,实现灵活的数据传输和网络连接。

2. 无线网络传输技术

智慧养殖管控大数据平台借助 WiFi、ZigBee、LoRaWAN、NB-IoT 和 4G/5G 等多种无线传输技术,实现养殖场内部和广域范围的数据传输和监测,提高养殖效率和管理水平。这些技术提供高速、低功耗、稳定的无线连接,适用于不同养殖场景的设备联网。无线网络传输方式免去繁杂的布线工程,传感器与传输设备即插即用,安装调试方便快捷,前期建设和后期维护成本大大降低,数据采集点的位置可以随时移动调整,网络扩展性好,成为智慧养殖数据传输的核心支撑技术,为智慧养殖管控大数据平台的实时监测、数据采集和远程控制提供支持。

8.1.3 存储层

养殖业相关数据种类繁多,数据来源广泛,为了使数据分析计算挖掘工作更加便捷,养殖数据在存储之前需要进行预处理,例如清洗、整理和转换。为了高效存储养殖业的各种数据,平台需选择合适的数据库来存储数据,不仅限于

单一的关系型或非关系型数据库。智慧养殖管控大数据平台的存储层主要分
为数据库存储和文件存储两大类型。

1. 数据库存储

关系型数据库以关系数据 SQL 为存储对象,采用二维表的关系模型组织
结构化数据。典型的关系型数据库有 SQL Server、Oracle 和 MySQL 等,它们
在数据存储方式上具有相似特征。非关系型数据库,也称为 NoSQL,是 SQL
的补充。NoSQL 的数据结构与传统 SQL 不同,包括 Memcache 的键值结构、
Redis 的复杂数据结构以及 MongoDB 的文档数据结构。NoSQL 数据库在大
数据时代下具有重要地位,特别适用于海量养殖业数据的存储和高性能并行计
算需求。

在大数据平台中,可采用分布式存储与 NoSQL 技术,用以满足养殖物联网
海量实时数据的存储和管理需求。其中,NoSQL 的 LaUD-MS 系统可以解决
海量数据的存储难题,并满足养殖业面向维护和大修服务的查询需求,更高效
地管理和利用海量的实时数据。

2. 文件存储

在智慧养殖中,数据存储是一个重要的方面,特别是涉及小文件和大文件
的存储。小文件存储主要用于展示数据的存储,如商品图片、微博内容等,其特
点是单个文件数据量小、文件数量巨大、访问量巨大。为了高效地处理大量小
文件数据的存储和访问,可以使用开源方案如 HBase、Hadoop、FastDFS 等存
储平台。典型的小文件存储系统包括淘宝的 TFS、京东的 JFS 以及 Facebook
的 Haystack。这些存储平台能够确保小文件数据的高效展示和访问。另外,养
殖业也面临大文件存储的挑战,特别是处理业务上的大数据,如养殖场监控视
频吉字节文件。这些大文件的特点是每个文件都很大,可能有几百兆字节、几
吉字节甚至几十吉字节、几太字节的数据量。为了存储和处理这些大文件数
据,通常选择开源方案如 Hadoop、HBase、Storm、Hive 等,或者基于这些方案封
装自己的大数据平台。在养殖业的存储层中,可以采用本地服务器和云服务
器。本地服务器可以用于存储结构化的数据、图像和视频等大文件,而云服务
器则提供数据和流媒体的云端存储服务。

在智慧养殖系统中,视频监控系统通过在养殖区域内设置可移动视频监控
摄像头,实现养殖现场 24 h 全天候远程实时视频监控,同时定时抓取现场照片。
照片采用小文件存储,而视频往往采用大文件存储。这样的存储方式便于有效
地管理和处理养殖业务上的大数据,并保障养殖场的安全和运营监控。

8.1.4　计算与分析层

在智慧养殖管控大数据平台中,计算与分析层扮演着重要角色。它利用大数据计算技术对原始数据进行抽取、清洗、分类和聚合,建立格式化数据资源库。这样的资源库能满足不同业务需求,可从中进一步抽取数据,建立适用于业务的数据统计分析模型,并提供统一的数据访问接口,为应用层的数据可视化提供服务。

计算与分析层借助物联网中间件平台实现数据的初步加工,然后根据业务需求建立适用的数据统计分析模型,利用大数据运行处理平台的数据分析、数据挖掘、深度学习等算法,挖掘出数据内在的价值,为业务系统提供数据和决策依据。这样的处理和分析能够帮助养殖业更好地利用大数据的价值,优化生产经营策略,提高效率,实现智能化管理,推动养殖业的现代化发展。

1. 物联网中间件平台

物联网中间件平台在智慧养殖管控大数据平台中起着关键作用,是基础设施之一。它连接硬件设备与应用系统,实现设备数据信息的集成和上传,解决设备接入和系统融合互联互通的问题。

该平台能将不同传感器和生产设备的通信协议数据转换为基础应用平台标准接口数据,提高系统的兼容性。通过这种转换,基础应用平台软件能够与任意物联网传感器和设备进行信息交互,为提供稳定的养殖物联网服务奠定基础。

物联网中间件平台在智慧养殖管控大数据平台中完成以下工作。

(1)监控预警:实现对养殖环境参数、设备状态等异常情况的监控和预警,及时通知相关人员。

(2)设备/运维管理:负责设备的全生命周期管理,包括设备配置、数据采集、数据管理等。

(3)接入其他品牌设备:统一接入不同品牌的环控器和养殖自动化设备,方便数据上传和系统使用。

(4)推动行业标准制定:推动形成物联网数据接口格式标准,引领行业标准制定,提前占据先机。

2. 智慧养殖管控大数据分析与处理算法模型

畜禽养殖业智慧养殖管控大数据平台面临数据量大、类型多样、非结构化、信息流高度耦合等挑战[4]。为解决这些问题,可以应用以下典型的算法模型。

1）关联分析模型

关联分析是一种简单、实用的分析技术，通过发现大量数据集之间的关联性或相关性，从而描述一个事物中某些属性同时出现的规律和模式。在智慧养殖过程中，可借助关联分析模型发现不同饲料类型、采食方式和个体畜禽增重变化的关联关系[5]。

2）时间序列模型

时间序列分析是根据系统观测到的时间序列数据，通过曲线拟合和参数估计来建立数学模型的方法。它一般采用曲线拟合和参数估计方法（如非线性最小二乘法）进行。时间序列模型在智慧养殖中的应用包括畜禽舍环境监测与控制、生长性能分析、疾病预警、繁殖效率优化等。

3）最优化分析模型

在实际问题求解中求解给定函数的极值或最大值、最小值问题，称为最优化问题。而求解最优化问题建立的模型称为最优化模型。它主要用于解决最优生产计划、最优分配、最佳设计、最优决策、最优管理等函数求最大值、最小值的问题。最优化问题所涉及的内容种类繁多，但是它们都有共同的关键因素：变量、约束条件和目标函数。最优化分析模型在智慧养殖中可用于求解环境参数的最优参数值、畜禽的最佳上市日期等。

4）模拟模型

模拟模型是指根据系统或过程的特性，按一定规律用计算机程序语言模拟系统原型的数学方程，探索系统结构与功能随时间变化规律的模型。在智慧养殖中，可借助模拟模型对畜禽体重生长曲线进行分析，研究畜禽生长发育规律。

5）人工智能模型

人工智能模型是一种非常有价值的知识产权资产，是利用用户最有价值的数据去训练得到的。运用人工智能技术可以在养殖的全过程中产生大量、非标准的数据，如畜禽的行为等。人工智能模型可用于养殖环境监测、个体身份标识、个性化精准饲喂、疫病智能诊断等。

8.1.5 应用层

智慧养殖管控大数据平台应用层深入分析行业数据特点，建立适用于不同行业的数据应用产品，整合养殖模型和算法，实现智能化决策支持，为养殖生产管控赋能。

1. 疫情预测

通过综合分析养殖场的发病情况数据和宏观数据，如气候变化、地理特征、人口特征等,实现对未来疫情的预测,并提前发布疫情预警,有助于采取针对性的防控措施。

2. 销量预测和价格预测

利用历年的销售数据和宏观经济数据等,建立销售价格及销售数量预测模型,指导养殖企业制订生产计划和销售策略,提高经营效率和盈利能力。

3. 养殖效率优化

通过对大批量畜禽历史饲喂数据、环境数据、饲料配方、畜禽品种等数据的综合大数据分析,得出提高该类型畜禽饲养效率的改进措施,如饲料配方变更、环境温湿度变更等。

4. 智慧选育

对同一品种畜禽历史饲喂数据、环境数据、疾病数据、饲料配方等数据与该品种不同族系的畜禽基因数据进行大数据分析,选育出饲养效率更高、更符合市场需求的畜禽品种。

5. 养殖模式评价

通过对大批量畜禽历史饲喂数据、环境数据、饲料配方、疾病数据、用药情况、畜禽品种等数据的综合分析,建立养殖模式评价分析模型,寻找出最优的养殖模式。

8.2 智慧养殖管控大数据平台主要支撑技术

智慧养殖管控大数据平台处理的数据具有"5V"特征:在容量(volume)上,数据量规模大;在速率(velocity)上,数据生成和流动快;在多样性(variety)上,数据的格式和类型多种多样;在真实性(veracity)上,数据具有高质量和高保真性;在价值(value)上,数据具有低密度价值。为了满足养殖行业在数据处理方面的需求,智慧养殖管控大数据平台引入了相关的支撑技术,以更快、更准确地挖掘和提高大数据的价值。

8.2.1 大数据存储技术

数据存储是大数据平台中的核心环节,涉及对数据内容的归档、整理和共享等工作。面对不断增长的数据,部署高度可伸缩、可靠且高效的存储系统成为主要目标。为满足大数据存储需求,存储机制已从传统的关系型数据库转向NoSQL 技术。根据数据存储模式,存储技术可分为列式型、键值型、文档型、图型和多模型。

1. 基于列的存储技术

传统的关系型数据库(如 Oracle、DB2、MySQL、SQL Server 等)采用行式存储法,其中数据按行为基础逻辑存储单元进行存储,一行中的数据在存储介质中以连续存储形式存在。列式存储是相对于行式存储而言的,新兴的分布式数据库(如 HBase、HP Vertica、EMC Greenplum 等)均采用列式存储。在基于列式存储的数据库中,数据以列为基础逻辑存储单元进行存储,一列中的数据在存储介质中以连续存储形式存在。行式存储数据的读写操作遵循一致的顺序性原则:均从表结构的第一列线性扫描至最后一列,确保了对单条记录的快速访问和更新。相较之下,列式存储数据的读取操作可以针对单列或多列进行,无须加载整行,从而显著提升了对特定数据列的访问效率;在写入操作中,新记录被分解为独立的列,并且每列数据被顺序追加到其对应的存储位置。

2. 基于键值的存储技术

键值存储系统采用扁平化的管理方式,是以键值为基本单位进行数据存储、索引与查找的存储系统。与传统的关系型数据库不同的是,键值存储系统中的每条记录仅包括键(key)与值(value)这两个字段。键在键值数据库内全局唯一,用于查找记录;值为非结构化的二进制字符串,其语义在键值数据库内一般是不透明的。

键值数据模型是一个从键到值之间的映射,典型的键值数据模型采用哈希函数实现关键字到值的映射,表中有一个特定的键和一个指针指向特定的值,通过键来定位值,从而进行存储和检索,实现快速查询,并支持大数据量查询和高并发查询。键值存储系统可以用来处理超大规模数据,通过数据备份保证容错性,并且可以在廉价的商用服务器集群上运行。商用服务器集群扩充起来非常方便并且成本很低,避免了分割数据带来的复杂性和成本增加,从而突破了性能瓶颈。

3. 基于文档的存储技术

文档数据库与传统数据库不同,是用来管理文档的。在传统数据库中,信息被分割成离散的数据段,而在文档数据库中,文档是处理信息的基本单位。文档可以很长、很复杂,可以没有结构,与文本处理软件中的文档类似。一个文档相当于关系数据库中的一条记录。文档存储支持对结构化数据的访问,不同于关系模型的是,文档存储没有强制的架构,以封装键值对的方式进行存储。

在这种情况下，应用程序对要检索的封装采取一些约定，或者利用存储引擎将不同的文档划分成不同的集合以便于数据的管理。基于文档的数据库的中心是文档，以某种标准格式或编码来封装和编码数据（或信息）。基于文档的数据库使用的编码包括 XML、YAML、JSON 和 BSON 等。

与键值存储不同，文档存储关心文档的内部结构。这使得存储引擎可以直接支持二级索引，从而允许对任意字段进行高效查询；支持文档嵌套存储，使得查询语言具有搜索嵌套对象的能力。文档存储模型在存储格式方面十分灵活，比较适合存储系统日志等非结构化数据。但是，文档存储模型不太适合以邻接矩阵或邻接表组织的图数据。此外，文档存储模型为支持灵活性所导致的处理效率的降低也会成为大规模图数据管理的性能瓶颈。

4. 基于图的存储技术

图型数据是一种将现实世界中的实体和关系进行抽象与描述的数据模型，图型数据由顶点和边组成，顶点上有描述其特征的属性，边有名字和方向，并且每一条边都对应着一个源顶点和一个目的顶点，边也可以有属性。图型数据库是以点、边为基础存储单元，以高效存储、查询图数据为设计原则的数据管理系统，例如 Neo4j、FlockDB、Galaxybase 等。

相比于关系型数据库，图型数据库在对数据操作的灵活性上有着天然的优势，特别是在异构数据存储、新数据集成以及多维关系分析等方面有着较高的效率。如何设计图型数据库结构模型来对这些非结构化的数据进行表示是决定一个图型数据存储与读取效率的关键。现如今主流的图型数据库结构模型主要分为两种：资源描述框架（resource description framework，RDF）模型和属性图模型[6]。

5. 基于多模型的存储技术

数据的多样性是数据管理系统研究和实践中最具挑战性的问题之一。数据以不同的格式和模型组织，包括结构化数据、半结构化数据和非结构化数据。随着新数据源（大数据和实时处理数据）带来的半结构化和非结构化数据的增加，为了对多种数据模型进行高效的统一存储和管理，数据库提供商开始打造多模型数据库。与传统的数据库系统只支持单一数据模型不同，多模型数据库是一种在统一、综合的平台下同时支持多种不同的数据模型的数据库[7]。多模型数据库提供统一的存储内核，同时支持关系型模型、键值型模型、文档型模型和图型模型等多种数据模型，并且拥有自己的一种或多种查询语言，可以非常灵活地同时访问多种不同的数据模型，甚至可以进行跨数据模型的连接操作,这使得数据的组织和存储相对于使用混合持久化技术要更加灵活、便捷。

8.2.2　大数据计算硬件架构

1. 虚拟化

虚拟化技术是一种资源管理技术,它通过创建基于软件(虚拟)表现形式的方法,为应用、服务器、存储和网络等组件提供灵活性和便利性。这项技术打破了传统物理资源的时空限制。常见的虚拟化技术包括服务器虚拟化、存储虚拟化和网络虚拟化。

1)服务器虚拟化

服务器虚拟化是指将一台计算机(服务器)虚拟为多台逻辑计算机(即虚拟机,virtual machine,VM)的技术,这是一种将多个操作系统同时运行在一台物理服务器上的技术。服务器虚拟化和双操作系统不同,在双操作系统中一台物理服务器同一时间只能运行其中一个操作系统,而采用服务器虚拟化技术,一台物理服务器可以同时运行多个操作系统。

2)存储虚拟化

存储虚拟化是将多个存储介质模块通过虚拟化技术集中管理,形成一个超大容量的硬盘,以满足大容量存储需求。它实现了对不同类型的存储设备的统一管理,同时将物理管理与逻辑管理分离,实现存储器的透明访问[8]。存储虚拟化能够应对不可预见的存储需求不断膨胀的问题,可提高存储设备的利用效率,屏蔽不同存储设备的差异性[9]。根据云存储系统的构成和特点,可将虚拟化存储的模型分为三层:物理设备虚拟化层、存储节点虚拟化层、存储区域网络虚拟化层。

3)网络虚拟化

网络虚拟化是指将传统上在硬件中交付的网络资源抽象到软件中,可以将多个物理网络整合为一个基于软件的虚拟网络,或者可以将一个物理网络划分为多个隔离和独立的虚拟网络。网络虚拟化可将网络服务与底层硬件分离,并允许对整个网络进行虚拟调配。物理网络资源(如交换机和路由器)可由任意用户通过集中式管理系统进行池化和访问。网络虚拟化还可以自动执行许多管理任务,从而缩短手动操作所需要的调配时间并减少可能带来的错误,提高网络效率和效益。网络虚拟化可以增加计算机系统的安全性,起到保护网络环境的作用,计算机系统通过一个公用 VPN 连接网络,不会直接将自己的信息暴露出去。公用网络桥梁能够再次对数据进行加密处理,且这个公用通道的稳定性强,从而大大提高了网络使用的安全性[10]。

2. 云计算

云计算是汇聚了多种先进计算机技术和网络技术的综合产物。它通过网络云将庞大的数据计算处理程序分解成小程序,并通过多部服务器进行处理和分析,最终将结果返给用户。早期的云计算可以看作简单的分布式计算,主要解决任务分发和计算结果合并的问题[11]。

云计算的实现形式包括软件即服务、网络服务、平台服务、互联网整合和商业服务平台。软件即服务允许用户通过浏览器发出服务需求,不需要额外费用,只需维护应用程序。网络服务通过 API 改进和开发新的应用产品,提高单机程序的操作性能。平台服务为开发环境提供升级和研发支持,以及快速高效的用户下载功能。互联网整合根据终端用户需求为云系统匹配相应的服务。商业服务平台旨在为用户和提供商提供一个沟通平台,管理服务和软件即服务的搭配应用。

在畜牧业领域,将数据信息快速存储于"云"中,可以增强畜牧产业链的协同作用,使畜牧生产、屠宰加工、冷链运输等过程中的相关信息全程开放给政府监管者、畜牧企业和最终消费者。这有利于行业监管、企业发展和消费者选择[12]。将云计算应用于智慧养殖中,不仅可以集合大量资源,实现资源自动化传输、存储、管理和共享,还可以通过对数据的处理和结果的显示为网络终端用户提供便捷的信息和服务[13]。

3. 分布式存储与计算

分布式存储是一种数据存储技术,最初由谷歌提出,其主要目的是使用廉价的服务器来解决大规模、高并发场景下的 Web 访问问题。它采用可扩展的系统结构,通过将存储负荷分担到多台存储服务器上,来提高系统的可靠性、可用性和存取效率,同时也便于系统的扩展。

分布式存储包含多个种类,除了传统的分布式文件系统、分布式块存储和分布式对象存储外,还包括分布式数据库和分布式缓存等。其主要架构有以下三种形式。

1)中间控制节点架构

此架构类似公司的层次组织架构,以 HDFS(Hadoop distribution file system)为代表的架构是典型的示例。在这种架构中,名称节点(name node)负责存储和管理分布式文件系统的命名空间,包括文件和目录的索引信息、属性以及数据块的映射等;数据节点(data node)是分布式文件系统的工作节点,负责数据的存储和读取,根据客户端或名称节点的调度来执行数据的读写操作,确保数据的持久化和可用性。

2)完全无中心架构-计算模式

以 Ceph 为代表的架构是其典型代表。在这种架构中,没有中心节点,客户端通过设备映射关系计算出写入数据的位置,并直接与存储节点通信,从而避免了中心节点的性能瓶颈。

3)完全无中心架构-一致性哈希

在这种架构中,通过一致性哈希的方式来获取数据位置。一致性哈希的方式就是将设备构建成一个哈希环,根据数据名称计算哈希值并映射到哈希环的某个位置,从而定位数据的存储位置。Swift 是完全无中心架构-一致性哈希的典型代表。Swift 中通过哈希算法找到对应的虚节点,然后通过映射关系找到对应的设备,完成文件存储在设备上的映射。

8.3 智慧养殖全程管控

智慧养殖管控大数据平台的目标是帮助养殖户建设现代化的养殖平台,实现饲养过程的全面监控、屠宰环节的有效督导、销售阶段的规范监管,形成便于消费者查询的养殖生产链条。这样的平台能够实现全程可追溯,整合养殖、监管、流通和溯源功能,使养殖过程更加智能化,打造智能养殖基地。

8.3.1 养殖业务管控

养殖业务管理的核心是整个养殖过程,可以划分为人员管理、饲喂管理、设施管控与畜禽管理。

1. 人员管理

智慧养殖管控大数据平台通过对养殖场所有员工进行配置,为其分配相应的岗位与角色,进行人员调度,提升养殖场人力资源配置能力,主要分为以下几点[14]。

1)养殖场基本信息管理、员工档案维护

管理养殖场详细信息,同时维护养殖场所有员工的档案信息,便于调度和成本统计。

2）人员岗位关联与岗位功能关联

先给具体岗位配置功能任务，让每个岗位分工明确，再将员工分配到具体岗位，完成关联，使员工各司其职，同时拥有正确的权限。根据相应需求分析，对人员管理进行细分，养殖业务涉及的人员主要有以下类型。

（1）繁育人员。繁育人员负责畜禽养殖培育的全部生产环节，维护繁育动物的档案，完成从配种、体检、分娩、查情到淘汰与死亡的全过程循环管理，同时记录动物的转舍信息。

（2）饲养人员。饲养人员负责整个养殖场畜禽的饲养工作。根据相关养殖经验与专家建议的饲料饲喂标准，饲养人员向库管人员提出饲料出库申请，同时，及时记录并上报生病动物及其症状。

（3）治疗人员。治疗人员根据以往诊断案例与治疗经验编写处方单，记录常见疾病的治疗方案；发现有动物患病时，根据症状诊断疾病类型，若处方单里有对应类型就直接治疗，没有记录则申请兽医就诊，并将此病例及其治疗方案记录到处方单。

（4）防疫人员。养殖场的防疫工作非常重要，防疫人员应根据多年防疫工作记录积累养殖场相对应类别的动物的防疫经验，形成防疫单；定期防疫，同时对多种疾病及时防疫，减小发病率，提高产量。

（5）采购人员。采购人员主要负责饲料、药品与生产工具等采买工作，尤其是消耗比较快的饲料与药品，需要及时购买。当采购人员发现某种物料库存不足时，便提出物料购买申请，包括物料名称、规格、供货商、单位与数量，经批准后进行购买。

（6）库管人员。库管人员负责审批饲料、药品与生产工具的出库请求，根据库存状况与请求是否适宜予以判断；采购的物料到货时，查验是否达标，合格的物料入库，不达标的退回；入库与出库操作后，及时更新物料库存信息，保证数量准确。

（7）总部养殖管理人员。总部的养殖管理人员负责指导其下多个养殖场的生产工作，需要对每个养殖场各类别牲畜的存栏进行汇总分析，知晓具体存栏数量与变动情况；同时还需要汇总物料的库存情况，清楚地了解每个养殖场的物料库存现状，并统计各厂的物料消耗数据，分析消耗量变动原因，以便更好地调度控制。

（8）系统管理员。系统管理员拥有最大权限，其主要工作有：维护企业组织框架与员工档案；为每个养殖场配置人力资源，并为具体员工分配相应的操作权限与访问权限;对企业重要数据定期保存备份,需要时及时恢复等。

2. 饲喂管理

使用品质优良的养殖饲料是促进养殖质量增长、保障养殖户经济效益的关键[15]。随着我国饲料数据库的建立和健全,各种饲料资源得到了有效利用,饲养成本有所降低,饲料营养价值的利用更加充分。同时,大数据、云计算、人工智能等诸多新兴技术被广泛地应用到养殖场精准饲喂环节中,促进了牲畜饲喂技术的数字化发展[16]。例如,牧原食品股份有限公司的智能饲喂系统基于智能化硬件构建,包括控制器、下料装置、下水装置和各种传感器等。通过互联网云平台,该系统能够根据不同的猪群下发饲喂营养方案,实现对猪群的智能化饲喂管控和数据管理,同时结合智能供料和精准饲喂技术,系统能稳定运行,提高人工效率,提升养猪业绩,降低人工成本,增加利润,甚至实现无人养猪。目前,养殖场普遍采用自动化控制程度较高的技术,如 TMR 投喂系统和精料自动补饲装置等设备已经广泛应用于数字化精细饲养[17]。这些软件和设备通过对饲料数据库及养殖场生产数据的统一建模分析,能够准确确定牲畜每天所需的饲料数量和种类,从而有效地降低饲料浪费,避免多喂或少喂饲料的情况,节约饲养成本[18]。

3. 设施管控

智慧养殖的成功离不开设施装备的支持。设施装备在智慧养殖过程中通过养殖工艺、配套管理技术和专家经验来满足畜禽采食、饮水和生长过程中所需的运行条件。设施装备通过调控环境,可为畜禽提供适宜的生长气候环境,实现满足畜禽生产力需要并发挥其最佳遗传潜力的目标[19]。

智慧养殖的核心理念是在设施养殖环境下,以动物行为学、动物营养学和设施养殖环境工程学理论为指导,依靠新一代信息科学技术的支持,以满足畜禽生理和福利需求为前提,以基于群体中个体差异的按需、定点、定时饲养管理为特征进行智能化养殖。物联网和大数据技术在智慧养殖中起着关键作用。通过实时读取各种物联网设备数据,并将这些数据上传到大数据平台进行显示和分析,可为自动控制提供参考变量,从而保证畜禽在一个良好、适宜的生长环境中成长。

另外,智慧养殖还实现了养殖设备的远程控制,使得养殖管理人员不受时空限制,能够远程监测和控制养殖舍内环境,包括基于预设环境阈值的自动控制和远程个性化的手动控制。这样形成了畜禽舍环境精准调控的物联网闭环,从而实现增产、改善品质和提高经济效益的目标。智慧养殖的发展为养殖行业带来了更高效、更智能的管理方案,为畜禽健康生长和养殖业的可持续发展做出了积极贡献。

4. 畜禽管理

智慧养殖管控大数据平台是一种利用现代化信息技术对动物养殖全过程进行全面管理的创新平台。它包括畜禽个体档案、养殖记录等信息的实时记录和管理[20]。在平台上,每种畜禽都拥有独一无二的二维码,饲养人员可以根据二维码对畜禽的生产信息进行实时记录,从而保证养殖质量和安全。

畜禽管理主要包括畜禽个体管理、存栏出栏管理等。畜禽个体管理包括个体信息、饲喂记录、称重记录、转舍记录、淘汰记录、死亡记录、繁殖记录、疾病防治记录等的管理。存栏出栏管理汇总统计各个养殖场多个畜别的存栏量,实现存案信息的统计、查询与导出。总管理员可根据养殖场、养殖户类型、畜别、养殖户数量或者存栏数等条件查询养殖户实时存栏出栏数据,并可导出查询结果。畜禽管理通过使用互联网、数据分析技术,在设备上对畜禽相应信息进行实时记录、对存栏数量实时抓取、对养殖场实时定位、对各类数据实时汇总,极大地降低了工作量。

8.3.2 智能数据报告

养殖智能数据报告包括环控数据报告、生产数据分析报告、动物健康分析报告、能耗报告等。

1. 环控数据报告

在养殖场借助物联网设备收集环境信息,并提交后台分析,后台系统自动分析,给出调控意见。专家也可根据养殖场提交的详细信息,对养殖环境进行进一步的诊断。系统随后将专家诊断结果推送至养殖场。

2. 生产数据分析报告

利用智慧养殖管控大数据平台对养殖过程进行管理,并通过统计分析形成生产大数据,再基于这些数据生成线上的生产数据分析报告。这些报告可以按照不同时间段(月度、季度、半年、年度)对养殖场的存栏情况、生产情况等核心指标进行全方位、多角度的对比分析,快速、精准地找到生产问题,并为养殖提供具有有效数据决策依据的解决方案。此外,生产报告还可以在线查看,方便养殖场了解养殖盈亏情况。

3. 动物健康分析报告

智慧养殖管控大数据平台通过养殖场的各种物联网设备监测动物体温、行为等信息,并提交后台分析,后台系统自动分析这些信息,判断动物病症。当出现异常时,平台会将采集到的信息和系统的分析结果提交给专家进行进一步诊断,养殖场工人根据专家的详细诊断意见进行操作,确保动物健康。

4. 能耗报告

智慧养殖管控大数据平台采集设备的运行状态、耗电情况、电路异常情况以及电路负载等数据,进行数据分析和设备性能评比,提供分析报告,帮助用户合理选择设备和优化设备供应商,形成养殖建设标准。这样可以更好地管理和控制能耗,提高能源利用效率。

8.3.3 成本管理

在市场经济中,成本管理是经营管理的核心内容,准确核算成本可使养殖户清晰地掌握经营状况与成本流向,合理控制成本,减少资源消耗[21]。成本管理主要包括人工成本管理、生产成本管理及其他成本管理。

1. 人工成本管理

人工成本是指养殖场所有员工的人工支出成本,包括所有工作人员的基本工资、绩效、奖金与补贴等,人工成本管理是以单位时间来统计的,为后期的成本核算提供数据。管理员可以查询各个养殖场的人工成本统计情况,也可以为表现良好的员工增加奖金与补贴等。

2. 生产成本管理

生产成本管理包括各养殖场的生产成本核算与平均成本核算,对应存栏汇总管理与库存汇总管理。先对所有养殖场的成本总量进行核算,统计人工、饲料、药品与生产工具的总成本,结合养殖场各个种类畜禽的存栏总量,核算所有类型畜禽的平均生产成本。再分别对每个养殖场核算所有类型畜禽的生产成本,与平均成本比较,分析各养殖场的成本消耗情况。通过统计饲料成本、药品成本、生产工具成本、人工成本等生产成本的详细变动情况,养殖户可以从多个角度了解自身经营情况,找到成本变化的原因,精准决策,提高效益。

3. 其他成本管理

其他费用,主要是环保费用和社会成本。我国畜禽粪污产生量巨大,每年达 38 亿吨。规模化的畜禽养殖粪污资源化利用率不足 70%。第一次污染源普查数据显示,畜禽养殖业化学需氧量(chemical oxygen demand,COD)排放量占农业源排放总量的 96%,占全国总量的近一半。畜禽养殖业发展的同时,解决好粪污治理等环保问题变得尤为重要。

8.3.4 溯源管理

随着消费水平的不断提高和对高品质生活的追求,人们在关注食品安全的同时,越来越倾向于选择具有地标性的生态食品和有机生态食材。随着物联网、人工智能和区块链技术的不断成熟,传统农业正经历着向智慧农业的转型和升级,这为品质消费提供了新的可能性。在这一背景下,农产品溯源作为智慧农业的重要组成部分,已成为解决食品安全问题和辨别食品真伪的重要手段之一。

在智慧养殖中,对从养殖、屠宰、加工、物流到终端客户的全流程进行严格管理,对养殖环节进行准确的信息记录,以确保食品安全。智慧养殖管控大数据平台采用溯源码实现对产品从产出到售卖的全程跟踪,同时提供获取溯源信息的便捷入口,满足防伪验证等需求。

1. 养殖端溯源

在养殖环节,通过将 RFID 电子标签穿戴于畜禽身上收集各种数据信息,将所收集的数据与溯源平台进行对接,从而记录养殖过程的详细信息,为每只畜禽建立唯一的个体电子档案。这样可实现对畜禽日常养殖信息(入栏、数量、饲料喂养、疫苗使用、病害处理、出栏、环境等)的记录。

2. 屠宰溯源

在畜禽屠宰前,检疫人员采集检疫信息并上传到溯源平台,包括检疫时间、合格记录、不合格记录、不合格畜禽的处理结果等信息。检疫合格的畜禽进入屠宰流程,不合格的将进入隔离区进行无害化处理。

3. 加工溯源

畜禽屠宰完后,加工人员对肉品进行打码处理,该码的信息链接 RFID 电子标签和溯源码,在流通过程中作为储藏、物流及零售追溯的信息码。进入储藏环节,库管员将仓库管理员信息、仓库状况(温度、湿度)、入库时间、出库时间等记录上传到溯源平台。

4. 物流溯源

肉品运输时,物流人员对运输全过程进行记录并将信息包括位置、驾驶员信息、物流车状态(温度、湿度)、开始时间、到达时间及实时运动轨迹上传到溯源平台。

5. 终端客户溯源

终端客户溯源以贴在商品包装上的实体溯源码为入口,用户使用微信、支付宝或其他 APP 扫码即可查询该产品的溯源信息。溯源信息包括产品详情、生产商信息、种养殖/生产过程、流通过程、品质检测等信息。刮开溯源码底部涂层获取验证校验码,可查验该品是否存在仿冒等可疑情况,如果存在问题可以一键上报至溯源管理服务中心。

目前我国的智慧农业仍然处在发展阶段,农产品溯源体系建设和运行中普遍存在只重视产品可溯源,不注重产品生产过程管理的问题,整个行业缺乏系统科学的标准体系。对于大多数消费者而言,市场中的溯源码大多仅有校验真伪的功能,安全溯源信息不全面,因而溯源码仅被认为是校验真伪的二维码,消费者也很难与生产者建立真实的信任感。农产品溯源体系标准化成为智慧农业亟待解决的问题。

8.4　智慧养殖管控大数据平台案例

智慧养殖管控大数据平台通过多学科、多设备、多机构融合,应用计算机、物联网和云计算技术实现对养殖场数据的统一整合管理[22],在猪、鸡、牛的养殖上都有相关应用。

8.4.1　猪联网大数据平台

1. 猪联网平台概述

生猪养殖行业在猪流行病时有发生的情况下面临着生物安全风险高、生产效率偏低和养殖成本越来越高的挑战,数字化养殖管理已经成为行业发展的必然趋势。针对生猪养殖行业的痛点及数字化需求,北京农信互联科技集团(以下简称农信互联)通过人工智能、互联网、物联网、云计算、大数据等新技术与传统养猪业进行深度融合,创建生猪产业链大数据智能服务平台——猪联网。猪联网以"养猪大脑"为中央处理器,将猪场企业数字化管理平台"猪企网"、智能猪场管理专家"猪小智"和以大数据为依托的"猪交易""猪服务"四大平台连接在一起,为养猪企业提供全方位帮助,提升养猪人的专业能力。猪联网如图 8-4-1 所示。

2. 猪企网

猪企网是猪场企业的数字化管理平台,包括猪生产、猪放养、猪育种、猪物资、猪成本、猪财务、猪绩效、猪数据共八大功能模块。猪生产模块是从猪场育种、母猪管理到商品猪管理的全过程生产管理及预警模块。猪放养模块负责排

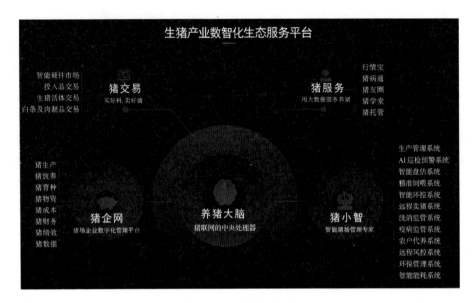

图 8-4-1　猪联网介绍

苗投苗计划管理、猪苗与物资申请管理、生猪放养过程管理及养户放养结算管理。猪育种模块包含育种值计算、个体与群体近交系统计算、测定性能计算、遗传进展分析及育种结果评估管理等功能。猪物资模块的功能包括物资采集、生猪销售、投入品及交易商城、物资领用、物资投喂、物资盘点和物资损耗管理。猪成本模块负责对猪场按批次、按日龄、按栋舍自动核算,实时核算头均成本、每千克成本,对接财务及绩效管理系统。猪财务模块负责猪场财务管理、猪场资金管理、收付款管理及猪场账务管理。猪绩效包括基于每头母猪提供的断奶仔猪数(piglets per sow per year,PSY)的猪场生成成绩报告、以栋舍为中心的猪场绩效指标系统,猪场绩效分析报表和饲养员绩效管理系统。猪数据负责建立猪场的数据化管理体系,生成智能数据分析报告,提升 PSY。

猪企网的亮点主要有:

(1)支持多成本管理模式,一键成本核算。支持阶段成本核算、批次日龄成本核算、放养模式成本核算等多成本管理模式,满足不同规模、不同模式养猪企业的成本管理需求,核算精准、操作简单,提升企业精细化管理水平。

(2)智能数据报告。对猪场 PSY、非生产天数(NPD)、窝均产仔数、仔猪成活率等综合数据进行分析,提供 100 多个标准分析报表,并生成智能数据分析报告,实现数据的深度解析,快速精准找到猪场问题,提高猪场生产效率。

(3)业财一体化。从业务申请、审批、发生、结算到财务处理实现全程在线化,打通业务、财务数据,实现企业业财一体化管理。

(4)支持多饲养模式。支持多饲养模式,适合推行不同饲养模式的猪场企业和集团进行生产管理。

(5)多种绩效管理模式。多种绩效管理模式,实时查看生产成绩排名、成本绩效排名、销售利润排名等多维度的绩效排名和数据分析,用数据指导管理决策。

(6)全面的生产预算管理。全面的生产预算管理,实现以销定产,让产能得到全面科学的规划,最大化地利用与共享资源,大大降低企业的经营风险和资金压力。

3. 猪交易

猪交易以"买好料,卖好猪"为核心理念,构建起农信商城、国家生猪市场、消费者三个层级的链接。农信商城围绕养猪场对接饲料、兽药、疫苗、智能硬件等生产企业,养殖户可以在平台上直接购买生产资料;国家生猪市场为养殖户和屠宰场撮合成交意向,平台为交易双方提供担保服务,养殖户可透明化卖猪。屠宰场猪肉直接供给终端消费者,消费者可以进行食品溯源,买得放心,吃得安心[23]。

4. 猪服务

猪服务旨在用大数据服务养猪,包括行情宝、猪病通、猪友圈、猪学堂及猪托管五大功能模块。行情宝模块为养殖户及猪产业链相关主体提供生猪及大宗原材料价格跟踪和行情分析服务,其价格数据主要来自猪联网猪场出栏价和交易市场生猪成交价,用户可以随时随地了解全国各个地区生猪价格、猪粮比、大宗原材料价格、行情资讯、每日猪评等信息,合理制定采购、生产和销售计划,极大地减轻了生产与交易的盲目性。猪病通模块是一个能够为养猪企业和养殖户提供线上猪病问诊的平台,利用大数据分析和建模技术,采集并建立猪病病症库及猪病图谱库。猪友圈模块是猪联网用户之间相互沟通交流的平台。猪学堂模块通过期刊、文库、视频、音频等多种形式,提供猪场建设、繁殖管理、饲养管理、猪病防治等多方面专业知识,为猪场经营者提供自我充电平台,帮助其提高经营、管理、养殖技术水平。猪托管模块则通过"专业服务专家+养猪大脑"的方式帮助客户远程管理猪。

5. 猪小智

作为猪联网的核心智能板块,猪小智包括生产管理、AI 巡检预警、精准饲喂、智能环控、智能能耗、远程卖猪、智能盘估、洗消监管、疫病监管、远程风控、农户代养、环保管理等核心功能，如图 8-4-2 所示。猪小智依托互联网、物联网、云服务、大数据及人工智能技术，实现对猪场的全方位统一决策管理，数据可视化展示，助力企业养殖数智化升级，打造更稳定、灵活、敏捷的畜牧业数智化生态平台底座。

图 8-4-2　猪小智核心功能

1）生产管理系统

生产管理系统包括生产数据采集、预警转任务、猪场巡检/巡夜/突发报备、设备监测与管理、生产提示预警等功能模块。系统采用智能终端（智能背膘仪、智能 B 超、耳标读取器、智能卡钳等）采集猪场生产数据（免疫、防治、采精、配种、背膘测定、妊检、分娩、断奶、转舍、耳标佩戴、淘汰、死亡、体温等），派发配种、妊检、分娩、断奶等任务，实现对猪场日常生产的全流程管理，有效提升猪场管理水平。

系统借助猪场小型智能设备（如电子耳标和识读器、智能 B 超仪、发情监测仪、智能背膘及眼肌测定仪、精子分析仪、智能体温计、呼吸心跳侦测仪等）对生猪的一些特定状况进行监控，主要包括生猪发情监测、怀孕识别、疾病诊断、精子检测、个体素质辅助检测等。此类设备大多携带方便、操作便捷，其结果能自动传输到终端或云端，极大地提高了猪场的生产效率。一些小型智能设备如图 8-4-3 所示。以怀孕识别为例，智能 B 超测孕仪通过 WiFi 连接，检测母猪是否妊娠，及时检出未孕母猪，从而减少母猪非生产日，提高经济效益。工作人员通过智农通 APP，可以对被检测的母猪进行在线检测。检测结果以及每一步操作所产生的数据，都会被猪联网保存下来。

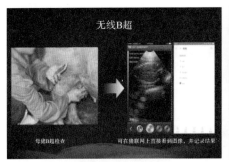

图 8-4-3　小型智能设备

2）AI 巡检预警系统

AI 巡检预警系统包括车辆识别监控、生物安全入侵监控、人员/行为监测、猪只识别监控、多元自定义设置、监控事件预警等功能模块。系统依托 AI 摄像头，结合农芯 Loki 视觉算法引擎，为猪场提供视觉监控、智能分析、数据预警、任务调度等数字化功能，基于生物安全，实现人、猪、车、物、场、设等猪场智能巡检预警解决方案。AI 巡检场景如图 8-4-4 所示。

图 8-4-4　AI 巡检场景

3）精准饲喂系统

精准饲喂系统包括智能料塔、智能饲喂、采食饮水监测、异常预警、远程设备控制等功能模块。系统通过农芯 Loki 算法引擎，制定精准饲喂曲线与采食计划，指导智能饲喂器，开启分餐模式、智能饮水、按阶段饲喂等功能，实现精准下料与数据采集。通过 AI 估重与采食数据计算肥猪料肉比，寻找最佳绩效；根据母猪不同背膘数据，提高猪只采食适口性和饲料利用率，实现母猪精准调膘。精准饲喂系统运行场景如图 8-4-5 所示。

通过对智能料塔的远程监管，可对饲料散装料塔进行精准称重，对消耗过

图 8-4-5　精准饲喂系统运行场景

程中的数据进行实时采集、远程传输,实现远程监控、预警等功能;对饲料不足或使用异常的情况进行及时报警。智能料塔界面如图 8-4-6 所示。

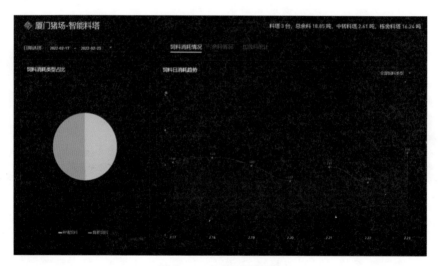

图 8-4-6　智能料塔界面

4) 智能环控系统

智能环控系统包括环境监测、智能调控、实时预警、报表分析等功能模块。系统通过传感芯片对猪舍环境指标进行实时监测,根据栋舍环控曲线,下发控制指令,准确调控风机、水帘等设备,为猪只生长打造健康舒适的环境。智能环控界面如图 8-4-7 所示。

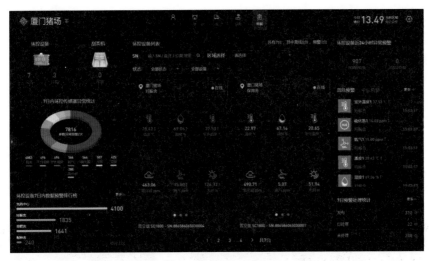

图 8-4-7　智能环控界面

5）智能能耗系统

智能能耗系统包括全场的用水监测、用电监测、多元数据展示等功能界面。系统依托农芯数科计算后台的智能算法分析，以设备管理中台、厂商管理平台、数据中台为支撑，利用数据管理、数据统计、终端管理等数据能力，以提高生猪养殖的整体经营效率、降低猪场成本为目标，实现每天用水量、用电量、用气数据的采集与控制，同时，系统支持能源数据的远程查看，当能源数据出现异常时，系统通过猪小智监管平台/APP 端发出预警，助力企业监控猪场内部的能源使用情况。智能能耗系统界面如图 8-4-8 所示。

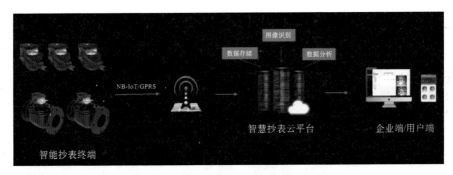

图 8-4-8　智能能耗系统界面

6）远程卖猪系统

远程卖猪系统包括远程售前看猪、拉猪车/司机进场监管、出猪台/出猪通道盘估等功能模块。系统依托猪场出猪流程,结合 Loki 算法引擎,通过 AI 摄像头和传感芯片,对出猪数量进行 AI 盘点、精准称重、猪只回流检测、行为异常预警、车辆轨迹追踪、车辆洗消监管,实现卖猪的远程智能监控。

7) 智能盘估系统

智能盘估系统包括猪只盘点、猪只估重、猪只扎堆预警等功能模块。系统以摄像头、地磅、过道秤等设备的物联数据为基础,通过农芯 Loki 算法引擎,采取非接触式影像采集,对猪只数量、生长状态、售猪磅重等进行实时检测,掌握猪场经营动态,减少人为盘点,杜绝猪只应激反应。智能盘估系统界面如图 8-4-9 所示。

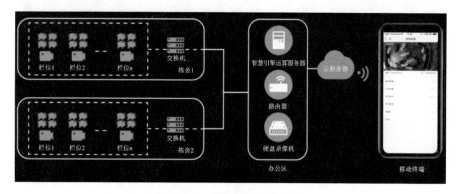

图 8-4-9　智能盘估系统界面

猪只盘点可通过采集到的猪舍图像,借助目标检测、语义分割等图像处理算法来实现,效果如图 8-4-10 所示。

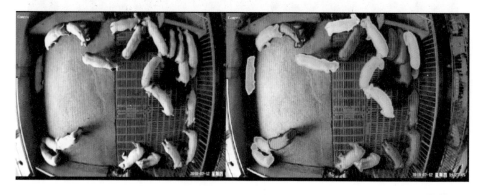

图 8-4-10　智能盘点

猪联网利用传感器采集猪的视频、图像,绘制成猪体 3D 模型,根据 AI 智能估重模型进行体重估算,同时估算猪只的体长、体高、体宽、臀部肥厚程度,绘制仔猪生长图谱,同时筛选出优良种猪,以便提前分类优养。智能估重界面如图 8-4-11 所示。

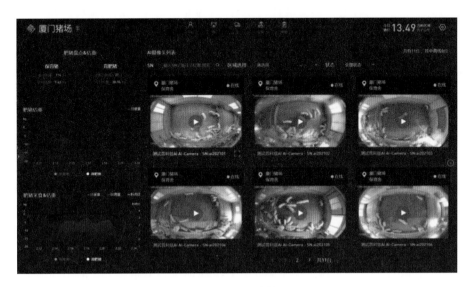

图 8-4-11　智能估重

用户可以通过手机 APP 随时随地查看猪只数量及日增重等数据,不再依赖传统的电子秤等方式来估重。这一智能化系统使猪场管理者能够根据实时的日增重数据计算料肉比,以便根据不同猪群调整饲料配方,提高管理效率。同时,这种智能化管理方式不会使猪只产生任何应激反应,帮助养猪场提高生产效率,真正实现智慧养殖的新模式。

8）洗消监管系统

洗消监管系统包括人员洗消、物资消毒、车牌洗消等功能模块。系统依托猪场生物安全防控建设方案,结合农芯算法引擎,通过摄像头、智能门禁、智能淋浴及其他专业设备,对车辆、人员、物资、设备进行清洗、消毒等处理,并结合智能预警规则,有效保障猪场内外生物的安全。

9）疫病监管系统

疫病监管系统包括猪只档案、生命体征、疫病环保、AI 预警等功能模块。系统根据猪只个体信息、采食、饮水、体温、防疫、免疫等核心数据,通过农芯 Loki 算法引擎,实现猪只健康全天候立体化管理,有效控制猪场疫病风险,提高安全生产管理效率。

在猪联网中接入适合生猪穿戴的精准测温可穿戴设备"电子医生"。"电子医生"造型像方形的无线耳机，直接佩戴在生猪的耳朵上。它可全天候实时监控动物的体温变化，温差可以控制在±0.13 ℃以内。系统通过 AI 算法诊断生猪的健康状态，同时还可预测最佳受孕时间，为养殖场建立最佳配种模型。

10）远程风控系统

远程风控系统包括产业智能化/数据上云、保理监管业务支撑、金融机构业务支撑、监管机构业务支撑等功能模块。系统协同银行及类金融机构接入猪场养殖场景，接入生猪档案、进出栏检测、生物资产盘点、疫情检测、无害化处理等产业数据，建立风控模型和决策机制，从而达到最优的风控结果。

11）农户代养系统

农户代养系统包括猪只档案/生产/出猪/防疫监管、远程生产/盘点/估重监管、远程水/料/药/疫苗消耗监控、远程死淘/死猪拖车/无害化处理监管、远程生物安全防控指导（养猪端猪只全生命周期管理、集团端猪只全生命周期管理）等功能模块。系统通过全流程生物安全监控预警、工作任务派发，实现猪只的日常盘点、饲喂、防疫、出猪、死淘等监管。有效解决生物安全管控、生产流程管理、物资供应保障、生物资产监管、无害化处理等核心问题，提升农户代养的规范化管理水平。

12）环保管理系统

环保管理系统包括无害化处理监管、远程保险理赔、透明化高效监管功能模块。系统通过监控栋舍内猪只，及时发现死猪并对死猪拖车轨迹进行全程监控。对无害化处理点焚化炉、死猪运输通道、隔离舍进行实时监控，并记录无害化处理事件，监管死猪处理流程。对场区排放的污水、废水进行监测，避免排放对环境产生二次污染。对储存罐、发酵罐的沼气压力、细菌、pH 值等指标进行监测，同时监测无害化处理区的气体排放，减少对猪场基地、周边的空气污染，提升猪场环境质量，切实做好环境保护工作，为环保事业零排放做出贡献，响应国家低碳、生态养殖号召。

8.4.2 家禽"智养＋"云平台

家禽"智养＋"云平台是一个面向养殖全产业链的综合服务平台。平台针对家禽养殖全产业链各个环节的痛点问题，提供针对性解决方案，帮助养殖主体及产业链上下游参与者提高生产经营效率，助力行业转型升级。"智养＋"云平台提高了规范化、标准化、精细化养殖管理水平，提高了养殖生产效率，降低了生产成本,提高了生物资产管控力度,提高了生物安全水平。"智养+"云平台赋能四大管理对象,分别为养殖生产过程管理、家禽生长管理、重点场所人员管理以及设备能耗管理。平台运行界面如图 8-4-12 所示。

图 8-4-12　家禽"智养+"云平台运行界面

1. 物联网智能环控系统

物联网智能环控系统是一个利用物联网及相关信息技术对养殖场环境进行远程监测、智能控制和实时异常预警的智能化管控系统。系统由小程序、Web 后台和环控器等配套组成,能让用户实时远程掌握栏舍的温度、湿度、氨气浓度、二氧化碳浓度等环境数据,实现对风机、天窗、水帘、加热设备等环控设备的智能控制和设备运行状态的远程监控,并对栏舍环境异常、设备运行异常、断电情况进行实时智能预警。系统的配套设备如图 8-4-13 所示。

2. 饲料管理系统

"智养+"云平台饲料管理系统对养殖场料塔存料进行实时监测,对耗料进行统计分析,实现对饲料消耗、饲料调配的实时动态管理,一改过往靠人看、靠纸质单据记录的缺点。其主要功能包括实时存料统计、每日耗料统计、耗料量预测、缺料预警以及报表推送。

3. 家禽生长管理系统

系统利用智能穿戴设备采集家禽运动量,根据跑步鸡的每天计步情况分析

设备运行监控
环控设备接入
料塔称重接入
环境数据监测　　　手机远程监控　　　　场部中央控制　　　　现场视频监控

温度传感器　　湿度传感器　　压力传感器　　电位计反馈　　饲料计量　　水表　　辅助报警器
支持多达4个

图 8-4-13　物联网智能环控系统的配套设备

跑步鸡是否生病,建立发病特征的数学模型,通过数据比对,准确判断家禽健康状态,并进行发病预警。疾病的精确预测可降低用药的成本,还能提前防止疾病传播,减少生物资产损失。跑步鸡计步结果界面如图 8-4-14 所示。

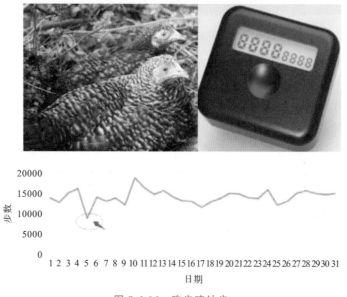

图 8-4-14　跑步鸡计步

该养鸡场的主要功能亮点包括定时统计养鸡场跑步鸡每天所走步数,通过无线通信获取跑步鸡的数据参数;通过智能摄像头与专家平台对接,进行鸡养殖指导和图像数据存档;所有数据参数都进行云存储,以防止数据篡改;提供大数据溯源应用平台,方便终端客户进行鸡的品质溯源;通过大数据平台提供市场定价的参考数据,帮助养鸡场制定定价策略。这些功能旨在提升养鸡场的数据管理和决策能力,提高养鸡效率和品质,并增加市场竞争力。

4. 智能巡栏机器人——美满君

"智养＋"云平台配套的美满君智能巡栏机器人能够实现无轨 24 h 自动巡栏,在一定程度上替代人工进行巡栏工作,降低人力投入。此外,通过机器巡栏替代人工巡栏,能减少人禽接触,搭载的高清云台以及红外测温摄像头,可精确定位每一个栏位,及时发现异常家禽并告警,减低疫病风险。

5. 生物安全信息管理系统

生物安全信息管理系统与洗消点搭配,可构建一道坚固高效的生物安全防线。系统可实现"全流程确认、全过程监督、全线路监控",自动采集防疫现场各种传感器参数以及能耗数据,客观反映车辆、人员、物资洗消流程的执行情况,并对洗消效果进行监控,为疫病的防控提供坚实的保障手段。

生物安全信息管理系统的功能亮点如下。

① 全流程确认。各洗消环节的开始和结束需专人通过小程序确认,洗消过程更规范。

② 全线路监控。对进出人员、车辆、物资进行无接触式监管,对车辆运输轨迹进行实时跟踪记录。

③ 全过程监督。实时监测各洗消环节的温度、耗时等数据,实现 24 h 视频监控,确保洗消执行效果。

④ 可视化数据管理。对洗消历史数据、异常数据等进行可视化展示,且数据可导出,便于分析管理。

⑤ 个性化流程设置。洗消流程可进行自定义设置,更好匹配洗消点的实际洗消需求。

⑥ 洗消异常预警。若烘干温度、洗消时间不达标,操作流程不规范,系统会实时预警。

⑦ 水电能耗与洗消药品管理。可接入智能水电表,并通过系统对水电能耗与洗消药品的使用进行数字化管理,便于洗消中心日常运营成本管理。

6. 视频综合管理平台

视频摄像头是养殖各个环节现场的关键设备之一,视频信息也是各个管理者了解现场情况的重要依据。视频综合管理平台专为大中型企业设计,可实现对下辖单位视频摄像头的统一接入、分级管理和资源共享,解决视频监控管理分散、应用单一、跨区域调取不便捷等问题。平台通过监控与业务管理结合,帮助各单位实现行为标准化,进而提高工作效率,降低企业人力成本和运营成本。

视频综合管理平台的功能亮点如下。

① 实时查看,异常抓取。支持视频实时查看和回放,画质流畅,清晰度可调。若发现异常,可随时截图或抓取视频。

② 分组管理,一目了然。根据业务场景需求,可对监控点视频进行自定义分组管理,清晰便捷。

③ 视频拍摄计划灵活,可自由调整。平台可全天 24 h 拍摄视频;也能根据事件进行拍摄,如移动侦测、区域入侵跟踪等,共支持 10 余种事件拍摄形式。

④ 实时报警,设置灵活。可根据业务场景需求设置不同报警类型和报警规则;报警信息可通过 PC 后台和手机 APP 及时送达。

⑤ 线上线下,巡查考评。通过视频监控,能对现场规范进行跟踪管理。一方面,可在线抽查视频抓图;另一方面也可线下抽查,通过 APP 拍照反馈问题,在线跟踪处理。

7. 运管宝

运管宝是一款对畜禽养殖物流运输过程进行信息化管理的轻量级应用,由小程序和配套硬件产品组成。它可对车内温度、湿度、气体浓度等环境参数,以及车辆位置、行驶轨迹等进行实时监测,对环境异常和车辆行为异常进行实时预警,用户通过小程序就能对家禽调度运输全过程的线路和环境进行实时远程管控,确保生物资产安全,提高物流管理效率。运管宝的架构如图 8-4-15 所示。

图 8-4-15　运管宝架构

8. 设备能耗管理

"智养＋"云平台设备能耗管理包括设备管理系统和能耗监测系统。

1）设备管理系统

通过智能网关，实现对系统所有自动化设备运行状态、耗电情况、异常情况，以及电路负载情况进行智能管控，实时传递数据，进行数据分析并对设备性能进行评估，提供分析报告帮助用户合理选配设备，优化设备供应商，形成养殖建设标准。主要功能亮点包括：

（1）设备智能管控；

（2）实时传递数据；

（3）设备性能评估；

（4）设备供应商优化；

（5）形成养殖建设标准。

2）能耗监测系统

系统能实时监测养殖场的用水、用电、用气等能耗数据，通过该系统的应用，管理者能掌握养殖场等场所的实时能耗成本。系统主要配套产品为智能水电表、智能网关等。主要功能亮点包括：

（1）用水、用电、用气数据监测；

（2）可视化数据展示；

（3）能耗数据分析；

（4）便于成本管控。

9. 智养宝——面向一线用户的超级终端

终端应用产品面向养殖生产管理，包括移动应用端和监控电视端，搭配各类接触式和非接触式智能养殖设备以及智能环控器、传感器等硬件产品，提供全套完善的智能养殖解决方案。目前，用户可以通过智养宝实时监测养殖场栏舍信息、环控数据和水电能耗信息。此外，用户可以根据需要设置不同的预警值，以接收平台预警电话、短信告警等通知，实现对养殖场的智能远程监控和管理。

智养宝的功能亮点有：

（1）智能环境调控。智能控制栏舍设备，调节环境参数。

（2）三大终端同步。手机、电视、计算机 3 个终端同步管理。

（3）24 h 异常预警。24 h 监测栏舍异常情况，实时报警，预警值可调。

（4）1＋N 账号体系。1 个账号可设定多个子账号，便于组织管理。

（5）移动终端栏舍管理。可在手机端便捷配置管理栏舍。

智养宝终端分为移动应用端和监控电视端，对应的用户界面如图 8-4-16 所示。

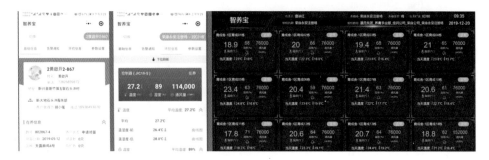

图 8-4-16　智养宝用户界面

8.4.3　牛联网大数据平台

1. 牛联网平台概述

目前国内的养牛生产面临许多亟待解决的问题,包括缺少对牛场环境实时有效的监控手段,对牛个体体征缺乏实时的信息采集与反馈,精细化饲养不足,养殖管理效率低等。针对这些问题,可形成牛联网大数据系统整体解决方案。牛联网平台包括感知层、传输层、规则层、应用层和服务层。平台感知层包含RFID电子耳标、牛项圈、慧标等信息采集设备。传输层包含办公网络、生产网络、生活网络。其中办公网络由有线网络、无线网络组成;生产网络主要由无线网络、有线网络组成。规则层主要由牛养殖规则、数据规则逻辑组成。应用层包括数据部分和服务部分,其中数据部分由企业牧场养殖数据库中的饲养信息、任务预警、生产性能分析以及报表生成等模块组合而成。服务层作为整个系统的门户,面向用户提供信息应用服务,具有信息交互功能,包含系统管理、终端用户、移动终端、远程视频/会议、智能报表发送、监测预警、决策支持等应用模块。牛联网大数据管理平台实施软硬件一体化服务,自动抓取数据并分析,打造智能化牧场资产监控体系、可视化分析图表、智能化生产管理工具、标准化业务操作流程,以及一目了然的财务管理模式。牛联网平台帮高层算好账,辅助决策;帮中层管好事,监管可视化;帮基层养好牛,便捷业务操作;全面监管企业,提高效益。牛联网平台还可以在后期实现食品的溯源,增加物流、仓储、电商、配送的管理,形成全产业链可追溯。

2. 牛联网智能硬件

1）RFID电子耳标

RFID电子耳标广泛应用于奶牛、肉牛、牦牛等大型动物的管理领域,是动物专属的电子身份证,特别适合于规模化牧场的精细化养殖管理,并满足其他使用周期的动物饲养管理需求。牛出生后将佩戴牛用电子耳标,作为牲畜个体身份的标识,在养殖过程中养殖户利用 PC 或 RFID 手持设备读取标签的唯一 ID 号码并添加内容,在牲畜耳标上详细记录牲畜品种、饲料信息、防疫信息、用药信息、环境信息、生长情况、牧户信息等,并上传到平台数据库;同时对养殖场内牲畜个体发病、诊疗、死亡和无害化处理情况实现电子化的跟踪处理,便于养殖户对牲畜的日常管理。

2)牛项圈

云辉牧联牛项圈通过 YH-T100 慧标 24 h 采集动物的温度和活动量信息,以判别动物的健康和发情状态。佩戴慧标的动物每天的活动状况以及对应的温度,可以以图表的形式在 PC 或其他终端上体现出来。

3)活体动物资产管理标签

动物资产管理标签的作用主要是监管动物是否存活以及是否在固定的范围内。动物是否存活的依据是通过红外温度传感器采集的温度数据。

3. 智能分群和称重

牛联网大数据养殖管理云平台依托 RFID 技术、重力传感器技术、红外感知技术、图像识别技术、温度感应技术、语音技术、机械气动控制技术等先进技术,结合多种核心过滤容错算法和业务逻辑算法,构建了一套针对牛的智能化称重和分群装备。牧场在 ET 大脑后台设定所需的分群条件,并将黑白名单下发到装备设备。当牛通过体检中心时,装备会自动感应并快速采集和识别各项指标参数,实时上传至牧场大数据养殖管理云平台。基于预设算法,大数据养殖管理云平台对牛进行分群或筛选。通过这套智能化装备和平台,牧场管理者能够更加高效地进行牛群的管理和分群,提高养殖效率,优化养殖成本,实现智慧养牛的目标。

智能分群和称重系统实现的功能包括:

(1)对牛只的生长情况进行分析,称重环节全程自动化操作,不需要人工干预。

(2)对牛群进行分群饲养,便于后续集中饲养和其他管理工作,以实现最小的投入、最高的经济回报。

(3)基于高频 RFID 识别系统和动态动物称重系统,同时结合养殖系统对初生、断奶等不同阶段进行监控,衡量饲料的转换效率与日增重情况。

(4)通过商务智能报表呈现各牧场牛只饲养散点分布图,有效地把控各阶段牛只饲养指标。

4. 疾病与发情监测

牛联网大数据养殖管理云平台基于物联网传感技术,设计了一种云辉牧联智慧标签并佩戴于牛只身上,实时监测牛只的生命体征,包括体温和活动量等变化,通过植入的活动规则复合型智能算法,计算和判断非常规的状况从而发现发情、疾病等状况,并主动发出事件预警。

疾病与发情监测功能包括:主动发情揭示、主动疾病揭示、动物体况监测、动物在线监管、动物生命周期健康曲线监控、动物实时定位。

5. TMR 饲喂管理

TMR 饲喂管理系统是一种将粗饲料、精饲料、预混料和其他添加剂充分混合的系统,旨在为牛只提供充足的营养,确保每只牛一日粮的精粗比稳定、营养浓度一致,满足日常饲养和生长需求。利用物联网感知技术,TMR 设备可无感抓取饲料的重量信息,及时了解操作工按配方指引的执行情况,同时通过显示屏和语音实时显示当前的投料进度,引导操作工精准投料,确保操作正常进行。所有抓取的数据会及时上传至牧场 ET 大脑,由 ET 大脑对数据进行分析和处理,核算料肉比,为精准饲喂提供依据。TMR 饲喂管理系统根据牛只身体指标、体重、饲料营养配方等信息,分析判断牛只体况指标,生成科学合理的日粮配方指导,并结合分群系统进行分群饲养。通过大数据转化为经济效益,精准计算料肉比,有效减少饲料浪费。整个运行界面如图 8-4-17 所示。

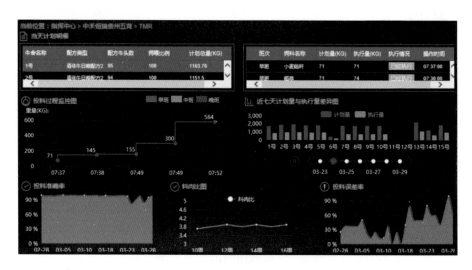

图 8-4-17　TMR 饲喂管理运行界面

TMR 饲喂管理系统实现的功能包括：

（1）无感抓取数据，不影响正常操作流程。

（2）实时指引操作工按指令执行，操作工简单照做即可。

（3）投料全过程（投料时间、投料误差率、投料准时率）数据化管理，摆脱对人的责任心和自觉性的依赖，并可以作为个人考核的量化依据。

（4）精准计量饲料实际投料量，自动生成投料准确率、及时率等报表。

（5）提供配方管理模块，分群设计牛只配方。

6．牛养殖监控大数据分析

智慧养殖云平台通过物联网技术、动物智能穿戴产品、云计算技术和大数据技术，实现牛的养殖管理的信息化和智能化，能实时对牛养殖环境进行智能分析，对牛的生长发育、健康状况进行评分。

本章小结

智慧养殖管控大数据平台依靠物联网技术将养殖过程中涉及的各类数据集中管理，这些庞大的数据蕴含着无限的价值。为满足规模化、现代化养殖的需求，该平台对养殖业务进行全流程管控：从养殖个体的出生到上市，实现全流程的溯源管理；借助智能设备和 AI 算法模型，实现对养殖个体的健康监管和智能饲喂；同时对养殖环境进行智能管控，改善畜禽的生活质量。智慧养殖管控大数据平台的应用有助于更充分地利用数据资源，指导养殖决策，解决养殖业生产效率低、成本高等问题，提高养殖效益，推动现代化养殖业的发展。通过智能化的管理和技术手段，智慧养殖管控大数据平台为养殖产业带来了新的可能性和发展前景。

本章参考文献

[1] 熊本海，杨振刚，杨亮，等．中国畜牧业物联网技术应用研究进展[J]．农业工程学报，2015，31(S1)：237-246.

[2] 聂鹏程，董涛，吴迪，等．农业物联网技术及其应用推广[J]．农业工程，2017，7(5)：25-30.

[3] 聂鹏程，张慧，耿洪良，等．农业物联网技术现状与发展趋势[J]．浙江大学学报（农业与生命科学版），2021，47(2)：135-146.

[4] 许世卫．畜牧业信息监测与大数据分析技术及展望[J]．兽医导刊，2019

（15）：6-7.

[5] 曾志雄，罗毅智，余乔东，等. 基于时间序列和多元模型的集约化猪舍温度预测[J]. 华南农业大学学报，2021，42(3)：111-118.

[6] 张翔宇. 分布式图数据库存储层设计与实现[D]. 成都：电子科技大学，2021.

[7] LU J，HOLUBOVÁ I. Multi-model databases：A new journey to handle the variety of data[J]. ACM Computing Surveys (CSUR)，2019，52(3)：1-38.

[8] 冀鸣，朱江，曹雄，等. 基于云计算的存储虚拟化技术研究[J]. 网络安全技术与应用，2017(3)：84-86.

[9] 顾景民，李芳. 云计算中的存储虚拟化技术应用[J]. 科技视界，2016(20)：237-238.

[10] 黄远宏. 探讨网络虚拟化及网络功能虚拟化技术[J]. 通讯世界，2019，26(8)：120-121.

[11] 罗军舟，金嘉晖，宋爱波，等. 云计算：体系架构与关键技术[J]. 通信学报，2011，32(7)：3-21.

[12] 徐海川，白雪，刘晓雷，等. "智慧畜牧业"发展中的问题、对策及趋势[J]. 黑龙江畜牧兽医(下半月)，2019(5)：11-14.

[13] 石芳权，王辉，罗清尧，等. 智慧养殖管理模式在养猪生产中的应用[J]. 猪业科学，2021，38(9)：34-37，7.

[14] 李春兴. 应用于畜牧养殖企业的二级管控系统的设计与实现[D]. 长春：吉林大学，2019.

[15] 丁莉. 生猪规模化养殖管理中存在的问题及其对策[J]. 吉林畜牧兽医，2020(3)：70-73.

[16] 石芳权，王辉，赵一广，等. 数字化技术与装备在奶牛养殖中的应用[J]. 中国乳业，2021(8)：60-67.

[17] 侯振平，刘景喜，潘振亮，等. 信息化技术在奶牛养殖管理中的应用[C]//中国奶牛编辑部.第二届中国奶业大会论文集(上册). 合肥：2011：105-106.

[18] 马泽鹏. 智能化养殖对河北省奶牛养殖场成本效益的影响[J]. 河北农机，2019(4)：38.

[19] 滕光辉. 畜禽设施精细养殖中信息感知与环境调控综述[J]. 智慧农业，

2019，1(3)：1-12.

[20] 李伟. 新疆规模化养殖场种畜禽管理系统的使用[J]. 新疆畜牧业，2021，
36(4)：10-15.

[21] 张二丽，邢玉清. 基于大数据的生猪养殖场最佳经营策略探讨[J]. 科技
资讯，2020，18(1)：215-218.

[22] 汪蕙. 智能养猪促产业升级[J]. 农经，2020(11)：34-38.

[23] 贺爱光."猪联网"——"互联网＋"养猪服务平台[J]. 四川农业与农机，
2019(4)：18-20.